住房和城乡建设部"十四五"规划教材
高等学校建筑环境与能源应用工程专业推荐教材

建筑设备安装技术

王智伟　刘艳峰　主编
黄　翔　主审

中国建筑工业出版社

图书在版编目（CIP）数据

建筑设备安装技术/王智伟，刘艳峰主编. —北京：
中国建筑工业出版社，2021.11
住房和城乡建设部"十四五"规划教材　高等学校建
筑环境与能源应用工程专业推荐教材
ISBN 978-7-112-26775-0

Ⅰ. ①建…　Ⅱ. ①王…②刘…　Ⅲ. ①房屋建筑设备
-建筑安装-高等学校-教材　Ⅳ.①TU8

中国版本图书馆 CIP 数据核字（2021）第 211097 号

　　本书基于新材料、新工艺、新方法，遵循现行有关规范、标准、技术图集，从理论与实践两方面阐述了建筑设备安装技术及其应用实例。它的内容包括：建筑设备安装工程常用材料，管子加工及连接，室内供暖系统安装技术，室外供热管网系统安装技术，通风空调系统安装技术，锅炉系统安装技术，制冷系统安装技术，管道及设备的防腐与绝热技术，以及太阳能和中深层地热能系统安装技术。
　　本书可作为高等学校建筑环境与能源应用工程专业的教材，也可作为相关专业及有关工程技术人员的参考用书。

责任编辑：齐庆梅
文字编辑：胡欣蕊
责任校对：张　颖

住房和城乡建设部"十四五"规划教材
高等学校建筑环境与能源应用工程专业推荐教材
建筑设备安装技术
王智伟　刘艳峰　主编
黄　翔　主审

*

中国建筑工业出版社出版、发行（北京海淀三里河路9号）
各地新华书店、建筑书店经销
霸州市顺浩图文科技发展有限公司制版
北京建筑工业印刷厂印刷

*

开本：787毫米×1092毫米　1/16　印张：21　字数：571千字
2022年9月第一版　　2022年9月第一次印刷
定价：55.00元（赠教师课件）
ISBN 978-7-112-26775-0
（38606）

出 版 说 明

党和国家高度重视教材建设。2016年，中办国办印发了《关于加强和改进新形势下大中小学教材建设的意见》，提出要健全国家教材制度。2019年12月，教育部牵头制定了《普通高等学校教材管理办法》和《职业院校教材管理办法》，旨在全面加强党的领导，切实提高教材建设的科学化水平，打造精品教材。住房和城乡建设部历来重视土建类学科专业教材建设，从"九五"开始组织部级规划教材立项工作，经过近30年的不断建设，规划教材提升了住房和城乡建设行业教材质量和认可度，出版了一系列精品教材，有效促进了行业部门引导专业教育，推动了行业高质量发展。

为进一步加强高等教育、职业教育住房和城乡建设领域学科专业教材建设工作，提高住房和城乡建设行业人才培养质量，2020年12月，住房和城乡建设部办公厅印发《关于申报高等教育职业教育住房和城乡建设领域学科专业"十四五"规划教材的通知》（建办人函〔2020〕656号），开展了住房和城乡建设部"十四五"规划教材选题的申报工作。经过专家评审和部人事司审核，512项选题列入住房和城乡建设领域学科专业"十四五"规划教材（简称规划教材）。2021年9月，住房和城乡建设部印发了《高等教育职业教育住房和城乡建设领域学科专业"十四五"规划教材选题的通知》（建人函〔2021〕36号）。为做好"十四五"规划教材的编写、审核、出版等工作，《通知》要求：（1）规划教材的编著者应依据《住房和城乡建设领域学科专业"十四五"规划教材申请书》（简称《申请书》）中的立项目标、申报依据、工作安排及进度，按时编写出高质量的教材；（2）规划教材编著者所在单位应履行《申请书》中的学校保证计划实施的主要条件，支持编著者按计划完成书稿编写工作；（3）高等学校土建类专业课程教材与教学资源专家委员会、全国住房和城乡建设职业教育教学指导委员会、住房和城乡建设部中等职业教育专业指导委员会应做好规划教材的指导、协调和审稿等工作，保证编写质量；（4）规划教材出版单位应积极配合，做好编辑、出版、发行等工作；（5）规划教材封面和书脊应标注"住房和城乡建设部'十四五'规划教材"字样和统一标识；（6）规划教材应在"十四五"期间完成出版，逾期不能完成的，不再作为《住房和城乡建设领域学科专业"十四五"规划教材》。

住房和城乡建设领域学科专业"十四五"规划教材的特点：一是重点以修订教育部、住房和城乡建设部"十二五""十三五"规划教材为主；二是严格按照专业标准规范要求编写，体现新发展理念；三是系列教材具有明显特点，满足不同层次和类型的学校专业教学要求；四是配备了数字资源，适应现代化教学的要求。规划教材的出版凝聚了作者、主审及编辑的心血，得到了有关院校、出版单位的大力支持，教材建设管理过程有严格保障。希望广大院校及各专业师生在选用、使用过程中，对规划教材的编写、出版质量进行反馈，以促进规划教材建设质量不断提高。

住房和城乡建设部"十四五"规划教材办公室

2021年11月

前　言

建筑业是我国国民经济的五大支柱（农业、工业、建筑业、商业、交通运输业）之一。建筑业是从事建筑工程与安装工程的勘察设计、建筑施工、设备安装和建筑工程的维修、更新等建筑生产活动的一个独立的物质生产行业。建筑设备系统施工安装及维护管理是建筑行业的重要组成部分与环节，在我国的国民经济建设和社会可持续发展的建筑基础服务设施建设中起到了非常重要的作用。

我国改革开放以来，从计划经济体制逐渐向社会主义市场经济体制转型，随着深化改革持续实施与坚持走中国特色社会主义道路，我国国民经济发展模式更加完善与成熟，建筑业科学技术进步与发展已逐步同国际发达国家接轨。建筑设备施工安装技术也取得了很大发展，新材料、新工艺、新方法等不断涌现，相应地新的施工验收规范及有关技术标准等相继颁布实施，为了促进绿色建筑的发展、建筑节能减排，加强建筑设备施工安装技术及运维管理知识学习，我们编写了《建筑设备安装技术》这本教材。本教材的主要特色体现在如下五个方面：①更加完善的教材体系。由编写组完成的本教材与姊妹篇教材《建筑设备安装工程经济与管理》（第三版），以及相应的电子资源库《建筑设备安装技术与经济管理》，在建筑环境与能源应用工程专业所涉及的建筑设备施工安装、经济管理、运行维护等方面形成了相对完善的教材体系，为系统学习建筑设备施工安装技术与经济管理提供了教材基础。②构建引导式教学的章节结构。除了在全书编写上考虑了共性内容的抽取外，在章内编写上注重引导式教学的章节结构的编排，每章结构包括：基本内容、学习目标、学习重点与难点、知识脉络框图、本章正文、本章小结、安装示例介绍（数字化的PDF文件）、思考题与习题。③探索文字＋数字化教材的新形式。纸质版教材往往篇幅受限，数字化的电子教材信息表达形式多样、信息量大且几乎不受纸质版面的限制，考虑到暖通空调系统安装技术涉及的内容多且应用的实战性，本教材各章的"安装示例介绍"采用了数字化教材的形式。④强化教材内容的新颖性。暖通空调系统的传统安装方式主要采用现场的组装方式，随着计算机技术及制造技术等的发展，安装方式逐渐朝着工厂模块化制作与现场组装的方向发展，本教材在相关章节介绍了基于建筑信息模型（BIM）的模块化安装技术内容（见本书的电子内容）。此外近些年，我国可再生能源建筑应用技术快速发展，为顺应可再生能源新技术在建筑领域的推广应用，本教材编写了有关太阳能光热光电系统安装、中深层地热能系统安装等新内容。⑤突出安装技术应用的实战性。深入走访施工安装企业、设备生产厂家等，了解施工安装过程中存在的主要技术问题、安装工艺流程、操作要点、质量要求等，细致调研施工安装现场，收集暖通空调系统整体安装结构、关键安装节点及实物图片等第一手资料。为了突出施工安装技术的实践性、系统性的特点，加强理论联系实际，在施工安装技术的基本知识介绍后，还以数字化PDF格式编写了相应的施工安装技术应用实例，这对本课程的课堂教学效果提升，以及对认识实习、生产实习及毕业实习等实践教学环节实施均有积极促进作用。

本教材绪论由王智伟编写，第1章～第2章由刘艳峰编写，第3章～第5章由王智伟编写，第6章由刘艳峰编写，第7章由南晓红编写，第8章由刘艳峰编写，第9章由王智伟编写。全书中安装实例介绍部分由王智伟作为主要编写人，参与编写及全书资料收集整理的人员还有张梦璐、陶龙龙、许彤阳、陈垚、李玉娇、吴瑾、杨红、朱少杰、武新锴。全书由西安建筑科技大学王智伟教授、刘艳峰教授主编，西安工程大学黄翔教授主审。

本教材的编写和出版得到了中国建筑工业出版社齐庆梅编审和胡欣蕊编辑的鼓励、中肯建议，在书稿出版过程中也得到了许多有关施工安装单位及企业的无私帮助，还得到了西安建筑科技大学国家一流专业教材建设基金的支持，在此一并表示衷心感谢。

由于编写者的水平及条件有限，书中错误和不足在所难免，恳请广大读者批评指正，提出改进意见和建议。作者电子邮箱：wzhiwei-atu@163.com。

目　录

绪　　论

1. 建筑设备安装工程在国民经济中的地位和作用

"建筑设备安装技术及应用"是建筑环境与能源应用工程专业一门必修的实践性较强的专业课，主要学习本专业所涉及的建筑设备系统的施工安装技术及应用实例，其建筑设备系统主要包括：供热、供燃气、通风与空调、锅炉、制冷等建筑设备系统。随着科学技术进步、社会经济的可持续发展和人民生活水平的不断提高，国民经济的各个领域，如机械、化工、钢铁、电子、信息、交通、水利、轻纺、商业旅游和房地产等都离不开建筑设备系统的应用。它主要反映在以下几个方面：

1）生产厂房内为满足生产和工艺过程要求，保证产品质量，要求设置恒温、恒湿和洁净等建筑设备系统；

2）生产车间内为创造良好的生产环境，改善员工的劳动条件，要求有隔热、防暑降温、供暖、除尘、空气净化等建筑设备系统；

3）为营造良好的数据中心热湿环境，保证服务器的安全可靠运行，需要设置数据中心用空调、通风等设备系统；

4）为改善文化娱乐环境和改进食品储藏，要求设置空调和制冷等建筑设备系统；

5）为保证科学实验的环境条件或模拟自然环境条件，需要设置创造人工气候室的建筑设备系统；

6）为发展旅游事业，完善宾馆的服务设施，要求设置空调和热水供应等建筑设备系统；

7）为使小区住宅的居民舒适、便利，要求设置热水供应、供暖、空调、通风等建筑设备系统；

8）为满足工业园区用能需求，改善投资环境，要求设置集中供热、区域供冷等建筑设备系统。

总之，各行各业的生产和人民生活都离不开建筑设备系统，因此，它在国民经济建设中占有重要的地位，成为基本建设项目的重要组成部分。建筑设备系统必须通过施工安装才能形成工程设施，为生产和生活服务。而施工安装技术水平的高低、施工质量的好坏、施工组织及运行维护管理水平是否先进，直接影响着设施的作用发挥和工程的投资效益。这就要求从事建筑设备施工安装工程的科技人员，在具有了专业理论知识的基础上，还应具有实践技能，不断发展和提高施工安装技术水平和设备系统运行维护管理水平，以适应国民经济可持续发展的需要。

2. 建筑设备施工安装技术的发展概况

建筑业在中国已有几千年的历史，伴随建筑业发展的施工安装行业也同样历史久远。在距今三千多年前的西周沣邑遗址发现，当时的人们已采用陶土管作为下水管，又如秦俑坑发掘中也发现采用陶土管作为供水管道，此外，在陕西省历史博物馆记载着秦汉时期金属冶炼炉采用风箱、风管、鼓风等技术……古人在施工安装工程方面虽未留下专著，但事实证明，我们的祖先在数千年前就创造了设备及管道安装和应用的技术，用智慧和双手谱写了中华民族光辉灿烂的文明史。

长期的封建统治和帝国主义列强的侵略，20世纪初的半封建半殖民地的旧中国，经济薄弱，科技落后，暖通空调等建筑设备工程没有专门的学科，施工安装也不成行业，少量的供暖通风等建筑设备只是旧式的传统装置，附属于土木工程之中。1949年新中国成立后，随着国民经济的恢复和基本建设的大规模发展，于1952年起在高等学校设立了建筑设备专业（后改名为供热、供燃气、通风与空调工程专业，再改名为建筑环境与设备工程专业，现称为建筑环境与能源应用工程专业），20世纪50年代初在建筑企业设立了施工安装队，于1953年成立了第一个"卫生设备安装公司"。此后，为适应经济建设的需要，很多省市相继成立了"设备安装工程公司"。现在，全国各省市及地方都设有安装工程公司，承担本地区的安装工程。此外，专门生产暖通空调、锅炉、制冷等建筑设备的工厂已遍布全国各地。这一切都为建筑环境与能源应用工程专业学科的发展及建筑设备系统施工安装技术的提高奠定了物质基础。

我国经过"一五"计划和"二五"计划的十年（1953～1962）基本建设，建筑设备的施工安装技术得到了很大的发展，到20世纪70年代，逐渐形成了具有我国特色的建筑设备工程施工技术特点。以管道施工安装为例，其施工工序：除锈、调直、切断、套丝、弯曲加工等，都实现了机械化或半机械化施工操作。现代化的焊接工艺，如自动焊、气体保护焊、高频焊等都应用到施工作业中。火焰弯管机、中频弯管机的研制使用，X-光和超声波等无损探伤技术的应用，使管道施工技术得到了进一步的发展。1978年，我国实行改革开放，加速了国民经济的高速发展，也带来了施工安装技术的大发展。从国外引进先进技术，安装企业经学习、吸收、消化、掌握后推广应用。施工器具小型轻便和系列配套化，安装部件或构件的定型生产和商品化，现场制作及手工操作逐渐被工厂化、机械化代替，建筑设备安装工程实现了工厂化和预制装配化施工，大大缩短了施工周期，以及大大提高了施工安装工程质量。在21世纪的今天，我国改革开放已40多年，随着改革的不断深化，科教兴国战略的长期实施，坚持走有中国特色的社会主义道路，自主创新的新技术、新工艺、新方法等会不断涌现，我国建筑环境与能源工程技术及其施工安装技术将会有更大的进步和发展。

3. 建筑设备施工安装工程的有关规范、标准

与建筑设备施工安装技术的发展相适应，有关建筑设备的设计规范和施工验收规范以及有关技术标准等也得到了不断发展和完善。自1955年起，国家首先制定了建筑工程各专业的设计规范和施工验收规范及有关技术标准，随着基本建设的发展，到20世纪70年代，各产业部根据本系统建设工程的需要，分别制定出适应本系统工程的技术标准和规范，大大丰富和完善了我国基本建设的技术法规，促进了国民经济的发展。但80年代，随着我国经济体制的改革，计划经济向市场经济转变，原有的技术标准和规范，已逐渐不再适应新形势的要求。我国经过改革开放40多年来的建设与可持续发展，建筑业从事的建筑安装工程的勘察设计、建筑施工、设备安装和建筑安装系统维修、更新等生产活动的规范、标准体系更加完善与成熟，由有关部委、行业学协会颁布实施了许多新的和修订的规范与标准，有关建筑设备工程方面现行的主要规范和标准有：

1)《管道元件 公称尺寸的定义和选用》GB/T 1047—2019;

2)《管道元件 公称压力的定义和选用》GB/T 1048—2019;

3)《低压流体输送用焊接钢管》GB/T 3091—2015;

4)《工业金属管道工程施工规范》GB 50235—2010;

5)《工业金属管道工程施工质量验收规范》GB 50184—2011;

6)《民用建筑供暖通风与空气调节设计规范》GB 50736—2012;

7)《建筑给水排水及供暖工程施工质量验收规范》GB 50242—2002;

8)《建筑给水排水及供暖工程施工技术标准》ZJQ08-SGJB 242—2017;

9)《辐射供暖供冷技术规程》JGJ 124—2012;

10)《城镇供热管网设计规范》CJJ 34—2010;

11)《城镇供热直埋热水管道技术规程》CJJ/T 81—2013;

12)《城镇供热管网工程施工及验收规范》CJJ 28—2014;

13)《通风与空调工程施工规范》GB 50738—2011;

14)《通风与空调工程施工质量验收规范》GB 50243—2016;

15)《通风管道技术规程》JGJ/T 141—2017;

16)《锅炉房设计规范》GB 50041—2020;

17)《城镇燃气设计规范》GB 50028—2006;

18)《锅炉安装工程施工及验收标准》GB 50273—2022;

19)《制冷设备、空气分离设备安装工程施工及验收规范》GB 50274—2010;

20)《机械设备安装工程施工及验收通用规范》GB 50231—2009;

21)《风机、压缩机、泵安装工程施工及验收规范》GB 50275—2010;

22)《工业设备及管道绝热工程设计规范》GB 50264—2013;

23)《工业设备及管道绝热工程施工规范》GB 50126—2008;

24)《石油化工设备和管道涂料防腐蚀设计标准》SH/T 3022—2019;

25)《工业设备及管道防腐蚀工程施工规范》GB 50726—2011;

26)《工业管道的基本识别色、识别符号和安全标识》GB 7231—2003 等。

4. 本课程的目标及任务

为培养适应 21 世纪我国经济建设需要的高级专业技术人才，要求高校充分体现"厚基础、宽口径、强能力、高素质"的办学思想，学生具有设计、科研、安装、物业管理等多方面的知识和技能。根据这一培养目标，建筑环境与能源应用工程专业开设了"建筑设备安装技术"这门课程。这是一门本专业实践性较强的课程，也是一门综合性的课程。本课程的学习任务是，通过对建筑设备施工安装技术及应用内容的课堂讲授，结合金工实习、认识实习、生产实习等实践教学环节，理论联系实际，使学生能够对本专业的工程材料、施工机具、施工安装程序、操作要点、技术要求、验收规范、质量标准以及建筑设备系统运维管理等各方面有一个基本的认识，并掌握施工安装及运维管理的基本方法，了解有关施工安装技术的新进展，培养学生社会实践和工程实践的能力，为从事工程设计、科研、施工安装、经济管理等工作打下基础。

第1章　建筑设备安装工程常用材料

• 基本内容

　　管子及附件的通用标准的概念、意义、作用和标识，常用管材性能特点、规格、用途，各种管件的识别和用途，设备安装工程中各种板材的特点、规格、用途和选用原则，常用焊接材料的分类、规格和适用条件，防腐、绝热材料的构成、性能和选用原则，阀门的标识和常用阀门的构造、功能、用途及安装要求，常用法兰和垫圈的特点和用途。

• 学习目标

　　知识目标：理解通用标准的概念、意义。掌握通用标准的标识，常用管材性能特点、规格、用途，常用阀门的功能特点、用途及安装要求。了解常用管材、板材和型钢的规格、性能及用途，焊接材料、防腐蚀及绝热材料的类型、特性和适用场合，常用管子附件的功能。

　　能力目标：通过本章学习，重点培养学生对建筑设备安装工程材料及附件基础知识的认知能力。

• 学习重点与难点

　　重点：通用标准的概念、意义。常用管材性能特点、规格、用途，常用阀门的功能特点、用途及安装要求。

　　难点：常用阀门的结构、工作原理与合理选用。

• 知识脉络框图

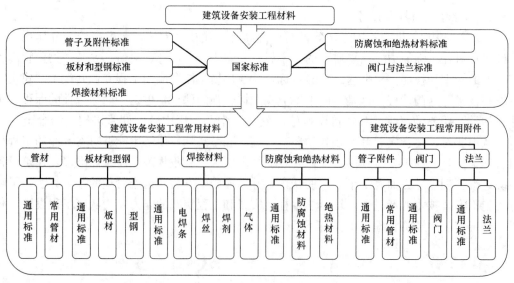

1.1 管材及其附件

1.1.1 管子及附件的通用标准

1. 公称直径

管道工程中，管子、管件、附件种类繁多，为使管道系统元件具有通用性和互换性，必须对管子、管件和管路附件实行标准化，而公称直径又是管道工程标准化的重要内容。所谓公称直径就是各种管道元件的通用口径，又称公称通径或公称尺寸。对于阀门等管子附件和内螺纹管子配件，公称直径等于其内径，对于有缝钢管，公称直径既不是管子内径，也不是管子外径，只是管子的名义直径。公称直径相同的管子外径相同，但因工作压力不同而选用不同的壁厚，所以其内径可能不同。

公称直径用符号 DN 表示。公称直径的数值由 DN 后的无因次整数数字表示，如 $DN100$ 表示公称直径为 100mm。无缝钢管除采用公称直径表述外，通常用"外径×壁厚"表示，如 $\phi133 \times 4.0$。我国现行管道元件的公称直径见表 1-1。

管道元件的公称直径 表 1-1

$DN6$	$DN40$	$DN175$	$DN450$	$DN1100$	$DN2000$	$DN3600$
$DN8$	$DN50$	$DN200$	$DN500$	$DN1200$	$DN2200$	$DN3800$
$DN10$	$DN70$	$DN225$	$DN600$	$DN1300$	$DN2400$	$DN4000$
$DN15$	$DN80$	$DN250$	$DN700$	$DN1400$	$DN2600$	
$DN20$	$DN100$	$DN300$	$DN800$	$DN1500$	$DN2800$	
$DN26$	$DN125$	$DN350$	$DN900$	$DN1600$	$DN3000$	
$DN32$	$DN150$	$DN400$	$DN1000$	$DN1800$	$DN3400$	

注：摘自《管道元件 公称尺寸的定义和选用》GB/T 1047—2019。

2. 公称压力、试验压力、工作压力

（1）公称压力

公称压力是指在各自材料的基准温度下，设备、管道及其附件的耐压强度是标称值，用 PN＋量纲为 1 的数字组成。如 $PN10$ 表示公称压力为 1MPa。

（2）试验压力

试验压力是在常温下检验管道或管道附件机械强度和严密性的压力标准，用符号 P_s 表示。试验压力取公称压力的 1.5～2 倍，公称压力大时倍数选小，公称压力小时倍数选大。试验压力用符号 P_s 表示。也可根据式（1-1）计算：

$$P_s = \frac{200\delta\sigma}{D_w - 2\delta} \quad (\text{MPa}) \tag{1-1}$$

式中 δ——管子壁厚，mm；

σ——允许应力，MPa；

D_w——管子外径，mm。

（3）工作压力

工作压力是指管道内有流体介质时实际可承受的压力。因为管材的机械强度会随着温度的提高而降低，所以当管道内介质的温度不同时，管道所能承受的压力也不同。工作压力用符号 P_t 表示，t 为介质最高温度值的 1/10 整数值，例如 P_{20} 表示管道在介质温度为 200℃时的允许工作压力。

综上所述，公称压力是管子及附件在标准状态下的强度标准，在管道选材时可作为比较依据，在一般情况下，可根据系统输送介质参数按公称压力直接选择管道及附件，无需再进行强度计算。当介质工作温度超过 200℃时，管子及附件的选择应考因温度升高引起的强度降低，必须满足系统正常运行和试验压力的要求。试验压力、工作压力之间的关系见表 1-2。

碳素钢管和附件公称压力、试验压力与工作压力 表 1-2

公称压力 P_g (MPa)	试验压力 P_s (MPa)	介质工作温度（℃）						
		200	250	300	350	400	425	450
		最大工作压力 P（MPa）						
		P_{20}	P_{25}	P_{30}	P_{35}	P_{40}	P_{42}	P_{45}
0.1	0.2	0.1	0.1	0.10	0.07	0.06	0.06	0.05
0.25	0.4	0.25	0.23	0.20	0.18	0.14	0.14	0.11
0.4	0.6	0.4	0.37	0.33	0.29	0.26	0.23	0.18
0.6	0.9	0.6	0.55	0.50	0.44	0.38	0.35	0.27
1.0	1.5	1.0	0.92	0.82	0.73	0.64	0.58	0.45
1.6	2.4	1.6	1.50	1.30	1.20	1.00	0.90	0.70
2.5	3.8	2.5	2.30	2.00	1.80	1.60	1.40	1.10
4.0	6.0	4.0	3.70	3.30	3.00	2.80	2.30	1.80
6.4	9.6	6.4	5.90	5.20	4.30	4.10	3.70	2.90
10.0	15.0	10.0	9.20	8.20	7.30	6.40	5.80	4.50

注：表中略去了工程压力为（16、20、25、32、40、50）MPa 六个级。

3. 管螺纹标准

在螺纹连接中，为了便于通用附件的应用，对管子与管子附件以及设备接头的螺纹规定了统一标准，即螺纹的齿形及尺寸的标准（图 1-1）。管螺纹分为锥状螺纹和圆柱状螺纹（图 1-2）。一般情况下，管子和管子附件的外螺纹（外丝）用锥状螺纹，管子配件和设备接口的内螺纹（内丝）用圆柱状螺纹。圆锥状螺纹和圆柱状螺纹齿形和尺寸相同，但

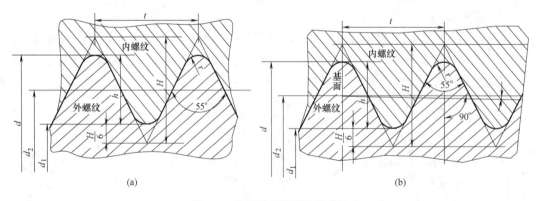

图 1-1 管螺纹的齿形及尺寸标准
（a）圆柱状螺纹；（b）圆锥状螺纹

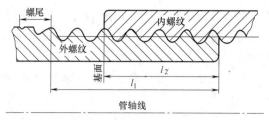

图 1-2　管螺纹连接

注：图中字母含义见表 1-3，H 为螺纹理论高度。

圆柱状螺纹锥度为零。常用管螺纹尺寸见表 1-3。

管螺纹尺寸 表 1-3

螺纹标准 $Dg(in^{①})$	螺距 $t(mm)$	有效长度 $l_1(mm)$	由管端到基面 $l_2(mm)$	基面直径			管端螺纹内径 $d_r(mm)$	工作高度 $h(mm)$	圆弧半径 $r(mm)$	每英寸牙数 n
				平均直径 $d_2(mm)$	外径 $d(mm)$	内径 $d_1(mm)$				
$\frac{1}{2}''$	1.814	15	7.50	19.794	20.956	18.632	18.163	1.162	0.249	14
$\frac{3}{4}''$	1.814	17	9.90	25.281	26.442	24.119	23.524	1.162	0.249	14
$1''$	2.309	19	11.0	31.771	33.250	30.293	29.606	1.479	0.317	11
$1\frac{1}{4}''$	2.309	22	13.0	40.433	41.912	38.954	38.142	1.479	0.317	11
$1\frac{1}{2}''$	2.309	23	14.0	46.326	47.305	44.847	43.972	1.479	0.317	11
$2''$	2.309	26	16.0	58.137	59.616	56.659	55.659	1.479	0.317	11
$2\frac{1}{2}''$	2.309	30	18.5	73.708	75.187	72.230	71.074	1.479	0.317	11
$3''$	2.309	32	20.5	86.409	87.887	84.930	83.649	1.479	0.317	11
$4''$	2.309	38	25.5	111.556	113.034	110.077	108.483	1.479	0.317	11
$5''$	2.309	41	28.5	136.957	138.445	135.697	133.697	1.479	0.317	11
$6''$	2.309	45	31.5	162.357	163.836	160.879	158.910	1.479	0.317	11

注：① 1in=2.54cm。

图中尺寸：$t=25.4/n$，H（螺纹理论高度）$=0.96049 \times t$，$r=0.13733 \times t$，$d_2=d-h$，$d_1=d-2h$

对圆锥螺纹：　　　　　　　　$h=0.64033 \times t$，$\varphi=1°47'24''$

对圆柱螺纹：　　　　　　　　$h=0.64031 \times t$

1.1.2　常用管材

建筑设备安装中常用的管材从质量方面应具备以下基本要求：

① 有一定的机械强度和刚度。

② 管壁厚度均匀，材质密实。

③ 内外表面平整光滑，内表面粗糙度小。

④ 化学性能和热稳定性好。

⑤ 材料可塑性好，易于煨弯、切削。

实际工程中选择管材时，针对工程的需要对以上要求各有侧重，除此之外，还要考虑价格、货源等方面因素。建筑设备安装工程中常用的管材有黑色金属管材（钢管）、有色金属及不锈钢管材、非金属管材等。

1. 碳素钢管

因为碳素钢管机械性能好、加工方便且易于取材，能承受较高的压力，能耐较高的温度，可以用来输送冷热水、蒸汽、燃气、氧气、乙炔、压缩空气等介质，所以长期以来一直是建筑设备安装工程中最常用的管材。但碳素钢管遇酸或在潮湿环境中容易发生腐蚀，降低管材原有的机械性能，所以工程上使用碳素钢管时一般要做防腐处理或采用镀锌管材。常见碳素钢管有无缝钢管、焊接钢管、铸铁管三种。

（1）无缝钢管

无缝钢采用碳素钢或合金钢冷拔或热轧制成。冷拔管外径从 5mm 到 219mm，壁厚 0.5～14mm，管长 1.5～9m，热轧管外径从 32mm 到 530mm，壁厚 2.5～24mm，管长为 3～12.5m。同一规格的无缝钢管有多种壁厚，以满足不同的压力需要，所以无缝钢管不用公称通径表示，而用"外径×壁厚"表示。无缝钢管规格多、耐压力高、韧性强、成品管段长，多用在锅炉房、热力站、制冷站、供热外网和高层建筑的冷、热水等高压系统中。一般工作压力在 0.6MPa 以上 1.57MPa 以下时都采用无缝钢管。常用无缝钢管规格见表 1-4。

无缝钢管常用规格　　　　　　　　　　　　　　　　　　表 1-4

外径 （mm）	壁厚（mm）										
	2.5	3.2	3.5	4.0	4.5	5.0	6.0	7.0	8.0	9.0	10.0	12.0
	理论质量（kg/m）										
12	0.586	0.694	0.734	0.789	—	—	—	—	—	—	—	—
14	0.709	0.852	0.906	0.986	—	—	—	—	—	—	—	—
18	0.956	1.17	1.25	1.38	1.50	1.60	—	—	—	—	—	—
20	1.08	1.33	1.42	1.58	1.72	1.85	2.07	—	—	—	—	—
25	1.39	1.72	1.86	2.07	2.28	2.47	2.81	3.11	—	—	—	—
32	1.82	2.27	2.46	2.76	3.05	3.33	3.85	4.32	4.74	—	—	—
38	2.19	2.75	2.98	3.35	3.72	4.07	4.74	5.35	5.92	—	—	—
42	2.44	3.06	3.32	3.75	4.16	4.56	5.33	6.04	6.71	7.32	—	—
45	2.62	3.30	3.58	4.04	4.49	4.93	5.77	6.56	7.30	7.99	—	—
57	3.36	4.25	4.62	5.23	5.83	6.41	7.55	8.63	9.67	10.65	—	—
60	3.55	4.48	4.88	5.52	6.16	6.78	7.99	9.15	10.26	11.32	—	—
73	4.35	5.51	6.00	6.81	7.60	8.38	9.91	11.39	12.82	14.21	—	—
76	4.53	5.75	6.26	7.10	7.93	8.75	10.36	11.91	13.42	14.87	—	—
89	5.33	6.77	7.38	8.38	9.38	10.36	12.28	14.16	15.98	17.76	—	—
102	6.13	7.80	8.50	9.67	10.82	11.96	14.21	16.40	18.55	20.64	—	—
108	6.50	8.27	9.02	10.26	11.49	12.70	15.09	17.44	19.73	21.97	—	—
114	—	—	—	10.85	12.15	13.44	15.98	18.47	20.91	23.31	25.65	30.19
133	—	—	—	12.73	14.26	15.78	18.79	21.75	24.66	27.52	30.33	35.81
140	—	—	—	13.42	15.04	16.65	19.83	22.96	26.04	29.08	32.06	37.88
159	—	—	—	—	17.15	18.99	22.64	26.24	29.79	33.29	36.75	43.50
168	—	—	—	—	—	20.10	23.97	27.79	31.57	35.29	38.97	46.17
219	—	—	—	—	—	31.52	36.60	41.63	46.61	51.54	61.26
245	—	—	—	—	—	—	41.09	46.76	52.38	57.95	68.95
273	—	—	—	—	—	—	45.92	52.28	58.60	64.86	77.24

续表

外径 (mm)	壁厚(mm)											
	2.5	3.2	3.5	4.0	4.5	5.0	6.0	7.0	8.0	9.0	10.0	12.0
	理论质量(kg/m)											
325	—	—	—	—	—	—	—	—	62.54	70.14	77.68	92.63
377									—	81.68	90.51	108.02
426										92.55	102.59	122.52
480										104.54	115.91	138.50
530										115.64	128.24	153.30

注：《无缝钢管尺寸、外形、重量及允许偏差》GB/T 17395—2008。

安装工程中采用的无缝钢管应有质量证明书，并提供机械性能参数，优质碳素管还应提供材料化学成分。安装工程上所选用的无缝钢管，应有出厂合格证，如无质量合格证时需进行质量检查试验，不得随意应用。检查必须根据《金属材料拉伸试验 第1部分：室温试验方法》GB/T 228.1—2010、《钢板和钢带、标志及质量证明书一般规定》GB/T 247—2008、《金属管液压试验方法》GB/T 241—2007、《金属管 扩口试验方法》GB/T 242—2007 等进行。外观上不得有裂缝、凹坑、鼓包、碾皮及壁厚不均等缺陷。

除了常用的输送流体用无缝钢管外，还有锅炉无缝钢管、石油裂化用无缝钢管等专用无缝钢管。无缝钢管一般不用螺纹，采用焊接连接，无缝钢管如图 1-3 所示。

图 1-3 无缝钢管

图 1-4 焊接钢管

（2）焊接钢管

焊接钢管也称为有缝钢管（图 1-3），普通焊接钢管因常用于室内给水排水、供暖和煤气工程中，故也称为水煤气管。常见有普通焊接钢管、钢板直缝卷焊钢管、螺旋缝焊接钢管等。

焊接钢管由碳素钢或低合金钢焊接而成，按表面镀锌与否分为黑铁管和白铁管。黑铁管表面不镀锌，白铁管表面镀锌，也叫镀锌管，白铁管抗锈蚀性能好，常用于生活饮用和热水系统。由于其耐腐蚀性不够好，会出现黄水、红水等现象，造成二次污染。目前，已逐步禁止在室内给水系统使用冷镀锌和热镀锌钢管。镀锌管现多被用在消防给水、室内供暖和空调系统中。

常用的低压流体输送焊接钢管规格 $DN6 \sim DN200$，适用于 $0 \sim 140℃$ 工作压力较低的流体输送。有缝钢管质量检验标准和无缝钢管的检验标准相同，按壁厚可分为一般管和加厚管，规格系列见表1-5。带有圆锥状管螺纹的普通钢管和镀锌钢管的长度一般为4～9m，并带一个管接头（管箍）。无螺纹的普通钢管和镀锌钢管长度一般为4～12m。

低压流体输送用焊接钢管规格　　　　　　　　　　　　表1-5

公称口径 DN	外径 D(mm)	壁厚 t(mm)	
		普通钢管	加厚钢管
6	10.2	2.0	2.5
8	13.5	2.5	2.8
10	17.2	2.5	2.8
15	21.3	2.8	3.5
20	26.9	2.8	3.5
25	33.7	3.2	4.0
32	42.4	3.5	4.0
40	48.3	3.5	4.5
50	60.3	3.8	4.5
65	76.1	4.0	4.5
80	88.9	4.0	5.0
100	114.3	4.0	5.0
125	139.7	4.0	5.5
150	165.1	4.5	6.0
200	219.1	6.0	7.0

注：1. 表中理论重量为黑铁管重量，镀锌管比黑铁管重3％～6％。
　　2. 轻型管壁厚比一般管壁厚0.75mm，不带螺纹，宜焊接。
　　3. 摘自《低压流体输送用焊接钢管》GB/T 3091—2015。

钢板直缝卷焊钢管适用于公称压力≤1.6MPa，温度 t≤200℃的工作范围，一般用在室外热水和蒸汽等管道中。公称直径小于150mm的有标准件，公称直径大于或等于150mm的无标准件，通常是在现场制作或委托加工。

螺旋缝焊接钢管适用于公称压力≤2.0MPa，介质温度 t≤200℃的工作范围。一般多用在蒸汽、凝结水、热水和煤气等室外大管径管道和长距离输送管道中。螺旋缝焊接钢管的规格，用外径×壁厚表示，如用 ϕ325×8（也可用 D325×8）来表示公称直径为 DN300的螺旋缝焊接钢管。

焊接钢管检验标准与无缝钢管标准相同，焊缝应平直光滑，不得有开裂现象，镀锌钢管镀锌层应完整均匀。焊接钢管可用焊接或螺纹连接，但镀锌钢管一般不用焊接。

图1-5　铸铁管

（3）铸铁管

铸铁管（图1-5）优点是耐腐蚀，经久耐用，缺点是质脆，焊接、套丝、煨弯困难，承压力低，不能承受较大动荷载，多用于腐蚀性介质和给水排水工程中。建筑设备安装工程中常用的铸铁管采用灰铸铁铸造而成，分为给水铸铁管和排水铸铁管。

给水铸铁管管长有4m、5m和6m几种，能承受一定的压力，按工作压力分为低压管、普压管和高压管。给水铸铁管的工作压力和实验压力见表1-6。按制造工艺分为砂型离心铸铁管和连续铸造铸铁管。砂型离心铸铁管壁厚较薄，按壁厚分为 P、G 两级，规格见表 1-7，主要用于燃气供应。连续铸造铸铁管按壁厚分为 L_A、A、B 三级，主要用于给水系统，规格见表 1-8。给水铸铁管采用承插式和法兰式连接，管道之间连接采用承插方式，在需要检修、拆卸及与设备、阀门连接时采用法兰连接。

给水铸铁管工作压力和实验压力 表 1-6

管 型	工作压力（MPa）	实验压力（MPa）	
		$DH \geqslant 500$	$DH \leqslant 450$
低压直管	0.49	1.0	1.5
普压直管及管件	0.75	1.5	2.0
高压直管	1.0	2.0	2.5
高压管件	1.0	2.1	2.3

砂型离心铸铁管规格 表 1-7

公称直径 DN（mm）	外径 D_1（mm）	壁厚 T（mm）			承口凸部质量（kg）	直部 1m 质量（kg）			有效长度（m）
		L_A	A	B		L_A	A	B	
75	93.0	9.0	9.0	9.0	4.8	17.1	17.1	17.1	4、5
100	118.0	9.0	9.0	9.0	6.23	22.2	22.2	22.2	4、5
150	169.0	9.0	9.2	10.0	9.09	32.6	33.3	36.0	4、5、6
200	220.0	9.2	10.1	11.0	12.56	43.9	48.0	52.0	4、5、6
250	271.6	10.0	11.0	12.0	16.54	593.2	64.8	70.5	4、5、6
300	322.8	10.8	11.9	13.0	21.86	76.2	83.7	91.1	4、5、6
350	374.0	11.7	12.8	14.0	26.96	95.9	104.6	114.0	4、5、6
400	425.6	12.5	13.8	15.0	32.78	116.8	128.5	139.3	4、5、6
450	476.8	13.3	14.7	16.0	40.14	139.4	153.7	166.8	4、5、6
500	528.0	14.2	15.6	17.0	46.88	165.0	180.8	196.5	4、5、6
600	630.8	15.8	17.4	19.0	62.71	219.8	241.4	262.9	4、5、6
700	733.0	17.5	19.3	21.0	81.19	283.2	311.6	338.2	4、5、6
800	836.0	19.2	21.1	23.0	102.63	354.7	388.9	423.0	4、5、6
900	939.0	20.8	22.9	25.0	127.05	432.0	474.5	516.9	4、5、6
1000	1041.0	22.5	24.8	27.4	156.46	518.4	570.0	619.3	4、5、6
1100	1144.0	24.2	26.6	29.0	194.04	613.0	672.3	731.4	4、5、6
1200	1246.0	25.8	28.4	31.0	223.45	712.0	782.2	852.0	4、5、6

注：总重量＝每 m 重量×有效长度＋承口重量

排水铸铁管为非承压管材，用普通铸铁铸造而成，内表面较为粗糙，管壁较薄，壁厚为 5～7mm，公称直径从 50mm 到 600mm，管长 1.5m，常被用在重力流体、生活污水、生产废水、多层建筑的雨雪水的排放中。规格见表 1-9。排水铸铁管采用承插式连接。铸铁管的标称用公称内径表示。

2. 合金管及有色金属管

（1）合金钢管

合金钢管（图 1-6）是在碳素钢中加入锰（Mn）、硅（Si）、钒（V）、钨（Wu）、钛（Ti）、铌（Nb）等元素制成的钢管，加入这些元素能加强钢材的强度和耐热性。合金元素含量小于 5％为低合金钢，合金元素含量 5％～10％为中合金钢，合金元素含量大于 10％为高合金钢。合金钢管多用在加热炉，锅炉耐热管和过热器等场合。合金钢可采用电焊和气焊，焊后要对焊口进行热处理。合金钢管一般为无缝钢管，规格同碳素无缝钢管。

连续铸造铸铁管规格　　　　表 1-8

公称直径 DN	壁厚 T (mm)		内径 D_1(mm)		外径 D_2 (mm)	有效长度 (mm) 5000	有效长度 (mm) 6000			承口凸部重量 (kg)	插口凸部质量 (kg)	直部质量 (kg/m)	
						总质量(kg)							
	P 级	G 级	P 级	G 级		P 级	G 级	P 级	G 级			P 级	G 级
200	8.8	10	204.4	200	220	227	254			16.3	0.382	42	47.5
250	9.5	10.8	252.6	250	271.6	303	340			21.3	0.626	56.3	63.7
300	10	11.4	302.8	300	322.8	381	428	452	509	26.1	0.741	70.8	80.3
350	10.8	12	352.4	350	374			566	623	32.6	0.857	88.7	98.3
400	11.5	12.8	402.6	400	425.6			687	757	39	1.46	107.7	119.5
450	12	13.4	452.4	450	476.8			806	829	46.9	1.64	126.2	140.5
500	12.8	14	502.4	500	528			950	1030	52.7	1.81	149.2	162.8
600	14.2	15.6	602.4	599.6	630.8			1260	1370	68.8	2.16	198	217.1
700	15.5	17.1	702	698.8	733			1600	1750	86	2.51	251.6	276.9
800	16.8	18.5	802.6	799	836			1980	2160	109	2.86	311.3	342.1
900	18.2	20	902.6	899	939			2410	2630	136	3.21	379.1	415.4
1000	20.5	22.6	1000	955.8	1041			3020	3300	173	3.55	473.2	520.6

注：摘自《连续铸铁管》GB/T 3422—2008。

排水铸铁承插直管规格　　　　表 1-9

公称直径(mm)	承口内径(mm)	承口深度(mm)	管壁厚度(mm)	直管长度(m)	质量(kg/根)
50	80	60	5	1500	10.3
75	105	65	5	1500	14.9
100	130	70	5	1500	19.6
125	157	75	6	1500	29.4
150	182	75	6	1500	34.9

（2）不锈钢管

不锈钢是为了增强耐腐蚀性，在碳素钢中加入铬（Gr）、镍（Ni）、锰（Mn）、硅（Si）、钼（Mo）、铌（Nb）、钛（Ti）等元素形成的一种合金钢。不锈钢管（图 1-7）多用在石油、化工、医药、食品等工业中。根据含铬量不同，不锈钢分为铁素体不锈钢、马氏不锈钢和奥氏不锈钢，铁素体不锈钢难以焊接，马氏不锈钢几乎不能焊接，奥氏不锈钢具有良好的可焊性。不锈钢无缝钢管规格见表 1-10。

图 1-6　合金钢管

图 1-7　不锈钢管

不锈钢无缝钢管常用规格　　　　　　　　　　表 1-10

常用规格(mm)	适用温度(℃)
6×1、10×1.5、14×2、18×2、22×1.5	0～400
22×3、25×2、29×2、32×2、38×2.5	−196～700
45×2.5、50×2.5、57×3、65×3、76×4	−196～700
89×4、108×4.5、133×5、159×5	−196～700

（3）铝及铝合金管

铝管及铝合金管是由铝及铝合金经过拉制和而成的管材。多用于腐蚀性介质的输送和有防爆等特殊要求的场合，使用最高温度为150℃，公称压力不超过0.588MPa。薄壁管冷拉或冷压制成，供应长度为1～6m，厚壁管挤压制成，最小供应长度为300m。铝管（图1-8）及铝合金管（图1-9）规格［外径（mm）］有11、14、18、25、32、38、45、60、75、90、110、120、185几种，壁厚0.5mm～32.5mm。合金铝管由铝镁、铝锰体系组成。其特点是耐腐蚀性、抛光性高，塑性和强度提高。纯铝管可焊性好，合金铝管焊接稍难，多采用氩弧焊接。铝管用外径×壁厚表示。

图 1-8　铝管

图 1-9　合金铝管

（4）铜管

根据制造方式分，铜管（图1-10）有拉制铜管和挤制铜管，一般中、低压采用拉制管。根据材料不同可分为紫铜管、黄铜管和青铜管。因为铜的导热性能好，紫铜管和黄铜管多用于热交换设备中。青铜管主要用于制造耐磨、耐腐蚀和高强度的管件或弹簧管。铜管连接可采用焊接、胀接、法兰连接和螺纹连接等。焊接应严格按照焊接工艺要求进行，否则极易产生气泡和裂纹，因为有良好的延展性，铜管也常采用胀接和法兰翻边连接，厚壁铜管可采用螺纹连接。铜管用外径×壁厚表示。

建筑设备安装工程中，给水管、热水管、饮用水管等采用无缝紫铜管。无缝紫铜管按硬度分为硬态（Y）、半硬态（Y2）、软态（M）三种。

铜管的壁厚越大，硬度越高，其承压能力越大。铜管具有耐腐蚀，耐高温（205℃），耐低温（−196℃），耐压强度高、韧性好、延展性高、致密性强（为钢管的1.15倍）、电化学性能稳定（仅次于金、银）、使用卫生健康等特点。其线性膨胀系数为0.0176mm/（m·K），比钢管大，比PPR塑料管低，作热水干管使用时，要有防热胀冷缩的技术措施。

（5）铅管

铅管（图1-11）分纯铅管（软）和铅合金管（硬铅管）两种。铅管内径从16mm到

200mm，壁厚3～10mm，主要用来输送140℃以下的酸液。铅管标称都用"内径×外径"表示。

图1-10　铜管

图1-11　铅管

3.非金属管材

非金属管材具有重量轻、耐腐蚀、表面光滑、安装方便、价格低廉等优点，是新兴的材料，非金属管材可大致分为高分子合成材料，如塑料、橡胶等，陶瓷，如日用陶瓷、特种陶瓷等，复合材料，如金属与塑料复合。在建筑设备安装工程中逐渐被广泛应用于给水、热水、排水和燃气管道中。

（1）塑料管

新型塑料管材发展迅速，已成为建筑安装工程中的一种主要管材。塑料管与金属管相比有许多优势：材质轻，搬运方便，具有较强的抗化学腐蚀性能，使用寿命比钢管长，内壁光滑，不会积垢，输送流体摩擦阻力小，导热系数比钢管小，外壁不易结露，具有优异的电绝缘性能，耐磨，能输送含有固体的流体，加工容易、施工方便。但是塑料管机械强度较低，多数塑料在60℃以下才能保证适当的强度，温度在70℃以上时强度明显降低，高于90℃则不能作管材使用。

管子的工程外径与管子的壁厚之比，称为标准尺寸比。用字母SDR来表示。管子的许用环应力与额定压力之比用字母S来表示，$S=(SDR-1)/2$，一般有S10、S8、S6.3、S5、S4、S3.2、S2.5、S2等系列。

在我国，塑料管材的新标准中采用ISO国际标准的表示方法，用"管系列S 公称外径d_n×公称壁厚e_n"表示，如"S525×2.3mm"，表示管系列为S5，公称外径d_n为25mm，壁厚e_n为2.3mm的塑料管。在施工图中，习惯用"$De25×2.3$"来表示上述。

1）聚乙烯管（PE）

聚乙烯管（图1-12）重量轻、柔韧性好、管材长、管道接口少、系统完整性好；材质无毒、无结垢层、不滋生细菌；抗防腐，使用寿命长。聚乙烯管应用于给水管道和燃气管道中的埋地管道，也可用作地源热泵系统的埋地换热管。

图1-12　聚乙烯管

通常有低密度聚乙烯管（LDPE）、中密度聚乙烯管（MDPE）和高密度聚乙烯管（HDPE）三种。低密度管（LDPE）柔软性、伸长率、耐冲击性能较好，尤其在化学稳定性和高频绝缘性能优良，在农村主要用于给水、灌溉工程。高密度管（HDPE）具有较高的强度、刚度和耐热性能，可用于水或无害无腐蚀和介质输送。中密度管

（MDPE）既具有高密度管的强度和刚度，又具有低密度管良好的柔软性和抗蠕变性能，燃气输送管道多采用中密度管，常用高密度聚乙烯管规格见表 1-11。

常用高密度聚乙烯管（HDPE）规格　　　　　表 1-11

公称外径(mm)	32	40	50	56	63	75	90	110	125	160	200	250
壁厚(mm)	3	3	3	3	3	3	3.5	4.3	4.9	6.2	6.2	7.8
内径(mm)	26	34	44	50	57	69	83	101.4	115.2	147.6	187.6	234.4

聚乙烯管材长度一般为 6m、9m、12m。给水聚乙烯管材为黑色或蓝色，燃气用埋地聚乙烯管材为黑色（PE80 或 PE100）、黄色（PE80）或橙色（PE100）。聚乙烯对多种溶剂有很好的化学稳定性，因此聚乙烯管材不能粘接而应采用熔接，主要有热熔焊接和电熔焊接等。

2）交联聚乙烯管（PE-X）

交联聚乙烯管（图 1-13）是以高密度聚乙烯为主要原料，通过高能射线或化学引发剂将大分子结构转变为空间网状结构材料制成的管材。

交联聚乙烯管具有以下特点：①适用温度范围广，可在−75～95℃下长期使用，②质地坚实、有韧性，抗内压强度高，95℃下使用寿命长达 50 年，③耐腐蚀，无毒、不霉变、不生锈，管壁光滑、水垢难以形成，④导热系数小，用于供热系统时无需保温，⑤可任意弯曲，不会脆裂。

图 1-13　交联聚乙烯管

在建筑冷、热水供应，饮用水，空调管道，供暖管道和地板供暖盘管等场合都可应用交联聚乙烯管。PE-X 管的规格尺寸见表 1-12。

交联聚乙烯（PE-X）管材的规格尺寸　　　　　表 1-12

公称外径 d_n(mm)	平均外径		最小壁厚 e_{min}(mm)（数值等于 e_n）			
	最小外径 $d_{em,min}$(mm)	最大外径 $d_{em,min}$(mm)	管系列			
			S6.3	S5	S4	S3.2
16	16.0	16.3	1.8[a]	1.8[a]	1.8	2.2
20	20.0	20.3	1.9[a]	1.9	2.3	2.8
25	25.0	25.3	1.9	2.3	2.8	3.5
32	32.0	32.3	2.4	2.9	3.6	4.4
40	40.0	40.4	3.0	3.7	4.5	5.5
50	50.0	50.5	3.7	4.6	5.6	6.9
63	63.0	63.6	4.7	5.8	7.1	8.6
75	75.0	75.7	5.6	6.8	8.4	10.3
90	90.0	90.9	6.7	8.2	10.1	12.3
110	110.0	110.0	8.1	10.0	12.3	15.1
125	125.0	126.2	9.2	11.4	14.0	17.1
140	140.0	141.3	10.3	12.7	15.7	19.2
160	160.0	161.5	11.8	14.6	17.9	21.9

注：摘自《冷热水用交联聚乙烯（PE-X）管道系统　第 2 部分：管材》GB/T 18992.2—2003。
a：考虑到刚性与连接的要求，该厚度不按管系列计算。

3）无规共聚聚丙烯管（PP-R）

聚丙烯是采用石油炼制厂的丙烯气体为原料聚合而成的一种热塑性塑料。可适用于加工冷、热水管道的聚丙烯分为三类，分别是Ⅰ型——均聚聚丙烯（PP-H）、Ⅱ型——嵌段聚丙烯（PP-B）、Ⅲ型——无规共聚聚丙烯（PP-R）。在 60℃下 PP-R 管的长期承压能力最高，所以 PPR 管是冷热水管道的理想材料。

无规共聚聚丙烯管（图 1-14）无毒、卫生，质量轻、强度好，耐腐蚀、不结垢，防冻裂、耐热保温、使用寿命长，安装方便、连接可靠等特点，但刚韧性较差、抗冲击性能差、线性膨胀系数大。可用于建筑冷、热水，空调系统，低温供暖系统等场合。PP-R 管的管系列和规格尺寸见表 1-13。

无规共聚聚丙烯（PP-R）管的规格尺寸　　　　表 1-13

公称外径 d_n(mm)	平均外径		最小壁厚 e_n(mm)					
	最小外径 $d_{em,min}$(mm)	最大外径 $d_{em,max}$(mm)	管系列					
			S6.3	S5	S4	S3.2	S2.5	S2
16	16.0	16.3	—	—	2.0	2.2	2.7	3.3
20	20.0	20.3	—	2.0	2.3	2.8	3.4	4.1
25	25.0	25.3	2.0	2.4	2.8	3.5	4.2	5.1
32	32.0	32.3	2.4	3.0	3.6	4.4	5.4	6.5
40	40.0	40.4	3.0	3.7	4.5	5.5	6.7	8.1
50	50.0	50.5	3.7	4.7	5.6	6.9	8.3	10.1
63	63.0	63.6	4.7	5.8	7.1	8.6	10.5	12.7
75	75.0	75.7	5.6	6.8	8.4	10.3	12.5	15.1
90	90.0	90.9	6.7	8.2	10.1	12.3	15.0	18.1
110	110.0	110.0	8.1	10.0	12.3	15.1	18.3	22.1
125	125.0	126.2	9.2	11.4	14.0	17.1	20.8	25.1
140	140.0	141.3	10.3	12.7	15.7	19.2	23.3	28.1
160	160.0	161.5	11.8	14.6	17.9	21.9	26.6	32.1
180	180.0	181.7	13.3	16.4	20.1	24.6	29.0	36.1
200	200.0	201.8	14.7	18.2	22.4	27.4	33.2	40.1

注：摘自《冷热水用聚丙烯管道系统　第 2 部分：管材》GB/T 18742.2—2017。

4）聚丁烯管（PB）

聚丁烯是一种热塑性塑料，由其制成的 PB 管（图 1-15），是目前理想的冷热水、暖气管材之一。聚丁烯耐高温性能好，材质柔韧同时又具有良好的抗拉、抗压性能，软化温度为 121℃。聚丁烯（PB）的密度为 0.93g/cm³，与聚乙烯（PE）相近。

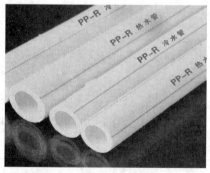

图 1-14　无规共聚聚丙烯管

图 1-15　聚丁烯管

冷热水用聚丁烯（PB）管材适用于建筑冷热水管道系统，包括民用及工业冷热水饮用水和供暖等管道系统。但不适用于灭火管道系统和非水介质的流体输送系统。用于输送饮用水的管材，卫生标准应符合《生活饮用水输配水设备及防护材料的安全性评价标准》GB/T 17219—1998 的规定。PB 管的管系列和规格尺寸见表 1-14。

冷热水用聚丁烯（PB）管的规格尺寸　　　　　　　　　　表 1-14

公称外径 d_n(mm)	平均外径		最小壁厚 e_n(mm)					
	最小外径 $d_{em,min}$(mm)	最大外径 $d_{em,max}$(mm)	管系列					
			S10	S8	S6.3	S5	S4	S3.2
12	12.0	12.3	1.3	1.3	1.3	1.3	1.4	1.7
16	16.0	16.3	1.3	1.3	1.3	1.5	1.8	2.2
20	20.0	20.3	1.3	1.3	1.5	1.9	2.3	2.8
25	25.0	25.3	1.3	1.5	1.9	2.3	2.8	3.5
32	32.0	32.3	1.6	1.9	2.4	2.9	3.6	4.4
40	40.0	40.4	2.0	2.4	3.0	3.7	4.5	5.5
50	50.0	50.5	2.4	3.0	3.7	4.6	5.6	6.9
63	63.0	63.6	3.0	3.8	4.7	5.8	7.1	8.6
75	75.0	75.7	3.6	4.5	5.6	6.8	8.4	10.3
90	90.0	90.9	4.3	5.4	6.7	8.2	10.1	12.3
110	110.0	111.0	5.3	6.6	8.1	10.0	12.3	15.1
125	125.0	126.3	6.0	7.4	9.2	11.4	14.0	17.1
140	140.0	141.5	6.7	8.3	10.3	12.7	15.7	19.2
160	160.0	161.5	7.7	9.5	11.8	14.6	17.9	21.9

注：摘自《冷热水用聚丁烯（PB）管道系统　第 2 部分：管材》GB/T 19473.2—2020。

5）硬聚氯乙烯管（PVC-U）

硬聚氯乙烯管（图 1-16）是以 PVC 树脂为主加入符合标准的必要添加剂混合料，加热挤压而成。硬聚氯乙烯管与金属管道相比具有重量轻、耐腐蚀、流体输送阻力小、有良好的自熄性能、价格低廉等优点。但是硬聚氯乙烯管的机械强度只是钢管的 1/4，施工时易受锐物损伤，其膨胀系数为 $5.9×10^{-5}$ m/(m·K)，是钢材的 5～6 倍，因此长距离管道安装时，必须注意受内、外温度影响所引起的伸缩性，每隔一定长度需设置温度补偿装置。

硬聚氯乙烯管（PVC-U）按照用途分为硬聚氯乙烯给水管和硬聚氯乙烯排水管两种。给水用硬聚氯乙烯（PVC-U）管材适用于建筑物内或室外埋地使用输送饮用水或一般用途给水（但不得用于室内消防水管道系统），水温不超过 45℃。建筑排水用硬聚氯乙烯（PVC-U）管材用于建筑物排水管道系统。在考虑到材料的耐化学性和耐热性的条件下，也可用作工业排水管材。PVC-U 管的管系列和规格尺寸见表 1-15。

6）氯化聚氯乙烯管（PVC-C）

氯化聚氯乙烯管（图 1-17）是由含氯量高达 66％的过氯乙烯树脂加工而成的一种耐热管材。具有良好的强度和韧性，耐化学腐蚀、耐老化，自熄性阻燃，热阻大等特点，可采用粘接、螺纹连接、焊接等连接方式。规格为公称直径 20～160mm，供应管长一般为4m，管材按尺寸分为 S6.3、S5、S4 三个系列，使用温度范围为－40～95℃。适用于各种冷、热水系统及污水管、废液管。

给水用硬聚氯乙烯（PVC-U）管的规格尺寸   表 1-15

公称外径 d_n(mm)	公称压力						
	PN0.63	PN0.8	PN1.0	PN1.25	PN1.6	PN2.0	PN2.5
	公称壁厚 e_n(mm)						
20	—	—	—	—	—	2.0	2.3
25	—	—	—	—	2.0	2.3	2.8
32	—	—	—	2.0	2.4	2.9	3.6
40	—	—	2.0	2.4	3.0	3.7	4.5
50	—	2.0	2.4	3.0	3.7	4.6	5.6
63	2.0	2.5	3.0	3.8	4.7	5.8	7.1
75	2.3	2.9	3.6	4.5	5.6	6.9	8.4
90	2.8	3.5	4.3	5.4	6.7	8.2	10.1
110	2.7	3.4	4.2	5.3	6.6	8.1	10.0
125	3.1	3.9	4.8	6.0	7.4	9.2	11.4
140	3.5	4.3	5.4	6.7	8.3	10.3	12.7
160	4.0	4.9	6.2	7.7	9.5	11.8	14.6
180	4.4	5.5	6.9	8.6	10.7	13.3	16.4
200	4.9	6.2	7.7	9.6	11.9	14.7	18.2

注：摘自《给水用硬聚氯乙烯（PVC-U）管材》GB/T 10002.1—2006。

7）ABS 管

ABS 管（图 1-18）是由丙烯腈-丁二烯-苯乙烯三元共聚经注射加工而形成的管材。用于稀酸液和生活水管。该管强度高，使用温度范围广，但可燃。密度为 1.03～1.07g/cm³，具有强度高耐冲击性好、轻便耐用、抗腐蚀、不易氧化、内壁光滑、水流阻力小的特点，但强度和刚度随温度升高而降低，易受有机溶剂侵蚀，紫外线照射会导致管道老化，生产规格一般为公称直径 20～50mm，工作介质温度－40～80℃，工作压力小于 1.0MPa。

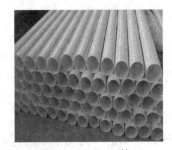

图 1-16　硬聚氯乙烯管　　　　图 1-17　氯化聚氯乙烯管　　　　图 1-18　ABS 管

此外还有钢衬玻璃管、钢塑复合管、耐酸橡胶管和耐酸陶瓷管等主要应用于腐蚀性、酸性介质的输送。

（2）复合管材

复合管材是以金属与热塑性塑料复合结构为基础的管材，内衬塑聚丙烯、聚乙烯或外焊接交联聚乙烯等非金属材料成型。常见的有铝塑复合管和钢塑复合管。

1）铝塑复合管

铝塑复合管（图 1-19）是一种集金属和塑料优点于一体的新型材料，结构为塑料-铝-

塑料，中间铝层采用搭接或对接焊，热导率 $0.45W/(m\cdot K)$，膨胀系数 $25\times10^{-6}m/(m\cdot K)$，长期工作压力 1000kPa，铝塑复合管具有耐腐蚀、耐高温、不回弹、阻隔性能好、可抗静电等特点，可靠性高，使用寿命可达 50 年。按照由外到内结构有 4 种：

① 聚乙烯-粘接剂-铝合金-粘接剂-交联聚乙烯，适用于温度和压力较高的场合。

② 交联聚乙烯-粘接剂-铝合金-粘接剂-交联聚乙烯，适用于温度和压力较高的场合，外表面有较高的强度。

③ 聚乙烯-粘接剂-铝-粘接剂-聚乙烯，适用于温度和压力较低的场合。

④ 交联聚乙烯-粘接剂-铝-粘接剂-聚乙烯。温度较低的场合，主要是燃气输送。

铝塑复合管规格见表 1-16。

铝塑复合管规格 表 1-16

公称直径 d_n(mm)	公称外径公差(mm)	参考内径 d_i(mm)	圆度(mm)		管壁厚 e_m(mm)		内层塑料最小壁厚 e_n(mm)	内层塑料最小壁厚 e_n(mm)	铝管层最小壁厚 e_n(mm)
			盘管	直管	最小值	公差			
12		8.4	≤0.8	≤0.4	1.6		0.7		0.18
16		12.1	≤1.0	≤0.5	1.7		0.9		
20		15.7	≤1.2	≤0.6	1.9	+0.5 0	1.0		0.23
25	+0.3 0	19.9	≤1.5	≤0.8	2.3		1.1		
32		25.7	≤2.0	≤1.0	2.9		1.2		0.28
40		31.6	≤2.4	≤1.2	3.9	+0.6 0	1.7	0.4	0.33
50		40.5	≤3.0	≤1.5	4.4	+0.7 0	1.7		0.47
63	+0.4 0	50.5	≤3.8	≤1.9	5.8	+0.9 0	2.1		0.57
75	+0.6 0	59.3	≤4.5	≤2.3	7.3	+1.1 0	2.8		0.67

注：摘自《铝塑复合压力管》GB/T 18997—2020。

2）钢塑复合管

钢塑复合管（图 1-20）以焊接钢管为中间层，内外层为聚乙（丙）烯塑料，采用专用热熔胶，通过挤出成型方法复合成一体的管材。该管具有塑料管和钢管的优点，内壁光滑、无污染，是替代镀锌钢管的理想产品。该类管道可采用沟槽连接、卡套式连接、承插式连接和法兰连接。钢塑复合管可用于城镇和建筑室内外冷热水、饮用水、供暖、城镇燃气以及各种流体（包括工业废水、腐蚀性流体、煤矿供水、排水、压风等）、排水（包括重力污、废水排放和虹吸式屋面雨水排放系统）、输送用复合管以及电力电缆、通信电缆、光缆保护套管用复合管，应用时应根据介质的压力、温度和腐蚀性，选择具体的管材品种。

非金属管连接可根据不同管材采用承插连接、热熔焊接、电熔连接、胶粘连接挤压头连接等方式。常用非金属管性能和连接方式见表 1-17。常用非金属管适用场合比较见表 1-18。

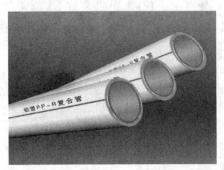

图 1-19 铝塑复合管

图 1-20 钢塑复合管

常用非金属管性能比较及连接方式 表 1-17

性能	PE-X 管	PP-R 管	铝塑管	PB-1 管	PVC-C 管	HDPE 管	PVC-C 管
生产工艺及设备	较复杂	较简单	较复杂	较简单	较复杂	较简单	较简单
回收利用	不能	能	不能	能	能	能	能
使用寿命(年)	50	50	50	50	50	50	30~50
长期使用温度(℃)	−75~110	≤70	≤95	≤95	−40~95	≤60	≤60
耐压性能(MPa)	0.6~1.0	≥1.0	1.0	—	≥1.0	≥0.32	≥0.6
热胀系数[mm/(m·℃)]	0.15	0.16	0.025	0.13	0.06	0.17	—
导热系数[W/(m·℃)]	0.35	0.24	0.45	0.33	0.95BTU	0.43	—
阻隔气体渗透	不能	不能	能	不能	不能	不能	不能
卫生性能	优	优	优	优	优	优	优
连接管件材料	金属	PPR	金属	PB-1	CPVC	HDPE	UPVC
承插连接	不可	不可	不可	不可	不可	不可	不可
胶粘连接	不可	不可	不可	不可	不可	不可	不可
热熔连接	不可	可	不可	可	不可	可	不可
电熔连接	不可	可	不可	可	不可	可	不可
挤压头紧连接	可	可	可	可	不可	不可	不可

常用非金属管应用范围 表 1-18

应用 管材	市政 给水	市政 排水	建筑 给水	建筑 排水	室外 燃气	供暖	雨水	穿线	排污
PVC-U 管	用	用	用	用			用		
PVC-C 管	用		用			用			用
HDPE 管	用		用		用				
MDPE 管			用		用			用	
LDPE 管								用	
PEX 管			用			用		用	用
PPR 管			用			用		用	用
PB-1 管			用			用			用
ABS 管			用			用			用
玻璃钢管	用	用							
铝塑复合管			用		用	用		用	
钢塑复合管	用	用	用		用				

1.1.3 管子附件

在水、暖、燃气输送系统中,管路需要延长、分支、转弯和变换管径,因此就要有各种不同形式的管子配件(管件)与管子配合使用。尤其是螺纹连接的管子,其配件种类较多。

1. 螺纹连接管件

螺纹连接管子配件的材质要求密实坚固并有韧性，便于机械切削加工。管子配件的内螺纹应端正整齐无断丝，壁厚均匀一致，外形规整，材质严密无砂眼。主要用可锻铸铁（俗称马铁或韧性铸铁）、黄铜或软钢制造而成。铸铁管件也分黑铁与白铁两种，黑铁管件经镀锌处理后称为白铁管件。

按照它们的功能，螺纹连接管件可分为以下几种（图 1-21）：

① 管路延长连接用配件：管箍、外丝（内接头）；

② 管路分支连接用配件：三通（丁字路）、四通（十字路）；

③ 管路转弯用配件：90°弯头、45°弯头；

④ 节点碰头连接用配件：根母（六方内丝）、活接头（由任）、带螺纹法兰盘；

⑤ 管子变径用配件：补心（内外丝）、异径管箍（大小头）；

⑥ 管子堵口用配件：丝堵、管堵头。

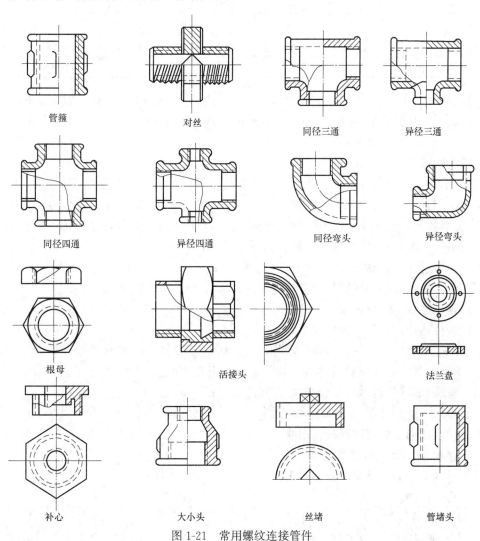

图 1-21　常用螺纹连接管件

21

螺纹连接管子配件的规格和所对应的管子是一致的，都以公称尺寸标称。同一种配件有同径和异径之分，例如三通管分为同径和异径两种。同径管件规格的标志可以用一个数值或三个数值（单位默认均为毫米）表示，如规格为 25 的同径三通可以写为⊥25 或⊥25×25×25。异径管件的规格通常要用两个管径数值表示，前一个数表示大管径，后一个数表示小管径。如异径三通⊥25×15，异径大小头 32×20。对各种管件的规格组合见表 1-19。

螺纹连接管子配件的规格排列表（mm）　　　　　　　　表 1-19

同径管件	异 径 管 件							
15×51								
20×20	25×25							
25×25	25×15	25×20						
32×32	32×15	32×20	32×32					
40×40	40×15	40×20	40×32	40×32				
50×50	50×15	50×20	50×32	50×32	50×40			
65×65	65×15	65×20	65×32	65×32	65×40	65×50		
80×80	80×15	80×20	80×32	80×32	80×40	80×50	80×65	
100×100	100×15	100×20	100×32	100×32	100×40	100×50	100×65	100×80

螺纹连接可锻铸铁配件应承受公称压力为 0.8MPa，软钢配件公称压力为 1.6MPa。

管配件的内螺纹应端正、整齐、无断扣，壁厚均匀一致，外形规整，材质严密无砂眼。

2. 铸铁管件

铸铁管件由灰铸铁制成，分为给水管件和排水管件，铸铁管件材质同铸铁管，其管道名称、图形标示应符合《灰口铸铁管件》GB/T 3420—2008 的规定。给水铸铁管件（图1-22）壁厚较厚，能承受一定的压力，连接形式有承插和法兰两种，主要用于给水系统和供热管网中。给水铸铁管件按照功能分为以下几类：

① 转向连接：如 90°、45°、22.5°等各种弯头；

② 分支连接：如丁字管、十字管等；

③ 延长连接：如管子箍（套袖）；

④ 变径连接：如异径管（大小头）。

排水铸铁管件（图 1-23）壁厚较薄，为无压自流管件，连接形式都是承插连接，主要用于排水系统。排水铸铁管件按照功能分为以下几类：

① 弯头和来回弯：如 90°、45°弯头和乙字弯；

② 排水三通：如 T 形三通和斜三通；

③ 排水四通：如正四通和斜四通；

④ 存水弯：如 P 形弯、S 形弯；

⑤ 管接头：如管子箍、异径接头。

3. 其他管件

（1）塑料管管件

塑料管件主要用于塑料管道的连接，各种功能和形式与前述各种管件相同。但由于连

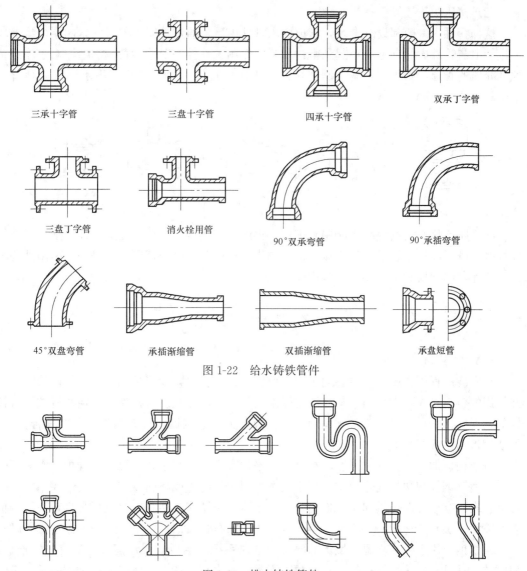

三承十字管　　　　三盘十字管　　　　四承十字管　　　　双承丁字管

三盘丁字管　　　消火栓用管　　　90°双承弯管　　　90°承插弯管

45°双盘弯管　　　承插渐缩管　　　双插渐缩管　　　承盘短管

图 1-22　给水铸铁管件

图 1-23　排水铸铁管件

接方式不同，塑料管管件可大致分为熔接、承插连接和螺纹连接三种（图 1-24～图 1-26），其中螺纹连接管件在内部有金属嵌件。

图 1-24　承插连接塑料管件　　　图 1-25　熔接塑料管件　　　图 1-26　螺纹连接塑料管件

（2）挤压头连接管件

这种管件内一般都设有卡环，管道插入管件内后，通过拧紧管件上的紧固圈，将卡环顶进管道与管件内的空隙中，起到密封和紧固作用。管件一般采用黄铜制造，对于输送腐蚀性介质的管道，则采用不锈钢制造，挤压头连接管件（图1-27）多用于铝塑复合管系统中。

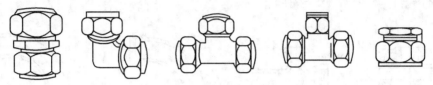

图1-27 挤压头连接管件

在管路连接中，法兰盘既能用于钢管，也能用于铸铁管，可以和螺纹连接配合，也可以焊接，既可以用于管子延长连接，也可作为节点碰头连接用，所以它是一个多用处的配件。法兰盘的规格标准将在1.5节详述。

1.2 板材和型钢

1.2.1 板材

在安装工程中金属薄板主要用于制作风管、气柜、水箱及围护结构。制作风管及风管部件用的金属薄板要求板面平整光滑，厚度均匀一致，无脱皮、开裂、结疤及锈坑，有较好的延展性，适宜咬口加工。常用的金属薄板分为普通钢板、镀锌钢板、塑料复合钢板、不锈钢板和铝板等几类。

普通钢板加工性能好、强度较高，且价格便宜，广泛用于普通风管、气柜、水箱等的制作。镀锌钢板和塑料复合板主要用于空调、超净等防尘或防腐要求较高的通风系统。镀锌钢板表面有镀锌保护层起防锈作用，一般不再刷防锈漆。塑料复合钢板是将普通薄钢板表面喷涂一层0.2~0.4mm厚的塑料，具有较好的耐腐蚀性，用于有腐蚀气体的通风系统。不锈钢板用于化工高温环境下的耐腐蚀通风系统。铝板延展性能好，适宜咬口连接，耐腐蚀，且具有传热性能良好，在摩擦时不易产生火花的特性，所以铝板常用的于防爆的通风系统。

金属薄板的规格通常用短边和长边以及厚度三个尺寸表示，例如1000mm×2000mm×1.2mm。根据《冷轧钢板和钢带的尺寸、外形、重量及允许偏差》GB/T 708—2019钢板和钢带的公称厚度为不大于4000mm，公称宽度为不大于2150mm，钢板的公称长度为1000~6000mm，规格见表1-14。根据《热轧钢板和钢带的尺寸、外形、重量及允许偏差》GB/T 709—2019，热轧钢板和钢带的公称尺寸范围见表1-20。

热轧钢板和钢带的公称尺寸范围 表1-20

产品名称	公称厚度	公称宽度	公称长度
单扎钢板	3.00~450	600~5300	2000~25000
宽钢带	≤25.40	600~2200	—
连轧钢板	≤25.40	600~2200	2000~25000
纵切钢带	≤25.40	120~900	—

风管钢板厚度一般由设计给定，如设计图纸未注明时，一般送排风系统可参照表 1-21 选用，除尘系统参照表 1-22 选用。

一般送排风风管钢板最小厚度　　　　　　　　　　表 1-21

矩形风管最长边或圆形风管直径(mm)	钢板厚度(mm)		
	输送空气		输送烟气
	风管无加强构件	风管有加强构件	
小于 450	0.5	0.5	1.0
450～1000	0.8	0.6	1.5
1000～1500	1.0	0.8	2.0
大于 1500	根据实际情况		

注：排除腐蚀性气体，风管壁厚除满足强度要求外，还应考虑腐蚀余量，风管壁厚一般不小于 2mm。

除尘系统风管用钢板最小厚度　　　　　　　　　　表 1-22

风管直径(mm)	钢板厚度(mm)					
	一般磨料		中硬度磨料		高硬度磨料	
	直管	异形管	直管	异形管	直管	异形管
200 以下	10	1.5	2.5	2.5	2.0	2.0
200～400	1.25	1.5	1.5	2.5	2.0	3.0
400～600	1.25	1.5	2.0	3.0	2.5	3.5
600 以上	1.5	2.0	2.0	3.0	3.0	4.0

注：1. 吸尘器及吸尘罩的钢板用 2mm。
　　2. 一般磨料系指木工锯屑、烟丝和棉麻尘等。
　　3. 中硬度磨料系指砂轮机尘、铸造灰尘和煤渣尘等。
　　4. 高硬度磨料系指矿石尘、石英粉尘等。

1.2.2 型钢

在供热及通风工程中，型钢主要用于设备框架、风管法兰盘、加固圈以及管路的支、吊、托架，常用型钢种类有扁钢、角钢、圆钢、槽钢和 H 型钢等。

扁钢（图 1-28）主要用于制作风管法兰及加固圈，以宽度×厚度表示，如 20mm×4mm，扁钢规格见表 1-23。

扁钢规格和重量表　　　　　　　　　　表 1-23

宽度(mm) 厚度(mm)	理论重量(kg/m)															
	10	12	14	16	18	20	22	25	28	30	32	35	40	45	50	55	60
3	0.24	0.28	0.33	0.38	0.42	0.47	0.52	0.59	0.66	0.71	0.75	0.82	0.94	1.06	1.18	—	—
4	0.31	0.38	0.44	0.50	0.57	0.63	0.69	0.78	0.88	0.94	1.00	1.10	1.26	1.41	1.57	1.73	1.88
5	0.39	0.47	0.55	0.63	0.71	0.78	0.86	0.98	1.10	1.18	1.26	1.37	1.57	1.77	1.96	2.16	2.36
6	0.47	0.57	0.66	0.75	0.85	0.94	1.04	1.18	1.32	1.41	1.51	1.65	1.88	2.12	2.36	2.59	2.83
7	0.55	0.66	0.77	0.88	0.99	1.10	1.21	1.37	1.54	1.65	1.76	1.92	2.20	2.47	2.75	3.02	3.30
8	0.63	0.75	0.88	1.00	1.13	1.26	1.38	1.57	1.76	1.88	2.01	2.20	2.51	2.83	3.14	3.45	3.77
9	—	—	—	1.15	1.27	1.41	1.55	1.77	1.98	2.12	2.26	2.47	2.83	3.18	3.53	3.89	4.24
10	—	—	—	1.26	1.41	1.57	1.73	1.96	2.20	2.36	2.55	2.75	3.14	3.53	3.93	4.32	4.71

注：摘自《热轧钢棒尺寸、外形及允许偏差》GB/T 702—2017。

角钢（图 1-29）多用于风管法兰及管路支架制作，分为等边角钢和不等边角钢，以边长×厚度表示，如 40mm×40mm×4mm 角钢，等边角钢规格见表 1-24。槽钢（图 1-30）主要用于箱体，柜体的框架结构及风机等设备的机座，规格见表 1-25。圆钢（图 1-31）主要用于吊架拉杆、管道支架卡环以及散热器托钩，规格见表 1-26。H 形钢（图 1-32）用于设备的支架。

图 1-28　扁钢

图 1-29　角钢

图 1-30　槽钢

等边角钢规格和重量表

表 1-24

尺寸(mm)		理论重量 (kg/m)	尺寸(mm)		理论重量 (kg/m)
宽	厚		宽	厚	
20	3	0.899	56	3	2.624
	4	1.145		4	3.446
25	3	1.124		5	4.251
	4	1.459		6	6.586
30	3	1.373	63	4	3.970
	4	1.785		5	4.822
36	3	1.656		6	5.721
	4	2.163		8	7.469
	5	2.654	70	4	4.372
40	3	1.852		5	5.397
	4	2.422		6	6.406
	5	2.976		7	7.398
45	3	2.088		8	8.373
	4	2.736	75	5	5.818
	5	3.369		6	6.905
	6	3.985		7	7.976
50	3	2.332		8	9.030
	4	3.059		10	11.089
	5	3.770	80	5	6.211
	6	4.465		8	9.658

注：摘自《热轧型钢》GB/T 706—2016。

图 1-31 圆钢

图 1-32 H形钢

槽钢规格和重量表 表 1-25

型号	尺寸(mm)			理论重量 (kg/m)
	高度(h)	腿宽(b)	腰厚(d)	
5	50	37	4.5	5.44
6.3	63	40	4.8	6.63
8	80	43	5	8.04
10	100	48	5.3	10
12.6	126	53	5.5	12.37
14a	140	58	6	14.53
14b	140	60	8	16.73
16a	160	63	6.5	17.23
16b	160	65	8.5	19.74
18a	180	68	7	20.17
18b	180	70	9	22.99
20a	200	73	7	22.63
20b	200	75	9	25.77

注：摘自《热轧型钢》GB/T 706—2016。

圆钢规格和重量 表 1-26

直径 (mm)	允许误差 (mm)	理论重量 (kg/m)	直径 (mm)	允许误差 (mm)	理论质量 (kg/m)
5		0.154	20	±0.4	2.47
6		0.222	22		1.98
8		0.395	25	±0.5	3.85
10	±0.4	0.617	28		4.83
12		0.888	32		6.31
14		1.21	36		7.99
16		1.58	38	±0.6	8.90
18		2.00	40		9.87

注：摘自《热轧钢棒尺寸、外形、重量及允许偏差》GB/T 702—2017。

1.3　焊　接　材　料

焊接材料是安装工程施工过程中常用的消耗材料，常用的焊接材料包括焊条、焊丝、氧气、乙炔气及辅助材料如焊剂、保护性气体等。

1.3.1　电焊条

焊条是涂有药皮的供电弧焊用的熔化电极，由焊芯与药皮组成，简称为"焊条"。电焊条广泛用于机械制造、造船、建筑、石化、电力、桥梁、锅炉及压力容器制造等工业领域。

1. 焊芯

焊芯是指被药皮包覆的金属芯棒。焊接时，焊芯一方面起到电极作用，维持电弧，另一方面作为填充金属熔化后与母材熔合，形成焊缝金属。为提高焊缝金属的塑性、韧性和焊接性能，对焊芯的化学成分、机械性能和几何尺寸都有一定的要求。

常用的钢焊芯应严格控制硫、磷等杂质含量，并限制含碳量。碳钢与低合金钢焊条的焊芯一般采用标准的低碳焊条钢，高合金钢焊条的焊芯成分要求与被焊钢种的成分相近。焊条直径实际是指焊芯直径，应根据焊接金属的厚度选择（表1-27），并与焊接电流对应。

焊条直径选择　　　　　　　　　　　　　　　　　　表1-27

被焊工件厚度(mm)	≤1.5	2	3	4～7	8～12	≥13
焊条直径(mm)	1.6	1.6～2	2.5～3.2	3.2～4	4～5	4～5.8

2. 药皮

药皮是焊条中压涂在焊芯表面上的涂料层。它由各种粉料、胶粘剂按一定比例配制而成。根据不同的作用，各组成成分可分为稳弧剂、造气剂、造渣剂、脱氧剂、合金剂、粘接剂和增塑剂等，具体材料包括有碳酸盐、金红石、云母、白泥、水玻璃、木粉、钛铁、硅铁、锰铁、钼铁及锰、铬金属等。

药皮具有以下作用：

①机械保护作用：焊接时，药皮产生大量气体和熔渣，可以很好地保护熔化金属，防止氮化和氧化，降低冷却速度，减少收缩应力。

②冶金处理作用：通过熔渣与蜡化金属间的化学反应，可以去除杂质，添加合金元素，从而提高焊缝的力学性能。

③改善焊接工艺性能：能稳定电弧，减少飞溅，改善焊缝成型、脱渣能力，提高熔敷效率。

焊条型号是以焊条国家标准为依据，反映焊条主要特性的一种表示方法。焊条型号包括以下含义：焊条类别、焊条特点（如焊芯金属类型、使用温度、熔敷金属化学组成或抗拉强度等）、药皮类型及焊接电源。不同类型焊条的型号表示方法也不同。焊条牌号指的是有关工业部门或生产厂家实际生产的焊条产品。根据焊条的主要用途、性能特点对焊条产品的具体命名。牌号由三个单元构成。第一单元用一个汉字表示焊条的类型，见表1-28，第二单元表示焊条特点，对于结构钢焊条表示强度，如50表示焊缝抗拉强度

≥500MPa，第三个单元表示药皮种类和对应电源要求，见表1-29。

焊条类型　　　　　　　　表1-28

类型	结构钢	钼、铬钼耐热钢	不锈钢	堆焊	低温钢	铸铁	镍、镍合金	铜、铜合金	铝、铝合金
代号	J	R	G/A	D	W	Z	N	Ti	L

钢焊条药皮分类表示法（不包括铁粉焊条）　　　　　　　　表1-29

类型	特殊型	氧化钛型	钛钙型	钛铁矿型	氧化铁型	纤维素型	低氢型	低氢型	石墨型	盐基型
适用电源	无规定	交流直流	交流直流	交流直流	交流直流	交流直流	交流直流	直流	交流直流	直流
牌号	0	1	2	3	4	5	6	7	8	9

1.3.2 焊丝

焊丝在气焊中作为填充金属，被焊枪产生的高温火焰中熔化后与母材熔合。按适用的焊接方法，分为埋弧焊焊丝、CO_2焊焊丝、钨极氩弧焊焊丝、熔化极氩弧焊焊丝、电渣焊焊丝、自保护焊焊丝等。按焊丝的形状结构，可分为实心焊丝、药芯焊丝及活性焊丝三类。

焊接低碳钢的焊丝含碳量一般在0.08%左右，焊丝中还含有锰、硅、铬、镍、铜、硫和磷等成分，各成分的含量应符合国家标准要求，常用焊接焊丝的牌号和化学成分见表1-30。焊接时，焊丝的直径要与焊接件厚度相适应，当工件厚度小于4mm时，焊丝直径与工件厚度相等，当工件厚度为5～15mm时，选用4～6mm的焊丝。焊丝表面应当干净无锈，无油脂及其他污垢。

常用焊接焊丝的牌号和化学成分　　　　　　　　表1-30

牌号	化学成分（%）							
	碳	锰	硅	铬	镍	铜	硫	磷
H08	≤0.10	0.30～0.55	≤0.03	≤0.20	≤0.30	≤0.20	≤0.04	≤0.04
H08A	≤0.10	0.30～0.55	≤0.03	≤0.20	≤0.30	≤0.20	≤0.03	≤0.03
H08E	≤0.10	0.30～0.55	≤0.03	≤0.20	≤0.30	≤0.20	≤0.03	≤0.03
H08MnA	≤0.10	0.80～1.10	≤0.07	≤0.20	≤0.30		≤0.03	≤0.03
H08Mn2SiA	≤0.11	1.80～2.10	0.65～0.95	≤0.20	≤0.30		≤0.03	≤0.03

1.3.3 焊剂

焊剂相当于电焊条的药皮，其作用是去除气焊时在熔池中形成的氧化物等杂质，可以保护被焊金属，同时具有冶金处理和改善工艺性能的作用。在气焊低碳钢时。由于熔渣熔点较低，容易去除，可以不使用焊剂；在气焊接合金钢、铸铁和有色金属时必须采用焊剂。

焊剂分类方法很多，按制造方法分为熔炼焊剂和非熔炼焊剂，用途可分为碳钢焊剂、合金结构钢焊剂、高合金钢焊剂和有色金属用焊剂，按焊剂主要成分分为氟碱性焊剂、高铝型焊剂、硅钙型焊剂、硅锰型焊剂和铝钛型焊剂，按熔渣性质分为酸性焊剂、中性焊剂和碱性焊剂等。

使用时，应根据母材材质、焊接方法等要求选择不同化学成分、制造结构的焊剂。

1.3.4　电石和乙炔气

电石（CaC_2）是由石灰和焦炭在电炉中焙烧化合而成的，电石与水作用分解产生乙炔气（C_2H_2）。1kg 电石可产生乙炔气 $230\sim280m^3$（需用水 $5\sim15m^3$）。电石在空气中能够大量吸收水分而分解，所以贮藏电石的铁桶要盖严密，以免电石受潮分解。

乙炔气是气焊或气割的燃料，它与氧气燃烧产生的高温火焰熔化焊丝和母材。乙炔气是具有爆炸性的气体，使用时要严格遵守操作规程和注意安全。乙炔气可现场用乙炔发生器通由电石制取，也可购置瓶装乙炔气减压后使用。

1.3.5　氧气

为获得高温火焰，乙炔气燃烧时需要较高纯度的氧气助燃。焊接用的氧气一般是用空气分离法提取的，要求纯度达到 98% 以上。氧气厂生产的氧气以 15MPa 的压力注入钢瓶中，钢瓶漆成蓝色，并注有黑色"氧气"的字样，氧气瓶容量一般为 40L。氧气的纯度对气焊、切割的效率和质量有很大的影响，用于气焊和切割的氧气纯度越高越好，尤其是切割时，为实现切口下缘无粘渣，氧气纯度至少在 99.6% 以上。

1.3.6　保护气体

在焊接过程中，保护气体在焊点周围形成一个保护区，防止氧化和氮化，提高焊接质量。常用的保护气体主要有 CO_2 和 Ar 气体，其中 CO_2 价格最便宜，故应用较多。

1. CO_2 气

CO_2 气体是氧化性保护气体，低成本、化学性质稳定、不燃烧、不助燃，有固态、液态、气态三种状态。随 CO_2 气体中水分的增加即露点温度的提高，焊缝金属中含氢量逐渐升高、塑性下降，甚至产生气孔等缺陷，因此焊接用的 CO_2 气体必须具有较高的纯度，焊接用液体 CO_2 一般要求 $CO_2>99\%$，$O_2<0.1\%$，$H_2O<0.05\%$。焊接用的 CO_2 气体常为装入钢瓶的液态 CO_2，既经济又方便。CO_2 钢瓶规定漆成黑色，上写黄色"液化二氧化碳"字样。瓶内液态 CO_2 充装系数不得大于 0.66kg/L，在瓶内留有 20% 左右容积的汽化空间。采用 CO_2 作保护气体施焊时，必须有良好的通风措施，以免因 CO_2 及 CO 浓度过高，影响焊工身体健康。

2. Ar 气

Ar 气是一种惰性气体，化学性能稳定，导热系数很小。焊接时它既不与金属起化学反应，也不溶液于液态金属中，电弧热量损失较小，是理想的保护气体。焊接多使用钢瓶装的 Ar 气，钢瓶漆成银灰色，上写绿色"氩"字。在 20℃ 以下，满瓶压力为 15MPa。焊接中如果氩气的杂质含量超过规定标准，在焊接过程中不但影响对熔化金属的保护，而且极易使焊缝产生气孔、夹渣等缺陷，影响焊接接头质量，加剧钨极的烧损量，我国现行规定，焊接用氩气的纯度应达到 99.99%。

1.4　防腐蚀及绝热材料

1.4.1　防腐蚀材料

管道和设备的常用防腐措施是在管道和设备上涂刷防腐涂料，隔断腐蚀介质与金属体的接触。为保证良好的防腐效果，防腐涂料不但本身要能抗腐蚀，并具有一定的机械强度外，还应与金属表面有很强的附着力。对明装的管道和设备，一般采用油漆涂料，对设置于地下的管道，多采用沥青涂料。

1. 油漆

油漆是一种有机高分子胶体混合物的溶液，多数为有机合成的各种树脂。防腐油漆涂料具有不透气、不透水、附着力强的特性，能形成密实的漆膜。

油漆涂料由成膜物质、溶剂和填料（包括颜料）三部分组成。成膜物质是基础材料，实际上是一种粘接剂，其作用在于粘结融合填料，以便在金属表面形成牢固的漆膜。溶剂（又称稀释料）是一些挥发性液体，主要用来溶解或稀释成膜物质，便于涂刷。填料或颜料是一些添加剂，能够增加漆膜的厚度，改变漆膜的颜色和物理化学性能，提高漆膜的强度和耐热、耐腐蚀性。

油漆漆膜由底漆和面漆构成。底漆要求附着力强、防腐性能好；面漆一般强度高，主要作用在于保护底漆不受损伤。常用的底漆和面漆见表1-31。

常用油漆性能 表1-31

名　称	用途	耐温	性　能	备　注
红丹油性防锈漆		150℃	与钢铁附着力强,防潮、防水防锈性强,干燥较慢,漆面较软	不宜暴露于大气中,需有面漆罩盖,适用钢铁表面
红丹酚醛防锈漆		150℃	性能同红丹油性防锈漆,但干燥快,防火性好	
铁红醇酸底漆	底漆	200℃	附着力强,防锈性和耐候性强,防潮性稍差	适用高温钢铁表面
硼钡酚醛防锈漆		—	附着力强,防锈性好,无毒,干燥快	适用钢铁表面
磷化底漆		60℃	对金属表面附着力强,防锈性好	可省去磷化和钝化处理,适用有色、黑色金属
各色厚漆（铅油）	底漆面漆	60℃	干燥较慢,漆膜较软,在热湿天气时发黏,涂刷时需清油稀释	适用室内钢铁、木材表面
银粉漆		150℃	对钢铁和铝附着力强,受热后不易起泡	适用供暖管道及散热器
油性调合漆		60℃	附着力强,耐候性好	适用室外金属、木材、建筑表面
酚醛调合漆		60℃	附着力强,耐水,漆膜坚硬,光泽好,耐候性差	适用室内外钢铁、木材表面
醇酸调合漆	面漆	60℃	附着力强,漆膜坚硬,光泽好,耐候性、耐久性、耐油性好	适用室外金属表面
生漆		200℃	附着力强,漆膜坚硬,耐酸、耐水,毒性大	适用金属、木材表面
过氯乙烯防腐漆		60℃	防腐防潮,耐酸、碱等	适用钢铁、木材表面

2. 沥青涂料

沥青是一种由高分子烃类及含硫、含氮衍生物组成的混合物，呈胶质结构。具有良好的粘接剂和绝缘性，不透水，耐酸、碱、盐和电化学腐蚀，价格便宜，但耐候性较差，不耐有机溶剂和氧化剂腐蚀。沥青是地下管道最常用的防腐涂料。

沥青分石油沥青和煤沥青两种。石油沥青包括伴生于油矿的天然石油沥青和石油提炼的副产品炼油沥青，煤沥青是煤制气和烟煤制焦炭的副产品。防腐工程采用的沥青主要是建筑石油沥青和普通石油沥青。

沥青的性能由针入度、伸长度和软化点三项指针表示，分别反映沥青的硬度、塑性和热稳定性。针入度大，则施工方便，耐久性好，伸长度大，沥青涂层不容易脆裂，软化点高，施工时难于熔化，但热稳定性好，一般要求沥青的软化点比管道内介质最高温度高45℃以上。

制备沥青涂料时，若一种沥青技术性能不能满足要求，可将两种牌号的沥青调配，也可在沥青中加入填料（橡胶粉、高龄土、滑石粉或石灰石粉等）或增韧剂（清漆、机油等），提高沥青的软化点或增加沥青的塑性。冷底子油的作用在于沥青涂层与金属表面的粘结力。冷底子油是由与沥青涂层相同的沥青和汽油、柴油、煤油等溶剂按 1∶（2.5～3）（体积比）的比例调配而成。制备时首先进行沥青干燥脱水。将沥青放入沥青锅，逐渐升温并搅拌，保持在 170～200℃（不能超过 220℃）熬制 1.5～2h，直到不冒气泡为止（表示脱水完毕）。然后降温至 70～80℃，按配比缓慢倒入装有溶剂的容器中，边倒边搅拌均匀，即成为冷底子油。冷底子油的施工涂刷应在温度 60～80℃范围进行，涂刷保持均匀，涂膜厚度在 0.1～0.15mm 范围内为宜。

在制备沥青涂料时，将沥青加热脱水后保持在 160～180℃，继续加入经脱水的沥青，不断搅拌。当一种沥青不能满足使用要求时（如软化点、针入度、伸长度等），可将两种牌号的沥青调配，也可加入橡胶粉、高岭土、石棉粉、滑石粉等填料成为沥青玛琋脂。沥青玛琋脂的熬制与配制冷底子油一样，首先进行沥青的干燥脱水。将沥青放入沥青锅内，边加热边搅拌至温度 180～200℃后保持温度不变，1～2h 进行脱水，然后将干燥预热过的填料分小批倒入沥青内，边倒边搅拌至混合均匀，测定其针入度、软化点、伸长率并调整填料的种类和数量直至满足要求为止。

3. 防腐材料的选用

防腐材料的选用应考虑以下几个方面的因素：①涂刷材料的表面性质，②被涂刷物体周围环境（腐蚀介质的种类、浓度、温湿度等），③施工条件，④各涂层的配合，⑤经济性。适用于不同要求的各种涂层常用涂料见表 1-32。

各涂层常用涂料　　　　　　　　　　　　　表 1-32

涂层类别	涂料品种	涂层类别	涂料品种
耐大气涂层	油性漆、酚醛漆、醇酸漆、天然树脂漆、硝基漆、丙烯酸漆	耐热涂层	酚醛耐热漆、有机硅耐热漆、锅炉漆、烟囱漆、氨基漆等
防潮涂层	沥青漆、酚醛漆、长油度醇酸漆、乙烯漆、过氯乙烯漆、橡胶漆等	耐酸涂层	树脂耐酸漆、酚醛耐酸漆、聚氨酯漆、环氧树脂漆、乙烯漆、过氯乙烯漆、橡胶漆等
防水涂层	沥青漆、酚醛漆、橡胶漆、过氯乙烯漆、聚氨酯漆等	耐碱涂层	乙烯漆、过氯乙烯漆、环氧树脂漆、聚氨酯漆、橡胶漆等
耐溶剂涂层	聚氨酯漆、乙烯漆、环氧树脂漆等	耐油涂层	醇酸漆、硝基漆、过氯乙烯漆、环氧树脂漆等

1.4.2　绝热材料

在安装工程中，绝热材料贴附在设备和管道的表面上，利用本身较大的热阻，减少设备和管道与外界的热量传递。绝热材料应具备以下技术性能要求：

① 导热系数小，热稳定性好。

② 吸湿性低，抗蒸汽渗透能力强。

③ 密度小，有一定的机械强度，经久耐用。

④ 无毒、无臭、不燃，不腐蚀金属，化学稳定性好，不易霉烂变质。

⑤ 资源广，价格低廉，施工方便。

⑥ 除软质、半硬质、散状材料外，硬质无机制品的抗压强度不应小于 0.30MPa，有机制品的强度不应小于 0.20MPa。

常见的绝热材料的种类有玻璃棉类、矿渣棉类、岩棉类、石棉类、硅藻土、膨胀珍珠岩、膨胀蛭石、硅酸铝、橡塑、聚氨酯等。

玻璃棉类无毒、耐腐蚀、不燃烧、密度小、导热系数小、吸水率大，使用时要有防水措施，使用温度 350℃以上。矿渣棉类抗酸碱性能好，对人体刺激小，导热系数小，吸水率大，使用应有防水措施。岩棉类耐腐蚀、不燃烧、密度小、导热系数小，可耐 600～800℃高温。石棉类耐碱性好，热稳定性好，耐温 400～500℃。硅藻土密度大、导热系数大、吸水率大，但机械强度高、耐火度高，可耐 1280℃高温。膨胀珍珠岩不腐蚀、不燃烧、化学稳定性好、导热系数大，密度变化大，使用温度 800℃。膨胀蛭石导热系数小、强度大、吸水率大、耐火性好，化学性能稳定，无腐蚀、不易变质。硅酸铝保温材料为新型绿色无机涂料，无毒无害、吸音、耐高温、耐水、耐冻、容重轻、质量稳定可靠、吸水阻燃、密封稳固。橡塑为闭孔弹性材料，具有柔软、耐屈挠、耐寒、耐热、阻燃、防水、减震、吸音等优良性能。聚氨酯保温主要应用于地下管道保温系统，耐寒性能极佳。具有防水、防腐、耐老化优点。常用绝热材料见表 1-33。

常用绝热材料 表 1-33

材料名称		密度 (kg/m³)	导热系数 [W/(m²·K)]	使用极限温度(℃)	耐压强度 (MPa)	特性
钙化锯末		490	0.105	100	0.42	使用时需加一定的水泥
钙化木屑		596 764	0.11 0.145	100	—	
泡沫混凝土		360～510		250	0.4	用 400 号硅酸盐水泥、泡沫剂和水混合制成
石棉蛭石瓦		400 500	0.088 0.159	800	＞0.15 ＞0.45	
膨胀蛭石		120～180	0.052～0.07	−20～+100		填充保温材料
焙烧硅藻土	一级	450	0.055+0.000201t	900	0.45～0.5	吸水性强，导热系数随含湿量增加而增加
	二级	550	0.085+0.000214t		0.7～0.9	
石棉硅藻土		300～450	≤105(50℃)	300	—	吸水性小，30%5 级石棉加 70%硅藻土
碳酸镁石棉粉		＜180	≤0.163(200℃)	300	—	吸水性小
矿渣棉		120～150	0.044～0.076	600	—	吸水率低，填充保温材料
沥青矿渣棉		150～200	0.046～0.058	200	—	缠包保温材料

续表

材料名称		密度 （kg/m³）	导热系数 [W/(m²·K)]	使用极限 温度（℃）	耐压强度 （MPa）	特性
玻璃棉		18	0.033～0.035	450	—	耐腐蚀，吸水性很小，耐火化学稳定性好
玻璃棉缝毡		<85	0.035～0.058	200	—	同上
玻璃棉管壳		120～150	0.035～0.053	250	—	同上
沥青玻璃棉缝毡		85	0.035～0.058	200	—	同上，有贴玻璃布面和不贴面两种
沥青玻璃短棉毡		80	0.035～0.058	200	—	同上
石棉粉	一级	600	0.08～0.09	600	—	同上，由10%～15%石棉和85%～90%的轻质耐火土,钙硅类细粉组成
	二级	800	0.09			
石棉绳		1000～1300	0.14+0.00023t	450	—	一般直径有13、16、19、22、25……50mm等
碳酸镁石棉管		<360	0.105～0.121	300	—	长914m,厚19、25、38、51mm,内径21～267mm
膨胀珍珠岩		14～130	0.035～0.047	−200～1000	—	不燃，易吸水，吸湿0.2%
酚醛树脂矿棉板		150～200	0.04～0.052	<300	—	难燃,吸湿0.8%～1%
硅酸铝		2800	≤0.07	≤1000	—	不燃，易吸水
橡塑		930～1340	<0.034	−40～120℃	—	丁腈橡胶,聚氯乙烯（NBR/PVC）为主要原料
聚氨酯		35～40	0.018～0.024	−196～120℃	—	耐寒性极佳

　　绝热材料的选择应充分考虑其使用场合的具体要求。如在低温系统和潮湿环境中要考虑绝热材料的吸湿性，高温系统则要考虑其热稳定性，户外系统的绝热材料对吸湿性和耐久性有一定要求等。

1.5　阀门与法兰

　　阀门是用于控制管道及设备内流体工况的一种机械装置。在各种管道系统中起到开启关闭，控制调节流速、流量、压力等参数的作用。法兰是管道之间、管道与设备之间的一种连接装置。在流体管路系统中，凡需要经常检修或定期清理的阀门、管路附属设备与管子的连接，一般采用法兰连接。法兰连接接合强度高，严密性好，拆卸安装方便，但耗钢材多，用人工多。

1.5.1　阀门

1. 阀门的分类

　　根据不同的功能，阀门有很多种类，根据《阀门　术语》GB/T 21465—2008分类情况见表1-34。

阀门的分类 表 1-34

阀门分类方法	分 类 名 称
按结构分类	截止阀、闸阀、蝶阀、旋塞阀、球阀、节流阀、止回阀、安全阀、减压阀、疏水阀等
按动作特点分类	手动阀门(闸阀、截止阀、球阀等)
	动力驱动阀门(电动阀门、液压阀门、气动阀门等)
	自动阀门(止回阀、安全阀、浮球阀、疏水阀等)
按介质分类	水阀门、蒸汽阀门、氨阀门、氧气阀门等
按材质分类	铸铁阀门、铸钢阀门、不锈钢阀门等
按连接方式分类	内螺纹阀门、法兰阀门、对夹式阀门、对焊式阀门等
按温度分类	高温阀($t>425℃$)、中温阀($120℃\leqslant t\leqslant425℃$)、常温阀($-29℃\leqslant t\leqslant120℃$)、低温阀($-100℃\leqslant t\leqslant-29℃$)、超低温阀($t<-100℃$)
按压力分类	超高压阀($PN>100MPa$)、高压阀($10<PN\leqslant100MPa$)、中压阀($PN=2.5\sim10MPa$)、低压阀($PN\leqslant1.6MPa$)、真空阀(低于大气压)

一般建筑设备系统中所采用的阀门多为低压阀门。各种工业管道及大型电站锅炉采用中压、高压或超高压阀门。在冷、热水,蒸汽等一般管路中的常用阀门有以下几种。

(1) 截止阀

截止阀(图 1-33)利用装在阀杆下面的阀瓣与阀体的突缘部分相配合来控制阀的启闭,主要用于热水、蒸汽等严密性要求较高管路中,它结构简单,严密性较高,制造和维修方便,阻力比较大。手动截止阀由阀体、阀瓣、阀盖、阀杆及手轮组成(图 1-34)。图 1-34 (a) 所示为筒形阀体的截止阀:阀体 1 为三通形筒体,其间的隔板中心有一圆孔,上面装有阀座 5,阀杆 3 下端连接阀瓣 4,上端穿过阀盖 2 和带有螺纹的阀杆螺母 6 与手轮 7 相接。当手轮逆时针方向转动时,阀杆带动阀瓣沿阀杆螺母螺纹旋转上升,阀瓣与阀座间的距离增大,阀门便开启或开大,手轮顺时针方向转动时,阀门则关闭或关小。阀瓣与阀杆活动连接,在阀门关闭时,使阀瓣能够准确地落在阀座上,保证严密贴合,同时也可以减少阀瓣与阀座之间的磨损。填料压盖 9 将填料 8 紧压在阀盖上起到密封作用。

图 1-33 截止阀实体图

因为流体经过截止阀时要转弯改变流向,因此水阻力较大。为了减少水阻力,有些截止阀将阀体做成流线形或直流式,如图 1-34 (b)、(c) 所示。

截止阀有法兰连接和螺纹连接两种形式,安装时要注意流体"低进高出",方向不能装反。

(2) 闸阀

闸阀(图 1-35a)又称闸板阀,是利用与流体垂直的闸板升降控制开闭的阀门,主要用于冷、热水管道系统中全开、全关或大直径蒸汽管路不常开关的场合。流体通过阀门时流向不变,水阻力小,无安装方向,但严密性较差,不宜用于需要调节开度大小、启闭频繁或阀门两侧压力差较大的管路上。

闸阀的构造如图 1-36 (b) 所示,根据阀杆不同形式,有明杆和暗杆两种,明杆闸阀

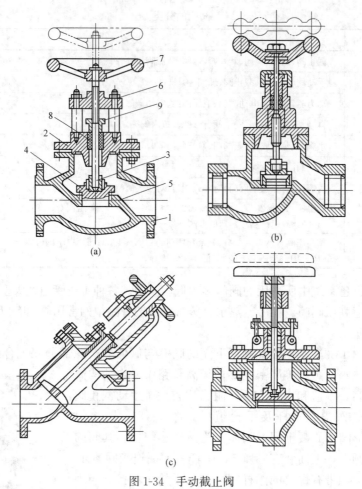

图 1-34 手动截止阀

（a）筒形阀体；（b）流线形；（c）直流式

1. 阀体；2. 阀盖；3. 阀杆；4. 阀瓣；5. 阀座；6. 阀杆螺母；7. 手轮；8. 填料；9. 填料压盖

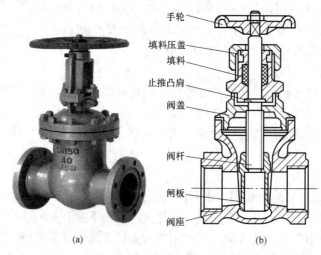

图 1-35 闸阀

（a）闸阀实物图；（b）闸阀构造图

适用于腐蚀性介质和室内管道；暗杆闸阀适用于非腐蚀性介质和安装位置受限制的场合。闸板形式有楔形闸板、平行闸板和弹性闸板等式。楔形闸板一般制成单闸板阀；平行闸板多制成双闸板阀，主要用于输送不含杂质的清水，弹性闸板密封面要求高，适用于黏度较大、温度较高的流体管路中。

与截止阀相比，闸阀在开启和关闭时较省力，阀体比较短，当闸阀完全开启时，其阀板不受流动介质的冲刷磨损，但启闭频繁时，由于闸板与阀座之间密封面受磨损，会降低闸阀的严密性。

限于篇幅，关于旋塞阀等 9 种阀门的介绍可扫描二维码阅读。

EX1.1　其他阀门

除以上介绍之外，还有一些具有特殊功能的阀门，如自动流量调节阀、自动温度调节阀、压力平衡阀等，其中多数都是在前述某种阀门的基础上增加信号探测和反馈部件，具有自动调节功能，不再一一介绍。

2. 阀门的规格与选用

（1）阀门的规格型号

为了便于阀门的制造、选型和安装，需要对阀门的规格型号进行统一规定。阀门的规格型号通常是以几个拼音字母和数字书写，其后注明公称直径，每个字母和数字都有特定的含义。表示方法如下：

阀门类别用汉语拼音字母作为代号（见表 1-35）。

阀门类别及代号　　　　　　　　　　　　　表 1-35

阀门类别	闸阀	截止阀	节流阀	隔膜阀	球阀	旋塞阀	止回阀	蝶阀	疏水阀	安全阀	减压阀	调节阀
代号	Z	J	L	G	Q	X	H	D	S	A	Y	T

驱动方式用一位数字作为代号（见表 1-36）。

驱动方式及代号　　　　　　　　　　　　　表 1-36

驱动方式	电磁	电磁—液压	电动—液压	涡轮传动	直齿圆柱齿轮	伞形齿轮	气动	液压	气—液压	电动
代号	0	1	2	3	4	5	6	7	8	9

注：手动或自动阀门此项缺省。

连接形式用一位数字作为代号（见表 1-37）。

连接形式及代号　　　　　　　　　　　　　表 1-37

连接形式	内螺纹	外螺纹	法兰	焊接	对夹	卡箍	卡套
代号	1	2	4	6	7	8	9

注：双弹簧式安全阀法兰连接为代号 3；杠杆式安全阀法兰连接为代号 4；单弹簧式安全阀及其他阀门法兰连接为代号 5。

结构形式也用一位数字作为代号（见表 1-38）。

密封圈或衬里材料用汉语拼音字母作为代号（见表1-39）。

阀体材料用汉语拼音字母作为代号（见表1-40）。

如：公称直径50mm，公称压力1.0MPa，扳手直接驱动，内螺纹连接，衬胶，用铸铁制造，无密封圈的直通旋塞阀，应写为X13J-1.0Z50mm。又如：J44H-3.2 C表示手动，以法兰连接，采用合金钢密封圈，公称压力为3.2MPa的直角式碳钢截止阀。

结构形式及代号　　　　　　　　　　　　　　　　　表1-38

类型	结构形式		代号	类型	结构形式		代号	类型	结构形式	代号
截止阀和节流阀	直通式		1	球阀	浮动	直通式	1	蝶阀	杠杆式	0
	角式		4			L形三通式	4		垂直板式	1
	直流式		5			T形三通式	5		斜板式	3
	平衡	直通式	6		固定	直通式	7	隔膜阀	层脊式	1
		角式	7		带散热片全启式		0		截止式	3
闸阀	明杆	楔式	弹性闸板	0	安全阀	弹簧	密封	微启式	1		闸板式	7
			刚性 单闸板	1				全启式	2	减压阀	薄冲式	1
			刚性 双闸板	2			带扳手	全启式	4		弹簧薄膜式	2
		平行	刚性 单闸板	3				双弹簧微启式	3		活塞式	3
			刚性 双闸板	4				微启式	7		管波纹式	4
	暗杆楔式	单闸板	5		不密封		全启示	8		杠杆式	5
		双闸板	6			带控制机构	微启式	5	疏水阀	浮球式	1
旋塞阀	填料	直通式	3				全启式	6		钟形浮子式	5
		T形三通	4		脉冲式		9		脉冲式	8
		四通式	5	止回阀底阀	升降	直通式	1		热动力式	9
	油封	直通式	7			立式	2			
蝶阀	杠杆式		0		旋启	单瓣式	4			
	垂直板式		1			多瓣式	5			
	斜板式		3			双瓣式	6			

密封圈或衬里材料及代号　　　　　　　　　　　　　　　　　表1-39

密圈	铜合金	合金钢	渗氮钢	巴氏合金	硬质合金	橡胶	渗硼钢	尼龙塑料	氟塑料	搪瓷	衬胶	衬铅
代号	T	H	D	B	Y	X	P	N	F	C	J	Q

阀体材料及代号　　　　　　　　　　　　　　　　　表1-40

阀体材料	灰铸铁	可锻铸铁	球墨铸铁	铜-铜合金	碳素钢	铬钼合金钢	铬镍不锈耐酸钢	铬镍钼不锈耐酸钢	铬钼钒合金钢
代号	Z	K	Q	T	C	I	P	R	V

（2）阀门的参数与标志

阀门参数是阀门选型的重要依据，阀门参数包括：阀门型号、公称压力、适用介质类别、最高应用温度和公称直径5项内容。设计人员根据包括上述参数内容的技术文件选用阀门，阀门生产厂家提供的产品样本或技术条件也必须包括以上参数。

为方便安装使用，阀门的铭牌、阀体上应有一些必要的标志文字和符号。这些标志包括公称直径、公称压力、介质流动方向、制造厂家和出厂时间等，阀门上标志的含义示例见图1-45。此外还必须在阀门的阀体非加工面上涂刷阀体材料代表的颜色（表1-41），在手轮、手柄或自动阀门的阀盖上涂刷代表密封圈、衬里材料的颜色（表1-42）。

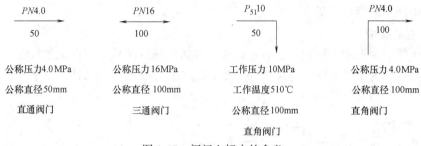

图1-45 阀门上标志的含义

阀体材料涂色规定   表 1-41

阀体材料	灰铸铁、可锻铸铁	球墨铸铁	碳素钢	耐酸钢、不锈钢	合金钢
颜色	红	黄	铝白	浅蓝	淡紫

密封面材料涂色规定   表 1-42

密封面材料	青铜黄铜	巴氏合金	铝	耐酸钢不锈钢	渗氮钢	硬质合金	塑料	皮革橡皮	硬橡皮
颜色	红	黄	铝白	浅蓝	淡紫	灰周边带红条	灰周边带蓝条	棕	绿

（3）阀门的选型

阀门的选用应根据阀门的用途、介质种类、介质参数（温度、压力）、使用要求和安装条件等因素，全面考核、综合比较、正确选用。尤其要注意阀体材料和密封材料的应用条件。可参照下列步骤进行选用：

1）根据阀门的用途和功能要求，选择阀门种类；

2）根据介质种类和介质参数，选定阀体材料；

3）根据介质参数、压力和温度，确定阀门的公称压力级别；

4）根据公称压力，介质性质和温度选定阀门的密封材料；

5）根据流量，流速要求和相连接的管道管径，确定阀门的公称直径；

6）根据阀门用途、生产要求、操作条件、确定阀门的驱动方式；

7）根据管道的连接方法、阀门的构造和公称直径大小、确定阀门的连接方式；

8）结合以上选择，再参考产品样本等技术文件，并根据价格和供货条件最后确定阀门具体型号规格。

3. 阀门安装的一般规定

阀门安装前应核对型号和规格是否满足设计要求，检查阀杆和阀盘是否操作灵活、关闭严密，必要时应做强度实验和严密性实验。阀门的安装高度应方便操作，当必须安装于高处时，应设置操作平台，阀门安装不应妨碍设备、管道和阀门被省的检修、操作和拆除，有条件时应集中安装，方面操作，水平管道的阀门阀杆不应朝下，明杆阀门不能安装在地下等潮湿环境中。并排安装的阀门，阀门之间应错开布置，以减少管道间距，当阀门重量较大或强度较低时，应设置阀门支架。阀门在搬运过程中不能随手抛掷，搬运阀门的受力点应在阀体上，切勿使手轮和阀杆受力，以免阀杆产生变形。

1.5.2　法兰

法兰包括上下法兰片、垫片及螺栓螺母三部分。从外形上法兰盘分为圆形、方形、椭圆形，其中圆形法兰用得最多。

1. 法兰的类型

法兰一般由钢板加工而成，也有铸钢法兰和铸铁螺纹法兰。根据法兰与管子连接方式不同，法兰可分为平焊法兰、对焊法兰、松套法兰和螺纹法兰等几种（图1-46）。

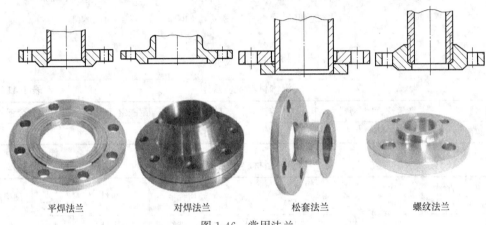

| 平焊法兰 | 对焊法兰 | 松套法兰 | 螺纹法兰 |

图1-46　常用法兰

（1）平焊法兰：又叫搭焊法兰，多用钢板制作，易于制造、成本低，应用最为广泛，但法兰刚度差，在温度和压力较高时时易发生泄漏。一般用于公称压力≤2.5MPa，温度≤300℃的中低压管道。

（2）对焊法兰：又叫高颈法兰，法兰上有一小段锥形短管，连接时管道与锥形短管对口焊接。对焊法兰多由铸钢或锻钢制造，刚度较大，在较高的压力和温度条件下（尤其在温度波动条件下）也能保证密封。适用于工作压力≤20MPa，温度350～450℃的管道连接。

（3）松套法兰：又叫活动法兰，法兰与管子不固定，而是活动地套在管子上，连接时靠法兰挤压管子的翻出部分，使其紧密结合，法兰不与介质接触。松套法兰多用于铜、铝等有色金属及不锈钢管道的连接。

（4）螺纹法兰：有钢制和铸铁两种，法兰与管端采用螺纹连接，管道之间采用法兰连接，法兰不与介质接触，常用于高压管道或镀锌管连接。

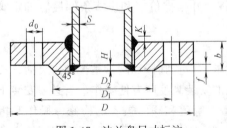

图1-47　法兰盘尺寸标注

此外还有由以上几种组合形成的法兰形式，如：平焊松套法兰、翻边松套法兰、凹凸面对焊法兰等。

我国现行的法兰标准有国标、机械部标准、化工部标准和石油部标准，见表1-43。三个标准的法兰螺孔中心直径尺寸一致，可通用。法兰的标注见图1-47。

现行法兰标准 表 1-43

标准	法兰类型	平面平焊法兰	突面平焊法兰	凹凸面平焊法兰	平面对焊法兰	突面对焊法兰	凹凸面对焊法兰	榫槽面对焊法兰
国标	标准号	《钢制管法兰 第1部分:PN 系列》GB/T 9124—2019						
	公称压力	2.5、6、10、16、25、40	2.5、6、10、16、25、40、63、100	10、16、25、40、63、100	2.5、6、10、16、25、40	2.5、6、10、16、25、40、63、100、160、250、320、400	10、16、25、40、63、100、160、250、320、400	10、25、40、63、100、160、250、320、400
机械部标准	标准号	《板式平焊钢制管法兰》 JB/T 81—2015		—	《对焊钢制管法兰》 JB/T 82—2015			《平焊环板式松套钢制管法兰》 JB/T 82—2015
	公称压力	2.5、6、10、16、25、40	2.5、6、10、16、25、40、63、100	—	2.5、6、10、16、25、40	2.5、6、10、16、25、40、63、100、160	10、16、25、40、63、100、160	10、16、25、40、63、100、160
化工部标准	标准号	《钢制管法兰(PN 系列)》HG/T 20592—2009						
	公称压力	2.5、6、10、16、25、40	2.5、6、10、16、25、40	10、16、25、40	10、16、25、40、63、100、160	10、16、25、40、63、100、160	10、16、25、40、63、100、160	10、16、25、40、63、100、160
石油部标准	标准号	《石油化工钢制管法兰》SH/T 3406—2013						
	公称压力	20、50	20、50、68、110、150、260、420	50、68、110、150、260、420	20、50	20、50、68、110、150、260、420	50、68、110、150、260、420	50、68、110、150、260、420
适用条件	介质	一般介质	一般介质	易燃、易爆、有毒要求密封较严	一般介质	一般介质	易燃、易爆、有毒要求密封较严	可用于高压、易燃、易爆、有毒介质等密封要求严格的场合
	温度	<300℃	<300℃	<300℃	>300℃	>300℃	>300℃	—
	压力	≤4.0MPa	≤10MPa	≤10MPa	≤4.0MPa	≤40MPa	≤40MPa	—

2. 法兰密封面

法兰密封面的结构选择主要考虑到介质性质，压力、温度等参数和密封要求等需要。常用的密封面有突面、凹凸面、榫槽面、全平面和环连接面等，见图1-48。

（1）全平面法兰密封面，具有结构简单、加工方便且便于进行防腐衬里的优点，由于这种密封面和垫片接触面积较大，如预紧不当，垫片易被挤出密封面。也不易压紧，密封性能较差，适用于压力不高的场合，一般使用在 $PN \leqslant 2.5$MPa 的压力下。

（2）突面法兰密封面，该种结构简单、加工方便，故可在压力不太高、温度不太高的场所下使用，但有些人认为其存在高压下使用时垫片被挤出的可能性。由于其安装方便，是 $PN150$ 以下使用最广的一种密封面形式。

（3）凹凸面法兰密封面，该法兰密封面由一凹面和一凸面组合而成，垫片放置在凹面内。与平面法兰相比，凹凸面法兰中垫片不易被挤出，装配时便于对中，工作压力范围比平面法兰，用于密封要求较严的场合，但对于操作温度高，封口直径大的设备，使用该种密封面时，垫片仍存在被挤出的可能。

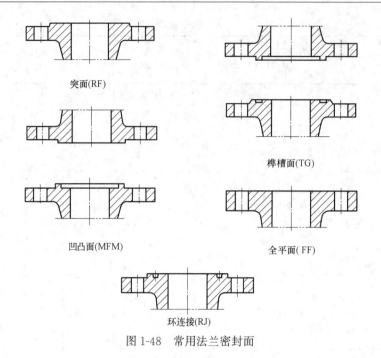

图 1-48　常用法兰密封面

（4）榫槽面法兰密封面，该法兰密封面由一榫槽面和一槽面配合组成，垫片置于槽内。与凹凸面样，榫槽面法兰在槽中不会被挤出，压紧面积最小，垫片受力均匀。由于垫片与介质不直接接触，介质腐蚀影响和压力机制的渗透影响最小，可用于高压、易燃、易爆。有毒介质等密封要求严格的场合。这种密封面垫片安装时对中性好，但密封面加工和垫片更换较为困难。

（5）环连接面法兰密封面，该法兰密封面垫片置于环形槽内。垫片在槽中不会被挤出，压紧面积小，垫片受力均匀。由于垫片与介质不直接接触，介质腐蚀影响和压力机制的渗透影响最小，可用于高压、易燃、易爆、有毒介质等密封要求严格的场合。

3. 法兰垫圈

法兰垫圈的作用是增加法兰接口的严密性。垫圈厚度一般为 3～5mm，应根据管内流体介质的性能、温度、压力和密封面形式选用材质，并要求耐磨、耐腐蚀、有弹性并有一定的机械强度和适当的柔软性。常用的垫圈材料有橡胶板、耐酸石棉板、石棉橡胶板、塑料板、软金属板等。根据截面形式不同，有平垫圈、缠绕垫圈、透镜垫圈，椭圆垫圈等（图 1-49）。在高温高压管道中，一般采用金属垫圈；中温（＜450℃）中压采用组合垫圈或缠绕垫圈，中、低压管道多采用非金属垫圈。

图 1-49　常用垫圈示意图

垫圈材质根据管内流体介质的性质或同一介质在不同温度和压力的条件下选用，管道工程中常用的垫圈选择见表 1-44。

法兰垫圈材料选用

表 1-44

材料名称		适用介质	最高工作压力 （MPa）	最高工作温度 （℃）
橡胶板	普通橡胶板	水、空气、惰性气体	0.6	60
	耐油橡胶板	各种常用油料	0.6	60
	耐热橡胶板	热水、蒸气、空气	0.6	120
	夹布橡胶板	水、空气、惰性气体	1.0	60
	耐酸碱橡胶板	能耐温度≤60℃以下，浓度≤20%的酸碱液体介质的浸蚀	0.6	60
石棉橡胶板	低压石棉橡胶板	水、空气、蒸气、煤气、惰性气体	1.6	200
	中压石棉橡胶板	水、空气及其他气体、蒸气、煤气、氨、酸及碱稀溶液	4.0	350
	高压石棉橡胶板	蒸气、空气、煤气	10	450
	耐油石棉橡胶板	各种常用油料，溶剂	4.0	350
塑料板	软聚氯乙烯板 聚四氟乙烯板 聚乙烯板	水、空气及其他气体、酸及碱稀溶液	0.6	50
耐酸石棉板		有机溶剂、碳氢化合物、浓酸碱液、盐溶液	0.6	300
铜、铝等金属板		高温高压蒸气	20	600

　　制作或选用法兰垫圈时，垫圈的内径不得小于法兰的孔径，外径应小于法兰上紧固螺栓孔内边缘，使垫圈不遮挡螺栓孔，垫圈厚度和边宽应一致，对不涂敷粘接剂的垫圈，在制作垫圈时应留一个手把，以便于安装。法兰垫圈安装时，一个接口中只能加一个垫圈，不能用加双层或多层垫圈。

　　法兰连接用的螺栓采用六角螺栓和六角螺母。螺栓的类型应根据压力和温度选择：当公称压力≤1.0MPa或温度≤350℃时采用粗制单头螺栓，当公称压力在1.6～4.0MPa时采用半精制单头螺栓，当公称压力在6.4～10.0MPa或温度>350℃时采用半精制双头螺栓，当公称压力在≥10.0MPa及温度>350℃时采用精制双头螺栓。

　　螺栓拧紧后露出的螺纹长度不应大于螺栓直径的一半。螺栓在使用前应刷锈漆1～2遍，面漆与管道一致。安装时，螺栓的朝向应一致。

本 章 小 结

　　建筑安装设备常用材料是安装工程的必备基础环节。本章主要从材料和附件两个方面讲述通用安装工程中常涉及的相关基本知识，其中材料又分为管材、板材和型钢、焊接材料、防腐和绝热材料四部分，附件又分为管子附件、阀门、法兰三部分。

　　本章介绍了管子及附件的通用标准的概念、意义、作用和标识，常用管材性能特点、规格、用途，各种管件的识别和用途，设备安装工程中各种板材的特点、规格、用途和选用原则，常用焊接材料的分类、规格和适用条件，防腐、绝热材料的构成、性能和选用原则，阀门的标识和常用阀门的构造、功能、用途及安装要求，常用法兰和垫圈的特点和用途。本章作为后续章节的铺垫，为读者阅读其余章节做辅助。

关键词（Keywords）：管材（Pipe），管子附件（Pipe Fittings），阀门（Valve），法兰（Flange），绝热材料（Thermal Insulating Material）。

安装示例介绍

EX1.2　阀门加工工艺、安装使用及维护管理示例

思考题与习题

1. 什么是公称直径和公称压力？
2. 管螺纹的分类及适用场合是什么？
3. 在建筑设备安装工程中，如何选用管材？
4. 简述安装工程中常用的金属管道的种类、特点及用途。
5. 简述安装工程中常用的非金属管道的种类、特点及用途。
6. 使用管子附件的必要性是什么？
7. 简述常用金属薄板的特点及适用情况。
8. 简述型钢的种类及适用场合。
9. 简述电焊条的定义及其组成部分的作用。
10. 焊剂的作用是什么？
11. 绝热材料有哪些技术性能要求？
12. 简述阀门的分类，常用阀门的工作原理。
13. 简述常用法兰的种类及特点。
14. 简述法兰垫圈的作用、要求及适用情况。

本章参考文献

[1]　中国机械工业联合会. GB/T 1047—2019 管道元件　公称尺寸的定义和选用 ［S］. 北京：中国标准出版社，2019.

[2]　中国机械工业联合会. GB/T 1048—2019 管道元件　公称压力的定义和选用 ［S］. 北京：中国标准出版社，2019.

[3]　中国钢铁工业协会. GB/T 3091—2015 低压流体输送用焊接钢管 ［S］. 北京：中国标准出版社，2015.

[4]　上海沪标工程建设咨询有限公司，国际铜业协会（中国）主编. CECS 171—2004 建筑给水铜管管道工程技术规程 ［S］. 北京：中国工程建设标准化协会，2004.

[5]　中国钢铁工业协会. GB/T 3422—2008 连续铸铁管 ［S］. 北京：中国标准出版社，2008.

[6]　中国轻工业联合会. GB/T 18992.2—2003 冷热水用交联聚乙烯（PE-X）管道系统　第 2 部分：管材 ［S］. 北京：中国标准出版社，2003.

[7]　中国轻工业联合会. GB/T 18742.2—2017 冷热水用聚丙烯管道系统　第 2 部分：管材 ［S］. 北京：中国标准出版社，2017.

[8]　中国轻工业联合会. GB/T 19473.2—2004 冷热水用聚丁烯（PB）管道系统　第 2 部分：管材 [S]. 北京：中国标准出版社，2004.

[9]　中国轻工业联合会. GB/T 10002.1—2006 给水用硬聚氯乙烯（PVC-U）管材 [S]. 北京：中国标准出版社，2006.

[10]　中国轻工业联合会. GB/T 18997.1—2003 铝塑复合压力管 铝管搭接焊式铝塑管 [S]. 北京：中国标准出版社，2003.

[11]　中国钢铁工业协会. GB/T 3420—2008 灰口铸铁管件 [S]. 北京：中国标准出版社，2008.

[12]　中国钢铁工业协会. GB/T 708—2019 冷轧钢板和钢带的尺寸、外形、重量及允许偏差 [S]. 北京：中国标准出版社，2019.

[13]　中国钢铁工业协会. GB/T 709—2019 热轧钢板和钢带的尺寸、外形、重量及允许偏差 [S]. 北京：中国标准出版社，2019.

[14]　中国钢铁工业协会. GB/T 702—2017 热轧钢棒尺寸、外形、重量及允许偏差 [S]. 北京：中国标准出版社，2017.

[15]　中国钢铁工业协会. GB/T 706—2016 热轧型钢 [S]. 北京：中国标准出版社，2016.

[16]　中国机械工业联合会. GB/T 21465—2008 阀门　术语 [S]. 北京：中国标准出版社，2008.

[17]　中国机械工业联合会. GB/T 9124.1—2019 钢制管法兰　第 1 部分：PN 系列 [S]. 北京：中国标准出版社，2019.

[18]　中国机械工业联合会. JB/T 81—2015 板式平焊钢制管法兰 [S]. 北京：中国标准出版社，2015.

[19]　中国机械工业联合会. JB/T 82—2015 对焊钢制管法兰 [S]. 北京：中国标准出版社，2015.

[20]　中国石油和化学工业协会. HG/T 20592—2009 钢制管法兰 [S]. 北京：中国标准出版社，2009.

[21]　中国石化工程建设有限公司编. SH/T 3406—2013 石油化工钢制管法兰 [S]. 北京：中国标准出版社，2013.

[22]　全国能源基础与管理标准化技术委员会. GB/T 8175—2008 设备及管道绝热设计导则 [S]. 北京：中国标准出版社，2008.

[23]　张志贤，张伟华，王洪伟. 建筑安装用金属与非金属管材技术手册 [M]. 北京：中国建筑工业出版社，2016.

[24]　张志贤. 阀门技术资料手册 [M]. 北京：中国建筑工业出版社，2013.

[25]　王智伟，刘艳峰. 建筑设备施工与预算 [M]. 北京：科学出版社，2002.

[26]　张金和. 建筑设备安装技术 [M]. 北京 中国电力出版社，2012.

[27]　邵宗义，邹声华，郑小兵. 建筑设备施工安装技术 [M]. 北京：机械工业出版社，2019.

[28]　李亚江. 焊接材料选用 [M]. 北京：化工出版社，2014.

[29]　李联友. 暖通空调施工安装工艺 [M]. 北京：中国电力出版社，2016.

第2章 管子加工及连接

• 基本内容

建筑设备安装工程中管子调直、弯曲、切断、坡口、套丝、连接及管件制作等工艺过程、工艺要求和常用加工设备。

• 学习目标

知识目标：掌握钢管螺纹加工工艺过程，加工缺陷的分析和排除方法，弯管工艺过程，钢管螺纹连接、法兰连接和焊接适用条件，塑料管的热熔连接，了解钢管加工常用设备、工具的设备构造和使用方法，钢管管件的加工方法，钢管加工、连接工艺要求，非金属管道的连接方法。

能力目标：通过对管子加工及连接图片示例的学习以及相关知识解读的学习，着重培养学生对钢管加工工艺流程与操作要点，以及管子连接实施步骤的感性认识及其相关知识的认知能力。

• 学习重点与难点

重点：管子加工工艺及钢管连接方法，以及钢管螺纹连接、法兰连接和焊接适用条件，塑料管的热熔连接。

难点：钢管管螺纹加工的缺陷分析和排除方法。

• 知识脉络框图

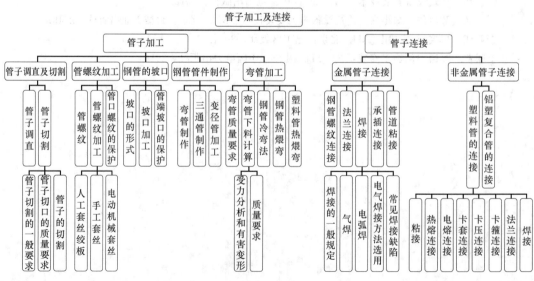

2.1 管子调直及切割

2.1.1 管子调直

对于有塑性的管材，尤其是细长的小直径的管材，在运输装卸过程中或堆放不当时容易产生弯曲，此外安装不当也会造成管路呈现弯曲。管路弯曲会影响介质的流通和排放，在安装时必须调直。

1. 管子弯曲检查

管子是否有弯曲，一般采用目测检查法：即将管子抬一端用眼睛观测，边看边转动管子，若管壁表面各点都在一条平直线上，说明管子是直的，如果有上凸或下凹的现象，说明该处弯曲。对于较大较长的管子可采用滚动法检查：将管子放置在两根平行的管子上或滚动轴承制成的检查架上轻轻滚动，当管子以匀速来回转动而无摆，并可以在任意位置停止时，则为合格直管，如果管子转动时快时慢，有摆动，而且停止时每次都是某一面向下，则此管有弯曲。

2. 管子调直

调直的方法有冷调直和热调直两种。冷调直是在常温下直接调直，一般用于管径较小且弯曲程度不大的情况。热调直是将钢管加热到一定温度，在热态下调直，一般在钢管弯曲度较大或管径较大时用热调直法。

（1）管子冷调直

钢管在安装以前的冷调直有三种方法：

①公称直径 50mm 以下的钢弯曲不大时，可用两把手锤进行冷调直。用一把手锤顶在钢管弯里（凹面）的起弯点作支点，另一把锤则用力敲击凸面处，直至敲平为止。对一根有多处弯曲时，需逐个敲平，如图 2-1（a）所示。两个锤不能对着敲，而且锤击处宜垫硬质木块，以免把钢管打扁。

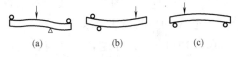

图 2-1 钢管冷调直
(a) 手锤调直；(b) 扳位拉正；(c) 凸面敲打

②寻找一个平台，平台上立两个铁桩作为受力点；将管子放在平台上，管子弯曲处凸面高点置于前桩前 80～100mm，铁桩与管子接触点垫放木块，一边将管子向弯曲反方向扳一边向前拉动（图 2-1b）。矫正时用力不能过大，否则矫正过度容易形成蛇行弯。③将管子放在平整的地面上，凸面向上。一个人在管子一端观察弯曲部位，另一个人按照观察者的指挥，用木槌从弯曲开始的位置顺着管子进行敲打（图 2-1c），直到管子平直。

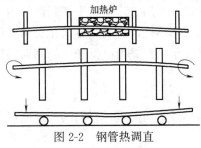

图 2-2 钢管热调直

对于因管件螺纹不正引起点的节点弯曲，也可以用冷调直，但应注意不能用锤敲打管件，只能打靠近管件的钢管，使其产生微量反向弯曲，达到管路水平或垂直。

（2）管子热调直

公称直径 50mm 以上的弯曲钢管及弯曲度大于 20°的小管径钢管一般用热调直法（图 2-2）调

直。热调直时先将钢管（不装砂子）弯曲部件放在地炉上加热到 600～800℃（钢管呈火红色），然后将热态的钢管抬出放置在用多根钢管组成的平台上反复滚动，利用重力及钢材的塑性变形达到调直目的。调直后的钢管应在水平场地存放，避免产生新的弯曲。

对于弯曲较大的管子，可将弯曲凸面轻轻向下压直后再滚动，为加速冷却，可使用废机油均匀地涂在加热部位，以保证均匀冷却，同时能防止再产生弯曲及氧化。

对于因管件螺纹不正引起点的节点弯曲，若弯曲较大，可用气焊炬对弯曲附近的钢管进行局部加热烧红，然后将钢管压直为止。加热部位应选择在弯曲的背部，加热速度要快，一处加热完后，迅速移到下一点。

硬聚乙烯管的调制方法是把弯曲的管子放在平直的调制平台上，在管内通入热介质（热空气或热水，温度不超过 80℃），使管子变软，以其自重进行调直。

2.1.2　管子切割

一般情况下，管子是按标准长度供应的，在管路安装时，需要根据设计和安装要求，要将管子切割成管段。

1. 管子切割的一般要求

（1）碳素钢、合金钢宜采用机械方法切割，也可采用火焰或等离子弧方法切割。

（2）不锈钢、有色金属应采用机械或等离子弧方法切割。当采用砂轮切割或修磨不锈钢、镍及镍合金、钛及钛合金、锆及锆合金时，应使用专用砂轮片。

（3）镀锌钢管宜采用钢锯或机械方法切割。

（4）不锈钢管、有色金属管应采用机械或等离子方法切割，不锈钢管及钛管采用砂轮切割或修磨时，应采用专用砂轮片。

（5）铝塑复合管的截断一般用专用管剪，也可使用锯或刀截断。

2. 管子切口的质量要求

（1）切口表面应平整，尺寸应正确，并应无裂纹、重皮、毛刺、凹凸、缩口、熔渣、氧化物和铁屑等现象。

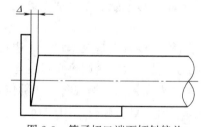

图 2-3　管子切口端面倾斜偏差

（2）管子切口端面与管子轴心线要垂直，倾斜偏差 Δ（图 2-3）不应大于管子外径的 1%，且不超过 3mm。

3. 管子的切割

管子切割方法有手工切割、机械切割、气割切割和等离子切割等。手工切割依靠人力操作切割机具切割钢管，主要用于施工现场小管径切割，机械切割采用机械力驱动切管机，在加工厂里管子切割可采用中大型切管机，对于工地宜用小型切管机具，气割法利用气体燃烧产生的热量熔化金属并将熔渣吹落，使用灵活方便，适用于中大型钢管切割，等离子切割是由电弧产生的高温等离子流熔化金属。

（1）小型切管机切割

安装工程常用的小型切管机具有钢锯、滚刀切管器和砂轮切割机，它们的工作原理及操作方法如下。

1) 手工钢锯切割

手工钢锯切割是工地上广泛应用的管子切割方法。钢锯由锯弓和锯条两部分构成（图 2-4）。锯弓前部可旋转、伸缩，方便锯条安装，后部的拉紧螺栓用于拉紧、固定锯条。锯条分细齿和粗齿，前者锯齿低、齿距小、进刀量小，与管子接触的锯齿多，不易卡齿，用于锯切材质较硬的薄壁金属管子，后者适用有色金属管道、塑料管道或管径较大的钢管的锯切。使用钢锯切割管子时，锯条平面必须始终保持与管子垂直，以保证断面平整。

手工钢锯切割的优点是设备简单，灵活方便，切口不收缩和不氧化。缺点是速度慢，费力，切口平整较难掌握。适用于现场切割量不大的小管径金属管道、塑料管道和橡胶管道的切割。

2) 机械锯切割

机械锯有两种，一种是装有高速锯条的往复锯弓锯床，可以切割直径小于 220mm 的各种工金属管和塑料管，另一种是圆盘式机械锯，锯齿间隙较大，适用于有色金属管和塑料管切割。适用机械锯时，要将管子放平稳并夹紧，锯切前先开锯空转几次，管子快锯完时，适当降低速度，以防管子突然落地伤人。

3) 滚刀切管器切割

滚刀切管器（图 2-5）由滚刀、刀架和手柄组成。切管时，用虎头钳上将管子固定好，然后将切管器刀刃与管子切割线对齐，管子置于两个滚轮和一个滚刀之间，拧动手柄，使滚轮夹紧管子，然后进刀边沿管壁旋转，将管子切割。滚刀切管器切割钢管速度快，切口平整，但会产生缩口，必须用铰刀刮平缩口部分。滚刀切管器适用于管径小于 100mm 的钢管。

图 2-4　手工钢锯

图 2-5　滚刀切管器

4) 砂轮切割机

砂轮切割机（图 2-6）的切管原理是利用高速旋转的砂轮片与管壁接触摩擦切削，将管壁磨透切割。使用砂轮切割机时，要将管子夹紧，砂轮片要与管子保持垂直，开启切割机等砂轮转速正常后再将手柄下压，下压进刀不能用力过猛或过大。砂轮机切管速度快，移动方便，省时省力，但噪声大，切口有毛刺。砂轮机能切割 $DN80mm$ 以下的管子，特别适合切割高压管和不锈钢管，也可用于切割角钢、圆钢等各种型钢。

由于塑料管材或铝塑复合管材质较软，对于小管径，可采用图 2-7 所示的专用的切管器或剪管刀手工切割，对于管径较大的管子可采用钢锯切割或机械锯切割。

(2) 氧气-乙炔焰割断

氧气-乙炔焰割断法是利用氧气和乙炔气混合燃烧产生的高温加热管壁，烧至钢材呈黄红色（约 $1100\sim1150℃$），然后喷射高压氧气，使高温的金属在纯氧中燃烧生成金属氧化物熔渣，又被高压氧气吹开，使管子切割。

图 2-6　砂轮切割机

图 2-7　塑料管剪管刀

氧气-乙炔焰割断有手工氧气-乙炔焰割断和机械氧气-乙炔焰切割机割断两种。

1）手工氧气-乙炔焰割断

手工氧气-乙炔焰割断的装置有氧气瓶、乙炔发生器或乙炔气瓶、割炬和橡胶管。氧气瓶是由合金钢或优质碳素钢制成，容积 3840L。满瓶氧气的压力为 1.5MPa，必须经压力调节器降压使用。氧气瓶内的氧气不得全部用光，当压力降到 0.3~0.5MPa 时应停止使用。氧气瓶不可沾油脂，也不可放在烈日下暴晒，与乙炔发生器的距离要大于 5m，距离操作地点应大于 10m，防止发生安全事故。

乙炔发生器是利用电石和水产生反应产生乙炔气的装置。工地上用得较多是有钟罩式乙炔发生器和滴水式乙炔发生器。钟罩式乙炔发生器钟罩中的装有电石篮子沉入水中后，电石与水反应产生乙炔气，乙炔气聚集于罩内，当罩内压力与浮力之和等于钟罩总重量时，钟罩浮起。滴水式乙炔发生器采取向电石滴水产生乙炔气，调节滴水量可控制气产气量。

为方便使用，也可采用集中式乙炔发生站，将乙炔气装入钢瓶，输送到各用气点使用。乙炔气瓶容积 5~6L，工作压力 0.03MPa，使用时应是指放置。

割炬由割嘴、混合气管、射吸管、喷嘴、预热氧气阀、乙炔阀和切割气阀等部件构成，见图 2-8。

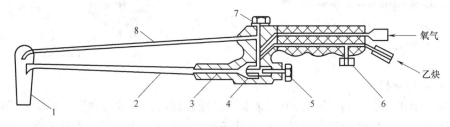

图 2-8　割炬

1. 割嘴；2. 混合气管；3. 射吸管；4. 喷嘴；5. 预热氧气阀；6. 乙炔阀；7. 切割氧气阀；8. 切割氧气管

切割前，先在管子上划线，将管子放平稳、除锈渣，管子下方应留有一定的空间，起割时，先调整割炬，待火焰呈亮红色后，再逐渐打开切割氧气阀，按照划线进行切割，切割完成后应快速关闭氧气阀，再关闭乙炔阀和预热氧气阀。

2）机械氧气-乙炔焰切割机割断

固定式机械氧气-乙炔焰切割机由机架、割管传动机构、割枪架、承重小车和导轨等组成。工作原理是割枪架带动割枪做往复运动，传动机构带动被切割的管子旋转。机械氧气-乙炔焰切割机全部操作不用划线，只需调整割枪位置，切割过程自动完成。

便携式氧气-乙炔焰切割机为一个四轮式刀架座，用两根链条紧固在被切割的管壁上。切割时，摇动手轮，经过减速器减速后，架座绕管子移动，固定在架座上的割枪完成切割作业。氧气-乙炔切割操作方便、适用灵活，效率高、成本低，适用于各种管径的钢管、低合金管铅管和各种型钢的切割。氧气-乙炔切割一般不用于不锈钢管、高压管和铜管的切割，切割不锈钢管和耐热钢管可以采用氧溶剂切割机，不锈钢管也可用空气电弧切割机切割。

（3）大型机械切管机切割

大直径钢管除用氧气-乙炔切割外，可以采用切割机械，如图 2-9 的切割坡口机。这种切割机切管的同时完成坡口加工。它是由单相电动机、主体、传动齿轮装置、刀架等部分组成。可以切割管径 75～600mm 的钢管。三角定位大管径切割机较为轻便，对埋于地下管路或其他管网的长管中间切割尤为方便，可以切割壁厚 12～20mm，直径 600mm 以下的钢管。

图 2-9 切割坡口机

（4）管子錾切

錾切（图 2-10）常用于铸铁管、陶土管和混凝土管的切割。切割钳先在需要切割处划线，用木板将管子两侧垫好，防止管子在切割过程滚动，然后用手锤敲打錾子（图 2-11），同时錾子沿着划线移动，待管子周围刻出线沟后，再用手锤沿线用力敲击管子线沟附近，管子即可折断。

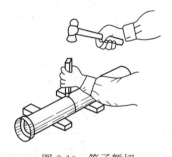

图 2-10 管子錾切

图 2-11 錾子

此外，对于切割量大、质量要求高的不锈钢和高压管材，可以采用机床切割，对于不锈钢或铸铁管，可采用电弧焊割，等离子切割适用于不锈钢管、铸铁管、铜管、铝管和一些熔点高的金属或非金属管道切割。

2.2 管螺纹加工

2.2.1 管螺纹

管道中螺纹连接所用的螺纹称为管螺纹。与普通螺栓连接的螺纹不同，管螺纹是英制螺纹，因为要保证加工螺纹后管子的强度，所以管螺纹都采用细牙螺纹。管螺纹有圆柱形管螺纹和圆锥形管螺纹两种。圆锥形管螺纹的各圈螺纹的直径皆不相等，从螺纹的端头到根部呈锥台形。因为绞板上的板牙是带有一定锥度，用电动套丝机或手工钢管绞板加工的螺纹为圈锥状管纹。这种管螺纹和柱形内螺纹连接时，丝扣越拧越紧，接口较严密。

圆柱形管螺纹螺纹深度及每圈螺纹的直径皆相等，只是螺纹尾部较粗一些。这种管螺纹加工方便，但接口严密性较差，仅用于长丝活接（代替活接头）。一般钢管配件（三通、弯头等）及螺纹连接的阀门内螺纹均为圆柱形螺纹。

钢管螺纹连接一般均采用圆锥螺纹与圆柱内螺纹连接，简称锥接柱。因螺栓连接在于压紧而不要求严密，所以螺栓与螺母的螺纹采用柱接柱。锥接锥的螺连接最严密，但因内锥螺纹加工困难，故锥接锥的方式很少用。

管螺纹的规格应符合规范要求（见表 2-1 及表 2-2）。管子和螺纹阀门连接时，管子上的外螺纹长度应比阀门上的内螺纹长度短 1～2 扣丝，以避免因管子拧过头顶坏阀芯。同理，管子与其他配件连接时，管子外螺纹长度也应比所连接配件的内螺纹略短些。

圆柱形管螺纹的规格　　　　　　　　　　　　　　表 2-1

序号	(一)连接管件用的长、短管螺纹						序号	(二)连接阀门的短螺纹		
	管子公称直径		短螺纹		长螺纹			管子公称直径		螺纹长度(mm)
	mm	in	长度(mm)	螺纹数	长度(mm)	螺纹数		mm	in	
1	15	$\frac{1}{2}$	14	8	50	28	1	15	$\frac{1}{2}$	12
2	20	$\frac{3}{4}$	16	9	55	30	2	20	$\frac{3}{4}$	13.5
3	25	1	18	8	60	26	3	25	1	15
4	32	$1\frac{1}{4}$	20	9	65	28	4	32	$1\frac{1}{4}$	17
5	40	$1\frac{1}{2}$	22	10	70	30	5	40	$1\frac{1}{2}$	19
6	50	2	24	11	75	33	6	50	2	21
7	65	$2\frac{1}{2}$	27	12	85	37	7	65	$2\frac{1}{2}$	23.5
8	80	3	30	13	100	44	8	80	3	26

圆锥形管螺纹的规格　　　　　　　　　　　　　　表 2-2

序号	(一)连接管件用的长、短管螺纹						序号	(二)连接阀门的短螺纹			
	管子公称直径		螺纹有效长度(不计螺尾)(mm)	由管端至基面间的螺纹长度(mm)	1英寸长度内螺纹数	管端螺纹内径(mm)		管子公称直径		螺纹有效长度(不计螺尾)(mm)	由管端至基面间的螺纹长度(mm)
	mm	in						mm	in		
1	15	$\frac{1}{2}$	15	7.5	7.5	14	1	15	$\frac{1}{2}$	12	4.5
2	20	$\frac{3}{4}$	17	9.5	9.5	14	2	20	$\frac{3}{4}$	13.5	6
3	25	1	11	11	11	11	3	25	1	15	7
4	32	$1\frac{1}{4}$	22	13	13	11	4	32	$1\frac{1}{4}$	17	8

序号	管子公称直径 mm	管子公称直径 in	螺纹有效长度(不计螺尾)(mm)	由管端至基面间的螺纹长度(mm)	1英寸长度内螺纹数	管端螺纹内径(mm)	序号	管子公称直径 mm	管子公称直径 in	螺纹有效长度(不计螺尾)(mm)	由管端至基面间的螺纹长度(mm)
			(一)连接管件用的长、短管螺纹						(二)连接阀门的短螺纹		
5	40	$1\frac{1}{2}$	23	14	14	11	5	40	$1\frac{1}{2}$	19	10
	50	2	26	16	16	11	6	50	2	21	11
7	65	$2\frac{1}{2}$	30	18.5	18.5	11	7	65	$2\frac{1}{2}$	23.5	12
8	80	3	32	20.5	20.5	11	8	80	3	26	14.5

注: 1. 基面是指用手拧紧与开始用工具拧紧管件的分界面。
　　 2. 1英寸=2.54cm。

2.2.2　管螺纹加工

由于管路连接中各种管件大多是内螺纹,所以管螺纹的加工主要是指管端外螺纹的加工。管螺纹加工要求螺纹应端正、光滑、无毛刺、无断丝缺扣(允许不超过螺纹全长的1/10),螺纹松紧度适宜,以保证螺纹接口的严密性。管螺纹加工分人工绞板套丝或电动套丝机套丝两种。两种套丝装置机构基本相同,即绞板上装着四块板牙,用以切削管壁产生螺纹。

1. 人工套丝绞板

人工绞板的构造见图2-12,在绞板的板牙架上设有四个板牙滑轨,用于装置板牙,带有滑轨的活动标盘的作用可调节板牙的进退,绞板的后部设有三卡爪,通过可调节卡爪手柄可以调整松紧卡爪的进出,套丝时用以把绞板固定在不同管径的管子上。图2-13是板牙的构造,一般在板牙尾部及板牙孔处均印有1、2、3、4序号字码,以便对应装入板牙,套丝时板牙必须按顺序装入板牙孔内,切不可将顺序装乱,否则会出现乱丝和细丝螺纹。绞板的规格及套丝范围见表2-3,板牙每组四块能套两种管径的螺纹。使用时应按管子规格选用对应的板牙,不可乱用。

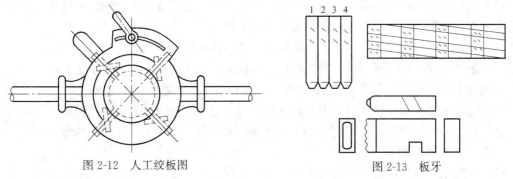

图2-12　人工绞板图　　　　　　　　图2-13　板牙

2. 手工套丝

套丝前首先将管子端头的毛刺处理掉,管口要平直,将管子夹在管子压力钳上,加工端伸出钳口150mm左右,在管头套丝部分涂以润滑油,然后套上绞板,通过手柄定好中心位置,同时使板牙的切削牙齿对准管端,再使张开的板牙合拢,进行第一遍套丝(第一遍套丝切削深度约为 1/2～2/3 螺纹高)。第一遍套好后，将手柄松开，拧开板牙，取下绞板。将手柄转到第二个位置，使板牙合拢进行第二遍套丝。

绞板规格及套丝范围　　　　　　　　　　　表 2-3

规格		套丝范围	板牙规格
大绞板	$1\frac{1}{2}''～4''$	$1\frac{1}{2}''～4''$	$1\frac{1}{2}''2''；2\frac{1}{2}''3''；3\frac{1}{2}''4''$
	$1''～3''$	$1''～3''$	$1''1\frac{1}{4}''；1\frac{1}{2}''2''；2\frac{1}{2}''3''$
小绞板	$1/2''～2''$	$1/2''～2''$	$1/2''\frac{3}{4}''；1''1\frac{1}{4}''；1\frac{1}{2}''2''$
	$1/4''～1\frac{1}{4}''$	$1/4''～1\frac{1}{4}''$	$1/4''\frac{3}{8}''；1/2''\frac{3}{4}''；1''1\frac{1}{4}''$

为了避免断丝、龟裂，保证螺纹标准光滑，小口径管道直径在 25mm 以下的管螺纹套两遍为宜，公称直径在 25mm 以上的管螺纹套三遍为宜。

管螺纹的加工长度与被连接件的内螺纹长度有关。连接各种管件内螺纹一般为短螺纹（如连接三通、弯头、活接头、阀门等部件）。当采用长丝连接时（即用锁紧螺母组成的长丝），需要加工长螺纹。管子端部加工后的螺纹长短尺寸见表 2-4。

管子端部螺纹长度尺寸　　　　　　　　　　表 2-4

管子规格尺寸		短螺纹	长丝用的长螺纹	连接阀门的螺纹
管螺纹	公称直径(mm)	（牙数）	（牙数）	（牙数）
$1/2''$	15	9	27	8
$3/4''$	20	9	27	8
$1''$	25	9	27	8
$1\frac{1}{4}''$	30	9	28	8
$1\frac{1}{2}''$	40	10	30	9
$2''$	50	11	33	10
$2\frac{1}{2}''$	70	12	37	11
$3''$	80	13	44	12

采用绞板加工管螺纹时，常见缺陷及产生的原因有：

（1）螺纹不正：产生的原因是中心线和管子中心线不重合或手工套丝时两臂用力不均绞板被推歪，管子端面锯切不正也会引起套丝不正。

（2）偏扣螺纹：由于管壁厚薄不均匀所造成或卡爪未锁紧。

（3）细丝螺纹：由于板牙顺序弄错或板牙活动间隙太大所造成，对于手工套丝，一个螺纹要经过 2～3 遍套成，若第二遍未与第一遍对准，也会出现细丝或乱丝。

（4）螺纹不光或断丝缺扣：由于套丝时板牙进刀量太大、板牙不锐利或损坏、套丝时用力过猛或用力不均匀，以及切下的铁渣积存等原因所引起。为了保证螺纹质量，套丝时第一次进刀量不可太大。

（5）管螺纹有裂缝：若出现竖向裂缝，是焊接钢管的焊缝未焊透或焊缝不牢所致；如果螺纹有横向裂缝，则是板牙进刀量太大或管壁较薄而产生。

3. 电动机械套丝

电动套丝机一般能同时完成钢管切割和管螺纹加工，加工效率高，螺纹质量好，工人劳动强度低，因此得到广泛应用。电动套丝在结构上分为两大类：一类是刀头和板牙可以转动，管子卡住不动，另一种是刀头和板牙不动，管子旋转。施工现场多采用后者。

电动套丝机的主要基本部件包括机座、电动机、齿轮箱、切管刀具、卡具、传动机构等主要部件，有的还有油压系统、冷却系统等，见图 2-14。

套丝机制作螺纹操作方法如下：

（1）安装套丝机。将套丝机安放平稳，接通电源，检查设备操作运转是否正常，喷油管是否顺畅，喷油运转方向是否正确，运动部件有无卡阻现象，并根据管径选择合适的板牙且安装到位。

（2）装管：拉开套丝机支架板，旋开前后卡盘，将管子插入套丝机，旋动前后卡盘将管子卡紧。

图 2-14　电动套丝机

（3）套螺纹：根据管径调整好铰板，放下铰板和油管，并调整喷油管使其对准板牙喷油，启动套丝机，移动进给把手，即可进行套丝。待达到螺纹长度时，扳动铰板上的手把，退出铰板，关闭套丝机，旋动卡盘，即可取出管子。

（4）切管：如需切断管子，则应掀起扩孔锥和铰板，放下切管器，移动进给手把，调节切管刀对准切割线，旋转切管器手柄，夹紧管子，并使油管对准刀口，启动套丝机，即可进行切管，边切割，边拧动割管刀的手柄进刀，直至切断管子。后卡盘将管子卡紧。

为了保证加工后的螺纹质量，在使用电动机械套丝机加工螺纹时要加以润滑油，有的电动机械套丝机设有乳化液加压泵，采用乳化液作冷却剂及润滑剂。为了处理钢管切割后留在管口内的飞刺，有的电动套丝机设有内管口铣头，当管子被切刀切下后，可用内管口铣头来处理这些飞刺。由于切削螺纹不允许高速运行，电动套丝机中需要设置齿轮箱起减速作用。

2.2.3　管口螺纹的保护

管口螺纹加工后必须妥善保护。最好的方法是将管螺纹临时拧上一个管箍（亦可采用塑料管箍），如果没有管箍可采用水泥袋纸临时包扎一下，这样可防止在工地短途运输中碰坏螺纹。如果在工地现场边套丝边安装，可不必采取保护措施，但也要精心保护，避免磕碰。管螺纹加工后，若需放置，要在螺纹上涂些废机油，而后再加以保护，以防生锈。

2.3　钢管的坡口

2.3.1　坡口的形式

为了保证焊缝的焊接质量，无论何种材质的管材，当厚度超过允许标准时，焊接前都需要进行行坡口。坡口的形式分为 V 形，X 形，双 V 形，U 形等。中低压管道焊接常用的坡口形式和尺寸见表 2-5。

2.3.2　坡口加工

管子坡口的加工方法应根据焊缝种类、管子直径、壁厚及施工现场所具备的加工条件，常用的坡口加工方法有气割，锉削，磨削，坡口机及机床加工等。直径较小的管子坡口，可采用手工加工方法。较大直径的管子可采用氧气乙炔焰切割法加工。铝及铝合金管、不锈钢管的坡口应采用机械方法加工。机械加工管子坡口常用坡口机，坡口机又分为手动和电动两种，手动坡口机适用于 $DN100$ 以内的管子。

中低压管道焊接常用坡口形式和尺寸 表 2-5

坡口形式	简图	壁厚 δ(mm)	间距 c(mm)	钝边 p(mm)	坡口角度 α(°)
不开坡口		<4	1.5~2.5	—	—
V 形		3.5~8 >8	15~2.5 2~3	1~1.5 1~1.5	60~70 60~70
V 形(不同壁厚对接)		3.5~8 >8	1.5~2.5 2~3	1~1.5 1~1.5	60~70 60~70
三通接头支管坡口		$\geqslant 4$	0.5~2	1.5~2.5	40~50

高压管道短管的坡口应采用车床加工，长管道的坡口可用移动式坡口机加工。对于合金钢高压管道尽可能不采用取氧气-乙炔焰切割法来坡口，因为采用这种坡口方式会使管端受到一定温度的影响，必要时还须采用调质或回火处理。当既不能采用车床加工又没有坡口机时，可用砂轮坡口，同时配合角向磨光机修口。

中低压碳钢管道可采用坡口机或氧-乙炔切割方法坡口。当采用氧-乙炔切割方法坡口时必须注意坡口后的氧化铁渣的处理。坡口切割后要用角向磨光机对坡口上的氧化铁、坡口的不平度进行处理。

为了保证坡口的正确角度，可制作标准样板，用样板检查坡口角度。当坡口角度过大时会增加焊条的熔注量，浪费焊条及多消耗电力，焊口处的机械性能又难以稳定，如果坡口角度过小，又难以保证熔接有效面积，甚至导致管口不易焊透。

2.3.3 管端坡口的保护

管端坡口后应及时安装，并且应尽量减少长距离的运输，坡口后的管口在卸车、拼装、移动时均应精心保护。一旦发现管口碰撞变形时，应采取冷矫或热矫方法予以修复，如果损坏较为严重应将坡口端去掉，重新坡口。若坡口后的管道存放时间较长并已生成锈蚀时，在拼装焊接前应用砂布把锈蚀清理干净。

2.4 钢管管件制作

在管道工程中，管道在弯曲、变径、分流、合流等处需要相应的管配件例如弯头、变径管和三通管等管件，这些管件有些可以购买标准件，直接使用，有些是非标准件，需要在现场制作。以下介绍常用管件的制作过程。

2.4.1 弯管制作

目前建筑设备安装工程中使用的弯管大多是采用模压工艺制作的。除此之外，由于焊接弯管、折皱弯管等在安装中还有采用，故对这些弯管工艺下文都做简要介绍。

1. 模压弯管

模压弯管是根据一定的弯曲半径制成模具，然后将下好料的钢板或管段放入加热炉中加热至900℃左右，再取出放在模具中加压成型。用板材压制的为有缝弯管，用管段压制的为无缝弯管。

（1）有缝模压弯管

有缝模压弯管管壁厚度均匀，耐压强度高，弯曲半径小，适宜于大管径的弯管。加工过程为：先绘制弯管的展开图，再用钢板按照展开图下料，下料形状近似为扇形，并留一定加工余量，即下料的扇形面积应比理论计算展开面积放大一些，然后将扇形钢板加热模压成瓦状（图2-15），瓦状成型后，再实际需要画线，并切割多余的部分，最后将两块弯瓦组合对焊成弯管。

（2）无缝模压弯管

该弯管是用无缝钢管先根据计算的弯管长度下料，下料时，弯管的长臂一般要比理论值加长15%，短臂比理论值应减小4%（图2-16），再将切好的管段放入炉子模压一次成型。

图2-15　有缝模压弯管的制作　　　　　　　　图2-16　无缝模压弯管下料

为了加工各种弯管，模压弯管要先做大量模具。这种弯管适合工厂化生产，运输方便，成本也较其他加工方法低。

2. 焊接弯管

焊接弯管是由若干个短管节组合焊接而成的弯管（俗称虾米腰弯头），适用于制作管径较大、弯曲半径较小，或管壁太厚、太薄的弯管。焊接弯管的弯曲角度、弯曲半径及弯管的组成节数可根据需要选定，一般90°弯管由两节（无中间节），三节（一个中间节及两个端节）或四节（两个中间节两个端节）等多节焊接而成（图2-17）。弯管的平滑度与弯曲半径及节数的多少有关，弯曲半径越大及中间节越多，弯头就越平滑，对流体的阻力越小。但弯曲半径太大时，弯管尺寸过大安装时占空间大，节数分得太多，加工过程复杂，对不同管径的弯曲半径和节数的规定见表2-6。

分节的长臂：
$$M = \frac{1}{2n}\pi\left(R + \frac{d_0}{2}\right) \tag{2-1}$$

短臂：
$$N = \frac{1}{2n}\pi\left(R - \frac{d_0}{2}\right) \tag{2-2}$$

式中　R——曲率半径；

　　　d_0——管子外径，mm；

　　　n——弯管的分节数（两个端节算作一个中间节）。

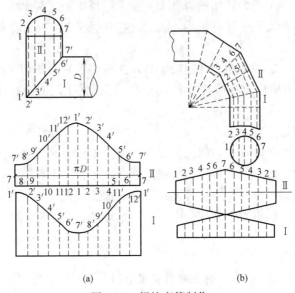

(a)　　　　　　　　　　　　　　(b)

图 2-17　焊接弯管制作

焊接弯头曲率半径及分节数　　　　　　　　　表 2-6

管径（mm） 弯曲半径 R		节数 n				
		90°	60°	45°	30°	22.5°
57～159	1.0～1.5D	4	3	3	3	3
219～318	1.5～2.0D	5	4	4	4	4
318 以上	2.0～2.5D	7	4	4	4	4

焊接弯管两头一般用端节，使接口面保持圆形以便与管路连接，一个中间节可分为两个端节。管子在切割成管节前，在管子直径两端的壁面上应各画一条直线，作为管节焊接组对的标记，使节点的长臂或短臂对齐，保证弯管平正。在实际工作中，焊制的 90°弯管成品往往出现勾头现象，即略小于 90°，这是因为钢管壁厚斜切下料的影响，在画线和切割加工中注意修正，可以避免弯管勾头。

3. 热推弯管

热推弯管是在管端内套上芯头，将管端加热后，推入管坯中成型的。制作过程为：先按弯曲长度下料，再将下料短管套在连接长杆上，连接长杆一端固定，一端为牛角形芯头，芯头置于管坯中；套在长杆上的前梁一端顶住短管，一端随液压机移动。当短管被加热到合适的温度后，液压机推动前梁，将短管顶入管坯和芯头的间隙中，短管被挤压成弯头。

热推过程中使短管的部分金属重新分布，能保持弯管壁厚均匀。弯管的质量与管径、加热温度、芯头尺寸、液压机的推力和速度等因素有关。

4. 折皱弯管

折皱弯管（图 2-18）一般用无缝钢管制作。制作时将管段两端堵塞，置于弯管平台上，然后用两把割炬加热划线的加热区，用水冷却非加热区，当加热到 900～950℃时，用手动绞车或卷扬机拖动管子进行弯曲。弯好一个折皱后用水冷却，当管子恢复黑色时再进行下一个折皱弯曲，每弯曲一个折皱，都要用量角器测量角度。弯管完成后折皱分布应均匀、平整，不歪斜。折皱弯管主要用于公称直径 100～600mm、压力不超过 2.5MPa 的管道中。

图 2-18　折皱弯管

2.4.2　三通管制作

三通管的制作工艺主要有挤压三通管和焊接三通管两种。

1. 挤压三通管

挤压三通管是利用钢材的塑性和在不破坏金属组织的条件下，使钢管段形体按照三通胎模作塑性变形。挤压三通管分复合挤压法和正挤压法两种。复合挤压法采用无缝钢管切成管段，经过压椭圆、加热挤凸颈、开孔、整型。挤压法管坯的管径应用比三通管主通管直径大 2～3 号的管子，例如三通管主通管子为 76mm，则采用 102mm 以上的无缝钢管加工。

2. 焊接三通管

常用的焊接三通管形式有弯管型、直角型和平焊口三种（图 2-19）。

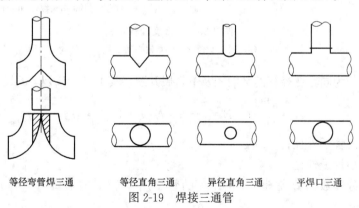

等径弯管焊三通　　等径直角三通　　异径直角三通　　平焊口三通

图 2-19　焊接三通管

（1）等径弯管焊三通：是用两个 90°弯管切掉外臂处半个圆周管壁，然后将剩下的两上弯管对焊接起来，成为同径三通。这种三通一般用于高压蒸汽管路中，减轻蒸汽冲击现象。

（2）直角三通：有等径和异径两种。制作时，用将两个相贯的圆柱面的展开图画在油毛毡或厚纸上作为样板，将样板围在管子上画线，然后切割和焊接。等径三通的直通切口深度较大，焊缝较长，且有锐角，因此直通管会产生明显的弯曲变形。加工时，三通垂直切口采用圆弧形，避免锐角，在施焊时采取分段对称焊接，可减小焊接变形。

（3）平焊口三通：加工方法是在直通管上切割一个椭圆孔，椭圆的短轴等于支管外径三分之二，长轴等于支管外径，再将椭圆孔的两侧管壁加热至 900℃左右（烧红）后，向外扳边做成圆口。这种三通焊缝短，变形较小，节省管子，加工较简便，管径 $\phi50\sim$ 159mm 的管子用这种三通制作方便，当管径太大时管壁较厚，扳边较费力。

2.4.3 变径管加工

变径管俗称大小头，又称为渐缩管或渐扩管。当大直径管子与小直径管连接时，为了减小阻力损失，一般要采用变径管。大多数情况下，制作变径管只允许用大直径管做成渐缩口，一般不能用小直径的管子渐渐扩大，以保证变径管的强度。和三通一样，变径管分为同心和偏心两种，以下介绍现场常用的几种加工方法。

1. 焊接变径管

焊接变径管一般用在大管径管道中，制作如图 2-20 所示。它的画线方法和尺寸如图 2-20 所示。

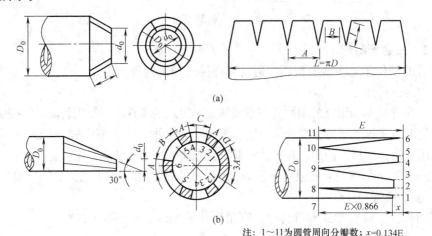

(a)

注：1～11为圆管周向分瓣数；$x=0.134E$

图 2-20 焊接变径管

（a）同心变径管；（b）偏心变径管

图 2-20（a）为同心变径管的平面图及下料展开图，其中 A、B 及 l 的尺寸按下式确定：

$$A=\frac{\pi D_0}{n}; \quad B=\frac{\pi d_0}{n}; \quad l=3\sim4(D_0-d_0) \tag{2-3}$$

式中　D_0——大管子外径；

　　　d_0——小管子外径；

　　　n——分瓣数，管径 $50\sim100$mm 的管子用 $4\sim6$，管径 $100\sim400$mm 的管子用 $6\sim8$。

图 2-19（b）为偏心变径管的平面图及下料展开图，其中各部分尺寸为：

$$A=\frac{\pi d_0}{8}; \quad B=\frac{3}{12}\delta; \quad C=\frac{2}{12}\delta; \quad D=\frac{1}{12}\delta$$

$$E=2\sim3(D_0-d_0) \tag{2-4}$$

式中　δ——大小圆周长之差，$\delta=\pi(D_0-d_0)$。

2. 缩口变径管

小管径的变径管或变径不大时一般常用缩口的方法，即把管子加热烧红后用手锤捻打（图 2-21）。在特殊情况下允许将小管子扩口，但只能扩大一号管。

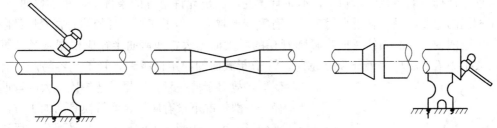

图 2-21 缩口变径管制作

3. 钢板圈制变径管

管径较大的变径管可由钢板圈制。根据变径管的高度及两端管径画出展开图，先制成样板再下料，将扇形板加热后煨制和焊接即成。

此外，工程中常用的冲压变径管制作过程与模压弯管的过程相似，不再介绍。

2.5 弯管加工

在安装工程中，对于钢管管道系统转向的处理有两种方法：一是按上节有关内容制作弯管管件，用管件连接，另一种是直接进行弯曲。弯管加工的方法适用于现场加工各种角度的弯管，如 90°和 45°弯、乙字型弯（来回弯）、抱弯（弧形弯）、方形伸补偿器等。

2.5.1 弯管质量要求

1. 受力分析和有害变形

由于管道弯曲过程实际是一个受力变形过程，一方面管道被弯曲成所需的形状，另一方面管道也会产生有害变形。根据受力分析（图 2-22），在弯曲过程中，弯管的弯曲背面管壁被拉伸变薄，弯曲凹面受挤压变厚，由于金属材料抗压性能优于抗拉性能，总体上管道被拉长，弯曲过程管道弯曲的凹凸方向受力，侧面不受力，管道截面会有椭圆变形。由于这些

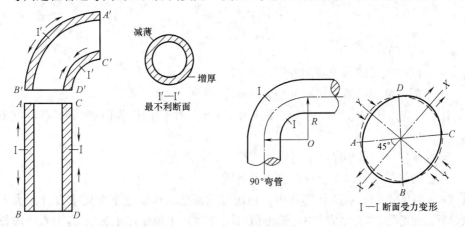

图 2-22 弯管受力分析

变形会降低管道的耐压性能或给安装带来不便，所以在弯管过程中应尽量减少有害变形。

影响有害变形的因素有弯曲半径、管子直径、管子厚度和弯管加工方法。

弯曲半径越大，管子的有害变形就越小，但从安装角度考虑，弯曲半径越小越好。所以合理地选择弯曲半径的原则是在不使有害变形超出允许范围的条件下，减小弯曲半径。对于相同的弯曲半径，管子直径越大，有害变形越大。为了使不同管径的有害变形都限定在一定范围内，就必须使弯曲半径随管径的增大而增大，即弯曲半径应根据管径计算选择，表示为 $R=kDN$。管子壁厚越薄，管子断截面的稳定性越差，管子就容易产生有害变形，故对于薄壁管，应尽量选择比较大的弯曲半径。一般情况下没有芯棒、弯管模具的加工方法有害变形较大，弯管加工前预变形和采用分小段逐渐弯曲（火焰弯管机或中频弯管机）能有效降低有害变形。

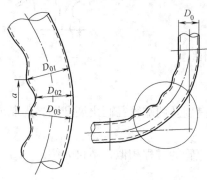

图 2-23　弯管的褶皱波浪间距

注：a 为褶皱波浪间距

2. 弯管制作要求

(1) 弯管质量

1) 弯曲均匀，不得有裂纹、分层、过烧等缺陷，不宜有折皱；

2) 弯管内侧褶皱高度不应大于管子外径的 3%，褶皱波浪间距（图 2-23）不应小于褶皱高度的 12 倍。褶皱高度应按下式计算：

$$h=\frac{D_{01}+D_{03}}{2}-D_{02} \tag{2-5}$$

式中　h——褶皱高度，mm；

D_{01}——褶皱凸出处外径，mm；

D_{02}——褶皱凹出处外径，mm；

D_{03}——相邻褶皱凸出处外径，mm。

3) 弯管的圆度应符合下列规定：

① 弯管的圆度应按下式计算：

$$u=\frac{2(D_{max}-D_{min})}{D_{max}+D_{min}}\times100 \tag{2-6}$$

式中　u——弯管的圆度，%；

D_{max}——同一截面的最大实测外径，mm；

D_{min}——同一截面的最小实测外径，mm。

② 对于承受内压的弯管，其圆度不应大于 8%，对于承压外压的弯管，其圆度不应大于 3%。

4) 弯管制作后的最小厚度不得小于直管的设计壁厚。

5) 弯管的管段中心偏差值应符合下列规定：

① GC1 级管道和 C 类流体管道中，输送毒性程度为极度危害介质或设计压力大于或等于 10MPa 的弯管，每米管段中心偏差值（图 2-24）不得超过 1.5mm。当直管段长度大于 3m 时，其偏差不得超过 5mm。

② 其他管道的弯管，每米管段中心偏差值（图 2-24）不得超过 3mm。当直管段长度大于 3m 时，其偏差值不得超过 10mm。

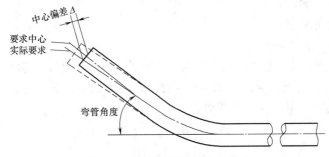

图 2-24　弯管角度及管中心偏差

6）∏形弯管的平面允许误差应符合表 2-7 的规定。

∏形弯管的平面允许误差　　　　表 2-7

直管段长度	＜500	500～1000	＞1000～1500	＞1500
平面度 △	≤3	≤4	≤6	≤10

（2）弯管宜采用壁厚为正公差的管子制作。弯曲半径与直管壁厚的关系宜符合表 2-8 的规定。

弯曲半径与直管壁厚的关系　　　　表 2-8

弯曲半径 R	制作弯管用管子的壁厚	弯曲半径 R	制作弯管用管子的壁厚
$R \geqslant 6D$	$1.06t_d$	$5D > R \geqslant 4D$	$1.14t_d$
$6D > R \geqslant 5D$	$1.08t_d$	$4D > R \geqslant 3D$	$1.25t_d$

注：1. D 为管子外径；2. t_d 为直管设计壁厚。

（3）弯管弯曲半径应符合设计文件和国家现行有关标准的规定。无规定时，高压钢管的弯曲半径宜大于管子外径的 5 倍，其他管子的弯曲半径宜大于管子外径的 3.5 倍。

（4）有缝管制作弯管时，焊缝应避开受拉（压）区。

（5）金属管应在其材料特性允许范围内进行冷弯或热弯。

（6）采用高合金钢管或有色金属管制作弯管时，宜采用机械方法，当充砂制作弯管时，不得用铁锤敲击。铅管加热制作弯管时，不得充砂。

（7）钢管弯管后的热处理温度为 600～650℃，且加热速率、恒温时间和冷却速率应符合有关规范要求。铅管热弯时，不得充砂。

（8）GC1 级管道和 C 类流体管道中，输送毒性程度为极度危害介质或设计压力大于或等于 10MPa 的弯管制作后，应按行业标准《承压设备无损检测》JB/T 4730—2012 的有关规定进行表面无损探伤，需要热处理的应在热处理后进行，当有缺陷时，可进行修磨。修磨后的弯管壁厚不得小于管子名义壁厚的 90%，且不得小于设计壁厚。

2.5.2　弯管下料计算

弯管下料计算是指计算弯管在弯曲前的展开长度（弯曲长度或煨弯长度）。

（1）弯头的弯曲长度 L

$$L = \alpha \pi R / 180 \qquad (2\text{-}7)$$

式中　L——加热长度，mm；

　　　α——弯曲角度，°；

　　　R——弯曲半径，mm。

（2）乙字弯（图 2-25）总弯曲长度 L 为两端直管段、中间直管段与两个弯头弯曲长度之和。若 $\theta_1 = \theta_2 = 45°$，可近似取 $L_1 = 1.5B$，则其总弯曲长度近似公式为 $L = 1.5B + 2 \sim 3D$。

（3）方形补偿器（图 2-26）总弯曲长度 L

$$L = 2\pi R + 2A + 2B \qquad (2\text{-}8)$$

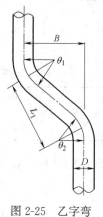

图 2-25　乙字弯

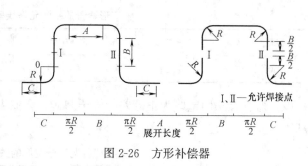

图 2-26　方形补偿器

由于弯管过程管道有伸长现象，按式（2-8）计算下料长度加工的方形补偿器比实际尺寸大一些。为克服此现象，在实际下料时，可在两臂的计算下料长度 $\pi R + B$ 的基础上减去一个管径尺寸 D 的长度进行修正。

2.5.3　钢管冷弯法

钢管冷弯法是指钢管不加热，在常温下进行弯曲加工。由于钢管在冷态下塑性有限，弯曲过程费力，所以冷煨弯适用于管径小于 175mm 的中小管径和较大弯曲半径（$R \geqslant 2D$）的钢管，冷弯法有手工冷弯和机械冷弯两种，手工冷弯借助于弯管板或弯管器弯管；机械冷弯依靠外力驱动弯管机弯管。

1. 手工冷弯法

（1）弯管板冷弯

冷弯最简便的方法是弯管板煨弯（图 2-27），弯管板可用厚度 30～40mm、宽 250～300mm、长 150mm 左右的硬质木板制成。板上按照需煨弯的管子外径开圆孔，煨弯时将管子插入孔中，加上套管作为杠杆，以人工施力压弯。这种方法适用于煨制管径较小和弯曲角不大的弯管，如连接散热器的支管来回弯。

（2）滚轮弯管器冷弯

图 2-28 是一种滚轮式弯管器，它是由固定滚轮，活动滚轮，管子夹持器及杠杆组成。弯管时，将要弯曲的管子插入两滚轮之间，一端由夹扶器固定，然后转动杠杆，则使活动轮带动管子绕固定轮转动，管子被拉弯，达到需要的弯曲角度后停止转动杠杆。这种弯管器的缺点是每种滚轮只能弯曲一种管径的管子，需要准备多套滚轮，且使用时笨重费力，

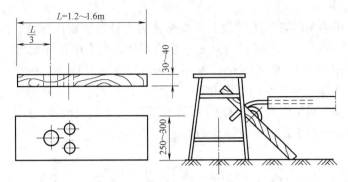

图 2-27　弯管板手工煨弯

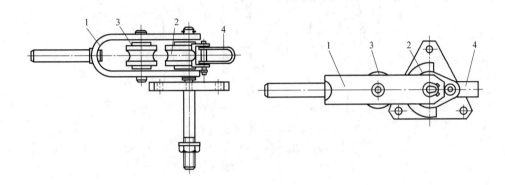

图 2-28　滚轮式弯管器
1. 钢夹套；2. 固定导轮；3. 活动导轮；4. 夹圈

只能弯曲管径小于 25mm 的管子。

（3）小型液压弯管机

小型液压弯管机（图 2-29）以两个固定的导轮作为支点，两导轮中间有一个带有弧形的顶胎，顶胎通过顶棒与液压机连接。弯管时，将要弯曲的管段放入导轮和顶胎之间，采用手动油泵向液压机打压，液压机推动顶棒使管子受力弯曲。小型液压弯管机弯管范围为管径 15~40mm，适合施工现场安装采用。当以电动活塞泵代替人力驱动时，弯管管径可达 125mm。

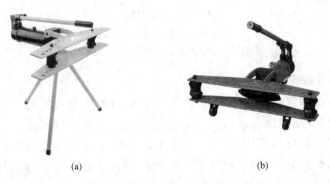

(a)　　　　　　　　　　　(b)

图 2-29　小型液压弯管机
（a）三脚架式；（b）小车式

2. 机械冷弯法

钢管煨弯采用手工冷弯法工效较低，既费体力，且质量难以保证。所以对管径大于25mm 的钢管一般采用机械弯管机。机械弯管的弯管原理有固定导轮弯管（图 2-30 ）和转动导轮弯管（图 2-31）。前者导轮位置不变，管子套入夹圈内，由导轮和压紧导轮夹紧，随管子向前移动，导轮沿固定圆心转动，管子被弯曲。后者在弯曲过程导轮一边转动，一边向下移动。机械弯管机有无芯冷弯管机和有芯弯管机两种，按驱动方式分有电动机驱动的电动弯管机和上述液压泵驱动的液压弯管机等。

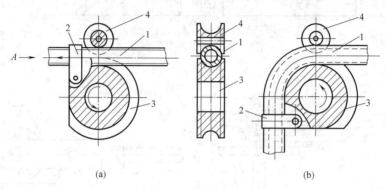

(a)　　　　　　　　　　　　　　　　(b)

图 2-30　固定导轮弯管

（a）开始弯管；（b）弯管结束

1. 管子；2. 夹圈；3. 导轮；4. 压紧导轮

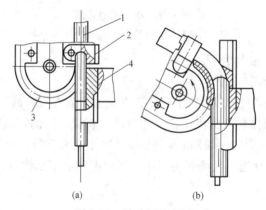

(a)　　　　　　(b)

图 2-31　转动导轮弯管

（a）开始弯管；（b）弯管结束

1. 管子；2. 夹圈；3. 弯曲导轮；4. 压紧滑块

（1）无芯冷弯弯管

无芯弯管是指钢管煨弯时既不灌砂子，也不加芯棒进行煨弯。管径小于 108mm，最小弯曲半径 $R = 2D$ 的钢管采用无芯弯管煨弯后无明显椭圆现象，为了防止煨弯产生椭圆断面，可以采取反向预应变形法。即在管子煨弯前，把管子将弯曲段加压力产生反向预变形（图 2-32）。当管子煨弯后，反向预变形正好消除，弯曲处管子断面保持圆形。图 2-33 所示是一种电动无芯冷弯管机。无芯冷弯弯管适用于有缝、无缝、镀锌管和有色金属管。

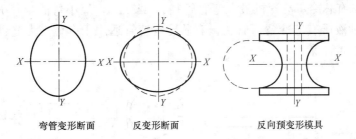

弯管变形断面   反变形断面   反向预变形模具

图 2-32 弯管的反向预变形

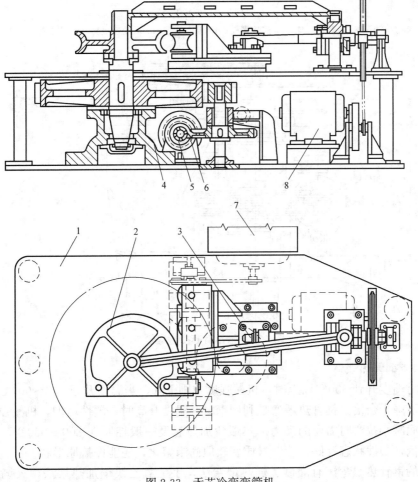

图 2-33 无芯冷弯弯管机

1. 机架；2. 管模部件；3. 紧管部件；4. 大齿轮部件；5. 蜗杆部件；6. 蜗轮部件；7. 弯管电动机；8. 紧管电动机

（2）有芯冷弯弯管

大直径的钢管管壁较厚，用预变形困难，因此可采用有芯冷弯弯管机。有芯弯管机弯管时，在管子弯曲段加入芯棒，弯管过程芯棒可随着管子弯曲或移动，防止管子弯曲时压扁。芯棒有两种：一种是单件芯棒，棒的前端要有一定的圆弧角（图 2-34），以保证管子的渐变弯曲和便于芯棒移动，另有一种是两块或三块部件组合的芯棒头，它的灵活性大，弯管质量较好。有芯冷弯弯管机最大弯管管径为 325mm，最小弯曲半径 $R = 2.25D$。图 2-35 所示是一种液压有芯冷弯弯管机。有芯冷弯弯管适用于有缝、无缝、镀锌钢管、不锈钢管及有色金属管等。

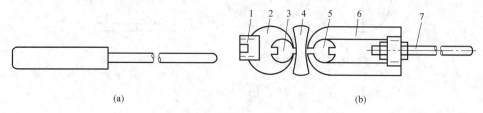

(a)　　　　　　　　　　　　　　　　　　　(b)

图 2-34　芯棒形式

(a) 单件芯棒；(b) 组合芯棒

1. 拉力堵板；2. 活动中心球；3. 连接螺栓；4. 活动套环；5. 活动连接套；6. 定芯棒；7. 拉杆

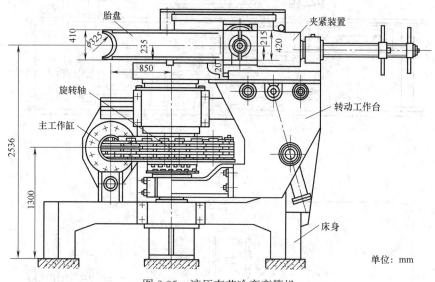

单位：mm

图 2-35　液压有芯冷弯弯管机

2.5.4　钢管热煨弯

当钢材温度升到 300℃ 以上时，机械强度急剧下降，当温度升至 700～900℃ 时，强度比常温时下降十余倍。钢管热煨弯是利用钢材在温度升高时，塑性增加，机械强度降低的特性，从而减小拉弯时需要的动力。热煨弯加热温度一般控制在 800～950℃，此时钢管机械强度低，塑性状态良好，管壁材质变软但尚未熔化，还能保持原形状。

常用的钢管热煨弯法有灌砂、加热煨弯法，手工氧乙炔焰加热煨法，火焰弯管机煨弯，中频加热管机煨弯。

1. 灌砂、加热煨弯法

灌砂、加热煨弯法加工过程由下料、划线、备砂、灌砂、加热和弯曲等步骤组成。

(1) 热弯弯管段的下料与划线

煨弯前要做好以下准备工作：首先确定管径，选择管子，随后要检查管子的质量和长度，要求加工的管子无锈蚀、裂纹、砂眼，壁厚均匀，管子过长时抬动有困难，过短煨弯后两端没有一定长度的直管段。准备好下料尺、样板、粉笔及铅油等料工具。在工地煨弯时要准备好场地、地炉、胎具及有关的动力设备。

一切准备工作就绪之后按照前述弯曲长度计算下料长度。然后在直管段用白粉笔或白铅油划线，划线长度也叫烧好长度，是管子实际加热长度，一般为计算加热长度加上 2 倍的管子外径。

（2）备砂、灌砂

公称通径大于 32mm 的管子应灌砂煨弯，管内填充用的砂子最好用河沙和豆石，它们应能耐 1000 ℃以上的高温。砂粒直径应尽量均匀干净，砂子中不得含有泥土、铁渣、木屑等杂质。砂子在填充之前应行烘干，除掉水分，以免加热时管内产生蒸气，将管堵冲开或使管子局部凸起，影响质量，甚至产生爆炸事故。

碳素钢管填充砂子的粒度，应根据管径的大小按表 2-9 选用。不锈钢管、铝管及铜管采用热弯时，不论管径大小一律装细砂。

<table>
<tr><td colspan="4" style="text-align:center">灌砂砂子的粒度   表 2-9</td></tr>
<tr><td>管径（mm）</td><td>＜80</td><td>80～125</td><td>＞150</td></tr>
<tr><td>砂粒直径（mm）</td><td>2～3</td><td>4～5</td><td>6～8</td></tr>
</table>

灌砂时，先将管子一端用木塞塞住或用钢板焊上，然后将管子竖起，堵住的一端朝下，用漏斗灌入干燥砂。灌砂过程一边旋转管子，一边用轻轻敲击管子外壁，直到管子各处敲击声都沉闷无回声，说明管子已经充实，再将另一端用木塞堵上，划线后即可热弯。

（3）地炉和弯管平台砌制

地炉是从地面向下挖 300～500mm 的地坑，坑长为管子的加热长度，坑宽为管子外径的 5～6 倍，内侧用耐火砖砌成。坑一侧埋设通风管，管上钻许多孔径为 12～16mm 的小孔，孔眼朝下，为了调节风量，通风管与风机连接处设置调节挡板。

弯管平台一般用混凝土浇灌而成，要求平整坚实。在两侧插地埋设两排立管，立管埋设应坚固稳定。弯管平台周围保持一定的工作面，工作面应作有 0.003 的坡度，以利于排水。

（4）加热和弯曲

加热的热源有木炭，焦炭和天然气。加热铜管宜用木炭，加热铝管应先用焦炭打底，上面铺木炭以调节温度。不同材质和管径应配合不同功率的风机。

管子放进炉前，应当将炉内燃料加足，在管子加热过程中一般不加燃料。炉内燃料燃烧正常以后再将管子放上去，并在加热管段盖上反射板，以保证管子受热均匀并减少热量损失。加热过和要适当调节鼓风机的风量，使炉温升高不要太快。在加热过中，要力求炉内火焰均匀并经常转动管子，使加热管段周围受热均匀。管子要加热到 900～1000℃（管子呈橘红色或橙黄色）才可弯曲。

将加热好的管子搬到平台上的两个挡管之间，弯管受力点和挡管之间放置保护片，不需弯曲的管端用冷水冷却。管径小于 80mm 的管子用人力弯曲，管径大于 100mm 的管道要采用慢速卷扬机来弯曲。弯曲牵引点和支撑点要在一个平面上，牵引点与管子夹角经常保持在 90°左右，一般应控制在 90°±15°的范围内为宜。因为如果钢丝绳与管子夹角过大，弯头外侧要受到更大的拉力，使弯头外侧管壁更加减薄，如夹角过小，弯管内侧管壁要受到更大的压力，容易形成褶皱或鼓包。

在整个弯管过程中，用力应均匀、连续，速度应慢一些为宜。切忌用力过猛和速度过快。当钢管温度下降到700（管子表面呈暗红色）时，应停止弯管。如果没有达到需要的角度，应重新加热后再进行弯制。但加热次数一般不应超过两次，最好是一次弯成。当加热长度范围内的一部分达到了需要的弧度时，立即用水将该部分管段沿整个圆周冷却。当快要达到需要的弯曲角度时，就应当用样板进行检查。由于弯头冷却后有回伸现象，回伸的角度约为2°～3°，因此，弯管时应当比需要的角度大2°～3°左右。拉弯时应用角尺或样棒检查，合格应在受热表面上涂一层废机油，防止再次氧化生锈。

一根管子弯曲多个弯头时，要注意弯头之间的位置关系，当弯头在同一个平面上时，要在同一平面弯管。在弯后面的弯管时，不能让前面弯曲成型的弯管受力。

2. 机械热煨弯

机械热煨弯有火焰弯管机煨弯和中频弯管机煨弯两种。

（1）火焰弯管机

火焰弯管机是对管子弯曲部分分段加热。煨弯受热上处俗称"红带"，红带宽度15～20mm。当火焰将管子加热到900℃左右时，对红带进行做煨弯，煨弯后立刻喷水冷却，使微弯控制在红带以内。这样加热、煨弯连续进行，直至达到所需的弯曲角度。

火焰弯管机外形和构造如图2-36所示，其结构可分为四个部分：①加热与冷却装置：主要包括火焰圈，氧气、乙炔气及冷却水系统；②传动机构：由电动机，皮带轮，齿轮箱蜗轮蜗杆等组成；③拉弯机构：由转动横臂，夹头，固定导轮等组成；④操纵系统：由电

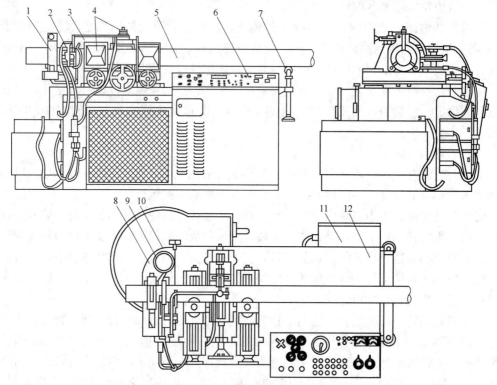

图 2-36 火焰弯管机

1. 管子夹头；2. 火圈；3. 中心架；4. 固定导轮；5. 管子；6. 操作台；7. 托架；
8. 横臂；9. 主轴；10. 水槽；11. 电控箱；12. 台面

气控制系统，角度控制器，操纵台等组成。

火焰圈是由氧气，乙炔混合气的燃烧喷嘴和冷却水喷嘴两部分组成，对火焰的要求是火焰稳定和保证一定的加热宽度，因此火焰圈采用单排喷气孔，孔径 0.5～0.6mm，孔间距为 3mm。冷却水喷嘴在火圈下侧，由一圈单排孔组成，孔径一般为 1mm，孔间距为8mm，水的喷射角度为 45°～60°。喷水与火焰圈结合在一起能对火圈进行冷却，保证火圈工作稳定。加热带 b 的宽窄与喷气孔至管壁的距离 a（或火圈内缘距管壁距离 L）有关，一般选用 $a=10～14mm$，（或选用 13～16mm）。火焰圈材料要导热性能好，便于机械加工，可以采用 59 号黄铜或 59 号铝黄铜等材料。

加热用氧气量较大，可用多瓶氧气并联，氧气经减压装置降压至 0.3～0.5MPa 后使用，乙炔可采用中压乙炔发生器，压力 0.05～0.2MPa，乙炔气必须采用安全防回火装置。冷却水压力 0.2～0.3MPa，一般需设水泵、贮水箱和加压水箱供应冷却水。

火焰弯管机的特点：

（a）由于每次煨弯长度小，红带两侧未加热部分管壁刚性没有降低，管子弯曲部分基本保持圆形，所以弯管曲率均匀、椭圆率小，弯曲段管壁变形均匀。

（b）管子煨弯的弯曲半径可以根据需要调节，产品的 R 标准化，最小 $R=1.5D$。

（c）无须灌砂，可煨较大管径。

（d）火焰弯管机比冷弯机体积小、重量轻、移动方便，煨弯拖动功率小。

（e）火焰弯管比手工灌砂煨弯法工效高十余倍，造价降低约 20 倍。

（f）火焰弯管机对于普通碳素钢管和不锈钢管等都适用。

火焰弯管机火圈的喷气孔很小，容易堵塞，堵塞后会导致加热不均匀，影响弯管质量；另外，采用氧气和乙炔气加热，容易引起回火，产生爆炸事故。

（2）中频弯管机

中频弯管机（图 2-37）基本构造与火焰弯管机相同，所不同的是利用电感应圈代替火圈加热。50Hz 的交流电经过变频器或可控硅发生器变换为 2500Hz 的中频电流，中频电流在感应圈对应的管段中产生感应涡流，感应圈中的交变频率越高，管段中的感应涡流电流就越大。由于管材的电阻较大，使电能转换成热能，在感应圈内的管段受热，产生高温红带，进行煨弯。

感应圈由壁厚为 2～3mm 的四方形紫铜管制成，圈的内径和煨弯管的外径保持3mm 左右的间隙。感应圈厚度决定加热宽度，管径为 $\Phi68～108mm$，用厚度为 12～13mm 的感应圈；管径为 $\Phi133～219mm$，用厚度为 15mm 的感应圈。感应圈中通入冷

图 2-37　中频弯管机

却水，经水孔喷淋冷却已煨弯的红带，水孔直径 1mm，孔距 8mm，喷水角度 45°，加热红带宽度 15～20mm。管子一边前进，一边被逐步加热、弯曲和喷水冷却。

2.5.5　塑料管热煨弯

对于硬聚氯乙烯塑料热煨弯管应采用无缝塑料管加工制作。弯曲半径为管子公称直径的 3.5～4 倍。加工前应先用木材（也可以用型钢）根据弯管外径和弯曲半径制作好胎模。

弯管时，先将管内填充无杂质的干细砂，并用木槌敲打管子，使细砂填实，然后在蒸汽加热箱或电加热箱内加热到 130～150℃，加热长度应稍大于弯管的弧长。加热时，应使加热箱的温度达到需要温度后，再将要加热的管子放入加热箱内，加热时间根据管径大小可参照表 2-10 而定。管子加热至要求时间后，迅速从加热箱内取出，放入弯管胎模内成型，用水冷却后，从胎模内取出立即倒出管内的砂子，并继续用水冷却。由于弯管在冷却后有回缩现象，所以在弯曲时，应使弯曲角度比要求的角度大 2°左右。

塑料管煨弯加热时间　　　　表 2-10

公称通径(mm)	≤65	100	150	200
加热时间(min)	15～20	30～35	45～60	60～75

2.6　管　子　连　接

分段的管子要经过连接才能形成系统，完成介质的输送任务，管道连接的方式很多，主要有螺纹连接，承插连接，法兰连接，焊接连接等，钢质管道常用连接方式是焊接，螺纹连接，法兰连接，此外还有适用于铸铁管和塑料管的承插连接、热熔连接、粘接、挤压头紧连接等。

2.6.1　管道螺纹连接

钢管螺纹连接是将管段端部加工的外螺纹与管子配件或设备接口上的内螺纹拧在一起管路系统。一般管径在 100mm 以下，尤其是管径为 15～40mm 的小管子都采用螺纹连接。本节主要介绍管子螺纹连接的工具和方法，管螺纹的标准和加工见前述有关章节。

1. 螺纹连接常用工具及填料

（1）管钳

管钳是螺纹接口拧紧常用的工具。管钳有张开式（见图 2-38）、链条式两种（见图 2-39）。张开式管钳应用较广泛。其规格及使用范围见表 2-11。管钳的规格是以钳头张口中心到手柄尾端的长度来标称的，此长度代表转动力臂的大小。使用管钳时应当注意：小管径的管子若用大号管钳拧紧，虽因手柄长省力，容易拧紧，但也容易因用力过大拧得过紧而拧破管件，大直径的管子用小号管钳子，费力且不容易拧紧，而且易损坏管钳，所以安装不同管径的管子应选用对应号数的管钳。使用管钳时不允许用管子套在管钳手柄上加大力臂，以免把钳颈拉断或钳颚被破坏。

图 2-38　张开式管钳

图 2-39　链条式管钳

张开式管钳的规格及使用范围表　　　　　　　　表 2-11

规格	(mm)	150	200	250	300	350	450	600	900	1200
	英寸	6	8	10	12	14″	18″	24″	36″	48″
使用范围(mm)		4～8	8～10	8～15	10～20	15～25	32～50	50～80	65～100	80～125

（2）链条式管钳

链条式管钳又称链钳（图 3-39），它主要应用于大管径，或因场地限制，钳子手柄旋转不开时，例如在地沟中操作或管子离墙面较近，张开式管不便使用，可用链条式管钳。在空中作业时用链条式管钳较安全和便于操作。链条式管钳是借助链条把管子箍紧而回转管子。链条式管钳规格及其使用范围见表 2-12。

链条式管钳的规格及使用范围表　　　　　　　　表 2-12

规格	(mm)	350	450	600	900	1050
	英寸	14″	18″	24″	36″	48″
使用范围(mm)		25～40	32～50	50～80	80～125	100～200

（3）填充材料

为了增加管子螺纹接口的严密性且维修时不致因螺纹锈蚀不易拆卸，螺纹处一般要加填充材料。因此填料既要能充填空隙又要能防腐蚀。应注意的是若管子螺纹套得过松，只能切去丝头重新套丝，而不能采取多加填充材料来防止渗漏，以保证接口长久严密。

螺纹连接常用的填料：对热水供暖系统或冷水管道，可以采用聚四氟乙烯胶带或麻丝沾白铅油（铅丹粉拌干性油）。聚四氟乙烯胶带使用方便，接口清洁整齐。对于介质温度超过 115℃ 的管路接口可采用黑铅油（石墨粉拌干性油）和石棉油。氧气管路用填料为黄丹粉拌甘油（甘油有防火性能）。氨管路用填料为氧化铝粉拌甘油。

2. 螺纹连接要求

（1）用于螺纹的保护剂或润滑剂应适用于工况条件，并对输送的流体或管道材料不得产生不良影响。

（2）进行密封焊的螺纹接头不得使用螺纹保护剂和密封材料。

（3）采用垫片密封而非螺纹密封的直螺纹接头，直螺纹上不应缠绕任何填料，在拧紧和安装后，不得产生任何扭矩。直螺纹接头与主管焊接时不得出现密封面变形现象。

（4）管螺纹和管件连接可根据管道输送的介质不同而采取各种不同性质的填料，以达到连接严密性。工作温度低于 200℃ 的管道，其螺纹接头密封材料宜采用聚四氟乙烯带。拧紧螺纹时不得将密封材料挤入管内。

（5）螺纹安装时应能使管端螺纹先以手拧入连接零件中 2～3 扣，再拧紧时应当采用管钳子。管接头螺纹拧入被连接螺纹后，外面应留有 2 扣为合适，不宜过长。管头连接后，应把挤到螺纹外面的油麻填料处理干净。

3. 螺纹连接方法

（1）短丝连接

短丝连接是管子的外螺纹与管件或阀门的内螺纹进行固定连接，是管道螺纹连接的最常用的方式。连接时，在管端外螺纹上按顺时针方向缠绕麻丝、铅油、聚四氟乙烯薄膜等填料，再用手拧进 2～3 扣，然后用适当规格的管钳拧紧，拧紧过程要用力适度，既要保证严密性，又要避免用力过猛，胀裂管子。拆卸时，必须从有活接头或长丝连接的地方开始，依次拆卸各个短丝连接。短丝连接成本低、严密性好、强度较高，应用广泛。

（2）长丝连接

长丝连接（图 2-40）是由一根一端为短丝、另一端为长丝的短管和一个锁紧螺母（根母）构成的连接。短丝为普通螺纹，长丝前端为普通螺纹，后部无锥度。连接时，先将根母拧到长丝根部，然后将长丝拧入设备或管箍内螺纹内，再把短管另一端所要连接的内螺纹管件拧紧到加填料的短管短丝上，最后把根母旋到设备或管箍 3～5mm 处，在间隙处缠绕填料后，拧紧根母。拆卸时，先松根母，取掉填料，将长丝向设备内部拧，短丝同时会退出连接，最后退出长丝。长丝连接拆卸比较方便、简便易行，但严密性和连接强度较低，主要由于散热器连接和可以使用管箍的连接。

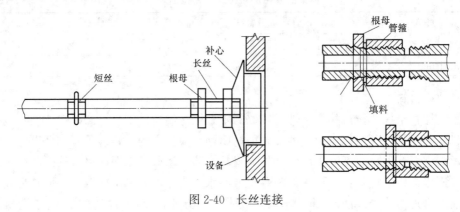

图 2-40　长丝连接

（3）活接头连接

活接头由公口、母口和套母组成（图 2-41），公口一端带插嘴，与母口的承嘴配合，另一端的内螺纹与连接管子的外螺纹连接，母口外侧的外螺纹与套母上的内螺纹配合，内侧的内螺纹与连接管子外螺纹连接，套母设在公口一端，其上的内螺纹与母口连接，公口、母口和套母外侧的六方形方便使用扳手拧紧。连接时，先将套母套在公口连接管子上，再将公口和母口分别拧紧到流体流来和流出的管子上，公口上加垫圈，把公口和母口对正，最后把套母拧紧到母口上。拆卸时，将套母拧松，两段管子即可分离。活接头连接和拆卸方便，是管道安装需要拆卸处最常用的连接方法。

（4）根母连接

根母连接主要用于管子和具有外螺纹的配件的连接，如图 2-42 所示。根母的一端为

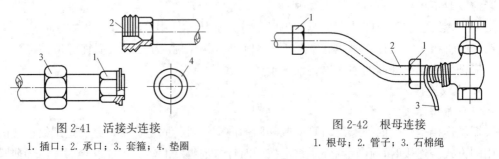

图 2-41　活接头连接　　　　　　图 2-42　根母连接
1. 插口；2. 承口；3. 套箍；4. 垫圈　　　1. 根母；2. 管子；3. 石棉绳

内螺纹，另一端是与连接管径相同的开孔。连接时，先将根母套在管子上，再把管子插入要连接的配件中，在连接处缠绕填料，最后将根母拧紧到配件的外螺纹上。

2.6.2 法兰连接

法兰连接就是利用螺栓将管子与管件端部的法兰盘连接起来。法兰连接有较好的强度和严密性，使用管径范围广，多用于需要拆卸的直管段或管子与阀门设备等的连接，这种连接方式在生产检修拆卸方便，可以满足高温、高压、高强度的需要。为方便使用，法兰已形成标准化加工生产。

1. 法兰连接的要求

（1）管道法兰安装时，应检查法兰密封面及密封垫片，不得有划痕、斑点等缺陷。

（2）当大直径密封垫片需要拼接时，应采用斜口搭接或迷宫式拼接，不得采用平口对接。

（3）法兰连接应与管道同心，螺栓应能自由穿入。法兰螺栓孔应跨中布置。法兰间应保持平行，其偏差不得大于法兰外径的 0.15%，且不得大于 2mm。法兰接头的歪接不得用强紧螺栓的方法消除。

（4）法兰连接应使用同一规格螺栓，安装方向应一致。螺栓应对称紧固。螺栓紧固后应与法兰紧贴，不得有楔缝。当需要添加垫圈时，每个螺栓不应超过一个。所有螺母应全部拧入螺栓，且紧固后的螺栓与螺母宜齐平。

（5）有拧紧力要求的螺栓，应按紧固程序完成拧紧工作，其拧紧力距应符合设计文件规定。带有测力螺母的螺栓，应拧紧到螺母脱落。

为达到上述要求，在法兰连接中要注意以下事项：

1）装前检查

安装前应对法兰、螺栓、垫片和管子埠等进行检查和处理。法兰的检查包括对法兰的内外径、坡口、螺栓孔中心距和凸缘高度等尺寸检查，法兰密封面的光洁度和水线，螺纹法兰的螺纹，凹凸法兰的凹凸配合，垫圈的材质、质量等，紧固螺栓的尺寸和螺纹，管子埠的平整度和氧化铁渣等。不符合质量要求的要进行处理或更换。

2）组装法兰

组装前用法兰检查弯尺检查法兰组装是否平行。若组装时发现偏斜，应消除偏斜尺寸后方进行焊接。管子与法兰连接的允许偏差见表 2-13。要求所有螺栓能自由穿入。拧紧螺栓应对称均匀，松紧适度。螺栓拧紧后，螺栓漏出螺母长度不应超过 5mm。法兰与法兰、法兰与阀门法兰的密封面应相互平行，法兰平行面的允许偏差数值见表 2-14。组装平焊法兰时管端应插入法兰盘厚度的三分之二，为增加强度，最好采取内外焊，焊后应将熔渣清理干净。法兰连接应采用同一规格的螺栓，螺栓的直径和材质应按法兰标准选配，且安装方向一致。

管子与法兰连接允许偏差　　　　　　　　　　表 2-13

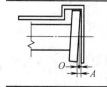	管子公称直径 （mm）	≤80	100～250	300～350	400～450
	允许偏差 A （mm）	±3.0	±4.0	±5.0	±6.0

法兰平行面允许偏差　　　　　　　　　　　表 2-14

	公称直径(mm)	允许偏差$(b-a)$(mm)	
		$PN<1.6MPa$	$PN=1.6\sim4.0MPa$
	≤100	0.20	0.10
	>100	0.30	0.15

2. 法兰连接方法

法兰连接由一对法兰盘、一个垫片、若干螺栓和螺母组成，连接的过程一般分三步。首先将法兰装配或焊接在管端，然后将垫片置于两法兰盘之间，最后用螺栓连接法兰，并拧紧达到连接和密封要求。法兰连接的关键和难点是法兰与管子装配，以下介绍几种常用法兰与管子的装配方法。

（1）平焊法兰与管子装配

平焊法兰装配时，先将法兰套入管端，管口与法兰密封面之间留有一定的距离，在管子一侧点焊后，用法兰弯尺或直尺找正，在找正点上点焊，再将管子转动，在与第一个焊点 90°左右处点焊并找正，两点都找正后，即可在管子两侧再施点焊，最后完整施焊。对公称压力小于 1.6MPa 的管子只焊外口，对公称压力大于 1.6MPa 的管子可进行内外焊。

（2）对焊法兰与管子装配

对焊法兰与管子装配是将管子与对焊法兰上的突起端管对接焊。除了焊接部位不同外，焊接方法和要求与平焊发连装配相同。

（3）松套法兰装配

松套法兰装配是先将法兰套入管端，再进行翻边和加工密封面。管口翻边前要对同批管子抽样进行翻边实验，正式翻边后，翻边处不得有裂纹、豁口和折皱等现象，并应有良好的密封面，翻边端面与管子中心线应垂直，允许偏差为 1mm，厚度见薄率不大于 10%，翻边后的外径及转角半径应能保证螺栓和法兰自由装卸。翻边方法有三种。

1）管子直接翻边

加工过程为先截下与连接管相同的一段 200~250mm 短管，将一个平焊法兰固定在台钳上并露出密封面，将短管套入法兰，向上伸出的长度等于密封面宽度，加热到要求温度后，用手锤垫上木棒，一边转动短管，一边向外翻打管端，直到翻边翻靠到法兰并打平为止，最后将翻边再加热后放置圆饼胎具，用大锤敲打胎具将反变挤压成密封面。管子直接翻边适用于 $DN50\sim DN150$mm 的管子翻边。

2）板材加工翻边

选择壁厚大于管壁厚度的板材加工成环状片，环状片外径等于所要加工的密封面的尺寸，内径根据连接管的直径和需要翻近法兰盘的深度决定，将环状片紧夹在两个法兰之间，加热后放入胎具向内冲压或用木棒翻打，环状片大于法兰孔的部分被向内翻成短管，将翻出的短管与管道焊接即可。板材加工翻边适用于管径大于 200mm 的管子。

3）管端加工翻边

加工方法是将管子套入法兰盘，在管端沿管周围用气焊施焊，使焊肉直径大于法兰密封面的直径，再用车床加工成翻边密封面。

2.6.3 焊接

管子焊接（图 2-43）是将管子接口处及焊条加热，达到使金属熔化的状态，而使两个被焊件连接成一整体。安装工程中常用的焊接方法有手工电弧焊、气焊，对于不锈钢管、合金钢管和由色金属管常使用手工钨极氩弧焊。焊接具有以下优点：

① 接口牢固严密，焊缝强度一般达到管子强度的 85％以上，甚至超过母材强度。

② 焊接系管段间直接连接，构造简单，管路美观整齐，节省了大量定型管件（管箍、三通等），也减少了材料管理工作。

③ 焊接口严密不用填料，减少维修工作。

④ 焊接口不受管径限制，速度快，比起螺纹连接大大减轻了体力劳动强度。

1. 焊接的一般规定

（1）焊接前，应清除管内土块、泥垢等污物，在管口边缘和焊口两侧不小于 10～15mm 范围内，表面的铁锈应除净，直到露出金属光泽。当管壁厚度超过 4mm 时，应对焊接管段进行坡口处理。

（2）为降低或消除焊接接头的残余应力，防止产生裂纹，改善焊缝和热影响区的金属组织与性能，应根据材料的淬硬性、焊接厚度，焊件的使用条件和施焊时的环境温度等，综合考虑焊前预热和焊后热处理，应符合国家现行《现场设备、工业管道焊接工程施工规范》GB 50236—2011 的有关规定。

（3）公称尺寸大于或等于 60mm 的管道，宜在焊缝内侧进行根部封底焊。当对螺纹接头采用密封焊时，外露螺纹应全部密封焊。需预拉伸或预压缩的管道焊口，组对时所使用的工具应在焊口焊接及热处理完毕，并经检验合格后再拆除。端部为焊接连接的阀门，其焊接和热处理措施不得破坏阀门的严密性。除了优质碳素钢管焊接环境温度最低可达 −20℃，其他碳素钢管和合金钢管焊接环境温度不能低于−10℃；

（4）管道焊缝位置应符合下列规定：

1）直管段上两对接焊口中心面间的距离，当公称尺寸大于或等于 150mm 时，不应小于 150mm，当公称尺寸小于 150mm 时，不应小于管子外径，且不小于 100mm。除采用定型弯头外，管道焊缝与弯管起弯点的距离不应小于管子外径，且不得小于 100mm。

2）管道焊缝距离支管或管接头的开孔边缘不应小于 50mm，且不应小于孔径。

3）卷管的纵向焊缝应设置在易检修的位置，不宜设在底部。

4）管段管道环焊缝距支吊架净距不得小于 50mm，需热处理的焊缝距支架不得小于焊缝宽度的 5 倍，且不得小于 100mm。

2. 气焊

气焊（图 2-44）是用氧气-乙炔进行焊接。除了焊炬不同，气焊的其他装置与气割相

图 2-43　焊接

图 2-44　气焊

同。焊炬是将氧气和乙炔按一定的比例混合，以一定速度喷出燃烧，产生 3100～3300℃ 的火焰，以熔化金属，进行焊接。

（1）管子气焊连接操作

焊接普通碳素钢管一般采用 H08 气焊焊条，管径为 3～4mm 时焊条直径一般为 2～3mm。焊接时，要调节好氧气和乙炔的比例，火焰焰心末端离工件 2～4mm，距离越小火焰强度越大并垂直于工件，嘴倾斜角度越大，火焰强度越大，垂直于工件时强度最大。起焊时，先采用大倾角使焊炬在起焊点来回移动，均匀加热工件，若两工件厚度不同，火焰应偏向较厚的工件。当起焊点形成亮白、清晰的熔池时，可以一边施加焊条，一边向前移动焊炬。在整个焊接过程中，要使熔池的大小和形状保持一致。到达焊接终点时，应减小火焰倾角，加快焊炬移动速度，并多施焊条。收尾时可用温度较低的火焰保护熔池，直到终点熔池填满后，火焰才可慢慢离开熔池。焊接过程应尽量减少停顿，若有停顿，重新气焊时应先将原熔池和靠近熔池的焊缝融化，形成新熔池后再加入焊条，每次续焊应与前焊缝重叠 8～10mm。

（2）气焊操作的注意事项

①焊炬点火时，应先打开氧气阀，再开乙炔阀，熄火时应先关乙炔阀，再关氧气阀，②点火时应从焊嘴的侧面点，以防正面火焰喷出烧手，③氧气瓶和乙炔瓶放置应符合有关规定，④检查乙炔气流动情况时，应用手放到焊嘴感觉，不要用鼻子去闻，以防中毒或窒息。

3. 电弧焊

电弧焊接可分为自动焊接和手动电焊接两种方式，大直径管口焊接一般采用自动焊接，安装工程施工多用手工电弧焊。手工电弧焊接采用直流电焊机或交流电焊机均可。用直流电焊接时电流稳定，焊接质量较好，但往往由于施工现场只有交流电源，如采用直流电焊接，需用整流机将交流电变为直流电，为使用方便，故施工现场一般采用交流电焊接。

（1）手工电弧焊的装置

手工电弧焊主要设备有交流电弧焊机和直流电弧焊机。安装工程常用的交流电弧焊机。交流电弧焊机结构简单、坚固耐用、维修使用方便、效率高，应用极为广泛。

交流电弧焊机由变压器、电流调节器及振荡器等部件组成，各部件的作用是：

电焊变压器，为保障人身安全，焊接必须采用安全电压。常用电源的电压为 220V 或 380V，输入电焊变压器，经变压器输出电压降为 55～65V 安全电压（点火电压），供焊接使用。

电流调节器：由于金属件的厚薄不同，需对焊接电流进行调节。电流大小和焊条粗细有关，选用参看表 2-15。

焊条的焊接电流 表 2-15

焊条直径(mm)	1.6	2	2.5	3.2	4	5	5.8
电流（A）	25～40	40～70	70～90	90～130	160～210	220～270	260～310

振荡器：用以提高电流的频率，将电源的频率由 50Hz 提高到 250000Hz。使交流电的交变间隔趋于无限小，增加电弧的稳定性，以利焊接和提高焊缝质量。

焊条：焊条既是电极又是焊接添加金属。焊条粗细应根据焊件的厚度选用，焊较薄的钢材用小电流和细焊条，焊厚钢材则用大电流和粗焊条。一般电焊条的直径不应大于焊件的厚度，通常钢管焊接采用直径 3～4mm 的焊条。

钢管焊接中使用的其他工具和用具还有焊接软线、焊钳、面罩、清理工具和劳动保护用品等。一条焊接软线由电焊机引出，搭接在需要焊接的管子上，另一条连接电焊机和焊钳，当焊钳与管子接触或起弧后，低压电流通过焊接软线形成回路。焊钳用于夹持焊条，由焊工把持焊钳运动控制焊接过程。电弧光中有强烈的紫外线，对人的眼睛及皮肤均有损害。焊接人员必须注意防护电弧光对人体的照射，电焊操作必须带上防护面罩和手套。清理工具有手锤、钢刷和打磨机等，用于清理焊渣等。

（2）手工电弧焊操作

1）选择焊条及调节电流

焊接先要根据被焊接管子的材质和壁厚选择焊条，并根据表 2-15 将电流调节到与焊条适应的数值。电流过大时，容易将焊件烧通。而焊较厚的钢材及过小的电流时，则焊不透且不牢固，所以电流过大或太小均影响焊接质量。施焊时电流过小焊条不易打火起弧，一般可按所用焊条直径的 40～60 倍来确定焊接电流的大小，焊条细所用的电流可用 40 倍，焊条粗可用 60 倍。

2）引弧

引弧是将焊条末端与被焊工件表面接触形成短路，然后迅速将焊条向上提起 2～4mm 的距离，使焊条末端与焊件之间产生电弧。引弧方有碰击和擦划两种，碰击法使用焊条端部垂直接触焊件，形成短路后快速提起，擦划法使让焊条端部在焊件表面轻轻擦过。擦划法引弧容易，但易损伤焊件表面，碰击法容易粘条或熄弧，要求操作技术较高。由于开始管子较凉，在引弧处的熔池较浅、难易焊透，并容易产生气孔，所以一般引弧位置应在起焊点后 10mm 左右处，引弧后，拉长电弧，迅速移至起焊点进行预热，预热后，压低电弧开始焊接，焊接过程中，随焊缝将引弧处重新熔化消除气孔，并且不留引弧伤痕。

3）运条

正确的焊条运动是保证钢管焊接质量的关键。起弧后焊条的运动包括三个方面：朝熔池方向逐渐送进，横向摆动，沿焊接方向逐渐移动。焊条逐渐送进是为了保持焊条端部与熔池的距离，保证所需要的电弧长度。横向摆动是为了达到一定的焊缝宽度。焊条沿焊接方向逐渐的移动速度受电流大小、焊条直径、钢管壁厚装配间隙和焊缝位置等因素影响，移动速度太慢，容易烧穿管子或形成焊瘤；移动速度太快，则难以焊透。常见的运条方法有直线运条法、直线往返运条法、锯齿形运条法、月牙形运条法、三角形运条法和圆圈形运条法等。

4）清理打磨

焊接完成后，要将焊缝上的焊渣和粘在管道焊瘤清理干净。在敲击热焊渣时注意防止飞溅烫着皮肤，防止飞溅入周围易燃材料中酿成火灾，过早地敲掉焊渣对防止焊口金属氧化也不利，故焊渣应待冷却后除去为宜。当电线与电焊钳接接触不良时，焊钳会发高热烫手，影响操作。电焊机应放置在避雨干燥地的地方，防止短路漏电和出安全事故。

4. 电、气焊接方法选用

钢管电焊和气焊在金属化学结构，焊料的质量和焊接技术等方面均符合要求时，这两种焊法任选，但电焊较为经济和速度快。

供暖、供热及冷水管路的管径≤50mm，壁厚≤3.5mm 时，常用气焊。对于管径在 65mm 和壁厚 4mm 以上或高压管路系统的管子应采用电焊。在室内或地沟中管道较密集处，电焊钳不便伸入操作时，可以用气焊。制冷系统低温管道温度在−30℃以下时，为防止焊缝处因收缩应力大产生裂纹，采用气焊为佳。需要仰焊的接口，用电焊比气焊操作方便。在防止焊接变形方面电焊较好。总之，采用电焊或气焊应根据当时当地的具体条件选用或两种方法配合使用。

5. 常见焊接缺陷

由于焊前准备、焊接工艺参数选择和操作方法不当等原因会在焊接过程中产生裂纹、气孔、固体夹杂、未熔合和未焊透、焊缝形状偏差及其他缺陷。以下对各种常见焊接缺陷产生原因及防治方法进行介绍。

(1) 裂纹

当焊缝金属中存在难溶物质或由于焊后温度降低过快，使焊缝金属晶粒破裂时在焊缝及周围会产生裂纹。焊件或焊条内含硫、铜等杂质过多、焊缝中融入过量的氢以及焊接含碳量高或高合金钢时容易产生裂纹。为防止裂纹产生，焊接时应采用抗裂性能高的碱性焊条，选用杂质少、可焊性好的钢管，采用合理的焊接顺序。对于在焊接含碳量高或合金元素多的管材，焊接前可先将焊接处两侧 150~200mm 范围预热到 200℃左右，焊后保温缓冷，降低由于冷却速度过快产生的冷裂纹。

(2) 气孔

气孔主要是因为焊接过程中吸入气体或焊接产生的气体没有及时排出而形成的。气孔产生的主要原因有：焊件上的油污、铁锈未清理干净，焊条受潮、药皮脱落或焊条烘干温度过高过低，焊接电流过小或过大，焊接速度过快、电弧过长等。对应防治措施是焊前清理干净焊件，防止焊条受潮，焊前将焊条在 400℃左右的温度中烘干并置于保温筒内保存，根据焊件特性、厚度合理选择焊条规格、焊接电流大小和焊接速度，尽可能采用短弧焊，以及采用抗气孔性强的酸性焊条。

(3) 夹渣

夹渣是由于焊接熔池内的熔渣和熔化金属混杂，夹渣物没有浮出熔池而残留在焊缝内部而形成。焊接电流过小、焊接速度过快，运条方法不正确，焊前未清理干净焊件时易产生夹渣现象，焊接时应对应防治。

(4) 未熔合和未焊透

未熔合是指焊接金属之间或焊接金属与母材未完全熔化结合。未焊透是指焊接根部没有完全溶透。焊接电流过小、焊条过粗、坡口角度过小、钝边过厚、间隙太小以及母材未清理干净是造成未熔合和未焊透的主要原因。

(5) 形状缺陷

常见的形状缺陷有咬边、焊瘤、烧穿和焊缝尺寸不合格等。产生的主要原因是焊接电流过大、焊速慢、焊接角度或运条方式不当、间隙太大等。

此外，还有打磨过量、电弧擦伤、熔渣飞溅和层间错位等其他缺陷，主要原因是在打磨、引弧、施焊等过程中操作不规范引起。

2.6.4 承插连接

承插连接是通过管道的承口与插口配合，或将两个管端插入套环中，再在接口处采用填充材料密封的管道连接方式。管道建筑设备安装工程中的承插连接主要应用于铸铁管、陶瓷管、混凝土管和塑料管的连接。常用承插连接接口形式有青铅接口、石棉水泥接口、自应力水泥接口、胶圈水泥接口等。

1. 铸铁管承插连接

铸铁管承插连接的接口形式有青铅接口和水泥接口两种。青铅接口有冷塞法和热塞法两种，接口抗振性、弹性好，渗漏时易补救，但材料价格贵，要求操作技术高。水泥接口操作简便易行，但抗振性不好，常用的水泥接口有石棉水泥接口和自应力水泥接口。

（1）青铅冷塞法

只适用于加热铅有困难和遇到施工中有泄漏现象，不宜用热铅的情况。

青铅冷塞法操作简单：用杆状或条状、丝状软铅填入承插口中，用铲凿实直至无渗漏即可。但本法成本比热塞法高，连接质量不如热塞法。

（2）青铅热塞法

青铅热塞操作时，先将管子找正并将清理承插口干净。将预先编好并浸有沥青的麻绳（直径稍大于承插口配合间隙，长度大于间隙周长。）一圈一圈的塞入间隙中，各圈的接头应相互错开，每加一圈都要用捻铲凿实。油麻的厚度为承口深度的三分之一。如管线是水平安装时，承插口外部需用石棉绳卡圈或用涂有黏性泥浆的麻股把承插口的环形间隙封严。

化铅可用钢板制成的铅锅。当铅熔化并呈紫红色时，拨开铅面上的杂质，用铅勺盛出，从预留的浇口一次即将环形间隙注满。注满后稍凉，立即拆除模子，用錾子剔掉环形间隙外部的余铅，再用捻铲手锤捻实。化铅和浇铅均应在干燥的条件下进行，因为铅液遇水后会发行"放炮"现象，容易伤人。

（3）石棉水泥充塞法

石棉水泥充塞接口以石棉水泥的混合物作为填料，石棉的标号应在4级以上，水泥标号应大于400号。一般采用硅酸盐水泥或矿渣硅酸盐水泥，后者抗腐蚀性较好，但硬化较慢。

接口操作前先要在管子承插间隙内打上油麻。打油麻过程中当锤击时发出金属声，声明麻已被打实。

将石棉绒和水泥以3：7（重量比）的比例，用10%～15%的水均匀拌合。石棉绒在拌合前要用细竹梢轻轻敲打，使其松散，与水泥拌合要均匀。搅拌后的水泥应立即使用，存放时间不得过长，否则会产生硬化。

将已拌好的填料由下而上塞入已打好油麻的承插口内。塞满后，用类凿打实。石棉水泥一般要逐层打实，每层厚度10mm为宜。$DN<300$mm 时，采用"三填六打"法，即每填一遍灰打二遍。$DN>300$mm 的管子采用"四填八打"法。

接口捻完后用湿泥抹在接口的外面养护。在春秋节每天要浇二次水，夏季要浇四次水，冬季要用覆盖上保温。敞口的两端要塞严，防止冷空气进入影响质量。遇有腐蚀性地下水时，接口处应涂抹沥青防腐层。工作压力不超过0.05MPa时，养护三天即可试压。若发生接口局部漏水，可将漏水部位剔除，不要振动不漏部位，其范围略大于渗漏部位，深度要见到油麻为止。剔净后用水冲洗干净，再分层打实，经养护即可试压。如渗漏超过 50％，则应全部剔掉，重新捻口。

石棉水泥充塞法接口属于刚性连接，不适用于地基不均匀、沉陷和湿度变化的情况。

（4）自应力水泥充塞法

自应力水泥又称膨胀水泥，它是由硅酸盐水泥、石膏及矾土水泥组成的膨胀剂混合而成的。膨胀剂与少量水产生了低硫的硫铝酸钙，在水泥中形成板状结晶。当和大量水作用，产生高硫的硫铝酸钙，它把板状结晶分解或联系较松的细小的结晶而引起体积膨胀。

自应力水泥砂浆是由砂：水泥：水为 1：1：（0.28～0.32）（重量比）的自应力水泥、直径 0.2～0.5mm 且清洁晒干的粒砂及水搅和而成。当用在管壁较薄的铸铁管上时，水泥和砂的重量比可调整为 1：2。拌好后的砂浆和石棉水泥相似。拌好后的灰浆要在 1 小时内用完为宜。冬天施工时，用水须加热，水温应保持在 80℃以上。

将砂浆一次灌满已塞好油麻的承插口间隙内，用捻凿沿管腔周围均匀捣实。捣实时可不手锤，表面捣出有稀浆为止。捣实后，砂浆进入接口内，如不能和承口相平，则再填充齐平。接口做好后，一天内不得碰撞。在接口完毕后，2h 内不准在接口上浇水，可直接用湿泥封口，上留杯口浇水，始终保持润湿状态，夏季养护不少于 2 天，冬季不少于 3 天。管内充水养护要在接口完成 12h 后才能充水，水的压力不得超过 0.1MPa。修补时，将渗漏处两侧加宽 30mm，深 50mm，轻轻剔除，不要松动其他部位，用水冲洗干净，待水流净后，再填入自应力水泥浆，并捣实。如果渗漏占圆周的一半，则要全部剔除重打。

自应力水泥接口操作简单、省力，工效高，适用于工作压力不超过 1.2MPa 的管道上。

2. 混凝土管路与钢筋混凝土管路的承插连接

混凝土管路与钢筋混凝土管路的承插连接，按其连接的形式及所用材料不同可分为以下几种。

（1）承插口接口

管径 400mm 以下的混凝土管，多制成承插口形状。其接口方法是在承插口中填入 1：3 的水泥砂浆。水泥砂浆应有一定的稠度，以使填塞时不致从承口中流出。水泥砂浆填满后，应用瓦刀挤压表面，当地下水具有腐蚀性时，则采用耐酸水泥。

（2）抹带接口

水泥砂浆是最早被采用的刚性接口之一，见图 2-45。操作时一般需打混凝土基础的管座，采用 1：2 水泥砂浆（无灰比不大于 0.5），管子应严密无裂缝，用一抹刀分两层抹压，第一层为全厚的 1/3，其表面要粗糙。以便与第二层紧密结合。接口闭水能力较差，消耗水泥量较多，并且须要较长的养护时间，适用于雨水管道。

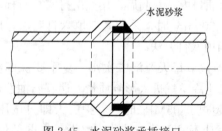

图 2-45　水泥砂浆承插接口

（3）套环接口

在较重要的工程中（如工业污水管道），钢筋混凝土管可用套环连接。套环内径较外径约大 25～30mm，套环套在两管接口处后，在接口空隙打入石棉水泥。为防止其内串，可选塞入一圈油麻。在需要柔性较大的地方，可采用沥青玛蹄脂灌口。

3.陶瓷管的承插连接

陶瓷管的承插连接多用沥青玛蹄脂接口。沥青玛蹄脂的配比,夏季施工时为3号及4号石油沥青各为23.5%,其余是安山岩粉、粉煤灰等掺和料。冬期施工时,为了防止沥青玛蹄脂流动性不好、冷却太快,应将3号及4号石油沥青的用量增加到各28.5%,而相应的减少掺和料。

沥青玛蹄脂熬制时,把沥青打碎成3~5cm小块,放在容器内加热,随时进行搅拌。当沥青完全熔化后,再将掺和料均匀撒入,边撒边搅。温度达到160~180℃时,即可灌入已打好麻的承插口内。

灌入沥青玛蹄脂时,应注意排气,每个接口应一次灌好,冬季沿沟槽作沥青玛蹄脂接口时,为了保证浇灌温度,可使用能沿沟槽移动的沥青锅,同时灌口前应将接口预热。当管道内污水的温度超过45℃时,不得采用沥青玛蹄脂进行接口。

2.6.5 管道粘接

粘接是指金属粘接和塑料粘接,特别是塑料管道中使用粘接剂。粘接剂可以是热固化的或热塑性的。

热固化树脂是最主要的材料,金属粘接剂配方即以它为基础。为了特定的应用,可通过加入变质剂和填料来改变其性能。

热固化粘接剂,通过聚合、缩合或硫化之类的化学反应而硬化或固化。

热塑性树脂是长链分子化合物,在加热时软化,在冷却时硬化,加热时不发生化学变化,因而热循环可以重复进行,然而在过高温度时,将氧化而分解。

1.结构粘接剂

结构粘接剂的最终目的是要产生一个与被连接材料等强度的接头。结构粘接剂有两种普通形式,它们都属于热固化型,即酚醛树脂基粘接剂和环氧树脂基粘接剂。

酚醛树脂用作结构粘接剂时要用热塑性树脂或弹胶物使之变质。经变质后的酚醛树脂有溶于有机溶剂中的溶液,还有有载体的薄膜和无载体薄膜等形式。这类粘接剂的特征是剥离强度高,其抗拉和抗剪强度为21~35MPa。

环氧树脂兼具润湿性好、收缩小、抗拉强度高、韧性好、化学性不活泼等特性,可制造强度和多用性好的各种粘接剂。环氧树脂与酚醛树脂不同,在固化时不产生挥发性产物,可在液态下应用而无需溶剂载体,因此截面的挥发物可以大大降低。粘接时只需很小的压力来保持被粘件间的紧密接触,这就使设备大为简化。

2.粘接剂选择

用于生产的胶粘剂选择应考虑下列四个关键问题。

(1)被粘接件所承受的载荷和形式,以及粘接件在使用过程中受周围环境的影响,如气候、温度、水、油、酸、碱、化学气体等。

(2)被粘接件的材料、形状、大小和强度、刚度要求。有些材料很难粘接,需考虑特殊的胶粘剂。一般钢、铁、铝合金等比较容易粘接,而铜、锌、镁、不锈钢、纯铝等,其粘接强度相对差些。

(3)成本低、效果好,整个工艺过程经济。

(4)特殊要求,如电导率、导热率、磁导率及超高温、超低温等,都应选择特殊粘接剂。

常用结构粘接剂见表 2-16。

常用结构粘接剂　　　　　　　　　　　表 2-16

粘接剂类型	固化温度(℃)	使用温度(℃)	搭接抗剪强度(MPa)		室温剥离强度(kPa)
按室温下固化配方的环氧树脂	60～90	-67～180	17.23 10.34	温室 82℃	35
按高温下固化配方的环氧树脂	200～350	-67～350	17.23 10.34	温室 117℃	35
环氧树脂-尼龙	250～350	-423～180	41.37 13.79	温室 82℃	525
酚醛-环氧树脂	250～350	-423～500	17.23 10.34	温室 260℃	70
酚醛-丁缩醛	275～350	-67～180	17.23 6.89	温室 82℃	70
酚醛-氯丁	275～350	-67～180	13.79 6.89	温室 82℃	105
酚醛-腈	275～350	-67～180	27.37 6.89	温室 121℃	420
氨基甲酸乙酯	75～250	-423～180	17.23 6.89	温室 82℃	350
聚酰亚胺	550～650	-423～1000	17.23 6.89	温室 538℃	21

粘接剂主要应用在塑料管道的连接，目前在钢管连接和堵漏方面也有所应用。

2.7　非金属管子连接

在管道工业中，人工合成的高分子材料特别是塑料使用性能良好，成本低廉，外表美观，正在逐步取代一部分金属材料。非金属材料包括高分子材料，陶瓷材料和复合材料。篇幅所限，关于塑料管和铝塑复合管的连接可扫描二维码阅读。

EX2.1　塑料管和铝塑复合管

本　章　小　结

管子加工及连接是管道安装工程的中心环节，是按照设计蓝图将各单件设备连接为系统的施工过程。随着科学技术的发展，当前管道安装涌现了许多新型管材，如复合管、各种新型的塑料管，与之对应的施工工艺和施工技术也随之而来，例如管道热熔焊接、电熔焊接等。为了保证本章内容的完整性及丰富性，在详细地介绍传统工艺与操作技术的同时更新了新的技术要求及介绍了新的工艺。

本章作为本书的基础性内容部分，针对管子加工内容，详细介绍了调直、切割、套丝、煨弯及管件制作等管子加工的工艺过程，针对管子连接内容，讲述了金属管道连接和非金属管道的连接方法，包括螺纹连接、焊接、法兰连接、承插连接、粘接等连接方法。本章主要内容：

（1）管螺纹加工。加工要求螺纹应端正、光滑、无毛刺、无断丝缺扣，螺纹松紧度适宜，以保证螺纹接口的严密性，介绍了手工套丝等套丝的操作方法，对于加工常见缺陷及产生的原因进行了说明。

（2）弯管加工。在介绍了管件制作的基础上，提出了弯管的加工，对于弯管质量要求做出了分析说明，详细讲述了钢管冷弯法和钢管热煨法两种弯管加工的工艺方法，提及了硬聚氯乙烯塑料管热煨弯。

（3）金属管道的连接。金属管道连接的方式很多，主要有螺纹连接，承插连接，法兰连接，焊接连接等，对于钢质管道常用连接方式是焊接，其他连接方式大部分已被焊接。本节依次介绍了钢管螺纹连接、法兰连接、焊接、承插连接、管道粘接，对于各连接方法的特点、适用条件、连接要求等进行了对比介绍，详细说明焊接工艺的常见缺陷产生原因及防治方法。

（4）非金属管道的连接。在管道工业中，人工合成的高分子材料特别是塑料使用性能良好，成本低廉，外表美观，正在逐步取代一部分金属材料。本节选择热塑性塑料管和铝塑复合管两类非金属管道进行了连接工艺的介绍。热塑性塑料管加热后软化具有可塑性，可制成多种形状的制品，冷却后又结硬，对应的连接方法有粘接、热熔连接、电熔连接、卡套连接、卡压连接、卡箍连接、法兰连接、焊接等，依次介绍了各种连接方法的特点、适用条件及操作方法，详细说明了 PP-R 管的热熔连接工艺过程。铝塑复合管具有聚乙烯塑料管耐腐蚀性和金属管耐高压的优点，目前在工业发达国家已广泛应用铝塑复合管。对于复合管介绍了对应的卡套式连接和压力连接法两种连接方法。

关键词（Keywords），管子加工（Pipe processing），管子连接（Pipe connection），焊接（Welding），热熔连接（Hot melt connection），热塑性塑料管（Thermoplastic plastic pipe）。

安装示例介绍

EX2.2　管道工厂化预制加工安装示例　　**EX2.3　PPR 管道的施工安装示例**

思考题与习题

1. 试述管子切割的要求。
2. 螺纹连接常用工具有哪些？
3. 简述常用管子切割方法及其适用情况。
4. 简述手工套丝的过程。
5. 简述采用绞板加工管螺纹时，常见缺陷及产生的原因。
6. 试述弯管的受力分析，并说明影响有害变形的因素及质量要求。
7. 简述钢管的主要连接方式及适用情况。

8. 螺纹连接安装应注意哪些问题?

9. 简述气焊原理及适用情况。

10. 简述常见焊接缺陷产生原因及防治方法。

11. 简述热塑性塑料管的连接方式有哪些。

12. 塑料管的焊接方式具体有哪些,解释说明其原理。

13. 简述 P-R 管熔接操作过程。

本章参考文献

[1]　中国工程建设标准化协会化工分会编. GB 50235—2010 工业金属管道工程施工规范 [S]. 北京:中国计划出版社,2010.

[2]　中国工程建设标准化协会化工分会编. GB 50184—2011 工业金属管道工程施工质量验收规范 [S]. 北京:中国计划出版社,2011.

[3]　骆家祥. 管道工程安装手册 [M]. 太原:山西科技技术出版社,2005.

[4]　钱德永,郑学珍. 管道安装工程便携手册 [M]. 北京:机械工业出版社,2002.

[5]　熊大远. 实用管道工程技术 [M]. 北京:化工工业出版,2011.

[6]　王智伟,刘艳峰. 建筑设备施工与预算 [M]. 北京:科学出版社,2002.

[7]　刘庆山,刘翌杰,刘屹. 管道安装工程 [M]. 北京:中国建筑工业出版社,2006.

[8]　张金和. 建筑设备安装技术 [M]. 北京:中国电力出版社,2012.

[9]　邵宗义. 施工安装技术 [M]. 北京:机械工业出版社,2011.

第3章　室内供暖系统安装技术

• 基本内容

室内供暖管道安装，散热器及附属器具安装，供暖系统的清洗、试压及试运行。

• 学习目标

知识目标：理解室内供暖管道安装的技术特点。掌握室内供暖系统安装工艺流程。

能力目标：通过对室内供暖系统图片示例的学习以及相关知识解读的学习，着重培养学生对室内供暖系统安装方法及其实施步骤的感性认识及其相关知识的认知能力。

• 学习重点与难点

重点：掌握室内供暖系统安装方法。

难点：室内供暖系统安装技术质量标准。

• 知识脉络框图

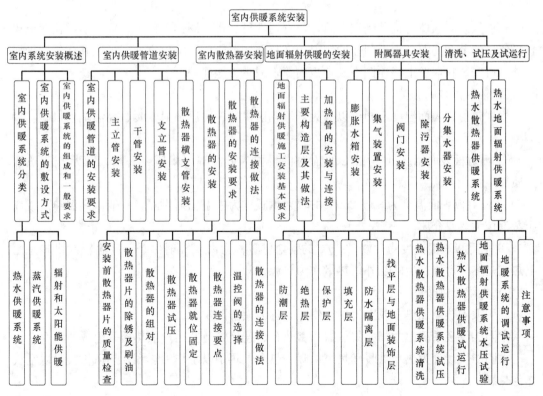

3.1 室内供暖系统安装概述

3.1.1 室内供暖系统分类

供暖就是将热量以某种方式供给建筑物，以保持一定的室内温度。根据热媒介质的不同，供暖系统大致分为热水供暖、蒸汽供暖、辐射供暖和太阳能供暖四种。其中，以热水供暖和辐射供暖应用最为广泛，太阳能供暖最有发展潜力，且有利于节约能源和环境保护，但目前应用不多。因此下文着重介绍热水供暖和辐射供暖。

1. 热水供暖系统

热水供暖系统是目前广泛使用的一种供暖系统，适用于民用建筑与工业建筑，按照系统循环的动力可分为自然循环热水供暖系统和机械循环热水供暖系统。

2. 蒸汽供暖系统

蒸汽供暖系统是以水蒸气作为热媒的。当蒸汽压力（表压）低于 0.7MPa 时称为低压蒸汽，高于 0.7MPa 时称为高压蒸汽。低压蒸汽多用于民用建筑供暖，高压蒸汽多用于工业建筑供暖。由于蒸汽供暖存在的问题较多，缺陷较大，故采用者已为数不多，有很多蒸汽供暖已改为热水供暖了。

3. 辐射和太阳能供暖

辐射供暖是一种利用建筑物内表面如顶面、墙面、地面或其他材质表面进行供暖的系统，主要依靠辐射传热的方式放热，使一定的空间有足够的热辐射强度，以达到供暖目的。

辐射供暖时人体直接受到辐射热，热舒适性更高，在同样条件下，辐射供暖比对流供暖投资小，节约能源，钢板制作的辐射板散热器构造简单，维护方便，可以和建筑物做成一体，可安装在墙壁上或顶棚下及地板内等，减少占地面积。

1）辐射供暖的分类

根据辐射板表面温度不同可以分为低温辐射供暖、中温辐射供暖、高温辐射供暖三种类型。

① 辐射板表面温度低于 80℃ 的辐射供暖称为低温辐射供暖，一般以热水作为热媒介质。

② 辐射板表面温度为 80～200℃ 的辐射供暖称为中温辐射供暖，一般以高温热水或高压蒸汽作为热媒介质。

③ 辐射板表面温度为 500～900℃ 的辐射供暖称为高温辐射供暖，高温辐射供暖是用电热或是燃气燃烧产生的红外线热量作为热源。

2）太阳能供暖

利用太阳热能加热水或空气进行供暖，称为太阳能供暖。

太阳能供暖系统由太阳能集热器、蓄热箱、连接管道及用户散热器等组成。

太阳能供暖分为热水供暖和热风供暖。热水供暖是以水作为热媒，热风供暖是以空气作为热媒。

3.1.2 室内供暖系统的敷设方式

1. 管道明敷

（1）室内供暖系统的敷设方式

室内供暖管道多采用明敷，只是对装饰要求高或工艺上需要特殊要求的建筑物中才使用暗敷方式。对于暗敷管道不能直接靠在砌体上，以避免影响伸缩或破坏建筑物。

（2）室内供暖管道系统的基本图式

1）热水供暖工程中，其系统图式按热媒在系统中流通的路程有同程式和异程式系统，按管道系统敷设位置可分为垂直式和水平式系统，按每组立管的根数可分为单管和双管系统，按干管设置位置可分为上供下回、上供上回、下供下回和下供上回系统，按管道与散热器的连接方式可分为串联式、并联式和跨越式系统等形式。

2）室内低压蒸汽供暖工程中，常见的图式有双管上供下回式系统，双管下供下回式系统，双管中供式系统，单管下供下回式系统，单管上供下回式系统等形式。

2. 基本图示

下面介绍几个常用的按干管设置分配的常见系统形式。

（1）上供下回式热水供暖系统

图 3-1 为机械循环上供下回式热水供暖系统。图左侧为双管式，图右侧为单管式。图 3-1 左侧的双管式，这种系统中，易出现分配不均，上热下冷的现象，即垂直失调，因此双管系统仅适用于 3 层及以下建筑。

（2）下供下回式供暖系统

该系统的供水和回水干管都敷设在底层散热器下面，如图 3-2 所示。在设有地下室的建筑物，或在平屋顶建筑顶棚下难以布置供水干管的场合，常采用下供下回式系统。

下供下回式系统排除空气的方式主要有两种：通过顶层散热器的冷风阀手动分散排气（图 3-2 左侧），或通过专设的集气罐手动或自动集中排气（图 3-2 右侧）。

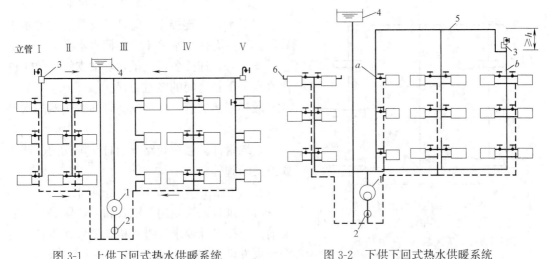

图 3-1　上供下回式热水供暖系统

1.热水锅炉；2.循环水泵；3.集气装置；4.膨胀水箱

图 3-2　下供下回式热水供暖系统

1.热水锅炉；2.循环水泵；3.集气罐；4.膨胀水箱；
5.空气管；6.冷风阀

（3）下供上回式热水供暖系统

系统的供水干管设在下部，而回水干管设在上部，顶部还设置有顺流式膨胀水箱。主管布置主要采用顺流式。系统形式见图 3-3。

（4）上供上回式热水供暖系统

对于某些建筑物，因设置地沟困难，又不允许在地板上安装管道，也可以把回水干管布置在散热器上方，即所谓上供上回式，如图 3-4 所示。但是底层散热器要加装泄水阀门。

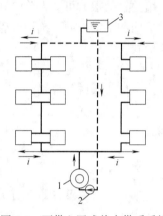

图 3-3　下供上回式热水供暖系统
1. 热水锅炉；2. 循环水泵；3. 膨胀水箱

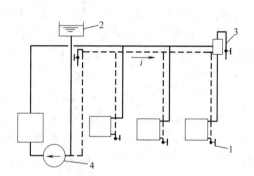

图 3-4　上供上回式热水供暖系统
1. 泄水阀；2. 膨胀水箱；3. 排气装置 4. 循环水泵

3.1.3　室内供暖系统的组成和安装的一般要求

1. 室内供暖系统的组成

室内供暖系统（以热水供暖系统为例）一般由主立管、水平立管、支立管、散热器横支管、散热器、自动排气阀、阀门等组成，如图 3-5 所示。

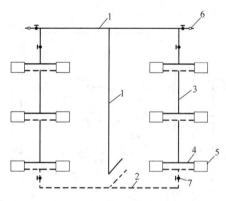

图 3-5　室内热水供暖系统图
1. 主立管；2. 水平干管；3. 支立管；4. 散热器横支管；5. 散热器；6. 自动排气阀；7. 阀门

主立管：从引入口至水平干管的竖直管段。

水平干管：连接主立管和各支管立管的水平管段。一般有供水水平干管和回水水平干管。

支立管：连接各楼层散热器横支管，位于供回水水平干管之间的竖直管段。

散热器横支管：连接支立管和散热器的水平管段。

系统附件：系统管路上的自动排气阀、调节阀或关断阀等。

2. 室内供暖系统安装的一般要求

（1）供暖系统使用的钢管和散热器等，在安装前，应按设计要求检查规格、型号和质量，符合要求方可安装。

（2）阀门安装前，应做强度和严密性试验。试验应在每批（同牌号、同型号、同规格）数量中抽查 10%，且不少于一个。对于安装在主干管上起切断作用的闭路阀门，应逐个做强度和严密性试验。

（3）安装前，必须清除管道及设备内部的污垢和杂物，安装中断或安装完后，在各敞口处应该临时封闭，以免管道堵塞。

（4）在同一房间内，安装同类型的供暖设备及管道配件，除特殊要求者外，应安装在统一高度。

（5）热量表、疏水器、除污器、过滤器及阀门的型号、规格、公称压力及安装位置应符合设计要求。

（6）方形补偿器应水平安装，并与管道的坡度一致，如其臂长方向垂直安装必须设排气及泄水装置。

（7）供暖系统安装完后，在使用前，应该用水冲洗，直到污浊物冲洗干净为止。

3.2 室内供暖管道安装

3.2.1 室内供暖管道的安装要求

（1）焊接钢管的连接，管径小于或等于 32mm，应采用螺纹连接，管径大于 32mm，采用焊接。

（2）管道穿过基础、墙壁和楼板，应该配合土建施工预留孔洞。孔洞尺寸如设计无要求，可参照表 3-1 的规定。

预留孔洞尺寸（mm）   表 3-1

序号	管道名称		明管	暗管
1	供暖立管	$DN \leq 25$	100×100	130×130
		$DN = 32 \sim 50$	150×150	150×150
		$DN = 70 \sim 100$	200×200	200×200
2	双供暖立管	$DN \leq 32$	150×100	200×130
3	散热器支管	$DN \leq 25$	100×100	60×60
		$DN = 32 \sim 40$	150×130	150×100
4	供暖主立管	$DN \leq 25$	300×250	—
		$DN = 100 \sim 125$	350×350	

（3）管道安装坡度，当设计未注明时，应符合下列规定：气、水同向流动的热水供暖管道和汽、水同向流动的蒸汽管道及凝结水管道，坡度应为 3‰，不得小于 2‰，气、水逆向流动的热水供暖管道和汽、水逆向流动的蒸汽管道，坡度不应小于 5‰，散热器支管的坡度应为 1％，坡向应利于排气和泄水。

（4）管道从门窗或其他洞口、梁柱、墙垛等部位绕过，转角处如果高于或低于管道水平走向，在其最高点或最低点应分别安装排气或泄水装置。

（5）管道穿过墙壁和楼板，应设置金属或塑料套管。安装在楼板内的套管，其顶部高出装饰地面 20mm，安装在卫生间及厨房内的套管，其顶部应高出装饰地面 50mm，底部应与楼板底面相平，安装在墙壁内的套管其两端与饰面相平。穿过楼板的套管与管道之间缝隙宜用阻燃密实材料填实，且端面应光滑。管道的接口不得设在套管内。

（6）水平管道纵、横方向弯曲，立管垂直度，成排管段和成排阀门安装允许偏差须符合表 3-2 中的规定。

（7）管径 $DN<32\text{mm}$ 不保温供暖双立管道，两管中心距应为 80mm，允差为 5mm。热水或蒸汽立管应该置于面向的右侧，回水立管则置于左侧。

（8）管道支架附近的焊口，要求焊口距支架净距大于 50mm，最好位于两支座间距的 $1/5$ 位置上，在这个位置上的焊口受力最小。

管道、阀门安装允许偏差（mm）　　　　表 3-2

项次	项目			允许偏差（mm）	检验方法
1	水平管道纵横方向弯曲	钢管	每米，全长 25m 以上	1，不大于 25	用水平尺、直尺、拉线和尺量检查
		塑料复合管	每米，全长 25m 以上	1.5，不大于 25	
		铸铁管	每米，全长 25m 以上	2，不大于 25	
2	立管垂直度	钢管	每米，5m 以上	3，不大于 8	吊线和尺量检查
		塑料复合管	每米，5m 以上	2，不大于 8	
		铸铁管	每米，5m 以上	3，不大于 10	
3	成排管段和成排阀门	在同一平面上间距		3	尺量检查

（9）焊接钢管管径大于 32mm 的管道转弯，在作为自然补偿时应使用煨弯。塑料管及复合管除必须使用直角弯头的场合外应使用管道直接弯曲转弯。

（10）当供暖热媒为 $110\sim130℃$ 的高温水时，管道可拆卸件应使用法兰，不得使用长丝和活接头。法兰垫料应使用耐热橡胶板。

（11）供暖管道安装的允许偏差应符合表 3-3 的规定。

供暖管道安装的允许偏差和检验方法　　　　表 3-3

项次	项目			允许偏差	检验方法
1	横管道纵、横方向弯曲（mm）	每 1m	管径≤100mm	1	用水平尺、直尺、拉线和尺量检查
			管径>100mm	1.5	
		全长（25m 以上）	管径≤100mm	不大于 13	
			管径>100mm	不大于 25	
2	立管垂直度（mm）	每 1m		2	吊线和尺量检查
		全长（5m 以上）		不大于 10	
3	弯管	椭圆率 $(D_{max}-D_{min})/D_{max}$	管径≤100mm	10%	用外卡钳和尺量检查
			管径>100mm	8%	
		褶皱不平度（mm）	管径≤100mm	4	
			管径>100mm	5	

注：D_{max}、D_{min} 分别为管子最大外径及最小外径。

（12）管道穿过结构伸缩缝、抗震缝及沉降缝敷设时，应根据情况采取下列保护措施：

1）在墙体两侧采取柔性连接。

2）在管道或保温层外皮上、下部留有不小于 150mm 的净空。

3）在穿墙处做成方形补偿器，水平安装。

（13）在同一房间内，同类型的供暖设备、卫生器具有管道配件，除有特殊要求外，应安装在同一高度上。

（14）明装管道成排安装时，直线部分应互相平行。曲线部分：当管道水平或垂直并行时，应与直线部分保持等距，管道水平上下并行时，弯管部分的曲率半径应一致。

（15）供暖系统的金属管道立管管卡安装应符合下列规定：

1）楼层高度小于或等于5m，每层必须安装1个。

2）楼层高度大于5m，每层不得少于2个。

3）管卡安装高度，距地面应为1.5～1.8m，2个以上管卡应匀称安装，同一房间管卡应安装在同一高度上。

（16）管道支、吊、托架的安装，应符合下列规定：

1）位置正确，埋设应平整牢固。

2）固定支架与管道接触应紧密，固定应牢靠。

3）滑动支架应灵活，滑托与滑槽两侧间应留有3～5mm的间隙，纵向移动量应符合设计要求。

4）无热伸长管道的吊架、吊杆应垂直安装。

5）有热伸长管道的吊架、吊杆应向热膨胀的反方向偏移。

6）固定在建筑结构上的管道支、吊架不得影响结构的安全。

（17）弯制钢管，弯曲半径应符合下列规定：

1）热弯：应不小于管道外径的3.5倍。

2）冷弯：应不小于管道外径的4倍。

3）焊接弯头：应不小于管道外径的1.5倍。

4）冲压弯头：应不小于管道外径。

3.2.2 主立管安装

1. 检查各层楼板上预留管洞的位置和尺寸

管洞位置和尺寸的检查方法可由上向下穿过管洞挂铅垂线，配以尺寸测量，有偏差时标出正确位置及尺寸进行修正。

2. 主立管自下而上逐层安装

其连接通常采用焊接。为了减少主立管上的焊口数量，尽可能每层使用一根长管，且焊口应置于楼板上0.4～1.0m处，以便于焊接操作。

安装主立管时，在其下端应设置刚性支座，以承担立管荷重，并要求刚性支座必须安装稳固。如图3-6所示。

3. 用管卡将主立管固定在支架上

就位连接好后的主立管，经检查合格后，用管卡固定在支架上。管卡和支架的作用是保持立管的垂直，其间距为3～4m，若为楼房时，可每层设一个，但不得影响管道沿轴向自由伸缩。

3.2.3 干管安装

1. 埋设支架

根据确定好的支架位置，把已经预制好的支架设到墙上或焊到

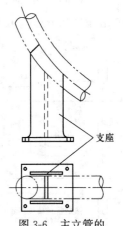

图3-6 主立管的
刚性支座

预先埋设的铁件上。首先确定支架的位置、标高和间距，把埋入墙内的深度标在墙上，再进行打洞，洞要冲洗干净后再用1∶3水泥砂浆把支架埋固在里面。支架的位置、标高和间距应力求准确。

2. 管道吊装就位

当栽埋支架的混凝土强度约达有效强度的75％后，即可将下好料、加工好的管段对号入座，吊装摆放到支架上。

3. 管道对口连接

安放到支架上的管段，相互对口，按要求焊接或丝接，连成整条管线。

4. 检查、调整管道的坡向，并固定管道于支架上

用水平尺等工具检查核对管道坡度是否符合设计要求，对不合格管段应进行调整待合格后将其固定在支架上。

5. 干管安装注意事项

（1）主干管与分支水平干管的连接法如图3-7（a）所示，干管上的支架距主立管的距离不应小于2～3m，如图3-7（b）所示。

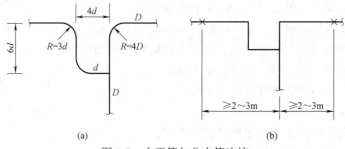

(a)　　　　　　　　　　　(b)

图3-7　主干管与分支管连接

（2）在干管的弯曲部位和焊口部位不得连接支管。设计要求连接支管时，支管必须离开焊口一个管径的距离，且不小于100mm。

（3）干管的变径方式与管内热媒的种类有关，其加工和连接的方式应按图3-8所示的方式进行。

（4）回水干管在过门时，应按图3-9所示方法安装。过门地沟的断面尺寸为400mm×400mm，长度由门宽确定。沟内泄水阀上面应设置一局部地沟活盖板。过门弯

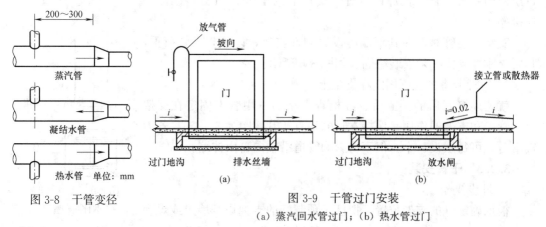

图3-8　干管变径　　　　　图3-9　干管过门安装
　　　　　　　　　　　　　　　（a）蒸汽回水管过门；（b）热水管过门

不能距外门太近，尽量避免安装在门厅或走廊内，以防冻裂。

（5）水平敷设的干管，要按规定的坡度和坡向安装，并便于管道排气和泄水。

（6）热媒管和冷水管上下平行敷设时热水管应敷设在冷水管的上方。

（7）当管道输送的热媒温度超过100℃时，如穿过易燃和可燃性墙壁，必须按照防火规范的规定加设防火层，一般性管道与易燃和可燃建筑物的净距应保持100mm。

3.2.4 支立管安装

1. 确定支立管的位置

首先根据干管和散热器的实际安装位置，对预留孔洞的位置和尺寸进行检查、调整，确定支立管的位置。支立管的垂直度也是用由上向下穿过管洞挂铅垂线方法确定的，沿此铅垂线在墙上弹出支立管的中心线。

2. 确定支立管下料长度

支立管位置确定后，再根据所接散热器横支管的坡降值确定立管上弯头、三通或四通的位置，从而确定出支立管各管段的下料长度。

3. 安装立管卡和支立管

以中心线为准，根据建筑物层高和立管的根数，按规范要求，埋设立管卡，待管卡固定后，安装支立管。

4. 支立管安装注意事项

（1）支立管与干管连接方式取决于干管的连接方式。干管为焊接时，立管与干管的连接采用焊接。干管为螺纹连接时，立管与干管的连接采用螺纹连接。一般情况下，立管和支管的管径都不大（$DN<32$mm）时，两者本身大多数用螺纹连接。

支立管与干管连接时，应设乙字弯管或引向立管的横向短管，以免立管距墙面太远，影响室内美观。图3-10（a）为支立管上端与干管的连接法，图3-10（b）为支立管下端与敷设在地沟内干管的连接法。并注意在支立管上下两端分别安装阀门和活接头。

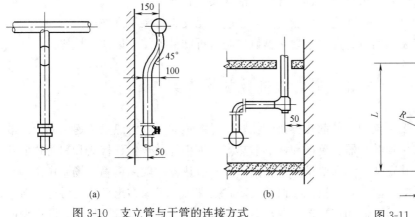

图3-10 支立管与干管的连接方式
（a）上供式；（b）下供式（或回水）

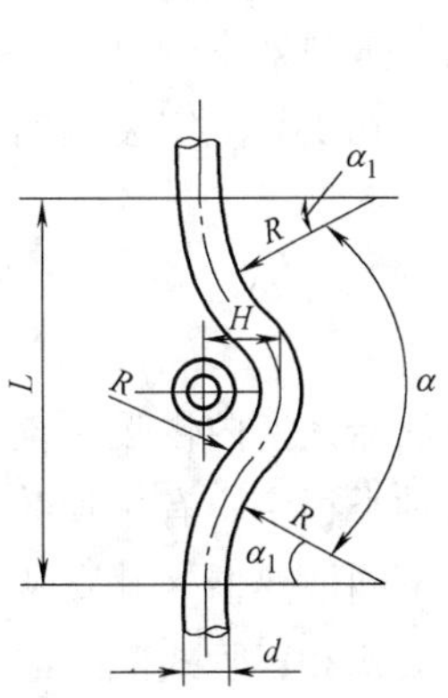

图3-11 弧形弯的加工

（2）支立管与散热器横支管垂直交叉处，应在立管上煨弧形弯（即抱弯），且应向室内弯曲绕过横支管，如图3-11所示，其加工尺寸见表3-4。

弧形弯尺寸（mm）   表 3-4

DN	α	α₁	R	L	H
15	94	47	50	146	32
20	82	41	65	170	35
25	72	36	85	198	38
32	72	36	105	244	42

注：α、α_1——弯管中心弧长。

（3）支立管固定卡的安装要求为：层高不超过 4m 的房间，每层安装一个立管卡子，距地面高度为 1.5～0.8m。单立管用单管卡，双立管用双管卡。栽埋立管卡时，应按立管外表面与墙壁抹灰面距离的规定来确定立管卡的卡管环中心距墙壁抹灰面的距离。通常情况下，管道外表面与墙壁抹灰面的净距为：当管径 $DN \leqslant 32$mm 时，为 25～35mm；当管径 $DN > 32$mm 时，为 30～50mm。

（4）安装立管时，先将支立管临时固定。待支立管与散热器横支管连接好后，再正式安装支立管卡子。

3.2.5 散热器横支管安装

散热器横支管的安装一般在支立管和散热器安装完毕后进行。在安装过程中，应注意如下事项：

（1）由于支立管中心距墙的距离与散热器接口中心距墙的距离不同，因此一般在横支管上都制作乙字弯。乙字弯加工制作的质量直接影响到横支管安装的准确性以及安装好后散热器和横支管及支立管的受力情况。偏差较大时，易使各接口漏损。故乙字弯的制作应规整，符合要求。

（2）散热器支管应有坡度。当支管全长小于或等于 500mm 时，坡度值为 5mm。大于 500mm 时，坡度值为 10mm。支管长度超过 1.5m 时，应在其中间装设管卡或托钩。

（3）散热器支管应安装可拆卸的连接件。如活接头或长丝。

（4）散热器支管过墙时，除应加设套管处，还应注意支管接头不准在墙内。

（5）在支管上安装阀门时，在靠近散热器侧应与可拆卸件连接，以便于检修。

3.3 室内对流散热器安装

散热器是室内供暖系统的一种散热设备，热媒通过散热器后，将热量传递给室内。散热器的种类很多。有排管散热器、翼形和柱形散热器、钢串片散热器、板式和扁管式散热器等。不同散热器，其安装方法和要求不尽相同，排管散热器一般用钢管现场制作。钢串片式、板式和扁管式散热器，其规格、接口以及防腐处理等，厂家在出厂前已做好。对于目前使用较多的翼形（圆翼形和长翼形）散热器和柱形（铸铁和钢制）散热器，圆翼型散热器的长度及接口法兰是生产中已确定的，一般不再需要串接。钢柱式散热器一般是按设计要求的片数成组供应，两端一正丝、一反丝的 $DN32$mm 的接口也已在出厂前焊好。而铸铁质的长翼形、柱形散热器，则需根据设计要求，先组对成组，经试压合格后，再就位固定等，现主要以这两种散热器为例，介绍其安装过程。

3.3.1 散热器的安装要求

（1）散热器宜安放在外窗台下。若一个房间有两面以上外墙及外窗时，通常多放在供暖负荷较大的一面。当管道连接或布置困难时，也可以沿内墙安装。

（2）双层门的外室及门斗中，不应设置散热器，以防冻裂。

（3）存放可燃气体、易燃易爆物品的库房，散热器也应加罩。

（4）清洁要求高的建筑物，散热器宜采用挂墙安装，散热器也应加罩。

（5）幼儿园、养老院或有特殊功能要求的场所，散热器应暗装或加防护罩，以防烫伤或碰伤。中、小学校内的明装散热器，应选用表面平整、没有棱角的散热器。

3.3.2 散热器安装工艺流程

1. 安装前散热器片的质量检查

散热器片的质量检查包括看其有无裂纹、砂眼及其他损伤，连接口内螺纹是否良好，接口端面是否平整，同侧两接口是否在同一平面上等。

有砂眼和裂纹的散热器不能使用。长翼形散热器顶部掉翼数只允许一个，其长度不得大于50mm，侧翼掉翼数不得超过两个，其累加长度不得大于200mm。掉翼面应朝墙安装。

散热器片接口端面的平整性可用直尺交叉卡试。同侧两接口端面是否在同一平面上可用长直尺卡试。对不平整的端面，应用细锉在被修整部分上交错锉磨。

2. 散热器片的除锈及刷油

在检查的同时，应清除散热器内外表的污垢和锈层。外表面除锈一般用钢丝刷，接口内螺纹和接口端点的清理常用砂布。

对除完锈的散热器片应及时刷一层防锈漆，晾干后再刷一道面漆。刷完漆的散热器片应按内螺纹的正，反扣和上下端有秩序地放好，以便组对。

3. 散热器的组对

（1）铸铁散热器在组对前，应先检查外观是否有破损、砂眼，规格型号是否符合图纸要求，并抽取10%做水压试验。

散热片内部污物须清理干净，并用钢丝刷将对口处及丝扣内的铁锈刷净，按正扣向上，依次码放整齐。

组对散热器所用的部件放于方便取用的位置，常用的散热器专用组对部件对丝如图3-12所示。

（2）组对散热器所用的橡胶石棉垫，厚度一般不超过1.5mm。使用前须用机油或铅油浸泡，随用随浸。

（3）组对散热器最好搭一个台子，两人一组，互相配合。先上好对丝，套上橡胶石棉垫，两人同时一手扶住散热片，一手搬动对丝钥匙，先缓慢倒退，入扣后即顺时针旋转，逐步旋紧。松紧程度以垫片挤出油为宜。对丝钥匙如图3-13所示。

 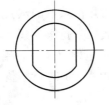

图 3-12　对丝

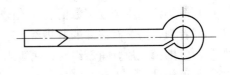

图 3-13　组对散热器的钥匙

组对的散热器，要求平直严紧，垫片外露部分不得超过 1mm。组对后的散热器其平直度允许偏差应符合表 3-5 规定。

<table>
<tr><td colspan="3" align="center">组对后的散热器其平直度允许偏差</td><td>表 3-5</td></tr>
</table>

散热器类型	片数	允许误差(mm)
铸铁片式	3～15	4
钢制片式	16～25	6
长翼式	2～4	4
圆翼式	5～7	6

（4）带腿落地安装的柱形散热器，14 片以下两端装腿片，15～24 片装三个腿片，25 片以上装四个腿片。

（5）组对片数在 20 片以上的散热器，还应用外拉条加固。外拉条采用 $\phi8\sim10mm$ 的钢筋制作，将钢筋按所需长度截断调直，两端套丝，每组散热器用四根，上下各两根，外拉条找直后，上螺母均匀拧紧。丝扣外露部分，要求不超过一个螺母的厚度。

（6）组对加固好的散热器，轻轻搬至集中地点，准备试压。

4. 散热器试压

（1）为防止散热器在安装使用后出现问题，造成不必要的返工，对组成后的散热器以及整组出厂的散热器应进行水压试验。水压试验装置的安装方法参见图 3-14。

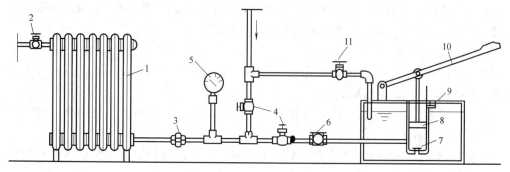

图 3-14　散热器系统水压试验装置安装示意图
1. 散热器；2. 放气阀门；3. 活接头；4. 阀门；5. 压力表；6. 止回阀；
7. 底阀；8. 活塞；9. 出气口；10. 手摇柄；11. 补水管

（2）各种散热器在安装前，一般都应当进行压力试验，可采用液压或气压试压的方法在专用的试验台上逐组进行，压力计精度不应低于 1.5 级。试验压力可根据散热器的工作压力确定。工作压力在 0.3MPa 以下者，通常应以 0.6MPa 试压；工作压力在 0.4MPa 以上者，可按实际工作压力的 1.5 倍进行试压。常用散热器的试验压力见表 3-6。

（3）散热器加压至规定数值后，关闭进水阀门，持续观察 2～3min，压力不下降，且不渗不漏者为合格。有渗漏的散热器，应立即用笔标出位置，确定渗漏原因。属于裂痕、砂眼者，应拆掉残片，重新组对；属于组对不严者，应进行修整。重新组对和修整后的散热器，须重新试压，直至合格。

（4）将试压合格后的散热器，喷刷防锈漆道，运至集中地点，码放整齐，准备安装。

（5）钢制散热器，一般都经厂家试压合格后，以成品形式出售，用户可直接进行安装，不必再行试压。安装后若出现渗漏等质量问题，当由厂家负责修理或更换。

常用散热器的试验压力 表 3-6

散热器种类		工作压力（MPa）	试验压力（MPa）	试验要求
普通铸铁柱型、 长翼形、圆翼形		≤0.3	0.6	
		>0.3	0.6	
稀土铸铁柱形		≤0.4	0.8	
		>0.4	1.0	在试验压力下，2～ 3min 内压力不降，且不 渗不漏为合格
钢制柱形	壁厚 1.2～1.3mm	≤0.3	0.6	
	壁厚 1.4～1.5mm	>0.3	0.8	
钢制板式、扁管式		≤0.3	0.6	
		>0.3	0.8	
钢管式、管翼式		≤0.4	0.6	
		>0.4	1.0	

5. 散热器就位固定

（1）散热器的安装条件

散热器安装，需在具备以下条件的情况下进行：

1）散热器选型符合设计与使用要求，且表面光滑整洁无残损，对口平整，丝扣端正。

2）散热器的工作压力与热媒实际压力相符合。特别是高层建筑群内的多层建筑，若供暖为一系统时，必须按高层建筑的工作压力，对散热器进行水压试验，并确保待装的散热器全部合格。

3）散热器的托钩、托架及卡子等安装附件，准备齐全，规格相符，并已除锈，刷好防锈漆。

4）土建专业已完成内墙抹灰及地面施工作业。

5）散热器的安装位置，没有堆放的施工材料和影响安装工作的其他障碍物。

6）主要立支管已安装完毕。与散热器相连接的支管预留口，位置准确，支管坡度适当。

（2）散热器位置确定

散热器的安装位置根据设计图纸确定。有外墙的房间，一般将散热器垂直安装在房间外墙下，以抵挡冷风渗透引起的冷风直接进入室内，而影响人的热舒适。通常散热器底部距地面不应小于100mm，顶端距窗台板底面不小于50mm。散热器中心线应与窗台口中心线重合，正面水平，侧面垂直。散热器中心与墙壁表面的距离应符合表 3-7 规定。

散热器中心与墙壁表面的距离（mm） 表 3-7

散热器型号	60 型	M132 和 M150 型	四柱形	圆翼形	扁管、板式 （外沿）	串片形	
						平放	竖放
中心距墙表面距离	115	115	130	115	30	95	60

（3）栽埋散热器托钩

散热器在墙上安装时，是用支、托钩将散热固定在墙上。每组散热器的支、托钩数量应符合设计或产品说明书要求，如设计未标注时，应参照表 3-8 规定。散热器就位固定的关键在于支、托钩的栽埋的质量。支、托钩位置越准确，栽埋得越牢固，散热器的安装偏差就越小，稳定性也越好。

散热器支、托钩数量　　　　　　　表 3-8

散热器型号	每组片数	上部托钩或卡架数	下部托钩或卡架数	总计	备注
60 型	1	2	1	3	
	2～4	1	2	3	
	5	2	2	4	
	6	2	3	5	
	7	2	4	6	
M132 型、M150 型	3～8	1	2	3	不带足
	9～12	1	3	4	
	13～16	2	4	6	
	17～20	2	5	7	
	21～24	2	6	8	
柱形	3～8	1	2	3	
	9～12	1	3	4	
	13～16	2	4	6	
	17～20	2	5	7	
	21～24	2	6	8	
圆翼形	1	—	—	2	
	2	—	—	3	
	3～4	—	—	4	
扁式、板式	1	2	2	4	
串片数	每根长度小于 1.4m 长度在 1.6～2.4m 多根串连托钩间距不大于 1m			2 3	

注：1. 轻质墙结构，散热器底部可用特制金属托架支撑。

2. 安装带足的柱形散热器，每组所需带足片，14 片以下为 2 片，15～24 片为三片。

3. M132 型及柱形散热器，下方为托钩，上部为卡架，长翼型散热器上、下均为托钩。

支托钩栽埋时，首先应根据每组散热器所需的支托钩数量，在墙上画出支、托钩的位置，然后打孔栽埋。支、托钩的位置依三条基准线画出。这三条基准线是窗口垂直中心线及所装散热器上、下接口水平中心线。画出此三条基准线后，再根据应栽支、托钩数量，画出各支、托钩位置的垂线，各垂线与散热器上、下接口水平中心线的相交处，即为打支、托钩墙孔的位置。打墙孔时，可用直径为 25mm 的钢管锯成斜口或齿口管钎子打，也可用电锤打。打孔深度般不应小于 120mm。然后用水将墙孔冲洗浸湿，并灌入 2/3 孔深的 1：3 水泥砂浆，将支、托钩插入孔内，并保证位置准确，不得偏斜。全部支、托钩的承托弯中心，必须在同一垂直平面内。检查好尺寸的支、托钩，用碎石紧固后，再用水泥砂浆填满钩孔，并抹成与墙面相平。

（4）安装散热器

待墙洞混凝土达到有效强度的 75％后，就可将散热器抬挂在支、托钩上，并轻放。安装的散热器应满足表 3-9 的规定。散热器安装稳固后，用活接头与支管线上下连接。以便拆卸检修。连接支管上有阀门时，阀门应该安装在活接头与立管之间。最后，当管道与各散热器组连接好后，与管道一起，再刷一道面漆。

散热器安装允许偏差（mm）   表 3-9

项次	项目		允许误差
1	散热器	内表面与墙面表距离	6
		与窗口中心线	20
		散热器中心线垂直度	3
2	铸铁散热器正面全长内的歪斜	60 型　2～4 片	4
		60 型　5～7 片	6
		圆翼形　2m 内	3
		圆翼形　3～4m	4
		M132 型　3～14 片	4
		M150 型　3～14 片	4
		柱形　15～24 片	6

（5）组对及安装散热器时应注意的事项

1）散热器不要立放在松软的土地上，避免自然倾倒造成损坏或伤人。

2）散热器在进行水压试验时，不得敲击或磕碰，以防崩裂伤人。

3）散热器在搬运中，必须轻抬轻放，防止损坏。进屋时不能与门框、墙垛相碰撞。

4）散热器用提升机或电梯运输时，必须码放平稳，位置居中。严禁超载或人员同乘。

5）散热器严禁集中堆放在室内楼板上，以免楼板超载酿成事故。

6）散热器在安放时，必须轻轻抬起，同时放在所有的托钩上。

7）带腿落地安装的散热器，一经找准位置，即应用卡子将其固定，防止倾倒伤人。

8）散热器在搬运、安装过程中，不能有石块、砂土等杂物进入散热器内。一经发现，应立即清理干净。

9）散热器安装完毕，不要碰撞蹬踏。建筑装修需要喷浆刷油时，须先将散热器防护好，以保持散热器洁净。有外包装的散热器，包装纸可在验收交付时使用前清除。

3.3.3 散热器的连接

1. 散热器连接要点

（1）为安装和检修方便，散热器进出水口一般应先安装一对活接头，然后再与供回水支管相连接。

（2）散热器一般应采用上进下出同侧连接方式，当单组散热器的散热量超过 2.5kW 时，需考虑采用上进下出异侧连接方式。

（3）当散热量超过 4.0kW 时，可将散热器分为两组，然后再拼装组合安装，一般均采用上进下出异侧连接，做法参见图 3-15。

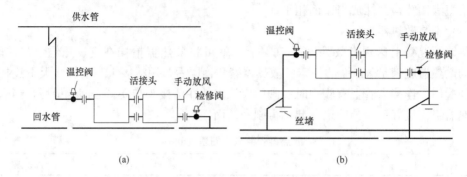

图 3-15　两组散热器拼装组合连接

（a）上供下回异侧连接；（b）下供下回异侧连接

2. 温控阀的选择

散热器或地面式供暖的地暖加热管回路需要一个调节器，能对其所负责的房间温度进行自动调节。温控阀通常由阀体和恒温控制器两部分组成。使用前，用户需先将恒温控制器调至所需温度，当室内温度超过设定温度时，恒温控制器内的温包受热膨胀，体积增大，推动阀芯中间的阀杆，使阀门关小，散热器进水量减少，室内温度低于设定温度时，温包收缩，阀杆弹出，散热器水量增大，使房间升温。该调节器（俗称温控阀）现在主要有两种：一种是不需要辅助能源的温控阀即自力式温控阀，一种是需要辅助能源的电子式温控阀（DDC 调节器）。

（1）不需要辅助能源的温控阀即自力式温控阀，它是由阀体（下部，截止阀）和调节器（上部，又称温控阀头）组成如图 3-16 所示。温控阀头里充了具有较大膨胀系数的液体、气体或膏状体。在受热时，这些物质强烈膨胀，相互挤压波纹元件（波纹管）。波纹元件的提升运动传递到阀杆。根据耗热量的需要，借助阀盘复位弹簧反抗的力来关小阀门的流通截面积如图 3-17 所示。温控阀体中阀杆推动阀盘的行程应等于温控阀头中膨胀元件的过程。

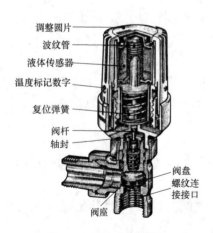

图 3-16　自力式温控阀

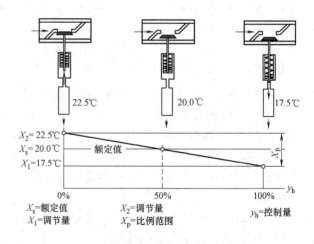

图 3-17　温控阀的工作原理图

在正常情况下，温控阀头的安装位置应该不妨碍室内空气冲刷到温控阀头，如果被窗帘或装饰板遮挡，会产生蓄热，导致错误测量。所以在这种情况下，应将温控阀和温度传感器分开，即安装远程传感器。如果温控阀头安装在螺丝固定的木质装饰板格栅后面，或地下格栅中（对流式散热器），调节额定值比较困难，可以使用一个带额定值调节器的远程传感器如图3-18所示。

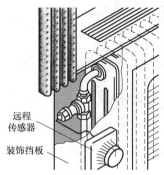

远程
传感器

装饰挡板

图3-18 带额定值调节器的远程传感器及其安装位置

（2）带辅助能源的电子式温控阀

带辅助能源的电子式温控阀含有一个附加的定时开关和一个微处理器，以至于它可以做大量的有用调节，例如：夜间或休息时间温度的调低，具有防冻功能，在窗户开启时，阀门关闭，故障功能的显示，特殊的温度和时间的程序。

这种调节器中（图3-19），一个计算控制器借助于数学公式（调节运算）在一定的时间段里确定新的数值，进行调节。因为这些信号完全是根据数字化确定的，它仅仅接收的是准确的量，通过两根电缆线将所有数据传输到其他工作站或驱动装置。当然它还需要两根电源线（即总共四根线），在实际工作中，一些安装人员将电源线的零线与公共线合并，即采用3根0.75mm^2的电缆线连接。

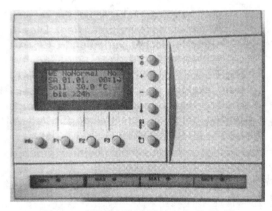

图3-19 带温度传感器的DDC调节器

电子式温控阀可以配置个热驱动装置（机电式操作）或电动驱动装置（电动机操作）。

在热驱动装置上，借助于一个膨胀元件打开或关闭阀门，这需要从普通电网中获取能量如图3-20所示。

在电动驱动装置的电子式温控阀上，安装了电池（在两个供暖周期后，必须更换），这就省掉了电网连接如图 3-21 所示，当然也可以设计使用电网电压的。

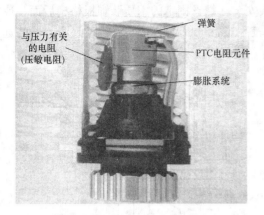

图 3-20　热驱动的电子式温控阀　　　　图 3-21　电动驱动式装置电子式温控阀

温控阀的阀体部分按水流方向及阀芯位置有直通式及直角式两种，外形见图 3-22。

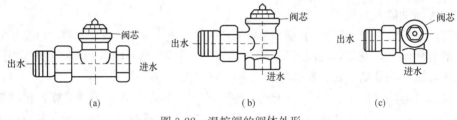

（a）　　　　　　　　　（b）　　　　　　　　　（c）

图 3-22　温控阀的阀体外形

（a）直通式；（b）直角式；（c）直角平装式

温控阀与恒温控制器组合为一体时的外形参见图 3-23。

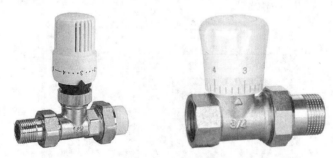

图 3-23　温控阀外形

用于散热器上的温控阀，其用量不小，但型号确不多，只有 $DN15$、$DN20$ 及 $DN25$ 三种规格。用在散热器上，有这三种规格就足够了。

温控阀选择因散热器系统连接形式不同而有所区别，一般双管系统散热器进出水管之间的压差比较大，散热器所需循环水量相对较小（多在 100kg/h 以内），需选用阻力较大的温控阀，带跨越管的单管系统，散热器进出水管之间的压差一般都不大，如果温控阀阻力较大，水会经跨越管而不进散热器，所以，用于单管系统的温控阀应选择低阻值的温控阀。有些专门用于单管系统的温控阀，本身就带有跨越管接口，给安装与使用带来方便。

温控阀的安装做法参见图 3-24。

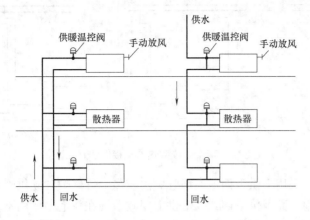

图 3-24 温控阀安装做法

温控阀在调节室内温度，降低不必要的能耗方面，起着十分重要的作用。但是，供暖系统的正常运行，主要在于设计方案的合理与系统的水力平衡，切不可因为有了温控阀而放松对系统设计的要求。系统设计合理，加上温控阀，运行会更好。如果系统设计不合理，靠温控阀来解决是不可能的。

3. 散热器的连接做法

（1）双管系统散热器的连接做法

下供下回双管供暖系统的散热器每组均应安装手动放风。上供下回及上供上回的散热器供暖系统应在顶部水平干管末端设置集中的排气装置。散热器上可不设手动放风。双管系统散热器连接做法参见图 3-25。

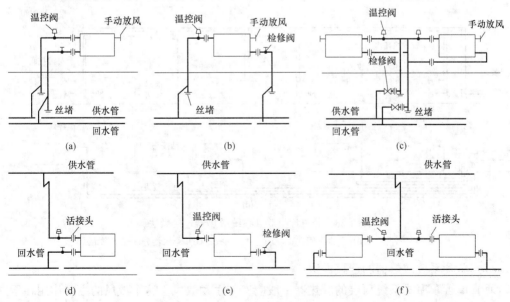

图 3-25 双管系统散热器连接做法（一）

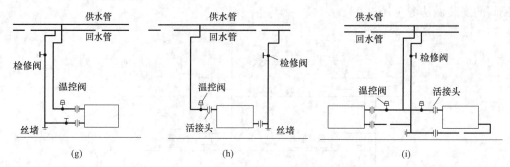

图 3-25　双管系统散热器连接做法（二）

在新型住宅中，采用下供下回地面埋管做法较多，燃气炉独立供暖系统采用集分水器分配式系统比较适用，而上供下回式及上供上回式系统在住宅中使用不多，可根据供暖建筑具体情况选用，如：旧有供暖系统改造等。住宅分户计量双管系统散热器连接做法参见图 3-26。

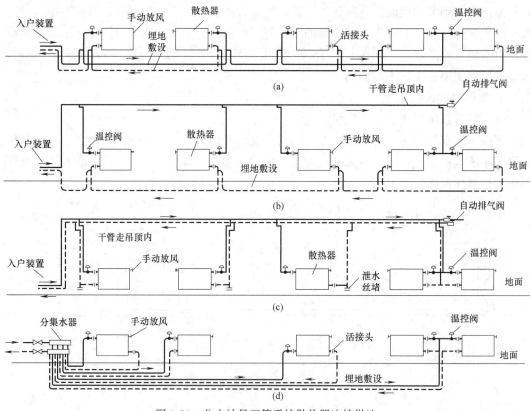

图 3-26　分户计量双管系统散热器连接做法

（a）下供下回式；（b）上供下回式；（c）上供上回式；（d）集水器分配式（章鱼式）

（2）单管系统散热器的连接做法

垂直单管顺序式系统顶层的散热器一般应安装手动放风。这个放风的主要作用在于立管检修时上下阀门关闭后，向立管内补气以方便泄水。供暖系统中的气体，主要依靠顶部水平干管末端的排气装置。垂直单管顺序式系统的连接做法参见图 3-27。

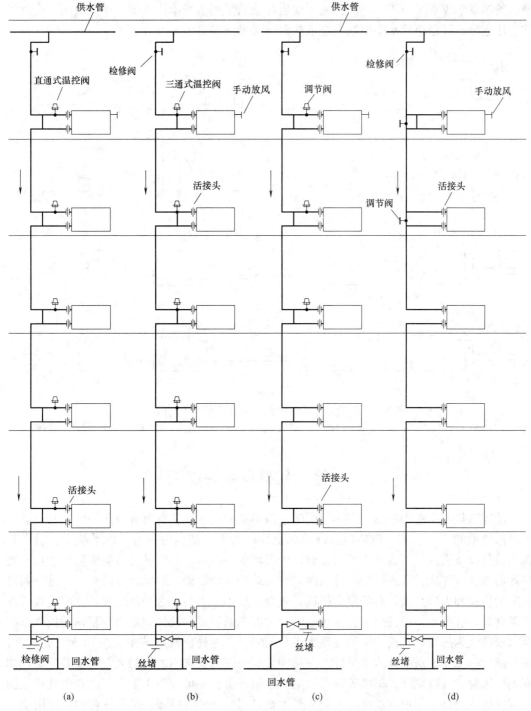

图 3-27 单管顺序式系统立管连接做法

（a）设跨越管装低阻值直通式温控阀；（b）装三通式低阻值温控阀带跨越管；

（c）靠供水端部分散热器设跨越管装调节阀；（d）靠供水端部分散热器在跨越管上装调节阀

水平单管横串联式系统的散热器，每组均应安装手动放风。供回水管可以采用上供下回，也可采用下供下回，一般多为异侧连接。条件合适的公共建筑如分出层出租的写字楼、餐馆及学校等采用较多。面积适中的居住建筑采用水平单管系统，经济适用，运行可靠。住宅分户计量单管水平串联系统散热器连接做法参见图 3-28。

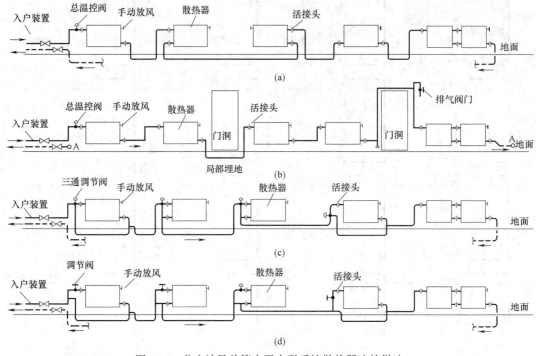

图 3-28　分户计量单管水平串联系统散热器连接做法

（a）装总温控阀连接地埋管；（b）连接管明装（过门局部绕行）；（c）装三通调节阀带跨越；（d）装调节阀带跨越管

3.4　地面辐射供暖的安装

前述散热器向室内散热称散热器供暖。散热器向室内散热以对流散热为主，对流散热占总散热量的 75％左右。散热设备散热如以辐射为主，则称为辐射供暖系统。辐射供暖按其散热设备表面的温度分为低温辐射、中温辐射、高温辐射三种。低温辐射供暖是将通热媒的细管（作成盘管或排管）打入建筑物的结构（如顶棚、地板及墙面）内。这种辐射板有的直接和人体接触，有的距离很近，表面温度不能太高。这种供暖形式室内美观，舒适条件好，宜用于一般民用、公共建筑中。中温辐射供暖的散热设备为钢制辐射板，以高温水或蒸汽为热媒，其板面平均温度为 80～200℃。这种供暖系统主要应用于工业厂房、用在高大的工业厂房中其效果更好。在某些美观与装饰要求不太高的大空间公共建筑，如商场，体育馆、展览厅、车站等也可选用。钢制辐射板也可应用于生产厂房和公共建筑的局部区域或局部工作地点供暖。高温辐射主要是煤气红外线供暖。条件许可时，宜用于生产厂房的局部区域或局部工作地点供暖，亦可用于全面供暖；也可用于露天作业地点的局部供暖。下述为低温辐射供暖的安装。

3.4.1　地面辐射供暖施工安装的基本要求

（1）地面辐射供暖施工安装前应该具备的基本条件：

1）设计施工图纸及相关技术文件齐全；

2）有较完善的施工方案、施工组织设计，并已完成施工技术交底；

3）施工现场具有供水和供电条件，有储放材料的临时设施；

4）土建专业已完成墙面粉刷（不含面），外窗、外门已安装完毕，施工面已清理干净，厨房、卫生间已做完闭水试验并验收合格；

5）相关专业的管道及电气预埋件已完成施工并验收合格。

（2）所有进场材料的技术文件应当齐全，产品标志应当清晰，外观检查格。必要时，可抽样送相关部门进行检测。材料生产厂家应提交的技术文件要有：

1）国家授权机构提供的有效期内的符合相关标准要求的检验报告；

2）产品合格证；

3）有特殊要求的材料，厂家应提供相应说明书。

（3）加热管和发热电缆不得裸露散放，需进行遮光包装后才能运输，装卸搬运与运输过程中，必须轻抬轻放，不得抛、摔、滚、拖。

加热管和发热电缆应存放在温度不超过40℃，通风良好、干净的库房中要远离热源。并避免因环境温度或物理压力而受到损坏。

（4）加热管和发热电缆在施工安装过程中，应避免与油漆、沥青或其他化学溶剂类物质接触。

（5）地面辐射供暖应在环境温度不低于5℃的条件下进行施工与安装。环境温度过低时，加热管或发热电缆的韧性降低、弯曲性能变差，给安装带来困难，混凝土填充层的浇筑与养护也难以保证质量。当环境温度低于0℃的时施工现场应采取升温措施。

3.4.2 地面辐射供暖主要构造层及其做法

1. 防潮层

当地面辐射供暖直接铺设在建筑底层土壤上的时候，为了防止地下潮气进入绝热层，影响绝热材料的保温性能，造成无效热损耗。在绝热层与土壤之间必须设置防潮层。

建筑底层的土壤为原土时，可以只对表面进行夯实，若为回填土时，则必须每300mm一步，分层进行夯实。防潮层的做法需根据工程使用性质，基础环境，投资状况与施工条件等选择确定。

目前，采用最多的是：素土夯实，压实系数0.90，铺60mm素混凝土，然后抹15～20mm厚水泥砂浆。水泥砂浆配合比一般为（1：1.5～2.5）。如果当地环境比较潮湿，水泥砂浆中可添加百分之一的五矾水玻璃促凝剂，或在表面再抹2mm厚素水泥浆，以提高防潮性能。防潮层的表面，要求光滑、平整、与墙、柱交接处要严密，并保持90直角。

另一种做法是：在经过夯实的土壤上做100mm厚3：7灰土，然后抹15～20mm厚水泥砂浆，做防潮涂膜。在原始地面与墙、柱交接处，防潮涂膜料应一直延伸至预完成地面。

2. 绝热层

为了阻挡热量传递，减少无效热损耗，铺设在建筑底层土壤上的加热管、填充层的下面，必须设置绝热层与防潮层。直接与室外空气相邻的楼板。必须设置绝热层。设在室内楼层上的加热管，只要条件允许，均应当设绝热层。绝热层的设置，不仅可以减少热损耗，而且可以提高建筑的隔声性能。

只有工程允许地面按双向散热进行设计的时，才可以不设绝热层。

（1）地面辐射供暖的绝热层，采用聚苯乙烯泡沫塑料板时，其最小厚度不应小于表 3-10 规定值，如工程条件允许时，最好再增加 10mm 左右。

聚苯乙烯泡沫塑料板绝热层厚度　　　　　　　表 3-10

铺设部位	最小厚度（mm）
土壤或不供暖房间相邻的地面上的绝热层	30
楼层之间楼板上的绝热层	20
与室外空气相邻的地面上的绝热层	40

聚苯乙烯泡沫塑料板，具有质量轻、施工方便、价格便宜、保温性好等优点，是目前使用最多的绝热材料，若采用其他绝热材料时，可根据热阻值相当的原则，通过换算确定其厚度。

1）绝热材料进入现场，必须先检验质量是否合格。聚苯板应切块称重，密度低于 $20kg/m^3$、压缩强度小于 100kPa 的不能使用。

2）铺设绝热层的地面或楼板应平整、干燥。墙脚与地面需平直。铺设前，先清扫干净，明显凹凸不平的地面，人工剔凿找平，或用水泥砂浆找平处理。

3）直接铺设在土壤上或有潮湿气体浸入的地面，在铺设绝热材料前应先做防潮层。地面为楼板或水泥砂浆抹面时，可铺复合塑料薄膜一道，搭接处不少于 100mm。

4）绝热层的铺设应表面平整，相互接合要严密。当采用聚苯乙烯泡沫塑料板时，要切割整齐，接缝宽度不能超过 5mm。接缝表面用不干胶带封严，防止水泥浆进入接缝内。有条件时，尽量采用专门用于地面辐射供暖带有加强保护层的成品聚苯乙烯泡沫塑料板材，如图 3-27 所示。多层的绝热材料，铺设时要错开接缝。

5）在铺设保温绝热材料时，常会遇到一些需要暗设在地面下的设备或电气管道。通常的做法是将这些管道暗埋在绝热层中，做法见图 3-29（a）。管道有交叉重叠时，可局部剔凿原始地面，降低管道高度，保持绝热层的表面平整，以便于加热管的敷设。暗设管道较多时，可沿墙设置专用管槽，做法见图 3-29（b）。

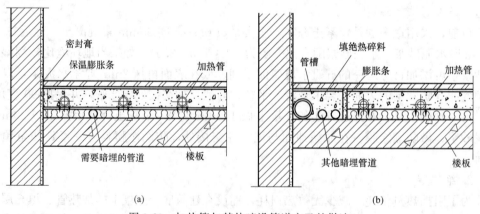

(a)　　　　　　　　　　　　　　　　　(b)

图 3-29　加热管与其他暗设管道交叉的做法

（a）个别管道暗设于绝热层；（b）较多管道暗设于管槽中

（2）当绝热层采用发泡水泥时，敷设厚度一般应比聚苯板增加 15～25mm。可按表 3-11 选择确定。

发泡水泥绝热层厚度（mm） 表 3-11

铺设部位	干体密度(kg/m³)		
	350	400	450
楼层之间楼板上的绝热层	35	40	45
土壤或不供暖房间相邻的地面上的绝热层	45	50	55
与室外空气相邻的地面上的绝热层	55	60	65

发泡水泥一天可浇筑 $3000\sim4000m^2$，所以浇筑前必须事先做好充分准备，其施工步骤大致如下：

1）将现场清理干净，水、电预埋管道检验合格后，按设计厚度沿四周墙角弹出水平线。

2）地面铺一道塑料薄膜或浇筑前洒水，从里到外浇筑发泡水泥，同时用刮板按水平线刮平。

3）自然养护 3～7 天，期间不能踩踏，并防止其他损坏。

3. 保护层（反射膜）

当地面辐射供暖的绝热层为聚苯乙烯泡沫塑料板时，由于施工中，需要在聚苯板上敷设管道、浇筑混凝土。作业过程中，极易造成聚苯板的损坏。为保护聚苯板，方便管道敷设，防止聚苯碎屑飞扬，有利于填充层的浇筑，通常要在绝热层上面铺设保护层。

在绝热层上敷设一道具有反射功能的保护膜，对于提高地面供暖质量也是很有帮助的。

目前，用于地面辐射供暖具有反射功能的保护膜，有高光无纺布反射膜、玻璃纤维反射膜、加筋铝箔、气垫反射膜及 EPE 复合膜等多种类型。多以卷材形式供应市场。外形见图 3-30。

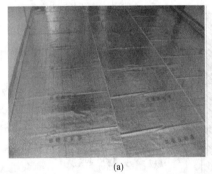 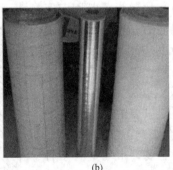 

(a)　　　　　　　　　(b)　　　　　　　　　(c)

图 3-30　常用反射保护膜

（a）保护膜敷设（b）电地暖反射膜（c）铝箔纸反射膜

绝热层的保护层做法有以下三种方式：

1）敷设真空镀铝聚酯薄膜面层。镀铝薄膜最好由聚苯板的供应厂家预先贴好，以成品形式供货。当然也可以现场铺设。现场铺设时，加热管最好采用铅丝网绑扎方式，不宜采用卡钉固定。

2）敷设玻璃布基铝箔面层。专门用于地面辐射供暖的聚苯板与玻璃布基铝箔保护层

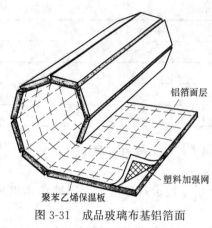

铝箔面层

塑料加强网

聚苯乙烯保温板

图 3-31 成品玻璃布基铝箔面
层保温绝热板

应当由厂家以成品形式供应。保护层表面需印有带尺寸的网格，以便于加热管的安装。带有玻璃布基铝箔面层的保温绝热板卷材见图 3-31。

3) 铺设复合塑料薄膜一道，低碳钢冷拔钢丝网片一道，以便于绑扎固定地暖加热管。

有的工地将加热管直接固定在聚苯板或发泡水泥绝热层上，根本不设保护层（反射膜），主要是为了省钱，但对于长年使用的地暖来说，其实并不合算。

4. 填充层

在加热管（或发热电缆）敷设完成后，为了保护加热管，并使地面温度均匀，用混凝土将其四周与上部进行填充覆盖。填充层厚度应适当。太薄起不到应有的作用，太厚会影响室内高度、增加荷载与投资。所以，技术规程规定：加热管的填充层厚度不宜小于 50mm，发热电缆的填充层厚度不宜小于 35mm。

填充层所使用的材料，宜采用 C15 豆石混凝土，豆石粒径宜为 5～12mm。当地面荷载大于 20kN/m² 时，应会同结构设计人员计算确定加固措施。

一般情况下，为了提高地面耐压能力和防水性能，保持区块的整体性，防止隆起和龟裂，可在豆石混凝土中加入 JD504 添加剂，同时在加热管上 10mm 处加一道双向钢筋网。钢筋网的规格为 φ6，间距 150mm×150mm，并相应增加填充层厚度，加热管填充层加固做法见图 3-32。

如果可能，加热管的固定也采用钢丝网塑料绑扎带方式，使加热管上下都有一层钢丝网片，这样做使填充层成为一块整板，既固定了加热管、提高了地面承载能力、防止了地面的龟裂、还提高了整个地面的热工性能。当然，这要看建筑地面的使用需要。一般住宅、办公室等地面荷载不大的房间，按规程要求厚度，填充豆石混凝土就可以了，只要混凝土强度等级合格，做法得当，都不会影响正常使用。

为适应地面供暖施工需要，市场上有多种规格的钢丝网片成品出售。必要时，根据地面荷载情况进行选择就可以了。

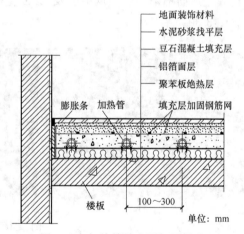

地面装饰材料
水泥砂浆找平层
豆石混凝土填充层
铝箔面层
聚苯板绝热层

膨胀条 加热管 填充层加固钢筋网

楼板

100～300

单位：mm

图 3-32 加热管填充层加固做法

地面上局部的集中荷载是造成供暖地面凹陷变形主要原因。其薄弱环节主要在保温绝热材料。在绝热材料上的填充层内加道钢丝网，使填充层成为一块整板，便可将集中荷载均匀散开，起到保护绝热层的作用。

供暖地面不同构造做法的承受能力比较大致如下：

（1）有豆石混凝土填充层的湿式做法优于预制沟槽板和预制轻薄板的干式做法。

（2）发泡混凝土绝热层做法优于泡沫塑料绝热层做法。

（3）在预制沟槽板类型中，采用瓷砖面层优于木地板面层。

实际上，即使是最易发生变形的供暖地面构造做法用于普通民用建筑，均可满足使用要求。只有用于荷载很大的场合，如图书馆的书库、资料库、超市的库房以及加工车间有车辆通过的地方等，才需选择承载能力较高的构造形式。必要时需进行试验，以确定是否需要进行地面加固。

填充层施工的基本要求：

（1）混凝土填充层施工应当具备以下条件：

1）加热管安装完毕且水压试验合格；

2）加热管必须处于规定压力之下；

3）发热电缆经电阻检测和绝缘性能检测合格；

4）所有伸缩缝已安装完毕；

5）温控器的安装盒、发热电缆冷线穿管已经布置完毕；

6）已通过掩蔽工程验收。

（2）混凝土填充层施工应由有资质的土建施工单位承担，由供暖系统的安装单位密切配合。

（3）混凝土填充层施工中，加热管内的水压不应低于 0.6MPa，填充层养护过程中，系统内的水压不应低于 0.4MPa。管道系统内保持一定的水压，既可防止加热管因挤压而变形，又可及时发现管道渗漏与损坏。

（4）混凝土填充层施工过程中，严禁使用机械振捣设备，现场施工人员应穿软底鞋，使用平头铁锹。

（5）为了避免对加热管或发热电缆造成人为的、不必要的损坏。在加热管或发热电缆的铺设区内，严禁穿凿、钻孔或进行射钉作业。

5. 防水隔离层

设置在潮湿房间（如：游泳池、桑拿浴室、公共浴室）的地面辐射供暖系统，其填充层的上部，必须要做好防水隔离处理。防止地面水渗入填充层与绝热层。特别是设在楼层上部的潮湿房间，一旦发生渗漏，不但影响散热，而且会影响到建筑的正常使用。

防水隔离层做法有以下三种方式：

（1）敷设防水卷材。防水卷材是使用最多、效果好且经久耐用的防水材料。主要有沥青防水卷材热玛碲脂铺贴、高聚物改性沥青防水卷材冷粘贴、合成高分子防水卷材冷粘贴等做法。一般设在楼层上，面积较大的游泳池、公共浴室可采用敷设防水卷材的办法。常用防水卷材种类见表 3-12。

常用防水卷材种类 表 3-12

序号	种类	卷材代表品种
1	沥青类	350 号卷材、500 号卷材
2	高聚物改性沥青类	聚酯毡胎体、玻璃纤维胎体、聚乙烯胎体
3	合成高分子类	硫化橡胶类、非硫化橡胶类、树脂类、纤维增强类

（2）刷防水涂料。防水涂料是一种流态或半流态物质，可通过喷、刷、刮等方法涂抹

在基底表面，经溶剂或水分挥发或各组分间的化合反应，在基底表面形成一层不透水、有弹性、连续、封闭的隔离层。从而起到防水、防潮作用。一般设在底层的、面积较小的卫生间等，多采用刷防水涂料的办法。常用防水涂料种类见表 3-13。

常用防水涂料种类   表 3-13

序号	种类	液态类型	代表品种
1	沥青类	溶剂型	沥青涂料
		水乳型	水性石棉沥青、石灰膏乳化沥青、土粘乳化沥青
2	高聚物改性沥青	溶剂型	氯丁橡胶沥青类、再生橡胶沥青类
		水乳型	水乳型氯丁橡胶沥青类、水乳再生橡胶沥青类
3	合成高分子	溶剂型	氯磺化聚乙烯橡胶类、氯丁橡胶类、丙烯酸酯类
		水乳型	氯丁胶乳、丁苯胶乳、丙烯酸酯胶乳、硅橡胶类
		反应型	聚氨酯类、硅橡胶类、聚硫橡胶类、环氧树脂类

（3）抹水泥砂浆：利用不同配合比的普通水泥砂浆和素灰胶浆在基底上交替抹压，可形成一个刚性多层防水构造带。一般迎水面采用"五层抹灰法"，背水面采用"四层抹灰法"。为了提高防水性能，可按质量比添加 1% 的五矾水玻璃促凝剂。普通水泥砂浆和素灰胶浆的质量配合比见表 3-14。

水泥砂浆和素灰胶浆的质量配合比   表 3-14

施工顺序	水泥	中砂	水	厚度（mm）
第一道素灰胶浆	1	—	0.55～0.6	2
第二道水泥砂浆	1	1.5～2.5	0.4～0.5	5～10
第三道素灰胶浆	1	—	0.37～0.4	2
第四道水泥砂浆	1	1.5～2.5	0.4～0.5	5～10
第五道素灰胶浆	1	—	0.6～0.65	1（背水面不抹）

需要特别指出的：防水施工一定要在所有的穿板、留洞、埋管等工作完成之后进行。防水施工完毕不能有任何损坏。无论采用什么防水材料和施工做法，良好的施工环境、认真负责的操作，是防水施工成败的关键。

6. 找平层与地面装饰层

找平层做法与所选地面装饰材料有直接关系。当地面采用大理石或陶瓷面砖时，找平层一般可以与地面装饰材料同时施工、地面装饰材料的留缝，应与区块的划分保持一致，但缝宽可适当减小至 5～8mm。地面装饰材料的留缝与区块划分不一致时，仍有隆起和损坏的可能。

潮湿、有水的房间，要通过找平层找坡。使地面水及时排除。沿墙、柱以及区块之间设置的所有伸缩缝，从防水层至地面，应全部采用防水密封膏封闭。

在散热器供暖系统中，地面装饰材料对散热量几乎没有影响。但在地面辐射供暖系统中却完全不同，地面装饰材料对散热量的影响很大。一方面，设计时应预先考虑使用条件可能发生的变化，确定一个地面装饰材料的选择范围，本着留有一定裕量的原则进行加热管间距的选择计算。施工时，必须在设计确定的范围内选择地面装饰材料，不可随意改变。如果实际铺设地面材料的热阻值与设计计算有较大出入时，就可能出现室内温度过高或偏冷的现象。

7. 施工安装允许误差

原始地面、填充层、面层的施工技术要求及允许偏差应符合表 3-15 的规定。

原始地面、填充层、面层的施工技术要求及允许偏差 表 3-15

项目	施工内容或条件	技术要求	允许偏差(mm)
原始地面	铺绝热层前	平整、干净	—
填充层	骨料(豆石)	≤Φ12	−2
	厚度	不宜小于50mm	±4
	敷设面积大于30m²	留8mm伸缩缝	+2
	边宽大于6m时		
	与内外墙、柱等垂直部件	留10mm伸缩缝	+2
面层	与内外墙、柱等垂直部件	留10mm伸缩缝	+2
		木地面,留≥14mm伸缩缝	+2

3.4.3 地面辐射供暖加热管的安装与连接

1. 加热管的安装要点

（1）加热管安装前应先按照施工图纸核对其材质、规格、型号、管径及壁厚是否与设计要求相符合，并检查管材的外观质量。

（2）加热管应按照设计图纸标定的管道间距和走向进行安装敷设，要保持加热管的平整，管间距的安装误差一般不应超过10mm。

（3）埋设在填充层内的加热管，不能有机械连接的管件，无论是铝塑复合管还是塑料管，埋在填充层内时均应该为一根整管，不能有任何管件和接头。即便是可热熔连接塑料管，也不应接口在填充层内，以避免隐患。

（4）加热管的切割应采用专用工具，要求切口平整，断口与管轴线垂直。安装中，不得有任何杂物进入加热管内。安装间歇或安装完毕，应随手将敞开的管口封严。

（5）加热管安装要防止管道扭曲，管道弯曲部分，要先固定圆弧的顶，防止出现"死折"，管道的弯曲半径，塑料管不应小于8倍管外径，铝塑复合管及铜管不应小于5倍的管外径。

2. 加热管的安装与固定

（1）固定加热管的目的，主要是为了便于填充层浇筑，防止加热管移位。加热管的固定做法直接影响着工程质量与进度，方法不当会给地暖工程埋下隐患。

当绝热层采用聚苯乙烯泡沫塑料板时，加热管的固定做法，通常可以采用以下几种做法：

1）卡钉固定法。专用于地暖供暖固定加热管及发热电缆的卡钉形状，参见图3-33。采用专用塑料卡钉将加热管直接固定在带有玻璃布基铝箔面层的绝热板上，做法见图3-34（a）。专业厂家生产的带玻璃布基铝箔面层的绝热板上，都印有尺寸网格。同时配有专用塑料卡钉及卡钉安装器。安装时只需一人操作，安装者一手持卡钉安装器，一手扶加热管，按设计要求的间距，沿尺寸网格向前推进就可以了。

卡钉固定法是将加热管直接固定在聚苯板上，聚苯板必须要有足够强度的面层保护，才能保证加热管不致松动。如果绝热层表面没有加强保护面层，最好采用绑扎固定法。

专用的塑料卡钉要求坚硬而有韧性。为防止脱落，卡钉的下端设有倒齿，倒齿的数量有一对、两对或三对之分。通常使用最多，效果最好的是有两对倒齿的塑料卡钉。此外，塑料卡钉还有手工安装与机械安装之分，应根据施工条件合理选用。

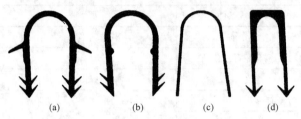

图 3-33 专用固定卡钉

（a）塑料管专用；（b）挤压板专用；（c）发泡水泥专用；（d）发电电缆专用

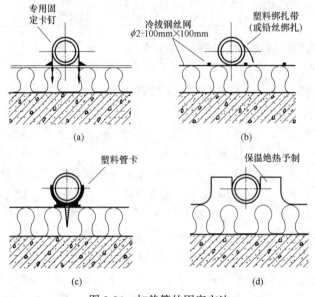

图 3-34 加热管的固定方法

（a）卡钉固定法；（b）绑扎固定法；（c）管卡固定法；（d）凹槽固定法

2）绑扎固定法。绝热层厚度较薄，或现场铺设绝热材料与保护层时，一般多采用绑扎固定法。做法见图 3-34（b）。采用绑扎固定法时，需在加热管安装前，先在保护层上铺一道低碳冷拔钢丝网网片。

网片规格为 1m×2m，孔径有 10mm×10mm，12.5mm×12.5mm，5mm×15mm，20mm×20mm 及 25mm×25mm 等，根据加热管的间距选择确定，钢丝直径 2~4mm，一般住宅采用直径 2mm 就可以了。

厂房车间等荷载较重的场所，可采用钢丝加粗或加密的网片。网片不单用来固定加热管，同时可以提高地面承载能力，防止地面龟裂，增加地面热稳定性。

作为固定加热管的依托，网片需用七个水泥钉固定在楼板上。水泥钉与钢丝网以及钢丝网与钢丝网之间，用铅丝绑紧。钢丝网的固定方法参见图 3-35。然后，将加热管用尼龙带绑扎在钢丝网上。

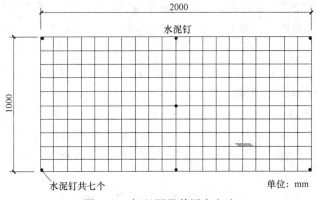

图 3-35 钢丝网及其固定方法

3）管卡固定法。将加热管直接卡入安装在绝热层表面上的专用塑料管卡或管道支架中，做法见图 3-34（c）。

4）凹槽固定法。将加热管直接固定在绝热层表面的凹槽中，做法见图 3-34（d）。

绝热层表面的凹槽是经过厂家精心设计的，应当能按不同的管道间距，嵌入不同规格的加热管管材。带有凹槽的预制保温绝热板见图 3-36。

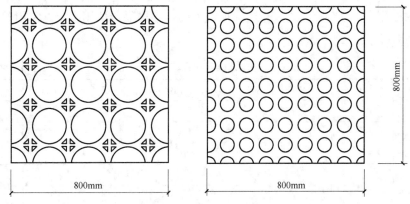

图 3-36 预制保温绝热板

当地面供暖加热管需安装自力式温控阀时，可在墙上预留管槽及阀盒，在敷设加热管时，按图 3-37 所示做法，将加热管沿墙至 1.4m 处的阀盒内，阀盒内的安装做法详见图 3-38。

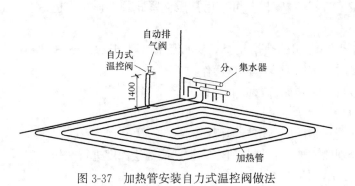

图 3-37 加热管安装自力式温控阀做法   图 3-38 自力式温控阀安装详图

（2）加热管固定点的间距，在直管段一般为 0.5～0.7m 一个，在弯曲管段加密为 0.2～0.3m。在安装过程中可以根据管材的柔软度、环境温度、固定方式等条件，结合现场实际情况对固定点间距进行调整。加热管固定点在填充层浇筑并养护完成后，其固定作用也就结束了。

当绝热层为发泡水泥时，加热管敷设可采用配有钢钉的塑料固定卡环或专用钢制卡钉固定，也可采用钢丝网尼龙带绑扎方式。

3. 加热管的连接做法

地面供暖系统埋入填充层内的加热管，原则上是不能有接口的。这里谈到接口，主要适用于地面以上的明装管道。或者是加热管出现渗漏，必须紧急处理时，能够采用的补救措施。

地面供暖系统在施工验收后，如发现加热管有损坏和渗漏，需要进行修复时应先报建设单位或监理工程师，提出书面补救方案，经批准后方可实施。修复时，应根据加热管的材质，选择合适的连接和补漏方式，凡能够采用热熔连接的加热管，应尽量采用热熔连接，不能热熔连接管道可采用卡套式、卡压式铜制管接头连接，并做好密封。铜制加热管宜采用械连接或焊接连接方式。但无论采用哪种连接修复方式，都应在竣工图上准确标示连接修复位置与方法，记录存档，以备查用。

塑料管道由于材质不同，其物理性能有很大的差别。在进行施工安装时，须根据管道材质选择与之相适应的连接方式，才能保证管道的连接可靠、使用安全。常用塑料管的连接方式见表 3-16。

常用塑料管的连接方式　　　　　　　　　　　　　　　　　　　　表 3-16

连接方式	PE	PE-X	PP-R	PB	PE-RT	U-PVC	XPAP
挤压夹紧	√	√	√	√	√		√
热熔连接	√		√	√	√		
粘合						√	
电熔合	√		√	√	√		
螺纹连接			√			√	

注：打"√"表示可以采用，空白则不能采用。

从表 3-13 可以看出，用于地面辐射供暖的交联聚乙烯管 PE-X 和铝塑复合管 XPAP 只能采用机械挤压夹紧式管件连接，不能采用热熔连接，聚丁烯管（PB）、无规共聚聚丙烯管（PP-R）、耐热聚乙烯（PE-RT）等塑料管材既可采用挤压夹紧式管件连接，也适合采用热熔连接或电熔合连接。

当管道采用热熔连接时，必须使用专用的热熔工具，一般管径不大于 63mm 的塑料管，均可采用便携式熔接机，熔接时可按以下步骤进行操作：

（1）切割管材需使用专用的刀具，必须保持管口平、直。

（2）管材与管件的连接面必须清理干净，保持干燥、无油污。

（3）用尺、笔在管端测量并标绘热熔深度与熔接标记。

（4）将管端及管件的熔接口分别插入加热套管与加热管头，按标绘深度进行热熔。以 PP-R 管为例，其热熔深度和时间参见表 3-17。

PP-R 管热熔深度与热熔时间　　　　　　表 3-17

管材外径(mm)	熔接深(mm)	加热时间(s)	调节时间(s)	冷却时间(s)
20	13	5	4	3
25	14	7	4	3
32	15	8	4	4
40	16	12	6	4
50	18	18	6	5
63	20	25	6	6

（5）达到加热时间后，同时取下管材与管件并迅速直线插入接口，使接口四周形成一圈均匀凸缘。

（6）在规定时间内，对接口进行校正，但不得旋转。

（7）经过校正的接口，保持至冷却时间后，熔接完成。

管道热熔连接注意事项：

（1）熔连接只能在品质相同的管材之间进行。不同材质的管道，由于熔点、分子结构不同，不能进行热熔连接。勉强连接也难免相互剥离，影响正常使用。

（2）热熔连接是一次性的，无法拆卸。熔接前，应做好插接标记。

（3）熔连接的管道，只能在允许时间内，进行小幅调整。且旋转角度不能超过5°。

（4）热熔连接的管道，其水压试验，应在热熔连接24h后进行。

塑料管道热熔连接的环境温度一般应该在10℃以上。尽量避免冬期施工。当环境温度低于5℃时，由于热熔部分与外露管段温差过大，热熔过程会对管材造成内在的损伤，热熔部位容易损坏，给工程埋下隐患。

塑料管道热熔连接做法见图3-39。

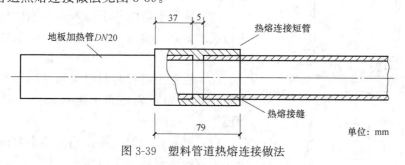

图 3-39　塑料管道热熔连接做法

4. 施工安装允许误差

地面辐射供暖系统的在施工安装过程中的技术要求与允许偏差应符合表 3-18 的规定。

管道安装工程技术要求及允许偏差　　　　　表 3-18

项目	安装内容或条件	技术要求	误差
聚苯板绝热层	接合处	无缝隙	—
	厚度	按设计	+2
发泡水泥绝热层	厚度	按设计	+5
	容重	按地面设计负载	±50kg/m³

续表

项目	安装内容或条件	技术要求	误差
加热管安装	间距	不宜大于 300mm	±10
加热管弯曲半径	塑料管或铝塑复合管	≥6 倍管径	−5
	铜管	≥5 倍管径	−5
加热管固定点间距	直管段	≤500mm	±10
	弯曲段	≤200mm	±10
分、集水器安装	水平间距	≥300mm	±10
	垂直间距	200mm	±10

3.5　附属器具安装

室内供暖系统，为了安全可靠合理运行，还须设置些附属器具，如膨胀水箱、集气装置、阀门、除污器和集分水器等。下面简单介绍这些附属器具的安装要求。

3.5.1　膨胀水箱安装

在热水供暖系统中，膨胀水箱有贮存系统加热后膨胀水量和稳定压力的作用，对于自然循环热水供暖系统，它还有排除系统空气的作用。其结构形式，可由标准图集给出。图 3-40 为圆形膨胀水箱结构示意图。通常，膨胀水箱由厚 3mm 钢板制作，其上安装有 5 根管，即膨胀管、循环管、溢流管、信号管和排水管。

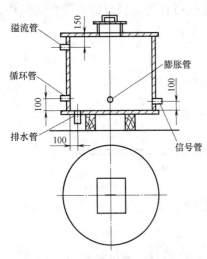

图 3-40　圆形膨胀水箱结构示意图

膨胀水箱的安装要求是：

（1）膨胀水箱顶部的人孔盖应用螺栓紧固，水箱下方垫枕木或角钢架。

（2）膨胀水箱内外刷樟丹或其他防锈漆，并要进行满水试漏，箱底至少比室内供暖系统最高点高出 0.3m。

（3）膨胀水箱有时与给水箱一同安装在屋顶的水箱间内。如安装在非供暖房间里，膨胀水箱要保温。

（4）膨胀管一般应连接到循环水泵前的回水管上，不宜连接到某一支路回水干管上。为保证系统安全运行，膨胀管上不允许设置阀门。

（5）循环管使水箱内的水不冻结，当水箱所处环境温度在 0℃ 以上时可不设循环管。有循环管时其安装方法如图 3-41 所示。同样，为保证系统安全运行，循环管上也不允许设置阀门。

（6）溢流管供系统内的水充满后溢流之用，其末端接到楼房或锅炉房排水设备上，为了便于观察，不允许直接与下水道相接。为了保证溢流管始终正常工作，溢流管上亦不允许设置阀门。

（7）信号管又称检查管，它是供管理人员检查系统管内是否充满水。信号管末端安装有阀门。信号管末端检查管口通常接到锅炉房排水地漏的上方。

3.5.2 集气装置安装

集气装置设置在系统各段管道的最高点，用于排除空气，以保证系统的正常工作。集气装置有两种，一种是手动集气罐，它是靠人工开启放气管上的阀门进行排气，另一种是自动排气阀，它是靠其本体内的自动机构使系统的空气自动排出系统外。

手动集气罐分为立式和卧式两种，一般可按标准图用厚 $4 \sim 5mm$ 的钢板卷成或用 $DN100 \sim 250$ 的钢管焊成，如图 3-42 所示。集

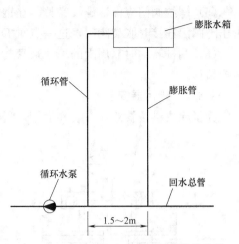

图 3-41 膨胀水箱膨胀管与循环管的安装

气罐的直径应比连接处干管直径大一倍以上，便于气体逸出并聚集于罐顶。为了增大贮气量，进、出水管宜接近罐底，罐上部设 $DN15$ 的放气管。放气管末端有放气阀门，并通到有排水设施处。放气阀门的位置还要考虑使用方便。自动排气罐常因失灵而漏水，需要维修更换，因此安装时应在自动排气罐与管路之间装一个阀门。

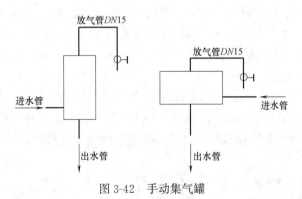

图 3-42 手动集气罐

3.5.3 阀门安装

室内供暖系统的阀门，起启闭、调节控制流向和压力等作用。常用的阀门有闸阀、截止阀、止回阀（单流阀）、安全阀、减压阀等。

阀门安装的要求是：

(1) 所有阀门都应开关灵活，表面无损伤，阀杆不弯曲。

(2) 阀门搬运时不允许抛掷，吊装时钢丝绳应拴在阀体，不能拴在手轮或阀杆上以免损坏。

(3) 阀门应装在便于操作、维修及检查处。为了拆卸方便，螺纹阀门需配装活接头、长丝或法兰盘。法兰阀门必须配法兰盘。管径较小时可用铸铁法兰盘管径较大时用钢制平焊法兰。

(4) 在水平管上，阀杆应垂直向上或斜向便于开闭的方向，但不许向下。在垂直管上，阀杆应垂直墙面。

（5）螺纹阀门应保证螺纹完整。在钢管上套锥形管螺纹，松紧合适，不要太长，以免管子与阀门连接时胀裂阀门，这一点对 $DN15$ 的阀门尤其要注意。

（6）阀杆转动时靠周围的填料来密封，填料由压盖压紧。如填料漏水，应松开阀盖，更换填料。

3.5.4　除污器安装

为了除去供暖管路在安装和运行过程中的污物，防止管路各设备堵塞，常在用户引入口或循环水泵进口处设除污器。除污器可根据标准图自制，安装时注意方向。上部设排气阀，下部设排污丝堵。使用到非供暖期时要定期清理内部污物，除污器一般用法兰与管路连接（图 3-43），前后应安装阀门和设旁通管。

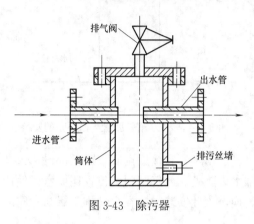

图 3-43　除污器

3.5.5　分集水器安装

（1）分、集水器应在铺设加热管之前安装完毕。以便在进行加热管安装时，能够比较准确地确定管道连接点，合理安排管道铺设位置，使安装更加方便。分、集水器通常都采用水平安装，且分水器安装在上，集水器安装在下。个别因安装条件受到限制时，也可以采用垂直安装的方法。垂直安装时，与供回水干管的连接应设在分、集水器的下端，顶端装自动排气阀，靠下边留一个泄水口。

（2）分、集水器与加热管的连接，可采用卡套式、卡压式挤压夹紧连接方式或采用螺纹管插接加环箍连接方式。有的厂家还生产有带阀门的专用连接管件。几种常用的连接做法见图 3-44。用于加热管与分、集水器连接的管件宜采用黄铜制品。但 PP-R 或 PP-B 塑料管不能与黄铜管件直接连接的，黄铜离子会使这类管道迅速老化，失去原有的性能。在需要与 PP-R 或 PP-B 塑料管连接时，必须采用表面镀镍的连接管件。

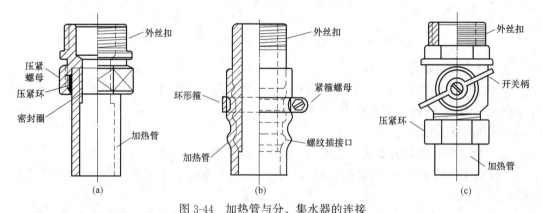

图 3-44　加热管与分、集水器的连接

（a）专用管件连接；（b）螺纹管插接件；（c）带阀门的连接件

（3）分、集水器下部加热管排列一般都比较密集，个别的门洞、过道，有时也会有较多的加热管通过，这些地方往往容易出现局部地面温度过高的情况。所以，当加热管排列间距小于 100mm 时，加热管外应加塑料隔热套管（一般可采用聚氯乙烯或高密度聚乙烯波纹套管），以加大地面热阻，降低地面温度。在管道密集的部位，填充层需采用 0.5～1.0mm 豆石混凝土浇筑，并充分捣实，以防龟裂。汇集到分、集水器下部的加热管，安装时要间距相同、弧度一致。其所加套管应一直延伸到地面以上 150～200mm 处。做法见图 3-45。

如果因管道密集，做隔热管不方便时，也可以采用在密集管道上面，铺一层 5～10mm 硬质隔热板的方法。铺隔热板做法见图 3-46。也可在管道密集的部位局部浇筑泡沫水泥，保持加热管上部厚度在 10～15mm，然后再做填充层和面层。无论采用哪种做法，

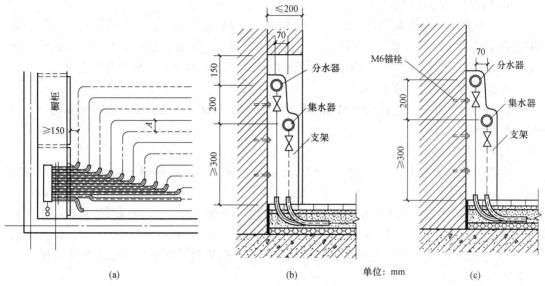

(a)　　　　　　　　(b)　　单位：mm　　(c)

图 3-45　分、集水器前隔热套管做法

（a）隔热套管平面；（b）有预留凹槽；（c）支架明装

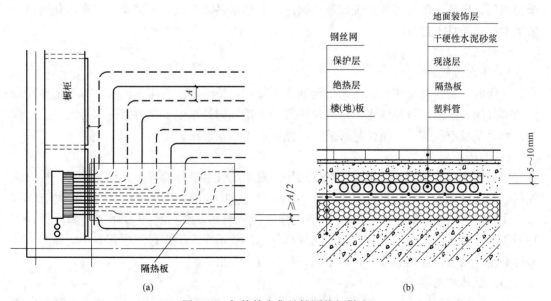

(a)　　　　　　　　　　　　(b)

图 3-46　加热管密集处铺隔热板做法

（a）隔热板平面；（b）隔热板剖面

目的都是减少不必要的热损失，防止地面温度过高。在保持地面有足够承载能力的前提下，防止地面开裂。分集水器下部，加热管出地面处，一般均加一段套管，对加热管进行防护。套管高度应不小于 200mm。

3.6　供暖系统清洗、试压及试运行

3.6.1　热水散热器供暖系统清洗、试压及试运行

1. 热水散热器供暖系统清洗

室内供暖系统安装完毕后在管路试压前应进行供暖系统清洗，以去除杂物。清洗前应将管路上的流量孔板、滤网、温度计、止回阀等部件拆下，清洗后再装上。热水供暖系统用清水冲洗，如系统较大，管路较长，可分段冲洗。清洗到排水处水色透明为此。

2. 热水散热器供暖系统试压

试压的目的是检查管路的机械强度与严密性。室内供暖系统试压，可以分段试压，也可以整个系统试压。

（1）试验压力

供暖系统的试验压力一般按设计要求进行。若设计无明确规定时，可按下列规定执行：

1）热水供暖系统或工作压力超过 0.07MPa 的蒸汽供暖系统，应以系统顶点工作压力加 0.1MPa 做水压试验，同时在系统顶点的试验压力不得小于 0.3MPa。

2）供暖系统做水压试验时，其系统低点如大于散热器所能承受的最大压力，则应分层做水压试验。

（2）试压前的准备

试压前，在试压系统最高点设排气阀，在系统最低点装设手压泵或电泵。打开系统中全部阀门，但须关闭与室外系统相通的阀门。对热水供暖系统水压试验，应在隔断锅炉和膨胀水箱的条件下进行。

（3）试压过程

1）注水排气。

试压时，将自来水注入试压系统的回水干管中，使系统由下向上注水，待系统最高点处的排气阀出水后，暂停注水。过数分钟后，若排气阀处水位下降再行注水排气。反复数次，直至系统空气排尽。将排气阀关闭，然后用手压泵加压。

2）加压检漏。

当加压到试验压力的一半时，暂停加压，对系统管道进行检查，无异常情况，再继续加压，并继续检查。当压力升至试验压力后，停止加压，保持 10min，如管道系统正常，且 5min 内压力降不大于 0.02MPa 则系统强度试验合格。然后将压力降至工作压力，进行系统的严密性能试验，各接口无渗漏即可将水排放干净。检查过程中若有小的渗漏，可做好标记，待放水泄压后修好，再重新试压，直至合格。

（4）试压注意事项

1）当室外气温在 0～10℃时，如果仍用水压试验时，通常采用如下方法。对稍大的建筑物，应分栋、分段或分根进行试验。试验时注水管径要大，注水速度要快。若注水管

水压较小时，可设临时水泵注水，但所选水泵的扬程不应超过试验要求的压力。注满水后立即关闭排气阀进行试压。试压过程同上。试压完毕后立即打开所有放风阀及泄水阀门等，特别要注意打开过门地沟处的泄水阀，使系统内冷水尽快放出，以免冻结。

2）当室外气温过低时，通常可采用气压试验。

3）敷设在室内地沟内及暗装的管道和设备属于隐蔽工程，其试压须格外认真进行，未经试压，不得进行隐蔽。

4）在寒冷地区试验时，应注意压力表指针摆动情况，防止因压力表进水管冻结而引起超压事故。

5）不管何种系统进行水压试验，均应通知有关的人员到现场检查。做好记录。试验完毕，各方人员需签字，作为技术档案存放。

3. 热水散热器供暖试运行

室内供暖系统的试运转是在试压合格并经过清洗后进行的。

（1）试运行前准备

1）保证水源、电源正常供给，修理、排水等工具齐备。

2）要确定试运行方案，统一指挥，明确分工。

3）尽量不要在室外气温接近供暖计算温度的日子进行试运转，如必须在此情况下通暖时，准备工作更要充分一些。气温在零下 3℃以下供暖时，门窗洞口必须尽可能严密，可采取一些临时性的措施将门窗洞口堵上，要设法提高水温或降低水的冰点，室内最好有临时取暖措施，使室温维持在+5℃以上，以防发生系统内水结冰胀裂管道和散热设备。

4）通暖时锅炉房内及用户入口设专人负责，室内系统可分环、分片包干，供暖未进入正常状况不得擅离岗位，应不断巡视，发现情况及时报告并迅速抢修。

（2）热水供暖系统试运行。

热水供暖系统试运行时，首先进行系统充水。

系统充水的顺序：首先是给锅炉充水，然后是室外热网充水，最后是用户系统充水。

热水锅炉的充水应先从锅炉的下锅筒和下联箱进行。当锅炉顶部集气罐上的放气阀有水冒出时，关闭放气阀，锅炉充水即告完毕。

室外热网充水，一般是从回水管开始。在充水前，关闭通向用户的供、回水阀门，打开旁通阀，开启管网中所有的放气阀，将水压入管网。当放气阀有水冒出时，关闭放气阀，直至管网中最高的放气网也有水冒出时，关闭最高点的放气阀，则管网充水完毕。

在室外热网充水完毕后，则逐个进行室内系统充水。用户系统的室内充水，采用集中由锅炉系统的水泵充水。并且应从回水管往系统内充水。充水时，打开用户系统回水管上的阀门，再把系统顶部集气罐上的放气阀全部开启，直至集气罐上的放气阀有水冒出时，即可关闭放气阀。直到系统中最高点的放气阀也冒水为止即行关闭，则用户系统充水完毕。

系统充水注意事项：

1）当自来水压力超过系统静压时，可直接用自来水进行系统充水。当自来水压力小于系统静压时，可用系统中的补给水泵进行充水。

2）充水速度不应太快，以利于空气自系统中放出。

3）集气罐上的放气阀冒水时，即可关闭，经过 1～2h 后再开启一次放气阀，以便放净残存系统中的空气。

4）在系统充水完毕后，可进行热水供暖系统的启动运行。

5）在循环水泵启动前，应先开放位于管网末端的 1～2 个热用户系统，或者开放管网末端连通热水管和回水管的旁通阀，而循环水泵出口阀门应处关闭状态，启动后再逐渐地开启水泵出口阀门。这样可以防止启动电流过大对电机不利。

6）由于启动运行中先仅开启 1～2 个热用户所以启动时管网流量较小，系统内压力比正常时要高，因此，循环水泵先启动一台。随着热用户逐渐开放，流量增加，再开启第二台水泵。

7）系统启动时开放用户顺序是从远到近，即先开放离热源远的用户，再逐渐地开放离热源近的用户。不可以先开放大的热用户，再开放小的热用户。

开放热用户注意事项：

1）开放用户系统之前，要检查用户引入口处热水管和回水管的压力，观察入口处这两条管线上的压力表。根据这两条管的压力大小决定这两个管上的阀门开启程度。压力大，阀门开小些，压力小，阀门开大些，直至全开。

2）开放热用户时，先开启回水阀门，然后再开启热水管上的阀门。

3）热用户开放后，其热水管上的压力不应大于散热器的承压能力（如对于铸铁散热器一般为 4 个表压），回水管的压力不得小于该用户系统高度加上高温水不能汽化的压力。

热用户开启后，其热水管与回水管的压差保持一定的数值。对于散热器供暖系统为 1～2m 水柱，对于暖风机供暖系统为 4～6m 水柱。

4）启动完毕后，将管网末端的热用户入口处连接热水管与回水管的旁通阀关求闭，以免运行中系统内热水不循环。

5）热水供暖系统启动运行后，各部分温度不均匀时，要进行初调节。靠近热源的用户或较近环路往往出现实际流量大于设计流量的情况，初调节时，一般都是先调节各用户和大环路间的流量分配，先将远处用户阀门全打开，然后关小近处用户入口阀门克服剩余压头，使流量分配合理。室内系统的调整，对于水力计算平衡率较高的一些单管系统，几乎可以不进行调节，双管系统往往要关小上层散热器支管阀门开启度，因为下层散热器处于不利状态，其支管阀门应越往下，开启度越大。异程式系统要关小离主立管较近的立管阀门开启度。同程式系统中间部分立管流量可能偏小，应适当关小离主立管最远以及最近立管上阀门的开启度。

3.6.2　低温热水地面辐射供暖系统清洗、试压及试运行

1. 施工安装质量验收

加热管和发热电缆是埋置在混凝土填充层内的，填充层施工完毕后，加热管就再也看不见了，所以属于隐蔽工程。对于隐蔽工程，必须在隐蔽之前进行检验，只有经检验合格后才允许隐蔽，为此，应进行中间验收。

2. 热水地面辐射供暖系统清洗和水压试验

首先关闭分水器、集水器上总进、出水管上的球阀，并开启总进、出水管之间的旁通阀，对分水器、集水器以外主回水管路系统进行清洗；然后分别清洗各加热管环路。

其他水压试验压力和检验方法同热水散热器供暖试压方法。

3. 地暖系统的调试运行

地暖工程应在地面混凝土填充层养护期满之后，正式供暖期到来之前进行全面的调试运行。调试运行时，需具备正常供暖的条件。在建设单位的配合下由施工单位进行。

按《辐射供暖供冷技术规程》JGJ 142—2012 要求：地面辐射供暖系统未经调试，严禁运行使用。这是强制性条文，也是施工验收必经之过程。

调试初期，应控制供水温度比当时环境温度高 10℃左右，升温需平缓，并保持初始温度不超过 32℃。先连续运行 48h，以后每隔一天，升高 3℃。直至达到设计供水温度。时间约为一周，期间应对每个房间逐一进行检查，看地面有无隆起、开裂，分、集水器连接有无渗漏，并随时排放管道中的集气。

在达到设计供水温度后，开始对每组分、集水器的每一个环路，逐进行调节，分水器上各个环路的供水温度一般都是一致的，而集水器侧各个环路的回水温度则会出现差异，回水温度低的环路，表明这一环路水量偏小，温降偏大，应当开大调节阀。反之，回水温度高的环路，表明这一环路水量偏大，温降过小应当关小调节阀。通过调节，使每个环路均达到设计要求。

调试运行采用平稳而缓慢的升温方式，是为了使建筑构造对供暖地面的膨胀有一个逐步适应的过程。减少地面隆起与崩裂的出现。

4. 注意事项

地暖加热管的水压试验通常需进行两次，一次在管道固定完毕，填充层浇筑之前，主要看管道有无损伤和渗漏，一次在填充层养护期满之后，主要看施工中是否对管道造成损坏。

试验压力通常为工作压力的 1.5 倍，但不应小于 0.6MPa。在稳定压力 1h 后，压降不大于 0.05MPa，且不渗不漏为合格。地暖加热管应从分、集水器处，对每个环路逐一进行水压试验，且水压试验不能以气压试验替代。

在加热管（或发热电缆）的铺设区域内，严禁穿凿、钻孔或进行射钉作业。以防管道遭到损坏。

本 章 小 结

室内供暖系统安装是实现供给特定建筑物室内热量，以维持建筑物室内一定温度的末端系统，是按照设计蓝图将各个部件准确安装到位的过程。随着科学技术发展和环保意识增强，现在室内供暖系统的也出现了以清洁能源为热源的供暖系统，例如：太阳能供暖节能技术。为了保证本章内容的完整性和丰富性，在详细介绍传统热水散热器供暖系统的同时加入了新的热水地面辐射供暖系统的安装工艺。

本章作为本书中介绍室内供暖系统安装的章节，详细介绍了供暖系统的分类、组成和目前最常用的两种室内供暖系统——热水散热器供暖系统和地面辐射供暖系统，并在最后对系统的试压、清洗及试运行进行了详细描述。本章主要内容如下：

（1）散热器热水供暖系统的安装，包括室内管道的安装、散热器的安装和附属设备安装；室内管道的安装又分为主立管的安装、干管安装、支立管安装和散热器支立管的安装，所有管道安装的基本要求横平竖直。

散热器安装在支立管安装后进行，第一步要进行散热器的质量检查和刷漆，第二步按照设计要求对散热器组对，第三步将组对完成的散热器进行水压试验，并检查合格，第四步进行散热器托钩的栽埋，在栽埋托钩达到固定散热器的强度时，进行散热器的就位固定。最后将散热器横支管和散热器连接起来，其中会用到截止阀、活接头、温控阀等附属设备。而在安装温控阀时，有些系统会采用不需要辅助能源的温控阀，而有的会采用带辅助能源的电子式温控阀。

在系统安装中会安装一些辅助设备来确保系统安全可靠合理运行，其中有膨胀水箱来稳定系统压力和储存膨胀水量确保系统安全运行，集气装置来排出系统内的气体保证系统高效运行，系统阀门用来来调节系统运行确保系统合理运行，除污器用来除去供暖管路在安装和运行过程中的污物，防止管路各设备堵塞，确保系统安全运行。

（2）地面辐射供暖系统的安装，包括主要构造层的施工、加热管的安装和分集水器的安装。主要构造层的施工又可分为防潮层的施工、绝热层的施工、保护层的施工、填充层的施工、防水隔离层的施工、找平层与地面装饰层的施工。

加热管的安装中加热管原则上是不能有接口的，但是在渗漏维修时可以在合适的连接方法下进行连接。安装加热管要进行加热管的固定，而加热管的固定有四种方法分别为卡钉固定法、绑扎固定法、管卡固定法和凹槽固定法，在固定完成并且试压合格后埋进填充层内。

分集水器的安装中要注意的就是在分集水器下部加热管排列一般都比较密集，个别的门洞、过道，有时也会有较多的加热管通过，这些地方往往容易出现局部地面温度过高的情况。在这些地方应该采用加隔热套管的做法或隔热板的做法。

（3）供暖系统试压、清洗及试运行在本章又细分为热水散热器供暖系统试压、清洗及试运行和地面辐射供暖系统试压、清洗及试运行。但两者大同小异，应该学会融会贯通。

关键词（Keywords）：集中供暖（Centralized Heating），热水供暖（Hot Water Heating），膨胀水箱（Expansion Tank），集气罐（Air Collector），地面辐射供暖系统（Floor Heating System），分水器、集水器（Manifold），试验压力（Test Pressure）。

安装示例介绍

EX3. 1　地面辐射供暖系统安装示例

EX3. 2　空气源热泵供暖系统安装示例

EX3. 3　单管供暖系统安装示例

EX3. 4　双管供暖系统安装示例

思考题与习题

1. 室内供暖系统可分为几类及其特点。

2. 简述室内供暖系统的安装程序。

3. 简述散热器的组对过程。

4. 简述散热器试压的方法、步骤及图示。

5. 简述地面辐射供暖的主要构造层及其作用。

6. 膨胀水箱、集气装置、除污器各自的作用是什么？

7. 说明温控阀的工作原理和安装位置。

8. 简述散热器连接的要点。

9. 简述分集水器的安装要点和注意事项。

10. 简述热水供暖系统水压试验的主要步骤和注意事项。

11. 简述热水供暖系统试运行的主要步骤和注意事项。

本章参考文献

[1] 沈阳城乡建设委员会，GB 50242—2002 建筑给水排水及供暖工程施工质量验收规范［S］. 北京：中国计划出版社，2002.

[2] 住房和城乡建设部工程和质量安全监管司，全国民用建筑工程设计技术措施［M］. 北京：中国计划出版社，2009.

[3] 中国建筑科学研究院. GB 50736—2012 民用建筑供暖通风与空气调节设计规范［S］. 北京：中国建筑工业出版社，2012.

[4] 王智伟，刘艳峰. 建筑设备施工与预算［M］. 北京：科学出版社，2002.

[5] 赵文田. 供暖散热器选择安装手册［M］. 北京：中国电力出版社，2014.

[6] 赵文田. 地面辐射供暖设计施工手册［M］. 北京：中国电力出版社，2014.

[7] 杜渐. 独立供暖系统设计施工及质量分析［M］. 北京：中国建筑出版社，2015.

[8] 景星蓉. 管道工程施工与预算［M］. 北京：中国建筑出版社，2005.

[9] 中国建筑第八工程局有限公司. ZJQ 08-SGJB242—2017 建筑给水排水及供暖工程施工技术标准［S］. 北京：中国建筑出版社，2017.

[10] 中国建筑科学研究院. GB/T 34017—2017 复合型散热器［S］. 北京：中国建筑出版社，2017.

[11] 亚太建设科技信息研究院有限公司，中国建筑设计院有限公司. GB/T 50155—2015 供暖通风与空气调节术语标准［S］. 北京：中国建筑工业出版社，2015.

[12] 中国建筑科学研究院. JGJ 124—2012 辐射供暖供冷技术规程［S］. 北京：中国建筑工业出版社，2012.

第4章 室外供热管网系统安装技术

• 基本内容

室外供热管道安装，热力管道支吊架及补偿器安装，热力管道试压与验收。

• 学习目标

知识目标：理解室外供热管道安装的技术特点。掌握室外供热管道安装工艺流程。

能力目标：通过对室外供热管道安装的图片示例的学习以及相关知识解读的学习，着重培养学生对室外热力管道施工安装的工艺流程与操作要点以及供热系统调试的感性认识及其相关知识的认知能力。

• 学习重点与难点

重点：掌握室外供热管道安装。
难点：供热系统的调试与验收。

• 知识脉络框图

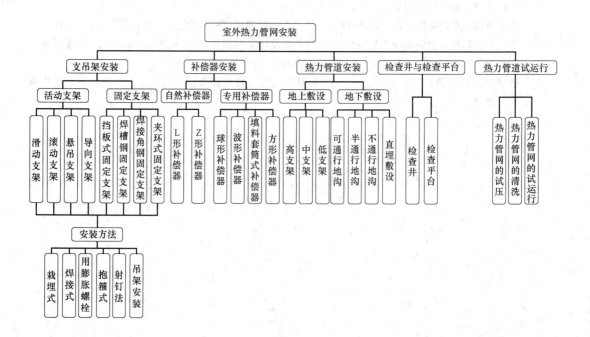

4.1 室外供热管网系统安装概述

4.1.1 室外供热管网系统概述

区域供热是指以区域锅炉房、热电厂或热交换站为热源，将热媒经区域性供热管道输送给一个或几个区域以及整个城市的工业及民用热用户的热能供应方式，它是一种大型的供热设施。

热电厂和区域锅炉房已是北方供热的主要热源，由热源输送到用户的热媒往往要经过几千米甚至几十千米的长距离输送。由于集中供热和区域供热，具有高效能、低热耗、减少环境污染等优点，其供热规模、供热半径不断增大，热媒的压力、温度不断升高，热力管网的建设投资愈来愈大。因此，对于室外热力管道的施工安装、质量等都有严格的要求。室外热力管道施工应按《城镇供热管网工程施工及验收规范》CJJ 28—2014、《建筑给水排水及采暖工程施工质量验收规范》GB 50242—2002 的规定执行。

4.1.2 室外供热管网安装的一般要求

室外热力管网安装时，应符合下列规定要求：

1. 热水或蒸汽管，应敷设在载热介质前进方向的右侧。回水或凝结水水管敷设在左侧。

2. 室外供热管道常用的管材为焊接钢管或无缝钢管，其连接方式一般应为焊接，对口焊接时，若焊口间隙大于规定值时，不允许在管端加拉力延伸使管口密合，另加一段短管，短管长度应不小于其管径，且不得小于 100mm。

3. 水平安装的供热管道应保证一定的坡度：蒸汽管道当汽、水同向流动时，坡度不应小于 0.002，当汽、水逆向流动时，坡度不应小于 0.005，靠重力自流的凝水，坡度至少 0.005，热水供热管道的坡度一般为 0.003，但不得小于 0.002。

4. 热力管网中，应设置排气和放水装置。排气点应设置在管网中的最高点，一般排气阀门直径选用 15~25mm 的。在管网的低位点设置放水装置，放水阀门的直径一般选用热水管道直径的 1 左右，但最小不应小于 20m，放水不应直接排入下水管或雨水管道内，而必须先排入集水坑。

5. 水平管道的变径宜采用偏心异径管（大小头），且大小头应取下侧平，以利排水。

6. 支管与干管的连接方式：热水管道的支管，可从干管的上、下和侧面接出，从下面接出时应考虑排水问题；蒸气和凝水管道，支管宜从干管的上面或侧面接出。

7. 管路上方形补偿器两侧的第一个支架应为活动支架，设置在距补偿器弯头起弯点 0.5~1m 处，不得设置成导向支架或固定支架。

8. 管道上 $DN \geqslant 300$mm 的阀门，应设置单独支撑。

9. 管道接口焊缝距支架的净距不小于 150mm。卷管对焊时，其两管纵向焊缝应错开，并要求纵向焊缝侧应在同一可视方向上。

4.2 热力管道支吊架

4.2.1 支吊架的形式

在管道安装工程中，支架是不可或缺的构件，它对管道有承重、导向和固定的作用。

热力管道支吊架的作用是支吊热力管道，并限制管道的变形和位移。它要承受由热力管道传来的管内压力、外载负荷作用力（包括重力、摩擦力、风力等）以及温度变化时引起管道变形的弹性力，并将这些力传到支吊结构上去。管道支吊架的形式很多，按照对管道的制约情况，可分为固定支架和活动支架两类。

目前国内最新的国家现行标准是《管道支吊架》GB/T 17116—2018；最新的国家现行行业标准是《管架标准图》HG/T 21629—2021，该标准将管架分 A、B、C、D、E、F、G、J、K、L、M 十一大类，内容更翔实。

1. 活动支架

将管子敷设在支架上，当管子热胀冷缩时可与支架发生相对位移，这种支架称为活动支架。活动支架的结构形式有：滑动支架、滚动支架、悬吊支架及导向支架四种。热力管道活动支架的作用是直接承受热力管道及其保温结构的重量，并使管道在温度的作用下能沿管轴向自由伸缩。

（1）滑动支架

滑动支架是指管子与支架间相对运动为滑动。滑动支架摩擦力较大，但制作简单，应用广泛。

滑动支架分为低位滑动支架和高位滑动支架两种。低位的滑动支架如图 4-1 所示。它是用一定规格的曲面槽钢段焊在管道下面作为支座，并利用此支座在混凝土底座上往复滑动。图 4-2 是一种低位滑动支架，它是用一段弧形板代替上面的曲面槽钢段焊在管道下面作为支座，故又称为弧形板滑动支架，适用于热伸长量较大的不保温管道。图 4-3 是另一种低位滑动支架，U 形螺栓固定的低滑动支架，适用于热伸长量较小的不保温管道。高位滑动支架的结构形式类似图 4-1，只不过其托架高度高于保温层厚度，克服了低位滑动支架在支座周围不能保温的缺陷，因而管道热损失较小。滑托高度为 100～150mm，管道与滑托焊接，滑托可在支架上滑动，如图 4-3 所示。图 4-4 为高位曲面槽滑动支架，图 4-5 为 T 字形托架滑动支架，均为高位滑动支架。

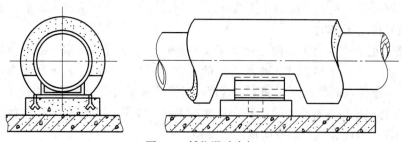

图 4-1　低位滑动支架

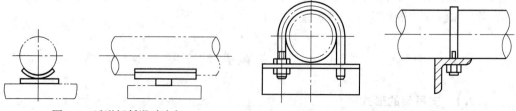

图 4-2　弧形板低滑动支架　　　　　　图 4-3　U 形螺栓固定低滑动支架

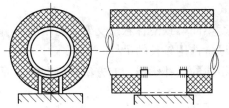 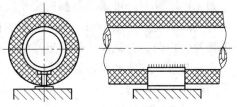

图 4-4 高位曲面槽滑动支架   图 4-5 T字形托架滑动支架

（2）滚动支架

滚动支架是在管道滑托与支架之间加入滚柱或滚珠，使管子与支架间相对运动为滚动运动，从而使滑动摩擦力变为滚动摩擦力，这种支架称为滚动支架。它利用滚子的转动来减小管子移动时的摩擦力，滚动摩擦力小于滑动摩擦力。其结构形式有滚轴支架（图 4-6）和滚柱支架（图 4-7）两种，结构较为复杂。一般只用于介质温度较高、管径较大的架空敷设的管道上。地下敷设，特别是不通行地沟敷设时，不宜采用滚动支架，这是因为滚动支架由于锈蚀不能转动时，反而会变为很坏的滑动支架。

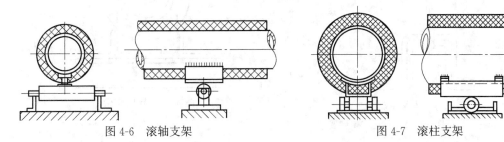

图 4-6 滚轴支架   图 4-7 滚柱支架

（3）悬吊支架

悬吊支架（吊架）结构简单。图 4-8 为几种常见的悬吊支架图。吊架有刚性吊架及弹簧吊架之分。刚性吊架用于无垂直位移的管道；在热力管道有垂直位移的地方，常装设弹簧吊架，如图 4-9 所示。

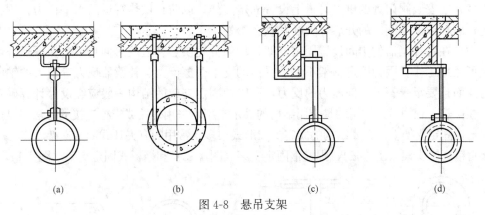

(a)   (b)   (c)   (d)

图 4-8 悬吊支架

（a）可在纵向及横向移动；（b）只能在纵向移动；（c）焊接在钢筋混凝土构件里埋置的预埋件上；
（d）箍在钢筋混凝土梁上

设置悬吊支架时，应将它支承在可靠的结构上，应尽量生根在土建结构的梁、柱、钢架或砖墙上。悬吊支架的生根结构，一般采用插墙支承或与土建结构预埋件相焊接的方式。如无预埋件时，可采用梁箍或槽钢夹柱的方式。

各点的温度形变量不同，悬吊支架的偏移角度不同，致使各悬吊支架受力不均，引起供热管发生扭曲。为减少供热管道产生扭曲，应尽量选用较长的吊杆。

在安装悬吊支架的供热管道上，应选用不怕扭曲的热补偿器，如方型补偿器等，而不得采用套筒型补偿器。

4. 导向支架

导向支架由导向板和滑动支架两部分组成，如图 4-10 所示。通常装在补偿器的两侧，其作用是使管道在支架上滑动时不致偏离管子中心线，即在水平供热管道上只允许管道沿轴向水平位移，导向板防止管道横向位移。

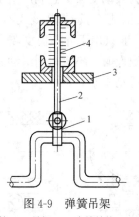

图 4-9　弹簧吊架

1. 卡箍；2. 吊杆；3. 支撑结构；4. 弹簧

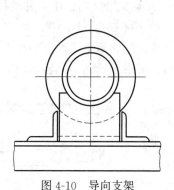

图 4-10　导向支架

2. 固定支架

热力管道固定支架的作用：

(1) 在有分支管路与之相连接的供热管网的干管上，或与供热管网干管相连接的分支管路上，在其节点处设置固定支架，以防止由于供热管道的轴向位移使其连接点受到破坏；

(2) 在安装阀门处的供热管道上设置固定支架，以防止供热管道的水平推力作用在阀门上，破坏或影响阀门的开启、关断及其严密性；

(3) 在各补偿器的中间设置固定支架，均匀分配供热管道的热伸长量，保证热补偿器安全可靠地工作。因为固定支架不但承受活动支架摩擦反力、补偿器反力等很大的轴向作用力，而且要承受管道内部压力的反力，所以，固定支架的结构一般应经设计计算确定。

在供热工程中，最常用的是金属结构的固定支架，采用焊接或螺栓连接的方法将供热管道固定在固定支架上。金属结构的固定支架形式很多，常用的有夹环式固定支架（图 4-11），焊接角钢固定支架（图 4-12），焊槽钢固定支架（图 4-13）和挡板式固定支架（图 4-14）。

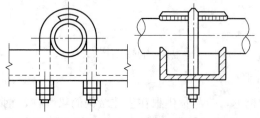

图 4-11　夹环式固定支架

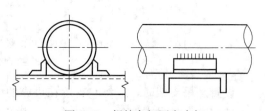

图 4-12　焊接角钢固定支架

夹环式固定支架和焊接角钢固定支架，常用在管径较小，轴向推力也较小的供热管道上，与弧形板低位活动支架配合使用。

槽钢形活动支架的底面钢板与支承钢板相焊接，就成为固定支架。它所承受的轴向推力一般不超过 50kN，轴向推力超过 50kN 的固定支架，应采取挡板式固定支架。

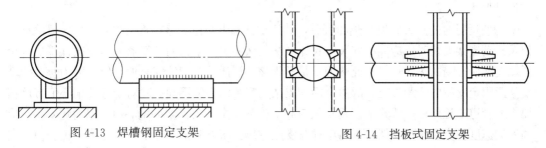

图 4-13　焊槽钢固定支架　　　　图 4-14　挡板式固定支架

4.2.2　支架的设置

管道支吊架形式的确定要由对管道所处位置点上的约束性质来进行。若管道约束点不允许有位移，则应设置固定支架，若管道约束点处无垂直位移或垂直位移很小，则可设置活动支架。

活动支架的间距是由供热管道的允许跨距来决定的。而供热管道允许跨距的大小，决定于管材的强度、管子的刚度、外荷载的大小、管道敷设的坡度以及供热管道允许的最大挠度。供热管道允许跨距的确定，通常按强度及刚度两方面条件来计算，选取其中较小值作为供热管道活动支架的间距。表 4-1 为供热管道活动支架间距表。

活动支架间距表　　　　　　　　　　　　　　　　　　表 4-1

		公称直径 DN（mm）	40	50	65	80	100	125	150	200	250	300	350	400	450
活动支架间距	保温	架空敷设	3.5	4	5	5	6.5	7.5	7.5	10	12	12	12	13	14
		地沟敷设	2.5	3	3.5	4	4.5	5.5	5.5	7	8	8.5	8.5	9.0	9
	不保温	架空敷设	6	6.5	8.5	8.5	11.5	12	12	14	16	16	16	17.0	17
		地沟敷设	5.5	6	6.5	7	7.5	8	8	10	11	11	11	11.5	12

地沟敷设的供热管道活动支架间距，表中所列数值较架空敷设的值小，这是因为在地沟中，当个别活动支架下沉时，会使供热管道间距增大，弯曲应力增大，而又不能及时发现，及时检修。因此，从安全角度考虑，地沟内活动支架间距适当减小。

固定支架间的最大允许距离与所采用的热补偿器的形式及供热管道的敷设方式有关，通常参照表 4-2 选定。

固定支架最大间距表　　　　　　　　　　　　　　　　表 4-2

补偿器类型	敷设方式	公称直径 DN（mm）													
		25	32	40	50	65	80	100	125	150	200	250	300	350	400
方形补偿器	地沟与架空敷设	30	35	45	50	55	60	65	70	80	90	100	115	130	145
	直埋敷设			45	50	55	60	65	70	70	90	90	110	110	110
套管形补偿器	地沟与架空敷设								50	55	60	70	80	90	100
	直埋敷设								30	35	50	60	65	65	70

4.2.3　支吊架的安装

支吊架安装是管道安装工程中的主要工序之一，其位置需按管道的安装位置确定。一般是先根据设计要求定出固定支架和补偿器的位置，然后确定出活动支架的位置。不管是何种支架，其具体位置的确定均要保证将来在其上安装的管道的位置、坡向及标高符合管道设计要求。

为使运行时的热力管道受热膨胀后，其活动支架中心正好落在管架中心上，一般滚动支架及滑动支架安装时均应偏心安装。具体做法是从固定支架起向补偿器方向顺次计算出每个活动支架所经受的热伸长量，此热伸长量即为该计算活动支架的安装偏心值。因为每个活动支架距固定支架的间距不同，故每个活动支架的安装偏心值不同。除对于安装偏心值有严格要求的管道工程外，一般管道工程常取 50mm 作为每个活动支架的偏心值，以简化安装，提高安装速度。安装滚动支架时，将滚柱及支座逆热膨胀方向偏离支承板中心线一偏心值，安装滑动支架时，将支座逆热膨胀方向偏离支承板中心线一偏心值。见图 4-15 和图 4-16。

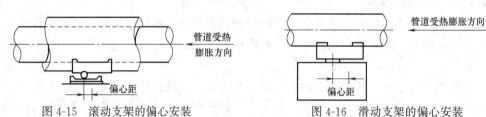

图 4-15　滚动支架的偏心安装　　　　　图 4-16　滑动支架的偏心安装

支架的安装方法有：栽埋式支架安装、焊接式支架安装、膨胀螺栓法安装支架、抱箍法支架安装、射钉法安装支架。

4.2.3.1　栽埋式支架安装

栽埋式支架安装是将管道支架埋设在墙内的一种安装方法，如图 4-17 所示。支架埋入墙内的深度不得小于 150mm，栽入墙内的一端应开脚。有预留孔洞的，将支架放入洞内，位置找正，标高找正后，用水冲洗墙洞。冲洗墙洞的目的有两个，其一，是将墙洞内的尘沙冲洗干净；其二，是将墙洞润湿，便于水泥砂浆的充塞。墙洞冲洗完毕后即可用 1：3 的水泥砂浆填塞，砂浆的填塞要饱满、密实，充填后的洞口要凹进 3～5mm，以便于墙洞面抹灰修饰。

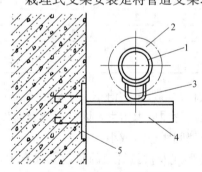

图 4-17　栽埋式支架安装
1. 管子；2. 保温层；3. 支架；
4. 支架横梁；5. 预埋钢板

4.2.3.2　焊接式支架安装

焊接式支架安装如图 4-18 所示，焊接式支架安装可在土建浇筑混凝土时将各类支架预埋件按需求的位置预埋好，待钢模拆除后，即可进行安装。焊接式支架安装步骤方法如下：

1. 将预埋在钢筋混凝土（柱）内钢板表面上的砂浆、铁锈用钢丝刷刷掉。

2. 在预埋钢板上确定并画出支架中心线及标高位置。

3. 一面将支架对正钢板上的中心及标高位置，一面可用水平仪找好支架安装位置、标高，并作定位焊。

4. 经过校验确认无误后，将支架牢固地焊接在预埋钢板上。

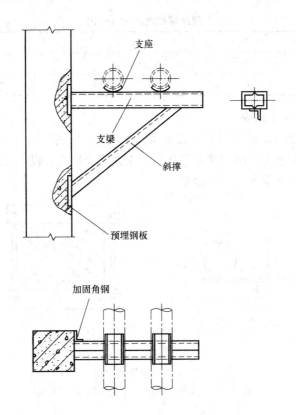

图 4-18 焊接式支架安装

4.2.3.3 用膨胀螺栓安装

用膨胀螺栓安装支架，先标定出膨胀螺栓的栽埋位置，然后用电钻或电锤进行钻孔，孔的直径与膨胀螺栓套管外径相同，孔深为套管长度加 15mm，清除孔内碎渣后，将套管套在螺栓上，带上螺母一起钉入孔内，至螺母接触孔口为止。随后用扳手工艺拧紧螺母，使螺栓的锥形尾部把开口的套管尾部胀开，螺栓便和套管一起紧固在孔内。旋掉螺母，装上支架后用螺母把支架固定在螺栓上，如图 4-19 所示。膨胀螺栓的规格如设计无明确规定时，可按表 4-3 选用。膨胀螺栓安装过程示意见图 4-20 所示。

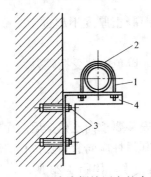

图 4-19 用膨胀螺栓固定的支架

1. 管子；2. 管卡；3. 支架；4. 膨胀螺栓

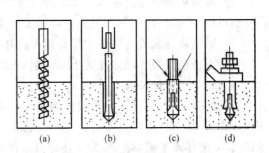

图 4-20 膨胀螺栓安装示意图

(a) 钻孔；(b) 将锥头螺栓和套管装入孔内；

(c) 将套筒锥入孔内；(d) 将设备坚固在膨胀螺栓上

膨胀螺栓选用表（mm）				表 4-3
管道公称直径	≤70	80～100	125	150
膨胀螺栓规格	M8	M10	M12	M14
钻头直径	10.5	13.5	17	19

4.2.3.4 抱箍式支架安装

管道沿柱子敷设时，可采用抱箍式支架，见图 4-21。安装时，先清除支架处柱表面粉层，在柱子安装高度上标出安装水平线后，支架便可依线装设。要求安装时，其上的螺栓一定要拧紧，保证支架受力后不松动。

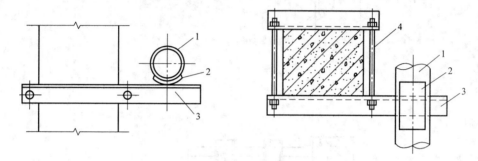

图 4-21 抱箍式支架
1. 管子；2. 弧形板管座；3. 支架横梁；4. 双头螺栓

抱箍式支架的安装方法、步骤如下：

1）在柱子上确定支架的安装位置，并画出水平线。

2）先用长螺栓将支架初步固定在柱子上，再用水平仪找正支架。

3）待确认无误后，将螺栓拧紧。

抱箍式支架的安装，位置应正确，安装要牢靠，支架与管道的接触要紧密。

4.2.3.5 射钉法安装支架

用射钉安装支架，先在安装位置画出射钉点，然后用射钉枪将外螺纹射钉射入构件内，再用螺母将支架固定在射钉上，如图 4-22 所示。

用射钉安装时应注意下列事项：

1）被射物体的厚度应大于 2.5 倍的射钉长度，对混凝土厚度不超过 100mm 的结构不准射钉，不得在作业后面站人，以防发生事故。

2）射钉离开混凝土构件边缘距离不得小于 100mm，以免构件受振碎裂。

3）不得在空心砖或多孔砖上采用射钉式安装支架。

4.2.3.6 吊架安装

吊架安装时，其预留孔洞或预埋件等，应按设计及安装要求向土建提出。无热位移管道的吊架，其吊杆应垂直安装；有热位移管道的吊架，其吊杆应向管道热位移的反方向倾斜安装，吊环水平偏移距离为该处管道全部热位移量的一半，如图 4-23 所示。吊杆需焊接加长时，其焊缝长度不应小于 100mm。另外，吊杆的长度应具备调节性，对有热位移管道的吊架可采用弹簧式吊架。

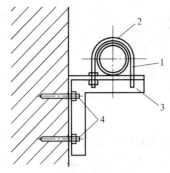

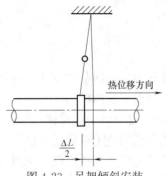

图 4-22 射钉式安装的支架

1. 管子；2. 管卡；3. 支架；4. 射钉

图 4-23 吊架倾斜安装

4.2.4 支吊架安装质量要求

管道支吊架安装需要满足以下要求：

1）支架横梁应牢固地固定在墙、柱子或其他结构物上，横梁长度方向应水平，顶面应与管子中心线平行。

2）无热位移的管道吊架的吊杆应垂直于管子，吊杆的长度要能调节。两根热位移方向相反或位移值不等的管道，除设计有规定外，不得使用同一杆件。

3）固定支架承受着管道内压力的反力及补偿器的反力，因此固定支架必须严格安装在设计规定的位置，并应使管子牢固地固定在支架上。在无补偿装置、有位移的直管段上，不得安装一个以上的固定支架。

4）活动支架不应妨碍管道由于热膨胀所引起的移动。保温层不得妨碍热位移。管道在支架横梁或支座的金属垫块上滑动时，支架不应偏斜或使滑托卡住。

5）补偿器的两侧应安装 1～2 个导向支架，使管道在支架上伸缩时不至于偏移中心线。在保温管道中不宜采用过多的导向支架，以免妨碍管道的自由伸缩。

6）支架的受力部件，如横梁、吊杆及螺栓等的规格应符合设计或有关标准图的规定。

7）支架应使管道中心离墙的距离符合设计要求，一般保温管道的保温层表面离墙或柱子表面的净距离不应小于 60mm。

8）弹簧支、吊架的弹簧安装高度，应按设计要求调整，并作出记录。弹簧的临时固定件，应待系统安装、试压、保温完毕后方可拆除。

9）铸铁、铅、铝用大口径管道上的阀门，应设置专用支架、不得以管道承重。

另外，管道支架的形式多种多样，安装要求也不尽一致。支吊架安装时，除满足上面的基本要求外，还需满足设计要求及《采暖通风国家标准图集》N112、T607 和《动力设施国家标准图集》R402 中对支吊架安装的具体要求。

4.3 热力管道补偿器安装

限于篇幅，请扫描二维码阅读。

EX4.1 热力管道补偿器

4.4　室外供热管网安装

室外热力管道的敷设，通常采用地上敷设和地下敷设两种，其安装也分为地上敷设安装和地下敷设安装两种。

4.4.1　室外地上敷设热力管道安装

供热管道的地上敷设是将供热管道敷设在地面上独立的或带有桁架梁的支架上的一种敷设方式，也称为架空敷设。供热管道地上敷设是较为经济的一种敷设方式。不受地下水位和土质的影响，便于运行管理，易于发现和消除故障。但占地面积较多，供热管道的散热损失较大，影响城市和厂区的美观。

4.4.1.1　室外架空管道敷设形式

室外架空管道敷设形式按其支撑结构的高度不同，分为低支架敷设、中支架敷设和高支架敷设三种形式。

1. 低支架敷设

在不妨碍交通，不影响厂区扩建的地方，供热管道可采用低支架敷设。低支架敷设通常是沿着工厂的围墙或平行于公路和铁路敷设。

低支架敷设的高度，为了避免雨、雪的侵袭，供热管道保温层外壳底部距地面净高不得小于 0.3m，一般以 0.5～1.0m 为宜。低支架通常采用毛石或砖砌结构，如所受轴向推力较大时，可用钢混结构。其结构形式见图 4-43 所示。

2. 中支架敷设

在行人频繁，需要通行车辆的地方通常选用中支架敷设。

中支架如图 4-44 所示，净高为 2.5～4.0m，可设成 2～3 层，以使较多管路共架敷设。它是一种常用的架空支架形式，中支架一般采用钢筋混凝土结构或钢结构制成。

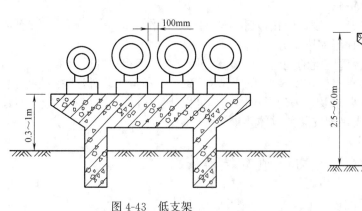

图 4-43　低支架

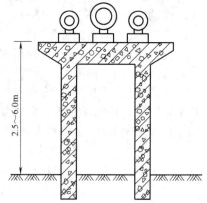

图 4-44　中、高支架

3. 高支架敷设

仅在跨越公路或铁路时采用高支架敷设。这种支架也可分成 2～3 层，但低层支架距地面净距一般为 4.5～6.0m。高支架一般采用钢筋混凝土结构或钢结构。其形式如图 4-44 所示。为维修方便，在装有管路附件，如阀门、流量孔板、套筒式补偿器等处，必须设置操作平台。

4.4.1.2 室外架空管道的安装

架空管道支架应在管路敷设前由土建部门做好。若是钢筋混凝支架,要求必须达到一定的养护强度后方可进行管道安装。在安装管道前,必须先对支架的稳固性、中心线和标高进行严格的检查。应用经纬仪测定各支架的位置及标高,检验是否符合设计图纸的要求。各支架的中心线应为一直线,不许出现折线情况。一般管道是有坡度的,故应检查各支架的标高,不允许由于支架标高的错误而造成管道的反向坡度。

在安装架空管道时,为工作的方便和安全,必须在支架的两侧架设脚手架。脚手架的高度以操作时方便为准,一般脚手架平台的高度比管道中心标高低 1m 左右,以便工人通行操作和堆放一定数量的保温材料。根据管径及管数,设置单侧或双侧脚手架,如图 4-45 所示。

为减少架空支架上的高空作业量及加快工程进度,提高焊接质量等。一般情况下,根据施工图纸把适量的管子、管件和阀门等,在地面上进行预制组装,然后再分段进行吊装就位,最后进行段与段间的连接。然后检查滑动支架的安装满足要求否,若偏差较大,应修正后将其焊在管道上。

架空管道的吊装,多采用起重机械进行,如汽车式起重机、履带式起重机,或用桅杆及卷扬机等。吊装管道时,应严格按照操作规程进行,注意安全施工。

管道安装经检查符合要求并经水压试验合格后,就可进行防腐保温工作。

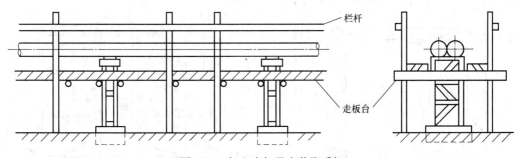

图 4-45 架空支架及安装脚手架

4.4.2 室外地下敷设热力管道安装

4.4.2.1 地下管道敷设形式

供热管道的地下敷设,分为地沟敷设和直埋敷设两种。其中地沟敷设又分为可通行地沟敷设、半通行地沟敷设和不可通行地沟敷设。

1. 可通行地沟

可通行地沟主要用于管路较多,或管径较大的主要干线上。其主要优点是工作人员可以经常地进入维护管理,便于及时发现和迅速消除故障,更换或增加供热管道和设备,而无需开挖街道。

可通行地沟结构如图 4-46 所示。这种地沟一般用砖或块石砌筑而成,上面覆盖以钢筋混凝土预制板,或整体浇灌的沟盖。地沟内除安装的管道所占空间外,还有高度不低于 1.8m、宽度不小于 0.7m 的检修人员通道,且每隔 100m 左右在地沟中设有检查井及爬梯,供检修人员出入。地沟内一般应修排水槽,坡度不小于 0.002。为使检修时地沟内空气温度不超过 40℃，一般设有自然通风塔及机械排风机，而且地沟内还应装有照明设施，其电压不得高于 36V。

2. 半通行地沟

当供热管道数目较多并考虑能够进行一般的检修工作时，为节省建设投资，可采用半通行地沟。结构如图 4-47 所示。

半通行地沟的结构尺寸是根据工作人员弯着腰能在地沟内行走和能够进行一般的维修工作来决定。半通行地沟的高度一般为 1.2～1.4m。如果采用横贯管沟的支架，其下面的净高不应小于 1.0m。为了安全，半通行地沟只宜用于低压蒸汽管道和温度低于 130℃的热水供热管道。

3. 不通行地沟

不通行地沟是工作人员不能在其中通行的一种地沟。在城市的居住小区或中小型工厂，供热管道数量不多，供热管道安装质量可靠，维修工作量不大时，为节省供热管道建设投资和易于与其他地下设施相协调，通常采用不通行地沟。

不通行地沟的敷设使用较多，其结构形式有矩形地沟、半圆形地沟等，如图 4-48 所示。不通行地沟的宽度，根据两供热管道构件（如阀门、法兰盘等）的中心线间距离来决定。为减小不通行地沟的宽度，缩小供热管道中心线间的距离，可将相邻的管道构件错开安装。地沟可用砖或钢筋混凝土预制块砌筑。地沟的基础结构根据地下水及土质情况确定，

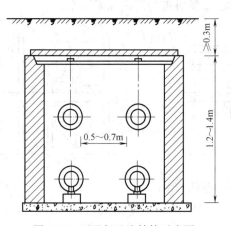

图 4-46 可通行地沟结构示意图

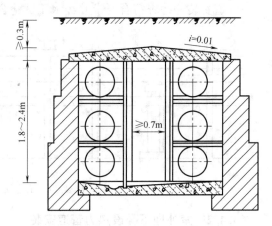

图 4-47 半通行地沟结构示意图

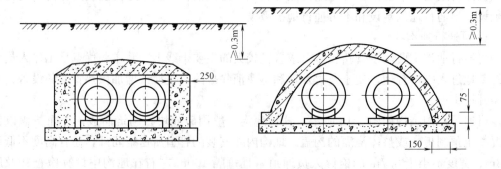

图 4-48 不通行地沟结构示意图

一般应修在地下水位以上。如地下水位较高，则应设有排水沟及排水设备，以专门排除地下水。因热力管道不怕冻，一般可把管道敷设在冰冻线以上。如地沟越浅，则其造价就越低。不通行地沟宽度不宜超过 1.5m，超过 1.5m 时宜采用双槽地沟。

上述无论哪种形式的地沟，其高度和宽度都应满足安装要求和使用。因此，地沟的断面尺寸，应符合表 4-6 的规定。

地沟敷设有关尺寸（m）   表 4-6

地沟类型	地沟净高	人行通道宽	管道保温表面与沟墙净距	管道保温表面与沟顶净距	管道保温表面与沟底净距	管道保温表面间净距
通行地沟	≥1.8	≥0.6*	≥0.2	≥0.2	≥0.2	≥0.2
半通行地沟	≥1.2	≥0.5	≥0.2	≥0.2	≥0.2	≥0.2
不通行地沟	—	—	≥0.1	≥0.05	≥0.15	≥0.2

* 指当必须在沟内更换钢管时，人行通道宽度还不应小于管子外径加 0.1m。

4. 直埋敷设

直埋敷设是将热力管道的外层保温层直接与土壤相接触，直埋敷设也称无地沟敷设。这种敷设方式一般用于地下水位较低的情况，且对保温材料有较高的要求。由于无沟直埋敷设不砌筑地沟，土方量和土建工程量减少，而且无沟直埋敷设可以采用预应力无补偿直埋敷设方式，在供热管道直管段可以不设置热补偿器和固定支架，使供热管道简化。因而，无地沟敷设管道的投资要比不可通行地沟管道便宜 20%～50%，故只要在地下水位及外加荷载允许的条件下，应优先考虑采用直埋敷设。

敷设分有补偿和无补偿两种形式。有补偿埋铺设需设置的固定支架、补偿器及检查井较地沟多些，经济效果不显著。无补偿直埋铺设时，则不需要设置补偿器，或仅设置少量的补偿器，检查井及固定点也相应减少了很多。目前，城市热电厂低温水集中供热管道，大多采用无补偿直埋铺设的方法。

为了防水和防腐蚀，保温材料应具有导热率小、吸水率低、电阻率高等特性，另外还要求保温材料有一定的机械强度。保温结构应连续无缝，形成整体。目前，国内在直埋管道保温结构中使用较多的保温材料有聚氨基甲酸酯硬质泡沫塑料、聚异氰脲酸酯硬质泡沫塑料、沥青珍珠岩等。

4.4.2.2 有地沟敷设管道的安装

1. 可通行和半通行地沟内管道安装

这两种地沟内的管道可以装设在地沟内一侧或两侧，管道支架一般都采用钢支架。安装支架，一般在土建浇筑地沟基础和砌筑沟墙前，根据支架的间距及管道的坡度，确定出支架的具体位置、标高，向土建施工人员提出预留安装支架孔洞的具体要求。若每只支架上安放的管子超过一根，则应按支架间最小间距来预埋或预留孔洞。

管道安装前，须检查支架的牢固性和标高。然后根据管道保温层表面与沟墙间的净距要求（见表 4-6），在支架上标出管道的中心线，就可将管道就位。若同一地沟内设置成多层管道，则最好将下层的管子安装、试压、保温完成后，再逐层向上面进行安装。

地沟内部管道的安装，通常也是先在地面上开好坡口、分段组装后再就位于管沟内各支架上。

2. 不通行地沟内管道安装

在不通行地沟内，管道只设成一层，且管道均安装在混凝土支墩上。支墩间距即为管道支架间距，其高度应根据支架高度和保温厚度，参照表 4-6 确定。支墩可在浇筑地沟基础时一并筑出，且其表面须预埋支撑钢板。要求供、回水管的支墩应错开布置。

因不通行地沟内的操作空间较狭小，故管道安装一般在地沟基础层打好后立即进行，待水压试验合格、防腐保温做完后，再砌筑墙和封顶。

4.4.2.3　直埋敷设管道安装

1. 沟槽开挖及沟基处理

沟槽的开挖形式及尺寸，是根据开挖处地形、土质、地下水位、管数及埋深确定的。沟槽的形式有直槽、梯形槽、混合槽和联合槽四种，如图 4-49 所示。

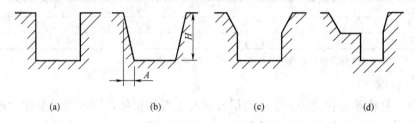

(a)　　　　　　(b)　　　　　　(c)　　　　　　(d)

图 4-49　沟槽断面形式

(a) 直槽；(b) 梯形槽；(c) 混合槽；(d) 联合槽

直埋热力管道多采用梯形沟槽。梯形槽的沟深不超过 5m，其边坡的大小与土质有关。施工时，可参考表 4-7 所列数据选取。沟槽开挖时应不破坏槽底处的原土层。

梯形槽边坡　　　　　　　　　　　　　　　　　　　　　　表 4-7

土的类别	边坡（$H:A$）	
	槽深<3m	槽深 3~5m
砂土	1：0.75	1：1.00
亚砂土	1：0.67	1：0.67
亚黏土	1：0.33	1：0.50
黏土	1：0.25	1：0.33
干黄土	1：0.20	1：0.25

因为管道直接坐落在土壤上，沟底管基的处理极为重要。原土层沟底，若土质坚实，可直接坐管，若土质较松软，应进行夯实。砾石沟底，应挖出 200mm，用好土回填并夯实。因雨或地下水位与沟底较近，使沟底原土层受到扰动时，一般应铺 100~200mm 厚碎石或卵石垫层，石上再铺 100~150mm 厚的砂子作为砂枕层。沟基处理时，应注意设计中对坡度、坡向的要求。

2. 热力管道下管施工

直埋热力管道保温层的做法有工厂预制法、现场浇灌法和沟槽填充法三种。

第一种做法，即保温管在工厂已预制好，然后运至施工现场下管施工。下管前，根据吊装设备的能力，预先把 2~4 根管子在地面上先组焊在一起，敞口处开好坡口，并在保温管外面包一层塑料保护膜；同时在沟内管道的接口处挖出操作坑，坑深为管底以下200mm，坑处沟壁距保温管外壁不小于 200mm。吊管时，不得以绳索直接接保温管外壳，应用宽度约 150mm 的编织带兜托管子。起吊时要慢，放管时要轻。此外，下管时还要考虑固定支墩的浇灌。

后两种做法都是先将管道组焊后吊装至沟槽内，并临时用支墩支撑牢，连接并经试压合格后，然后进行现场浇灌或沟槽填充。若采用现场浇灌法，则采用聚氨基甲酸酯硬质泡沫塑料或聚异氰脲酸酯硬质泡沫塑料等，一段段进行现场浇灌保温，然后按要求将保温层与沟底间孔隙填充砂层后，除去临时支撑，并将此处用同样的保温材料保温。若采用沟槽填充法，则将符合要求的保温材料，调成泥状直接填充至管道与沟周围的空隙间，且管顶的厚度应符合设计要求，最后是回填土处理，如图 4-50 所示。

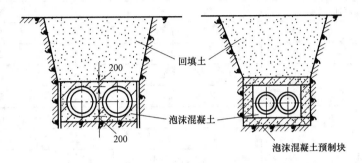

图 4-50　无地沟敷设管道

3. 管道连接、焊口检查及接口保温

管道就位后，即可进行焊接，然后按设计要求进行焊口检验，合格后可做接口保温工作。注意接口保温前，应先将接口需保温的地方用钢刷和砂布打磨干净，然后采用与保温管道相同的保温材料将接口处保温，且与保温管道的保温材料间不留缝隙。

如果设计要求必须做水压试验，可在接口保温之前，焊口检验之后进行试压，合格后再做接口保温。

4. 沟槽的回填

回填时，最好先铺 70mm 厚的粗砂枕层，然后用细土填至管顶以上 100mm 处，再用厚土回填，如图 4-51 所示。要求回填土中不得含有 30mm 以上的砖或石块，且不能用淤泥土和湿黏土回填。当填至管顶以上 0.5m 时，应夯实后再

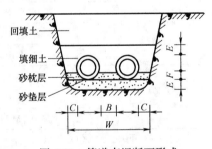

图 4-51　管道直埋断面形式

填，每回填 0.2～0.3m，夯击三遍，直到地面。回填后沟槽上的土面应略呈拱形，拱高一般取 150mm。

$$B \geqslant 20mm \quad C \geqslant 150mm$$
$$E = 100mm \quad F = 75mm$$

4.4.3　室外热力管道与其他设施之间的最小净距

1. 城市供热管网架空管道与建筑物、构筑物、交通道路或架空输电线路之间的最小净距，应符合表 4-8 的规定。

2. 直埋供热管道外壁或供热管网地沟外壁与其他设施之间的最小净距，应符合表 4-9 的规定。

地上敷设热力管道与建筑物（构筑物）或其他管线的最小净距　表 4-8

名称		最小水平净距(m)	最小垂直净距(m)
铁路钢轨		轨外侧 3.0	轨顶一般 5.5 电气铁路 6.55
电车钢轨		轨外侧 2.0	—
公路边缘		1.5	—
公路路面		—	4.5
架空输电线(水平净距:导线最大风偏时;垂直净距:热力网管道在下面交叉通过导线最大垂直度时)	<1kV	1.5	1.0
	1～10kV	2.0	2.0
	35～110kV	4.0	4.0
	220kV	5.0	5.0
	330kV	6.0	6.0
	500kV	6.5	6.5
树冠		0.5(到树中不小于 2.0)	—

注：净距小于本表规定时，应由设计明确规定并作相应处理。

直埋供热管道外壁或供热管网地沟外壁与其他设施之间的最小净距　表 4-9

其他设施名称		最小水平净距(m)	最小垂直净距(m)
给水、排水管道		1.5	0.15
排水盲沟		1.5	0.50
燃气管道 (钢管)	≤0.4MPa	1.0	0.15
	≤0.8MPa	1.5	
	>0.8MPa	2.0	
燃气管道 (聚乙烯管)	≤0.4MPa	1.0	燃气管在上 0.5 燃气管在下 1.0
	≤0.8MPa	1.5	
	>0.8MPa	2.0	
压缩空气或 CO_2 管道		1.0	0.15
乙炔、氧气管道		1.5	0.25
铁路钢轨		钢轨外侧 3.0	轨底 1.2
电车钢轨		钢轨外侧 2.0	轨底 1.0
铁路、公路路基边坡底脚或边沟的边缘		1.0	—
通信、照明或 10kV 以下电力线路的电杆		1.0	—
高压输电线铁塔基础边缘(35～220kV)		3.0	—
桥墩(高架桥、栈桥)		2.0	—
架空管道支架基础		1.5	—
地铁隧道结构		5.0	0.80
电气铁路接触网电杆基础		3.0	—
乔木、灌木		1.5	—

续表

其他设施名称		最小水平净距(m)	最小垂直净距(m)
建筑物基础		2.5($DN \leqslant 250mm$)	—
		3.0($DN \geqslant 300mm$)	—
电缆	通信电缆及管块	1.0	0.15
	电力及 控制电缆 ≤35kV	2.0	0.50
	≤110kV	2.0	1.00

注：直埋热水管道与电缆平行敷设时，电缆处的土壤温度与月平均土壤自然温度比较，全年任何时候，对于
10kV 的电缆不高出 10℃，对 35～110kV 的电缆不高出 5℃时，可减少表中所列净距。

4.5 室外热力管道的检查井与检查平台

对于半通行地沟、不通行地沟及无沟敷设的管线，在管道上设有阀门、排水与放气设备或套筒式补偿器等需要工作人员经常维护管理的设备及管道构件处，应设检查井（或称小室），对架空敷设的管道则设检查平台。

4.5.1 检查井设置

检查井的结构尺寸，根据其中的管道数量，管道直径及管道构件尺寸，并考虑工作人员的维修方便来决定。地下检查井的净空高度不小于 1.8m，人行道宽度不小于 0.6m，干管保温结构表面与检查井地面距离不小于 0.6m，检查井人孔直径不小于 0.7m，人孔数一般设两个，对角布置。当检查井面积小于 4m² 时，可设一个人孔。检查井要设置扶梯，以便工作人员出入，检查井内设一集水坑，其尺寸不小于 0.4m×0.4m×0.5m，检查井地面低于供热管道地沟底不小于 0.3m，如图 4-52 所示。

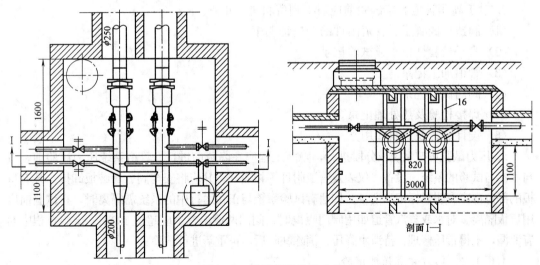

图 4-52 供热管道的检查井

4.5.2 检查平台设置

架空敷设的供热管道，在装有阀门，疏水器，排水放气装置的地方设置检查平台。检查平台的尺寸应保证维修人员操作方便。检查平台周围应设防护栏杆及上下扶梯。

4.6 热力管道试压、清洗及试运行

室外管道同室内管道一样,当管道系统安装完毕后,根据施工程序及规范的要求,应进行管道系统的试验、清洗等工作,以备工程验收。

4.6.1 热力管道试压

管道的试压就是对管道系统进行压力试验,压力试验按其试验目的,可分为检查管道及其附件的机械性能的强度试验和检查其连接状况的严密性试验,以检查系统选用管材和附件的承压能力以及系统连接部位的严密性。

4.6.1.1 试压前的准备

管道系统强度试验与严密性试验,一般采用水压进行。如因设计结构或气温较低等原因进行水压强度试验确实有困难时,或工艺要求必须用气体试验时,也可采用气压试验代替,但必须采取有效的安全措施,并报请主管部门批准方可进行。

1. 管道系统试验前应具备下列条件:

(1) 试压系统管道已安装完毕,并符合设计要求和有关规范的规定。

(2) 支、吊架安装完毕。

(3) 焊接和热处理工作结束,并经检验合格。焊缝及其他应检查的部位,未涂漆和保温。

(4) 埋地管道的坐标、标高、坡度及管基、垫层等经复查合格。试验用的临时加固措施经检查确认安全可靠。

(5) 试验用压力表已经过检验合格,精度不低于 1.5 级,表盘刻度值为最大试验压力的 1.5~2 倍,压力表数不少于 2 块。

(6) 试验方案已经上报,并经主管部门批准。

2. 对于高压管道系统试验前应对下列资料进行审查。

(1) 制造厂的管子、管道附件的合格证明书。

(2) 管子校验性检查或试验记录。

(3) 管道加工记录。

(4) 阀门试验记录。

(5) 焊接检验及热处理记录。

(6) 设计修改及材料代用文。

3. 压力试验可按系统或分段进行,隐蔽工程应在隐蔽前进行。管道系统压力试验前,应与不参与试验的系统、设备、仪表及管道附件等相隔开,并应将安全阀、爆破板卸掉。凡有盲板的部位都应有明显标记和记录。如遇有试验系统与正在运行中的系统需隔离时,在试验前应用盲板隔离。对水或蒸汽管道如用阀门隔离时,阀门两侧温差不应超过 100℃。试验过程中遇有泄漏,不得带压修理,待泄水降压,消除缺陷后,再重新进行试验。

4.6.1.2 热力管道强度试验

强度试验是在管路附件及设备安装前对管道进行的试验,管道系统的试验压力,应以设计要求为准,如设计无明确要求时,试验压力为工作压力的 1.5 倍,但不得小于 0.6MPa。对位差较大的管道系统,应考虑试压介质的静压影响,液体管道以最高点的压力为准,如对于架空敷设热力管道的试压,其加压泵及压力表如在地面上,则其试验压力应加上管道标高至压力表的水静压力。但最低点的压力不得超过管道附件及阀门的承压能力。

管道系统充满水并无漏水现象后，用加压泵缓慢加压，当压力表指针开始动作时，应停下来对管道进行检查，发现泄漏及时处理，当升压到一定数值时，再次停压检查，无问题时再继续加压。一般分 2～3 次升至试验压力，停止升压并迅速关闭进水阀，观察压力表，如压力表指针跳动，说明排气不良，应打开放气阀再次排气并加压至试验压力，然后记录时间进行检查，在规定时间内管道系统无破坏，压力降不超过规定值时，则强度试验为合格。

系统的试压是在试验压力下停压时间一般为 10min，压力降不超过 0.05MPa，且经检查无渗漏为合格。如压降大于允许值，说明试压管段有破裂及严重漏水处，应找到泄漏处，修复后重新试压。

4.6.1.3 热力管道严密性试验

严密性试验压力一般均为工作压力，严密性试验一般伴随强度试验进行，强度试验合格后将水压降至工作压力，稳压下进行严密性检查，用重量不大于 1.5kg 的手锤敲打距焊缝 150mm 处，检查各节点或检查井各接口焊缝是否严密，如不漏水则认为合格。

由于热力管道的直径较大，距离较长，一般试验时都是分段进行的。如两节点或两检查井之间的管段为一试压段，这样便于使整个管网实行流水作业。即一段水压试验合格后就可进行刷油、保温、盖盖板、回填土、场地平整等工作，仅把节点、检查井的管子接口留出即可。分段试压的另一优点是可及时发现问题及时解决，不致影响工程进度。因一般室外地下工程都是夏季施工，雨天较多，分段试压，可及时完成有关工序，不因雨天而延误整个工期。

当室外温度在 0℃ 以下进行试压时，应先把水加到 40～50℃，然后灌入管道内试压，且其管段最长不宜超过 200m。试压后应立刻将水排出，并检查有无存水地方，以免把管子冻裂。

管网上用的预制三通、弯头等零件，在加工厂用 2 倍的工作压力试验，闸阀在安装前用 1.5 倍工作压力试验。

4.6.1.4 水压试验时应注意的技术问题

1. 水压试验时，环境温度不应低于 5℃，如低于 5℃，则应采取御寒保温措施，且在水压试验结束后，立即将管道中的水放掉。

2. 水压试验用水应是洁净的。

3. 当试压管道与运行管道之间的温差大于 100℃ 时应采取相应的技术措施，确保试压管道与运行管道的安全。

4. 对高差较大的管道，应将试验介质的静压力计入试验压力中。热水管道的试验压力应为系统最高点的压力，但最低点的压力不得超过管道及设备的承受压力。

5. 试验过程中，如发现有异常或渗漏，则应泄压修复，严禁带压修理，缺陷消除后，重新进行试验。

6. 试验结束时，应及时拆除试验用临时设施和采取加固措施，排尽管内集水。排水时不得随地排放，应防止形成负压。

4.6.2　热力管道清洗

热力管道的清洗应在试压合格后，用水或蒸汽进行。

4.6.2.1　清洗前的准备工作

1. 减压器、疏水器、流量计和流量孔板（或喷嘴）、滤网、调节阀芯、止回阀芯及温度计的插入管等应已拆下并妥善存放，待清洗结束后方可复装。

2. 不与管道同时清洗的设备、容器及仪表管等应隔开或拆除。

3. 支架的承载力应能承受清洗时的冲击力，必要时应经设计核算。

4. 水力冲洗进水管的截面积不得小于被冲洗管截面积的 50%，排水管截面积不得小于进水管截面积。

5. 蒸汽吹洗排气管的管径应按设计计算确定。吹洗口及冲洗箱应已按设计要求加固。

6. 设备和容器应有单独的排水口。

7. 清洗使用的其他装置已安装完成，并应经检查合格。

4.6.2.2　热水管网水力清洗

1. 冲洗应按主干线、支干线、支线分别进行。二级管网应单独进行冲洗。冲洗前先应充满水并浸泡管道。冲洗水流方向应与设计的介质流向一致。

2. 清洗过程中管道中的脏物不得进入设备，已冲洗合格的管道不得被污染。

3. 冲洗应连续进行，冲洗时的管内平均流速不应小于 1m/s，排水时，管内不得形成负压。

4. 冲洗水量不能满足要求时，宜采用密闭循环的水力冲洗方式。循环水冲洗时管道内流速应达到或接近管道正常运行时的流速。在循环冲洗后的水质不合格时，应更换循环水继续进行冲洗，并达到合格。

5. 水力冲洗应以排水水样中固形物的含量接近或等于冲洗用水中固形物的含量为合格。

6. 水力清洗结束后应打开排水阀门排污，合格后应对排污管、除污器等装置进行人工清洗。

7. 排放的污水不得随意排放，不得污染环境。

4.6.2.3　蒸汽管网蒸汽吹洗

输送蒸汽的管道宜用蒸汽吹洗。蒸汽吹洗时必须划定安全区，并设置标志。在整个吹洗作业过程中，应有专人值守。

蒸汽吹洗按下列要求进行：

1. 吹洗前应缓慢升温进行暖管，暖管速度不宜过快，并应及时疏水。检查管道热伸长、补偿器、管路附件及设备等工作情况，恒温 1h 后再进行吹洗。

2. 吹洗使用的蒸汽压力和流量应按设计计算确定。吹洗压力不应大于管道工作压力的 75%。

3. 吹洗次数应为 2～3 次，每次的间隔时间宜为 20～30min。

4. 蒸汽吹洗应以出口蒸汽无污物为合格。

清洗合格的管网应按技术要求恢复拆下来的设施及部件，并应填写供热管网清洗记录。

4.6.3 热力管道试运行

热力管道试运行应在供热管网工程的各单项工程全部竣工并经验收合格，管网总试压合格，管网清洗合格，热源工程已具备热运行条件后进行。试运行前，应制定试运行方案，对试运行各个阶段的任务、方法、步骤、各方面的协调配合以及应急措施等均应作细致安排。在初寒期和严寒期进行试运行，尚应拟定可靠的防冻措施。

4.6.3.1 热水管网试运行

热水管网试运行前，应先对供热站及中继泵站的水泵进行试运转。水泵试运转合格后，可进行热水管网的热运行。

1. 供热管线工程应与热力站工程联合进行试运行。

2. 试运行应有完善可靠的通信系统及安全保障措施。

3. 试运行应在设计的参数下运行。试运行的时间应在达到试运行的参数条件下连续运行72h。试运行应缓慢升温，升温速度不得大于 10℃/h，在低温试运行期间，应对管道、设备进行全面检查，支架的工作状况应做重点检查。在低温试运行正常以后，方可缓慢升温至试运行温度下运行。

4. 在试运行期间管道法兰、阀门、补偿器及仪表等处的螺栓应进行热拧紧。热拧紧时的运行压力应降低至 0.3MPa 以下。

5. 试运行期间应观察管道、设备的工作状态，并应运行正常。试运行应完成各项检查，并应做好试运行记录。

6. 试运行期间出现不影响整体试运行安全的问题，可待试运行结束后处理，当出现需要立即解决的问题时，应先停止试运行，然后进行处理。问题处理完后，应重新进行72h 试运行。

7. 试运行完成后应对运行资料、记录等进行整理，并应存档。

4.6.3.2 蒸汽管网试运行

1. 暖管时开启阀门的动作应缓慢，开启量逐渐加大。对于有旁通管的阀门，可先利用旁通管阀门进行暖管。暖管后的恒温时间应不小于 1h。在此期间应观察蒸汽管道的固定支架、滑动支架和补偿器等设备的工作是否正常，疏水器有无堵塞或疏水不畅的现象，发生问题应及时处理，需要停汽处理的，应停汽进行处理。

2. 在暖管合格后，略开大汽门缓慢提高蒸汽管的压力，待管道内蒸汽压力和温度达到设计规定的参数后，对管道、支架及凝结水疏水系统进行全面检查。

3. 在确认管网的各部位均符合要求后，对用户的用汽系统进行暖管和各部位的检查，确认热用户用汽系统和各部位均符合要求后，再缓慢地提高供汽压力并进行适当的调整，供汽参数达到设计要求后即可转入正常的供汽运行。

供热管网试运行合格后，应填写供热管网试运行记录。

4.6.3.3 热力站试运行

热力站试运行前应符合下列规定：

1. 供热管网与热用户系统应已具备试运行条件。

2. 热力站内所有系统和设备应已验收合格。

3. 热力站内的管道和设备的水压试验及冲洗应已合格。

4. 软化水系统经调试应已合格后，并向补给水箱中注入软化水。

5. 水泵试运转应已合格，并应符合下列规定：

（1）各紧固连接部位不应松动。

（2）润滑油的质量、数量应符合设备技术文件的规定。

（3）安全、保护装置应灵敏、可靠。

（4）盘车应灵活、正常。

（5）起动前，泵的进口阀门应完全开启，出口阀门应完全关闭。

（6）水泵在启动前应与管网连通，水泵应充满水并排净空气。

（7）水泵应在水泵出口阀门关闭的状态下起动，水泵出口阀门前压力表显示的压力应符合水泵的最高扬程，水泵和电机应无异常情况。

（8）逐渐开启水泵出口阀门，流入水泵的扬程与设计选定的扬程应接近或相同，水泵和电机应无异常情况。

（9）水泵振动应符合设备技术文件的规定，设备文件未规定时，可采用手提式振动仪测量泵的径向振幅（双向），其值不应大于表 4-10 的规定。

泵的径向振幅（双向）　　　　　　　　　　　　　　　　　表 4-10

转速(r/min)	600~750	750~1000	1000~1500	1500~3000
振幅(mm)	0.12	0.10	0.08	0.06

（10）应组织做好用户试运行准备工作。

（11）当换热器为板式换热器时，两侧应同步逐渐升压直至工作压力。

热水管网和热力站试运行应符合下列规定：

1. 试运行前应确认关闭全部泄水阀门。

2. 排气充水，水满后应关闭放气阀门。

3. 全线水满后应再次逐个进行放气并确认管内无气体后，关闭放气阀。

4. 试运行开始后，每隔 1h 应对补偿器及其他设备和管路附件等进行检查，并应按本规范规定进行记录。

本 章 小 结

本章重点讲述了室外供热管道的安装，不仅阐述了室外供热管道安装的一些要求，介绍了管道安装中支吊架、补偿器的安装，同时也介绍了室外管道的敷设方式以及室外管网的试压、清洗、试运行。本章主要内容包括：

（1）支吊架的安装。支吊架分为活动支架和固定支架两种。活动支架的结构形式有：滑动支架、滚动支架、悬吊支架及导向支架四种，常用的固定支架有夹环式固定支架、焊接角钢固定支架、焊槽钢固定支架和挡板式固定支架。支架的安装方法有：栽埋式支架安装、焊接式支架安装、膨胀螺栓法安装支架、抱箍法支架安装、射钉法安装支架。同时为使运行时的热力管道受热膨胀后，其活动支架中心正好落在管架中心上，一般滚动支架及滑动支架安装时均应偏心安装。

（2）补偿器安装。管道补偿器分为自然补偿器和专用补偿器两大类。自然补偿器是利用管路的几何形状所具有的弹性来补偿热膨胀，其形式有 L 形和 Z 形两种。专用补偿器是专门设置在管路上补偿热变形的装置，有方形补偿器、填料套筒式补偿器、波形补偿器和球形补偿器等多种。

（3）室外供热管网的安装。室外热力管道的敷设，通常采用地上敷设和地下敷设两种，其安装也分为地上敷设安装和地下敷设安装两种。供热管道的地上敷设是将供热管道敷设在地面上独立的或带有桁架梁的支架上的一种敷设方式，也称为架空敷设。供热管道的地下敷设，分为有地沟敷设和直埋敷设两种。其中有地沟敷设，又分为可通行地沟敷设、半通行地沟敷设和不可通行地沟敷设。供热管道的地下敷设，分为有地沟敷设和直埋敷设两种。其中有地沟敷设，又分为可通行地沟敷设、半通行地沟敷设和不可通行地沟敷设。

（4）室外热力管网试运行。管道的试压就是对管道系统进行压力试验，压力试验按其试验目的，可分为检查管道及其附件的机械性能的强度试验和检查其连接状况的严密性试验，以检查系统选用管材和附件的承压能力以及系统连接部位的严密性。热力管道的清洗应在试压合格后，用水或蒸汽进行。管道经过试压、冲洗后才可对管网试运行。

关键词（Keywords）：室外供热管网（Outdoor Heating Network），支吊架（Hangers），补偿器（Compensator），架空敷设（Overhead Laying），地下敷设（Underground Laying），系统试运行（System Commissioning）。

安装示例介绍

EX4.2　室外热力管道直埋施工安装示例　　**EX4.3　室外热力管道热补偿装置施工安装示例**

思考题与习题

1. 相比于室内供暖管道，室外热力管网有什么特点？
2. 供热管道在安装中需要注意什么？
3. 支架的安装方式有哪些，分别如何安装？
4. 简述活动支架的作用，并列举各类型活动支架。
5. 简述固定支架的作用，并列举几个常见的类型。
6. 支架的安装方式有哪些，分别如何安装？
7. 补偿器有哪些类型，分别适用于什么场所？
8. 简述方形补偿器的安装步骤。
9. 请简述三类室外架空管道敷设分别适用于什么场合？
10. 架空敷设有几种敷设方式，分别适用于什么场所？
11. 什么是"冷拉"，它的作用是什么？
12. 请简述直埋敷设管道安装的步骤。
13. 地下敷设管道安装的特点是什么？
14. 供热管道水压试验有何规定？
15. 请简述热力管道强度试验的步骤。
16. 请简述热力管网清洗的合格标准。
17. 请简述蒸汽吹洗的步骤。
18. 城镇供热管网工程施工时，蒸汽管网工程的试运行有哪些要求。

本章参考文献

[1]　北京市煤气热力工程设计院有限公司. 城镇供热管网设计规范 CJJ 34—2010 [S]. 北京：中国建筑工业出版社，2010.

[2]　城市建设研究院，北京市煤气热力工程设计院有限公司. 城镇供热直埋热水管道技术规程 CJJ/T 81—2013 [S]. 北京：中国建筑工业出版社，2013.

[3]　北京市热力集团有限公司. 城镇供热管网工程施工及验收规范 CJJ 28—2014 [S]. 北京：中国建筑工业出版社，2014.

[4]　王智伟，刘艳峰. 建筑设备施工与预算 [M]. 北京：科学出版社，2002.

[5]　丁云飞. 建筑设备工程施工技术与管理 [M]. 北京：中国建筑工业出版社，2013.

[6]　张金和. 建筑设备安装技术 [M]. 北京：中国电力出版社，2013.

[7]　胡忆沩. 管道安装技术 [M]. 北京：化学工业出版社，2007.

[8]　王希杰. 实用供热外管网土建设计手册 [M]. 北京：中国建筑工业出版社，2005.

[9]　中国安装协会管道分会. 管道工程施工质量图解手册 [M]. 北京：中国建筑工业出版社，2017.

[10]　葛春辉. 顶管工程设计与施工 [M]. 北京：中国建筑工业出版社，2012.

[11]　张金和. 水暖通风与空调安装工程中常见错误及预防措施 [M]. 北京：中国电力出版社，2004.

[12]　李士琦，闫玉珍. 建筑给水排水与供暖工程施工技术及质量控制 [M]. 北京：中国建筑工业出版社，2014.

第5章　通风空调系统安装技术

• 基本内容

通风空调系统安装术语、内容及要求，常用材料与风管，金属风管及配件加工工艺，金属风管及配件展开图绘制，非金属风管及配件加工制作，通风空调系统风管和部件安装，通风空调系统设备安装，通风空调系统试运转及调试。

• 学习目标

知识目标：了解通风空调系统安装术语，通风空调系统常用材料及风管。掌握风管及配件加工制作工艺，风管及配件展开图绘制，通风空调系统设备安装技术特点。熟悉通风空调系统试运转及调试。

能力目标：通过对通风空调系统安装的图片示例的学习以及相关知识解读的学习，着重培养学生对通风空调系统安装工艺及通风空调系统调试的感性认识，以及其相关知识的认知能力。

• 学习重点与难点

重点：风管配件展开图绘制；通风空调系统设备安装工艺流程。
难点：风管配件展开图绘制；通风空调系统运行调试。

• 知识脉络框图

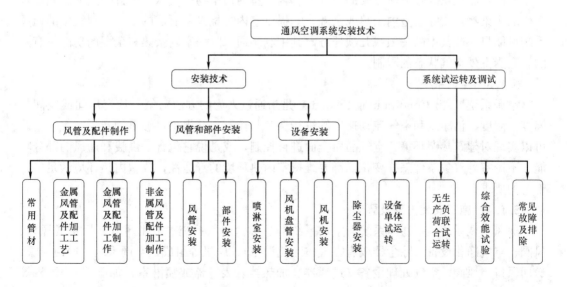

5.1　通风空调系统安装概述

5.1.1　术语

在通风空调系统施工安装中涉及的常用几个术语有：

通风工程（Ventilation Works）——送风、排风、防排烟、除尘和气力输送系统工程的总称。

空调工程（Air Conditioning Works）——舒适性空调、恒温恒湿空调和洁净室空气净化及空气调节系统的总称。

风管（Duct）——采用金属、非金属薄板或其他材料制作而成，用于空气流通的管道。其制作尺寸，矩形风管以外边长为准；圆形风管以外径为准。

风道（Air Channel）——采用混凝土、砖等建筑材料砌筑而成，用于空气流通的通道。风道尺寸均以内径或内边长为准。

通风管道（Ventilating Duct）——风管与风道的总称。

风管配件（Duct Fittings）——指风管系统中的弯管、三通、四通、异径管、导流叶片和法兰等构件。

风管部件（Duct Aaccessory）——风管系统中各类风口、阀门、风罩、风帽、消声器、空气过滤器、检视门和测定孔等功能件。

金属附件（Metal Accessory）——指连接件和固定件（如螺栓、铆钉等）。

5.1.2　通风系统

通风系统（Ventilation System）是指用自然或机械的方法向某一特定的房间或空间送入室外空气，和由某一特定的房间或空间排出空气的过程，送入的空气是可以经过处理的，也可以是不经过处理的。使室内空气污染物浓度符合卫生标准，满足生产工艺和人员生活的要求。换句话说，通风是利用室外新风来置换室内空气以改善室内品质。通风的功能主要有：①提供人呼吸所需要的氧气，②稀释室内污染物或气味，③排除室内工艺过程产生的污染物，④除去室内余热或余湿，⑤提供室内燃烧设备所需的空气。建筑中的通风系统可能只完成其中的一项或几项任务。其中利用通风除去室内余热和余湿的功能是有限的，它受室外空气状态的限制。

5.1.3　空调系统

空调系统（Air Conditioning System）是指通过人为的方法对某一特定房间或空间的温度、湿度、洁净度和空气流动速度等进行调节与控制，并提供足够量的新鲜空气。空调可以实现对建筑热湿环境、空气品质全面进行控制，或是说它包含了供暖和通风的部分功能。不论室外气象条件怎样变化，都要维持室内热环境的舒适性，或室内热环境满足生产工艺的要求。

5.1.4　施工安装内容及要求

通风空调系统是指通风系统与空调系统的总称。通风系统一般由风管、风罩或风口、风阀、空气净化设备（除尘器或有害气体净化设备）、风机等组成，空调系统一般由风管、送回风口、风阀、空气处理设备（过滤器、加热器、表冷器或喷淋室、加湿器）、风机等组成。两个系统相比较，除了某些通风设备如空气净化设备与某些空调设备如空气处理设备的功能不同外，其系统的基本组成是相同的。因此，通风与空调系统在施工安装方面的基本内容是相同的。它们包括：通风空调系统的风管（包括配件）及部件的制作与安装，通风空调设备的制作与安装，通风空调系统试运转及调试。其中通风空调系统的部件及通风空调设备的制作，随着施工安装技术的迅猛发展，现已大多实现工厂的商品化生产，因而该方面的内容本章不再叙述。

通风、空调工程施工安装质量要求：

1. 所使用的主要材料、设备、成品、和半成品都应有出厂证明书或质量检验合格的鉴定文件。

2. 符合批准的设计图纸、设计文件以及现行的《通风与空调工程施工质量验收规范》GB 50243—2016 所规定的条文。

3. 外形整齐美观，系统安装稳固，调节装置灵便。

4. 试运转正常，各项设计参数测定符合要求。

5.2 常用材料及风管

5.2.1 常用材料

通风空调工程所用材料一般分为主材和辅材两类。主材主要指板材和型钢，辅助材料指常用紧固件、塑料等。型钢、常用紧固件见第 1 章。

1. 板材

通风管道常用的板材有：普通钢板、镀锌钢板、不锈钢板、钢塑复合钢板、铝板等。

（1）普通薄钢板与镀锌薄钢板

普通薄钢板因其表面容易生锈，应刷油漆进行防腐。它多用于制作排气、除尘系统的风管及部件。镀锌薄钢板表面有镀锌层保护，一般不需再刷漆。其常用于制作不含酸、碱气体的通风系统和空调系统的风管及部件。薄钢板选用时，要求表面平整、光滑，厚薄均匀，允许有紧密的氧化铁薄膜，但不得有裂纹、结疤等缺陷。

（2）不锈钢板

不锈钢板表面光洁，耐酸、碱气体、溶液及其他介质的腐蚀。所以，不锈钢板制成的风管及部件常用于化工、食品、医药、电子、仪表等工业通风系统和有较高净化要求的送风系统。印刷行业为排除含有水蒸气的排风系统也使用不锈钢板来加工风管。

不锈钢板是一种不容易生锈的合金钢，但不是绝对不生锈。在堆放和加工时，应不使表面划伤或擦毛，避免与碳素钢长期接触而发生电化学反应，从而保护其表面形成的钝化膜不受破坏。

（3）铝板

铝板有钝铝和合金铝两种，用于通风空调工程的铝板以纯铝为多。铝板质轻、表面光洁，具有良好的可塑料性，对浓硝酸、醋酸、稀硫酸有一定的抗腐蚀能力，同时在摩擦时不会产生火花，常用于化工工程通风系统和防爆通风系统的风管及部件。

铝板不能与其他金属长期接触，否则将对铝板产生电化学腐蚀。所以铝板铆接加工时不能用碳素钢铆钉代替铝铆钉，铝板风管用角钢作法兰时，必须作防腐绝缘处理如镀锌或喷漆。铝板风管的价格一般高出镀锌钢板风管 1 倍左右，因而比不锈钢风管用得普遍。

（4）硬聚氯乙烯塑料板

硬聚氯乙烯塑料板是由聚氯乙烯树脂掺入稳定剂和少量增塑剂加热制成的。它具有良好的耐腐蚀性，对各种酸碱类的作用均很稳定，但对强氧化剂如浓硝酸、发烟硫酸和芳香族碳氢化合物以及氯化碳氢化合物是不稳定的。同时，它还具有一定强度和弹性，线膨胀系数小，导热系数也不大 [$\lambda = 0.15\text{W}/(\text{m} \cdot ℃)$]，又便于加工成型等优点，所以用它制作的风管及加工的风机，常用于输送温度在 $-10 \sim 60℃$ 含有腐蚀性气体的通风系统中。

硬聚氯乙烯板的表面应平整，不得含有气泡、裂纹；板材的厚薄应均匀，无离层等现象。

2. 玻璃钢

玻璃钢是以玻璃纤维（玻璃布）为增强材料、以耐腐蚀合成树脂为粘接剂复合而成。玻璃钢制品如玻璃钢风管及部件等，具有重量轻、强度高、耐腐蚀、抗老化、耐火性，但刚度差等特点。广泛用于纺织、印染、化工、冶金等行业中排除带有腐蚀性气体的通风系统中。

玻璃钢风管及部件，其表面不得扭曲，内表面应平整光滑，外表面应整齐美观，厚薄均匀，并不得有气泡、分层现象。

3. 垫料

在通风空调系统中，风管间、风管与配件间、风管与部件间等常用法兰连接，为保证接口处的严密性，两法兰接口间需加垫料。常用的垫料有橡胶板、石棉橡胶板、石棉绳、软聚氯乙烯板等。垫料的厚度为 $3 \sim 5\text{mm}$。垫料的材质若设计无要求时，可按下列规定选用：

（1）输送空气温度低于 $70℃$ 的风管，使用橡胶板或闭孔海绵橡胶板等。

（2）输送空气或烟气温度高于 $70℃$ 的风管，使用石棉或石棉橡胶板等。

（3）输送含有腐蚀性介质气体（酸性或碱性气体）的风管，使用耐酸橡胶板或软聚氯乙烯板等。

（4）输送产生凝结水或含有蒸汽的潮湿空气的风管，应用橡胶板或闭孔海绵橡胶板。

（5）除尘系统的风管，应使用橡胶板。

（6）净化系统的风管，应选用不漏气、不产尘、弹性好及具有一定强度的材料，如软质橡胶板或闭孔海绵橡胶板，垫料厚度不得小于 5mm。严禁使用厚纸板、石棉绳等易产生尘粒的材料。

5.2.2 风管

1. 风管的分类

通风空调系统的风管，按风管的材质可分为金属风管和非金属风管。金属风管包括钢板风管（普通薄钢板风管、镀锌薄钢板风管）、不锈钢板风管、铝板风管、塑料复合钢板风管等。非金属风管包括硬聚氯乙烯板风管、玻璃钢风管、炉渣石膏板风管等。此外还有由土建部门施工的砖、混凝土风道等。

2. 风管及配件厚度选用

（1）金属风管及配件厚度

钢板风管、不锈钢风管、铝板风管的板材厚度选用见表 5-1、表 5-2、表 5-3。

钢板风管板材厚度　　　　　　表 5-1

风管直径或长边尺寸 b	板材厚度（mm）				
	微压、低压系统风管	中压系统风管		高压系统风管	除尘系统风管
		圆形	矩形		
$b \leqslant 320$	0.5	0.5	0.5	0.75	2.0
$320 < b \leqslant 450$	0.5	0.6	0.6	0.75	2.0
$450 < b \leqslant 630$	0.6	0.75	0.75	1.0	3.0
$630 < b \leqslant 1000$	0.75	0.75	0.75	1.0	4.0
$1000 < b \leqslant 1500$	1.0	1.0	1.0	1.2	5.0
$1500 < b \leqslant 2000$	1.0	1.2	1.2	1.5	按设计要求
$2000 < b \leqslant 4000$	1.2	按设计要求	1.2	按设计要求	按设计要求

注：1. 螺旋风管的钢板厚度可按圆形风管减少 10%～15%。
　　2. 排烟系统风管钢板厚度可按高压系统。
　　3. 不适用于地下人防与防火隔墙的预埋管。

不锈钢风管板材厚度（mm）　　　　　　表 5-2

风管直径或长边尺寸 b	微压、低压、中压	高压
$b \leqslant 450$	0.5	0.75
$450 < b \leqslant 1120$	0.75	1.0
$1120 < b \leqslant 2000$	1.0	1.2
$2000 < b \leqslant 4000$	1.2	按设计要求

铝板风管板材厚度（mm）　　　　　　表 5-3

风管直径或长边尺寸 b	微压、低压、中压
$b \leqslant 320$	1.0
$320 < b \leqslant 630$	1.5
$630 < b \leqslant 2000$	2.0
$2000 < b \leqslant 4000$	按设计要求

（2）非金属风管及配件壁厚

硬聚氯乙烯板风管（圆形或矩形风管）壁厚见表 5-4 或表 5-5，玻璃钢风管壁厚见表 5-6。

硬聚氯乙烯圆形风管板材厚度（mm）　　　　　　表 5-4

风管直径 D	板材厚度	
	微压、低压	中压
$D \leqslant 320$	3.0	4.0
$320 < D \leqslant 800$	4.0	6.0
$800 < D \leqslant 1200$	5.0	8.0
$1200 < D \leqslant 2000$	6.0	10.0
$D > 2000$	按设计要求	

硬聚氯乙烯矩形风管板材厚度（mm）　　　　　　　表 5-5

风管长边尺寸 b	板材厚度	
	微压、低压	中压
b≤320	3.0	4.0
320＜b≤500	4.0	5.0
500＜b≤800	5.0	6.0
800＜b≤1250	6.0	8.0
1250＜b≤2000	8.0	10.0

玻璃钢风管板材厚度（mm）　　　　　　　表 5-6

风管直径 D 或矩形长边尺寸 b	壁厚
D(b)≤200	2.5
200＜D(b)≤400	3.2
400＜D(b)≤630	4.0
630＜D(b)≤1000	4.8
1000＜D(b)≤2000	6.2

5.3　金属风管及配件加工工艺

金属风管及配件的加工工艺基本上可分为划线、剪切、折方和卷圆、连接（咬口、铆接、焊接）、法兰制作等工序。

5.3.1　划线

按风管规格尺寸及图纸要求把风管的外表面展开成平面，在平板上依据实际尺寸画出展开图，这个过程称为展开画线，俗称放样。划线的正确与否直接关系到风管尺寸大小和制作质量，所以要求：划线方法正确；划线时角直、线平、等分准确；剪切线、倒角线、折方线、翻边线、留孔线、咬口线要画齐画全；要合理安排用料节约板材，经常校验尺寸，确保下料尺寸准确。

(a)　　　　　　(b)

图 5-1　手剪

(a) 直线剪；(b) 弯剪

5.3.2　剪切

板材的剪切就是将板材按划线形状进行裁剪的过程。剪切可根据施工条件用手工剪切或机械剪切。

1. 手工剪切，最常用的工具为手剪。手剪分为直线剪［图 5-1（a）］和弯剪［图 5-1（b）］两种。直线剪适用于剪切直线和曲线外圆。弯剪适用于剪切曲线的内圆。手剪的剪切板材厚度一般不超过 1.2mm。

2. 机械剪切，常用的剪切机械有：龙门剪板机（见图 5-2）、双轮直线剪板机（见图 5-3）、振动式曲线剪板机（见图 5-4）、联合冲剪机（见图 5-5）等。龙门剪板机适用于剪切板材的直线割口。选择龙门剪板机时，应选用能够剪切长度为 2000mm、厚度为 4mm 的较为适宜。双轮直线剪板机适用于剪切厚度不大于 2mm 的直线和曲率不大的曲线板材。振动式曲线剪板适用厚度不大于 2mm 板材的曲线剪切。可不必预先錾出小孔，就能直接在板材中间剪出内孔。曲线剪板机也能剪切直线，但效率较低。联合冲剪机既能冲孔，又能剪切。它可切断角钢、槽钢、圆钢及钢板等，也可冲孔、开三角凹槽等，适用的范围比较广泛。

板材剪切的要求：必须按划线形状进行裁剪，留足接口的余量（如咬口、翻边余量），做到切口整齐，直线平直，曲线圆滑，倒角准确。

图 5-2　龙门剪板机

图 5-3　双轮直线剪板机

图 5-4　振动式曲线剪板机

图 5-5　联合冲剪机

5.3.3　折方和卷圆

折方用于矩形风管的直角成型。手工折方时，先将厚度小于 1.0mm 的钢板放在工作台上，使划好的折方曲线与槽钢边对齐，将板材打成直角，然后用硬木方尺进行修整，打出棱角，使表面平整。机械折方时，则可使用如图 5-6 所示的手动扳边折方机进行压制折方。

卷圆用于制作圆形风管时的板材卷圆。手工卷圆一般只能卷厚度在 1.0mm 以内的钢板。机械卷圆则使用卷圆机进行。如图 5-7 所示的卷圆机适用于 2.0mm 以内、板宽为 2000mm 以内的板材卷圆。

5.3.4　连接

金属板材连接有三种方式：咬口连接、铆钉连接、焊接。其中金属风管常用连接方式的咬接或焊接选用参见表 5-7。

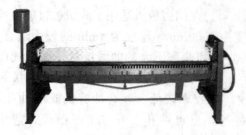

图 5-6　手动扳边折方机

图 5-7　卷圆机

金属风管的咬接或焊接选用参考表　　　　　　　　　　表 5-7

板厚（mm）	镀锌钢板（有保护层的钢板）	普通钢板	不锈钢板	铝板
$\delta \leqslant 1.0$	咬口连接	咬口连接	咬口连接	咬口连接
$1.0 < \delta \leqslant 1.2$				
$1.2 < \delta \leqslant 1.5$	咬口连接或铆接	电焊	氩弧焊或电焊	铆接
$\delta > 1.5$	焊接			气焊或氩弧焊

1. 咬口连接

咬口连接是将要相互接合的两个板边折成能相互咬合的各种钩形，钩接后压紧折边。这种连接适用于厚度 $\delta \leqslant 1.2$mm 的普通薄钢板和镀锌薄钢板、厚度 $\delta \leqslant 1.0$mm 的不锈钢板以及厚度 $\delta \leqslant 1.5$mm 的铝板。

常用咬口形式及适用范围见表 5-8。

常用咬口形式及适用范围　　　　　　　　　　表 5-8

名称	连接形式		适用范围
单咬口		内平咬口	低、中、高压系统
		外平咬口	低、中、高压系统
联合角咬口			低、中、高压系统 矩形风管或配件四角咬口连接
转角咬口			低、中、高压系统 矩形风管或配件四角咬口连接
按扣式咬口			低、中压系统 矩形风管或配件四角咬口连接
立咬口、包边立咬口			圆、矩形风管横向连接或纵向接缝，弯管横向连接

咬口宽度与加工板材厚度及咬口种类有关，一般应符合表 5-9 的要求。

咬口宽度（mm）   表 5-9

板厚 δ	平咬口宽度	角咬口宽度
$\delta \leqslant 0.7$	6～8	6～7
$0.7 < \delta \leqslant 0.85$	8～10	7～8
$0.85 < \delta \leqslant 1.2$	10～12	9～10

咬口的加工主要是折边（打咬口）和咬口压实。折边应宽度一致、平直均匀，以保证咬口缝的严密及牢固；咬口压实时不能出现含半咬口和张裂等现象。

加工咬口可用手工或机械来完成。

（1）手工咬口。手工咬口使用的工具如图 5-8 示。木方尺 1（拍板），用硬木制成，用来拍打咬口。硬质木槌 2，用来打紧打实咬口。钢制方锤 3，用来制作圆风管的单立咬口和矩形风管的角咬口。工作台上固定有槽钢、角钢或方钢 4，用来作拍制咬口的垫铁，当作圆风管时用钢管固定在工作台上作

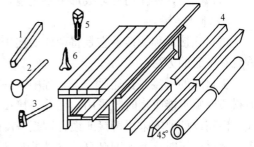

图 5-8 手工咬口工具

垫铁。衬铁 5，它是操作时便于手持的一种垫铁。咬口套 6，用于压平咬口。

联合角咬口加工的操作步骤如图 5-9 所示。

手工咬口，工具简单，但工效低、噪声大、质量也不稳定。

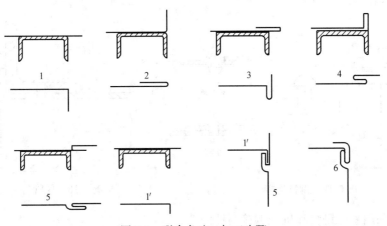

图 5-9 联合角咬口加工步骤

（2）机械咬口。常用的咬口机械有：手动或电动扳边机；矩形风管直管和弯头咬口机；圆形弯头咬口机；圆形弯头合缝机；咬口压实机等。国内生产的各种咬口机，系列比较齐全，能满足施工需要。

咬口机一般适用于厚度为 1.2mm 以内的折边咬口。如单平咬口机械：直边多轮咬口机（图 5-10），它是由电动机经皮带轮和齿轮减速，带动固定在机身上的槽形不同的滚轮转动，使板边的变形由浅到深，循环渐变，被加工成所需咬口形式。图 5-11 为单平咬口折压变形过程。

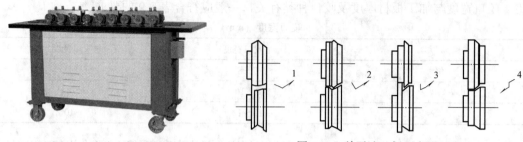

图 5-10　直线多轮咬口机　　　　　　图 5-11　单平咬口折压变形过程

机械咬口，操作简便，成形平整光滑，生产效率高，无噪声，劳动强度小。

2. 铆钉连接

铆钉连接简称铆接。它是将两块要连接的板材，使其板边防军相重叠，并用铆钉穿连铆合在一起的方法。

板材间的铆接，在通风空调工程中，一般由于板材较厚而无法进行咬接或板材虽不厚但材质较脆不能咬接时才采用。随着焊接技术的发展，板材间的铆接，已逐渐被焊接所取代。但在设计要求采用铆接或镀锌钢板厚度超过咬口机械的加工性能时，仍需使用铆接。

板材铆接时，要求铆接直径 d 为板厚 δ 的两倍，但不得小于 3mm，即 $d=2\delta$ 且 $d \geqslant$ 3mm；铆钉长度 $L=2\delta+(1.5+2.0)d$ mm；铆钉之间的中心距 A 一般为 40～100mm；铆钉孔中心到板边的距离 B 应保证（3～4）d mm，如图 5-12 所示。

在通风空调工程中，铆接除了个别地方用于板与板之间连接外，都大量用于风管与法兰的连接，如图 5-13 所示。

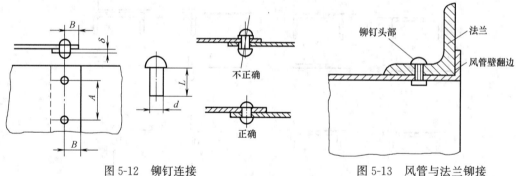

图 5-12　铆钉连接　　　　　　　　　图 5-13　风管与法兰铆接

铆接可采用手工铆接和机械铆接两种。

（1）手工铆接。手工铆接主要工序有：划线定位、钻孔穿铆、垫铁打尾、罩模打尾成半圆形铆钉帽。这种方法工序较多，工效低，且锤打噪声大。

（2）机械铆接。在通风空调工程中，常用的铆接机械有：手提电动液压铆接机（见图 5-14）、电动拉铆枪（见图 5-15）及手动拉铆枪（见图 5-16）等。机械铆接穿孔、铆接一次完成、工效高、省力、操作简便、噪声小。

3. 焊接

因通风空调风管密封要求较高或板材较厚不能用咬口连接时，板材的连接常采用焊接。

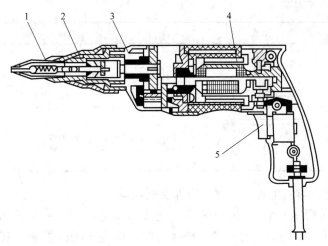

图 5-14　手提电动液压铆接机
1.退钉机构；2.拉伸机构；3.变速箱；4.电动机；5.开关

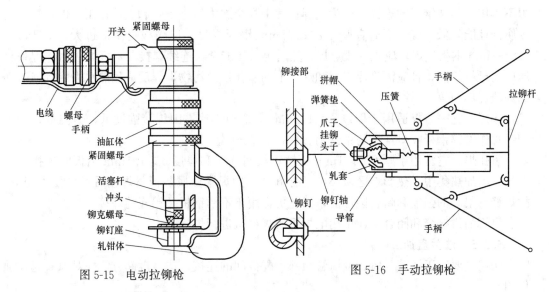

图 5-15　电动拉铆枪

图 5-16　手动拉铆枪

焊缝的形式及适用范围见表 5-10。

焊缝的形式及适用范围　　　　　　　　　　　　　表 5-10

名称	形式	适用范围
对接缝		用于钢板的拼接缝、横向缝或纵向闭合缝
角缝	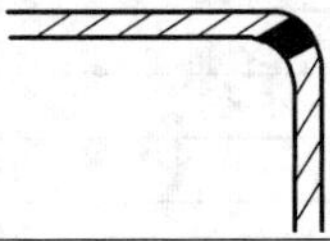	用于矩形风管或管件的纵向闭合缝或矩形弯头、三通的转角缝等
搭接缝	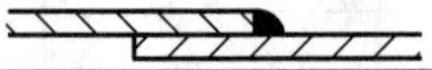	用法与对接法相同。一般在板材较薄时使用
搭接角缝	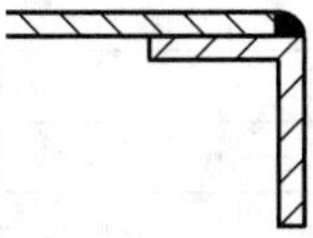	用法与角缝相同。一般在板材较薄时使用

续表

名称	形式	适用范围
板边缝		用法同搭接缝,且采用气焊
板边角缝		用法同搭接角缝。且采用气焊

常用的焊接方法有：电焊、气焊、锡焊及氩弧焊。

电焊。它适用于厚度 $\delta > 1.2mm$ 钢板间连接和厚度 $\delta > 1mm$ 不锈钢板间连接。板材对接焊时，应留有 $0.5 \sim 1mm$ 对接缝；搭接焊时，应有 10mm 左右搭接量。不锈钢焊接时，焊条的材质应与母材相同，并应防止焊管飞溅粘污表面，焊后应进行清查。

气焊。它适用于厚度 $\delta = 0.8 \sim 3mm$ 薄钢板间连接和厚度 $\delta > 1.5mm$ 铝板间连接。气焊不得用于不锈钢板的连接，因为气焊过程中在金属内发生增碳和氧化作用，使焊缝处的耐腐蚀性能降低。气焊不适宜厚度 $\delta < 0.8mm$ 钢板焊接，以防板材变形过大。对于 $\delta = 0.8 \sim 3mm$ 钢板气焊，应先分段点焊，然后再沿焊缝全长连续焊接。铝板焊接时，焊条材质应与母材相同，且应清除焊口处和焊丝上的氧化皮及污物，焊后应用热水去除焊缝表面的焊渣、焊药等。

锡焊。它一般仅适用于厚度 $\delta < 1.2mm$ 薄钢板连接。因焊接强度低，耐温低，一般用锡焊作镀锌钢板咬口连接的密封用。

氩弧焊。它常用于厚度 $\delta > 1mm$ 不锈钢板间连接和厚度 $\delta > 1.5mm$ 铝板间连接。氩弧焊，因加热集中，热影响区域小，且有氩气保护焊缝金属，板材焊接后不易发生变形，故焊缝有很高的强度和耐腐蚀性能，因此更适用于不锈钢板及铝板的焊接。

风管的拼接缝和闭合缝还可用电焊机或焊缝机进行焊接。

5.3.5　法兰盘加工

法兰主要用于风管与风管或风管与部、配件间的连接。法兰拆卸方便并对风管起加强作用。

法兰按风管的断面形状，分为圆形法兰和矩形法兰。金属风管法兰用料规格见表 5-11。

金属风管法兰用料规格（mm）　　　　表 5-11

风管种类	圆形风管直径 D 或矩形风管长边尺寸 b	法兰用料规格	
		扁钢	角钢
圆形薄钢板风管	$D \leqslant 140$	-20×4	—
	$140 < D \leqslant 280$	-25×4	—
	$280 < D \leqslant 630$	—	$L25 \times 3$
	$630 < D \leqslant 1250$	—	$L30 \times 4$
	$1250 < D \leqslant 2000$	—	$L40 \times 4$
矩形薄钢板风管	$b \leqslant 630$	—	$L25 \times 3$
	$630 < b \leqslant 1500$	—	$L30 \times 3$
	$1500 < b \leqslant 2500$	—	$L40 \times 4$
	$2500 < b \leqslant 4000$	—	$L50 \times 5$

应指出的是，若不锈钢风管的法兰采用碳素钢时，用料规格按表 5-11 的规定选用，并应采用镀铬或镀锌等表面处理措施，铆钉材料宜采用不锈钢，应用于排油烟工程的不锈钢板风管法兰与管体应采用焊接且满焊。若铝板风管的法兰采用碳素钢时，用料规格仍按表 5-11 的规定选用，并应根据设计要求作防腐处理，铆接应采用铝铆钉。

风管法兰螺栓及铆钉的间距，应按风管系统使用性质来确定。对于高速通风空调系统和空气洁净系统，间距要求较小，以防止空气渗透影响使用效果，一般中、低压风管系统的法兰螺栓和铆钉的间距≤150mm，高压风管系统≤100mm。空气洁净系统法兰螺栓的间距≤120mm，法兰铆钉间距≤100mm。

1. 圆形风管法兰加工

圆形风管法兰加工工序：下料、卷圆、焊接、找平及钻孔。制作方法有人工和机械两种。

（1）人工煨制

人工煨制可分为冷煨和热煨两种。

1）冷煨法。根据所需直径和扁钢或角钢大小确定下料长度。其计算式为

$$S = \pi(D + B/2) \tag{5-1}$$

式中　S——下料长度；

　　　D——法兰内径；

　　　B——扁钢或角钢宽度。

按扁钢或角钢计算长度切断后，放在有槽形的铁模（见图 5-17）上，用手锤一点一点地把扁钢或角钢打弯，直到圆弧均匀并成为一个整圆后，用电弧焊焊接封口，焊好后找圆平整，然后再划线钻螺栓孔。

2）热煨法。把切断的角钢或扁钢放在炉子上加热到红黄色，然后取出放到胎具上，人工将角钢或扁钢煨弯成圆（直径较大的法兰可分段多次煨成），热煨法兰示意如图 5-18 所示。待冷却后平整找圆，然后焊接及钻孔。

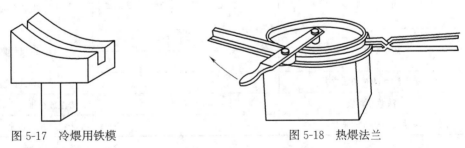

图 5-17　冷煨用铁模　　　　　　　　　图 5-18　热煨法兰

（2）机械煨制

机械煨制可用煨弯机（图 5-19）进行煨制。它是由电动机经皮带轮和蜗轮减速，通过齿轮带动两个下辊旋转，对角钢或扁钢进行煨弯。然后按需要的长度切断，平整找圆后焊接钻孔。

2. 矩形风管法兰加工

矩形风管法兰加工工序：下料、找正、焊接及钻孔。

矩形法兰是由四根角钢组成，其中两根等于风管的小边长，另二根等于风管的大边长

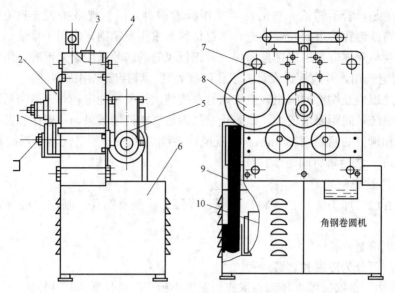

图 5-19 机械法兰煨弯机

1. 下辊轮组；2. 上辊轮组；3. 中支板；4. 后支板；5. 蜗轮减速箱；6. 机架；

7. 前板；8. 导向轮；9. 三角皮带；10. 电动机

加上两个角钢宽度。划线断后，应把角钢找正调直，并钻出铆钉孔再进行焊接，然后钻出螺栓孔。应注意，矩形风管法兰的四角都应设置螺栓孔。

3. 风管法兰制作质量标准

风管法兰制作时，应认真做好每一道工序，其加工制作质量应符合表 5-12 的规定标准。

风管法兰制作尺寸的允许偏差 表 5-12

项目	允许偏差（mm）	检验方法
圆形法兰直径	+2 / 0	用尺量互成 90°的直径
矩形法兰边长	+2 / 0	用尺量四边
矩形法兰两对角线之差	3	尺量检查
法兰平整度	2	法兰放在平台上，用塞尺检查
法兰焊对接处的平整度	1	法兰放在平台上，用塞尺检查

5.4 金属风管及配件展开图绘制

金属风管及配件展开下料（划线）是金属风管及配件加工制作的一个重要工序，正确、熟练地掌握展开下料技术——展开图的绘制，对保证加工制作质量、节省板材及提高产品生产效率有着很大的意义。

5.4.1 常用划线工具

常用划线工具如图 5-20 所示，它们包括：

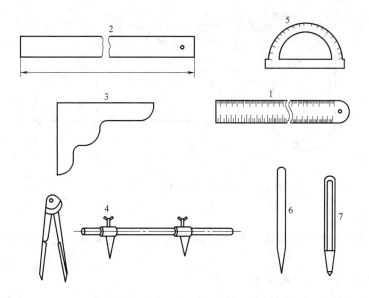

图 5-20 常用划线工具

1. 不锈钢钢板尺；2. 钢板直尺；3. 直角尺；4. 划规、地规；5. 量角器；6. 划针；7. 样冲

1. 不锈钢钢板尺：长度 1m，分度值 1mm。用来度量直线和划线用。

2. 钢板直尺：长度 2m，分度值 1mm。用以画直线。

3. 直角尺：用来画垂直线或平行线，并用于找正直角。

4. 划规、地规：用来画圆、画圆弧或截取线段长度。

5. 量角器：用来测量和划分角度。

6. 划针：用工具钢制成，端部磨尖，用以画线。

7. 样冲：用以冲点做记号。

5.4.2 配件展开图绘制近似方法

金属风管及配件表面的展开图，是根据几何原理，采用近似法进行绘制的。由于金属风管展开图绘制比较简单，故这里重点介绍配件展开图绘制方法。常用配件展开图绘制的近似方法有：平行线法、放射线法及三角形法。

1. 平行线法

平行线展开法是利用足够多的平行素线，将配件表面划分成足够多的近似小平面梯形，并将其依次摊平，即得配件表面的展开图。平行线展开法适用于壳体表面由无数条相互平行的直素线构成的配件如呈圆柱形配件的展开。

平行线法绘制展开图步骤如下：

（1）先绘制出配件的主视图和俯视图；

（2）将俯视图圆周分为若干个等分，把各分点投影到主视图上，表示出各分点所在素线的位置和长度；

（3）再将周长展开，表示出各分点，由各分点引垂线，并根据主视图所示的高度来截取垂线，连接各节点即构成展开图。

图 5-21 为两节直角弯头的展开图。

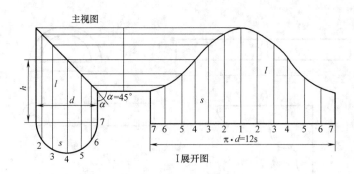

图 5-21　直角弯头展开图（平行线法）

2. 放射线法

放射线法适用于壳体表面由交于一点的无数条斜素线构成的配件如呈圆锥形配件的展开。

放射线法绘制展开图步骤如下：

（1）先绘制出配件俯视图和主视图，分别表示出周长和高；

（2）将周长分为若干等分，并将各分点向主视图底边引垂线，表示出它们的位置和交点连接的长度；

（3）再以交点为圆心，以斜边长度为半径，作出与周长等长的圆弧。在圆弧上画出各分点，把各分点与交点相连接。最后根据各分点在主视图上实长为半径，在各分点对应的连线上截取，连接各节点，即构成展开图。

图 5-22 为斜口圆锥的展开图。

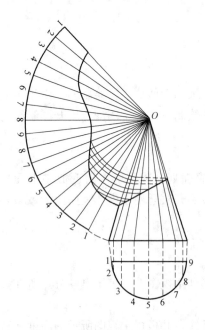

图 5-22　斜口圆锥的展开图
（放射线法）

3. 三角形法

三角形法是利用三角形作图的原理，把配件表面分成若干个三角形，然后依次把它们组合成展开图。

三角形法绘制展开图步骤如下：

（1）根据外形尺寸，先绘制出其俯视图和主视图。

（2）在分析视图的基础上，确定三角形。

（3）由于所构造的直角三角形的直角边在俯视图上等于其底长，而在主视图上等于其高，再根据直角三角形的原理，求出斜边的实长。

（4）绘制展开图。

图 5-23 为正心天圆地方展开图。

5.4.3　展开图绘制

1. 金属风管展开图绘制

圆形或矩形风管展开图绘制比较简单，可直接在板材上划线。根据圆形风管的直径 D 或矩形风管的断面尺寸 $A \times B$，风管管段长 L，可绘制出该圆

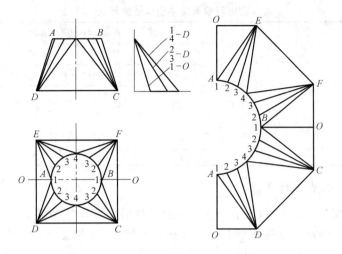

图 5-23　正心天圆地方展开图（三角形法）

形或矩形风管的展开图如图 5-24 或图 5-25 所示。图中咬口留量 $M/3$ 值见表 5-9，法兰翻边量一般为 10mm。

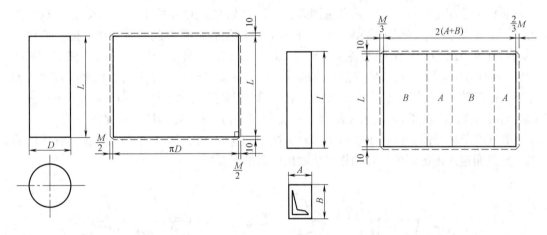

图 5-24　圆形风管展开　　　　图 5-25　矩形风管展开

2. 弯管展开图绘制

通风空调系统中的弯管有圆形弯管、矩形弯管两种。现以圆形弯管为例，较详细地说明其展开图的绘制。

图形弯管是按设计所需的弯曲角度，由若干管节组对而成。弯管两端与直管段相连接的管节叫"端节"，两端节之间的节叫"中节"。为了制作上的方便，弯管的每个中节都相同，一个中节正好分成两个端节。圆形弯管制作时，其弯管半径和最少节数应符合表 5-13 的规定。

圆形弯管展开图的绘制采用平行线法。根据已知的弯管直径 D、角度及确定的弯曲半径 R 和节数，画出主视图，例如直径 $D=320mm$，角度为 $90°$，3 个中节及 2 个端节，$R=1.5D$ 的圆形弯管，如图 5-26 左图所示。由于两个端节恰好合为一个中节，故只要端节展开图绘制好以后，端节展开图的合并，即可得到中节的展开图。

171

弯管直径 D (mm)	曲率半径 R (mm)	弯曲角度和最少节数							
		90°		60°		45°		30°	
		中节	端节	中节	端节	中节	端节	中节	端节
00<D≤220	≥1.5D	2	2	1	2	1	2	—	2
220<D≤450	D~1.5D	3	2	2	2	1	2	—	2
450<D≤800	D~1.5D	4	2	2	2	1	2	1	2
800<D≤1400	D	5	2	3	2	2	2	1	2
1400<D≤2000	D	8	2	5	2	3	2	2	2

表头标题：圆形弯管弯曲半径和最少节数　　表 5-13

端节展开图的绘制具体步骤：

（1）先画出端节 ABCD 四边形及在 AB 边长找出中点作半圆弧 $\overset{\frown}{AB}$，将 $\overset{\frown}{AB}$ 六等分，得 2、3、4、5、6 各点，在这些点上各作垂线垂直于 AB 并相交于 CD 得 2′、3′、4′、5′、6′各点。

（2）将 AB 线延长，在延长线上截取 12 段等长线段，其长度等于 $\overset{\frown}{AB}$ 弧上的等分段，如 $\overset{\frown}{A2}$ 或 $\overset{\frown}{23}$、$\overset{\frown}{34}$……通过此延长线上的线段交点作垂线。

（3）通过 CD 线上所得的各点 D、2′、3′、4′、5′、6′和 C，各作平行于 AB 的线并向右延长相交于相应的点的垂线，参见图 5-26（b），如左图 D 点的平行线相交于 A 点垂线得 D′等。然后将这些交点以圆滑的曲线相连，两端闭合，即成此端节的展开图。简化的画法，可将 ABCD 四边形中的各垂直线段 AD、22′、33′、44′、55′、66′及 BC 依次丈量在 12 等分的垂直线段上，将这些交点连成曲线。在实际操作时，由于弯管的内侧咬口手工操作不易打得紧密，见图 5-26（a）的 C 点，使弯管各节组合后达不到 90°角（略大于 90°）。所以在划线时要把内侧高 BC 减去 h 距离（一般 h＝2mm），用 BC′线段的长度来展开。

画好端节展开图，应放出咬口留量，如图中的虚线外框，咬口的留量根据各种不同的咬口形式而定。再把端节展开图作样板放出中节的展开图。

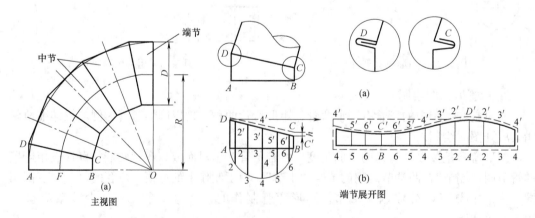

图 5-26　圆形弯管主视图和端节展开图

3. 变径管展开图绘制

在通风、空调系统中，变径管有圆形变径管（圆形大小头）、矩形变径管（矩形大小头）、圆形断面变成矩形断面的变径管（天圆地方）。下面分别举例说明各自展开图的绘制。

(1) 正心圆形变径管展开图

可以得到交点的正心圆形变径管的展开：它的展开可用放射线法。如图 5-27 所示。根据已知大口直径 D 和小口直径 d 以及高 h 作出异径管的主视图、俯视图。延长主视图上的 AC 和 BE 交于 O 点。以 O 点为圆心，分别以 OC 和 OA 为半径作两圆弧。将俯视图上的外圆口等分，把这等分弧段依次丈量在以 OA 为半径的弧线上。图形 $A''A'C'C'C''$ 即为此正心圆形变径管的展开图。需要咬口和翻边则应留出余量。

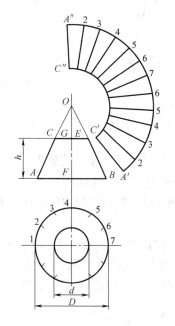

图 5-27　正心圆形变径管的展开图

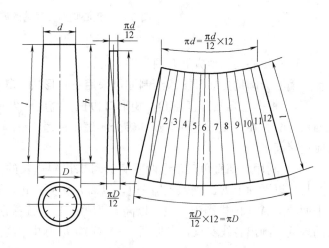

图 5-28　不易得到交点的正心圆形变径管的展开图

不易得到交点的正心圆形变径管的展开：当圆形变径管的大小口直径差很小，交点 O 将在很远处，在这种情况下不可能采用放射线法绘制展开图，一般常采用近似画法来展开。根据已知大口直径 D 和小口直径 d 以及高画出主视图、俯视图，把俯视图上的大小圆周各作 12 等分，以变径管管壁素线及 $\pi D/12$、$\pi d/12$ 作出分样图，然后用分样图在平板上依次划出 12 块，即成此圆形变径管的展开图，见图 5-28。划好后，再用钢板尺复核圆弧 πD 和 πd，以避免多次划线造成较大的误差。

(2) 正心矩形变径管的展开图

正心矩形变径管展开图的绘制可采用三角形法。如图 5-29 所示。根据已知大口管边尺寸、小口管边尺寸和变径管的高度尺寸，绘出主视图和俯视图。在图中把变径管的一个表面 $ABba$ 分为三角形 Aab 和三角形 AbB，再利用所构成的直角三角形 OAb 和 OAa，可求出 Ab 的实长为 Ob 和 Bb 的实长为 Oa（正心变径管 $Aa = Bb$）。AB 线，分别以点 A 和点 B 为圆心，以 Ab 的实长和 Bb 的实长为半径，画弧相交于 b 点，得到三角形 AbB 的展开；再分别以 A、b 点为圆心，以 Aa 实长和 ab 线长为半径，画弧相交于 a 点，得到 Aab 的展开。$ABba$ 四边形，即为该变径管一个表面的展开图。其他三面也可用同法展开。

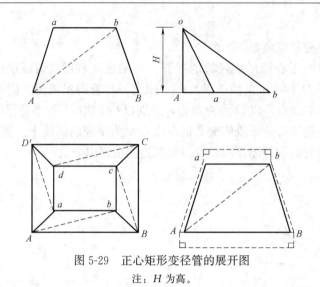

图 5-29　正心矩形变径管的展开图

注：H 为高。

（3）偏心天圆地方展开图

偏心天圆地方展开图的绘制亦可采用三角形法。其展开图绘制的具体步骤如下：

1）根据已知圆口直径 D，矩形口边长，高度 h 及偏心距画出平、立面图。见图 5-30（a）、（b）。在平面图上将半圆 6 等分，编上序号 1～7，并把各点和矩形底边的 $EABF$ 相应连接起来。

2）利用已知直角三角形两垂直边可求得斜边长的方法来求表面各线的实长，求 E-1 实长，以平面上 $E1$ 的投影为一边，以高 h 为另一边，连接两端点的斜线即 E-1 实长。以平面图上 A-1 的投影为一边，以高 h 为另一边，连接两端点的斜线即求得 A-1 实长。依同理逐一画出各线实长，参见图 5-30（c），h 为共用高。

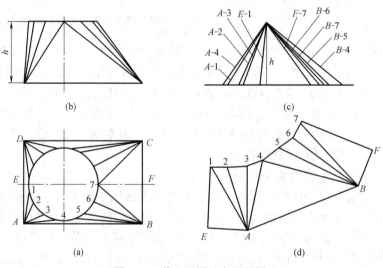

图 5-30　偏心天圆地方展开图

注：h 为高。

3）最后画展开图。用已知三角形之长作三角形的方法画出表面上的三角形，并以相邻公用线为基线依次组合起来。参见图 6-13（d）。在一直线上截取 E-1 实长为 $1E$，以

EA 和 A-1 的实长为半径，分别以 E 和 1 两点为圆心，画弧交于 A 点。以 A-2 的实长和 1-2 的弦长为半径，分别以 A 和 1 为圆心，画弧交于 2 点。连接 $1EA$ 和 $A1$-2 得两个三角形。线 A-1 为相邻公用线。这样，依次画下去，连接各点，就得到偏心"天圆地方"对称一半的展开图。

4. 三通展开图绘制

在通风、空调系统中，三通的形式较多，有斜三通、直三通、裤衩三通、弯头组合式三通等。这里以圆形斜三通为例，来叙述展开图的绘制。如图 5-31 所示。

根据已知大口直径 D，小口直径 D'，支管直径 d，三通高 H 和主管与支管轴线的交角 α 画出三通的主视图。在一般通风系统中 $\alpha = 25° \sim 30°$，除尘系统中 $\alpha = 15° \sim 20°$。主管和支管边缘之间的距离 δ，应能保证安装法兰盘，并应便于上紧螺栓。

在绘制斜三通的展开图时，把主管和支管分别展开在板材上，然后再连接在一起。

主管部分展开图的绘制。作主管部分的主视图，在上下口径上各作辅助半圆并把它 6 等分，按顺序编上相应的序号，并画上相应的外形素线。把主管先看出作大小口径相差较小的圆形变径管，据此画出扇形展开图，并编上序号。扇形展开图上截取 $7K$，等于主视图上的 $7K$，截取 $6M_1$ 等于主视图上 6 号素线的实长 $7M_1$，截取 $5N_1$ 等于主视图上 5 号素线的实长 $7N_1$，4 号素线的实长即主视图上的 $77'$，等于扇形展开图上的 $44'$。将扇形展开图上的 KM_1N_14' 连接圆滑的曲线，两侧对称，则得主管部分的展开图。

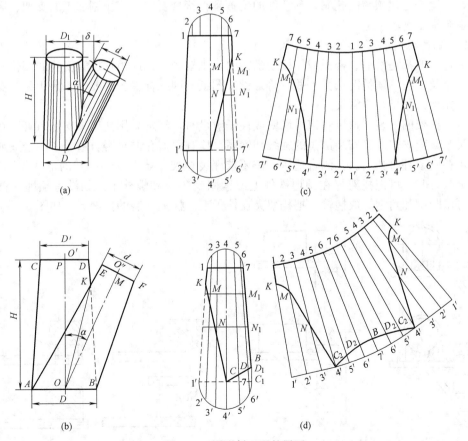

图 5-31 圆形斜三通的展开

（a）圆形三通示意图；（b）三通的主视图；（c）三通主管的展开；（d）三通支管的展开

支管部分展开图的画法基本和主管部分的展开图画法相同，参见图 5-31（d），这里不再赘述。

5.5　非金属风管及配件加工制作

限于篇幅，请扫描二维码阅读。

EX5.1　非金属风管及配件加工制作

5.6　通风空调系统风管和部件安装

5.6.1　风管安装

1. 安装前准备工作

风管系统安装前，应进一步核实风管及送回（排）风口等部件的标高是否与设计图纸相符，并检查土建预留的孔洞，预埋件的位置是否符合要求。将预制加工的支架、风管及管件运至施工现场。

2. 风管支架安装

风管一般都是沿墙、楼板或靠柱子敷设的，支架的形式应根据风管安装的部位、风管截面大小及工程具体情况选择，并应符合设计图纸或国家标准图的要求。常用风管支架的形式有托架、吊架及立管夹。

（1）托架的安装。通风管道沿墙壁或柱子敷设时，经常采用托架来支承风管。在砖墙上敷设时，应先按风管安装部位的轴线和标高，检查预留孔洞是否合适。如不合适或有遗漏，可补修或补打孔洞。孔洞合适后，按要求埋设托架。墙上安装托架的形式见图 5-39。在柱上敷设时，可把托架焊在预埋铁件上或紧固到预埋和螺栓上。如没有预埋铁件和螺栓，可用圆钢和角钢做成抱箍，把托架夹在柱子上。柱上安装的托架形式如图 5-40 所示。

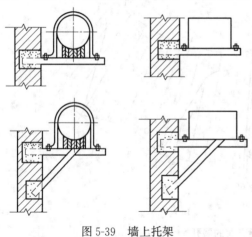

图 5-39　墙上托架

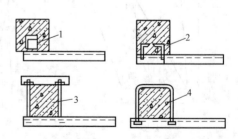

图 5-40　柱上托架
1. 预埋件；2. 预埋螺栓；3. 带帽螺栓；4. 抱箍

（2）吊架的安装。当风管敷设在楼板或桁架下面离墙较远时，一般采用吊架来安装风管。矩形风管的吊架，由吊杆和横担组成。圆形风管的吊架，由吊杆和抱箍组成。其吊架形式如图 5-41 所示。矩形风管的横担，一般用角钢制成，风管较重时，也可用槽钢。横担上穿吊杆的螺栓孔距，应比风管稍宽 40～50mm。圆形风管的抱箍，可按风管直经用扁钢制成。为便于安装，抱箍常做成两半。吊杆在不损坏原结构受力分布情况下，可采用电焊或螺栓固定在楼板、钢筋混凝土梁或钢架上，其固定形式见图 5-42 所示。

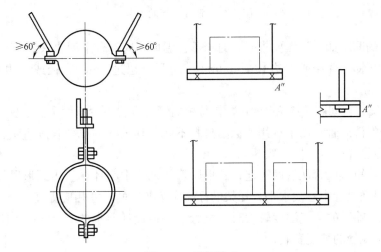

图 5-41　吊架形式

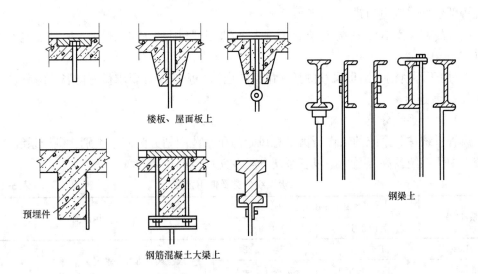

图 5-42　吊杆的固定

（3）立管夹。垂直风管可用立管夹进行固定，其固定形式如图 5-43 所示。安装立管卡子时，应先在卡子半圆弧的中点划好线，然后按风管位置和埋进的深度，把最上面的一个卡子固定好，再用线坠在中点处吊线，下面夹子可按线进行固定，保证安装的风管比较垂直。

支架的安装，除了满足上述具体支架形式安装的要求外，还应满足下列要求：

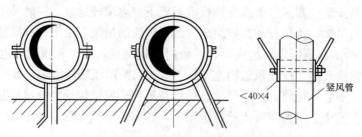

<40×4

竖风管

图 5-43 垂直立管的固定

1）支架的间距如设计无要求时，对于不保温风管应符合下列要求：

① 水平安装：直径或大边长≤400mm，间距不超过 4m；直径或大边长＞400mm，间距不超过 3m。

② 垂直安装：间距不应大于 4m，在每根立管上设置不少于两个固定件。

2）对于保温风管，由于选用的保温材料不同，其风管的单位长度重量也不同，风管支架间隔应由设计确定，但一般为 2.5～3m。

3）标高：矩形风管从管底算起；圆形风管从风管中心计算。当圆形风管的管径由大变小时，为保证风管中心线水平，托架的标高应按变径的尺寸相应提高。

4）坡度：输送的空气湿度较大时，风管应保持设计要求的 0.01～0.015 的坡度，支架标高也应按风管的坡度安装。

5）对于相同管径的支架，应等距离排列，但不能将其设在风口、风阀、检视门及测定孔等部位处，应适当错开一定距离。

6）保温风管不能直接与支架接触，应垫上坚固的隔热材料，其厚度与保温层相同。

7）用于不锈钢、铝板风管的托、吊架的抱箍、应按设计要求做好防腐绝缘处理。

3. 风管连接

（1）风管系统分类

风管系统按其系统的工作压力（总风管静压）范围划分为四个类别：微压系统、低压系统、中压系统及高压系统。风管系统分类及使用范围见表 5-20。

风管系统分类及使用范围　　　　　　　　表 5-20

系统类别	系统工作压力 P(Pa)		使用范围
	管内正压	管内负压	
微压系统	$P\leqslant125$	$P\geqslant-125$	一般空调及排气等系统
低压系统	$125<P\leqslant500$	$-500\leqslant P<-125$	
中压系统	$500<P\leqslant1500$	$-1000\leqslant P<-500$	100 级及以下空气净化、排烟、除尘等系统
高压系统	$1500<P\leqslant2000$	$-2000\leqslant P<-1000$	1000 级及以上空气净化、气力输送、生物工程等系统

（2）风管法兰连接

法兰连接时，按设计要求确定垫料后，把两个法兰先对正，穿上几个螺栓并戴上螺母，暂时不要紧固。待所有螺栓都穿上后，再把螺栓拧紧。为避免螺栓滑扣，紧固螺栓时应按十字交叉、对称均匀地拧紧。连接好的风管，应以两端法兰为准，拉线检查风管连接是否平直。

不锈钢风管法兰连接的螺栓，宜用同材质的不锈钢制成，如用普通碳素钢标准件，应按设计要求喷刷涂料。铝板风管法兰连接应采用镀锌螺栓，并在法兰两侧垫镀锌垫圈。硬聚氯乙烯风管和法兰连接，应采用镀锌螺栓或增强尼龙螺栓，螺栓与法兰接触处应加镀锌垫圈。

（3）风管无法兰连接

圆形风管无法兰连接：其连接形式有承插连接、芯管连接及抱箍连接。具体连接形式、接口要求及使用范围见表5-21。

圆形风管无法兰连接形式、要求及使用范围　　　　　　　表5-21

无法兰连接形式		附件板厚（mm）	接口要求	使用范围
承插连接	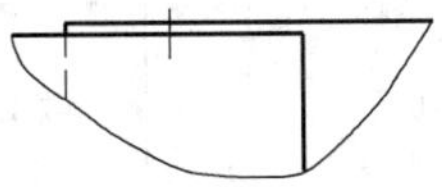	—	插入深度＞30mm，有密封措施	直径＜700mm 微压、低压风管
带加强筋承插	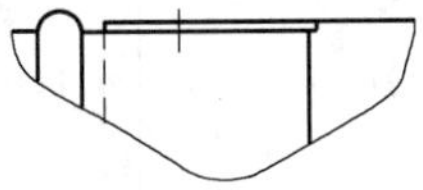	—	插入深度＞20mm，有密封措施	微压、低压、中压风管
角钢加固承插	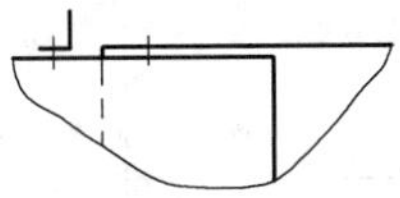	—	插入深度＞20mm，有密封措施	微压、低压、中压风管
芯管连接	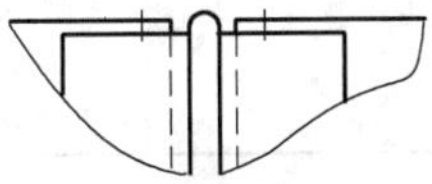	≥管板厚	插入深度＞20mm，有密封措施	微压、低压、中压风管
立筋抱箍连接	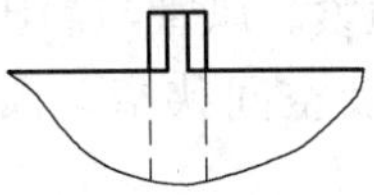	≥管板厚	扳边与楞筋匹配一致，紧固严密	微压、低压、中压风管
抱箍连接	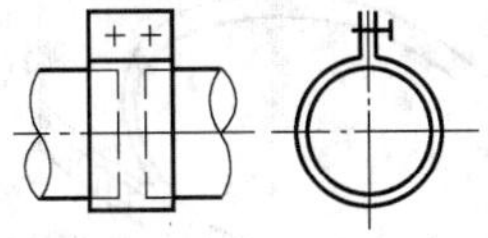	≥管板厚	对口尽量靠近不重叠，抱箍应居中，宽度≥100mm	直径＜700mm 微压、低压风管
内胀芯管连接	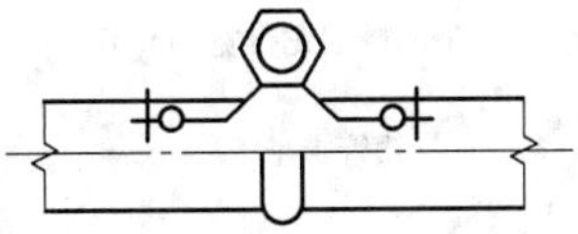	≥管板厚	橡胶密封垫固定应牢固	大口径螺旋风管

179

矩形风管无法兰连接：其连接形式有插条连接、立咬口连接及薄钢板法兰弹簧夹连接。具体连接形式、转角要求及使用范围见表 5-22。

矩形风管无法兰连接形式、要求及使用范围　　　　表 5-22

无法兰连接形式		附件板厚（mm）	使用范围
S 形插条		≥0.7	微压、低压风管，单独使用连接处必须有固定措施
C 形插条		≥0.7	微压、低压、中压风管
立咬口		≥0.7	微压、低压、中压风管
包边立咬口		≥0.7	微压、低压、中压风管
薄钢板法兰插条		≥1.0	微压、低压、中压风管
薄钢板法兰弹簧夹		≥1.0	微压、低压、中压风管
直角形平插条		≥0.7	微压、低压风管

软管连接：主要用于风管与部件（如散流器、静压箱、侧送风口等）的连接。安装时，软管两端套在连接的管外，然后用特制管卡把软管箍紧。风管与静压箱的软管连接见图 5-44。软管连接对安装工作带来很大方便，尤其在安装空间狭窄，预留位置难以准确的情况下，更为便利，但系统的阻力较大。

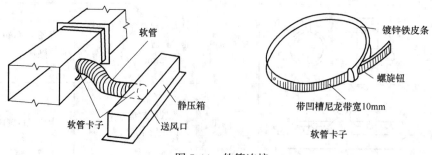

图 5-44　软管连接

4. 风管加固

对于管径较大的风管，为保证断面不变形且减少由管壁振动而产生的噪声，需要加固。

圆形风管本身刚度较好，一般不需要加固。当管径大于 700mm，且管段较长时，每隔 1.2m，可用扁钢平加固。矩形风管当边长大于或等于 630mm，管段大于 1.2m 时，均应采取加固措施。对边长小于或等于 800mm 的风管，宜采用楞筋、楞线的方法加固。当中、高压风管的管段长大于 1.2m 时，应采用加固框的形式加固。而对高压风管的单咬口缝应有加固、补强措施。风管加固的形式如图 5-45 和图 5-46 所示。

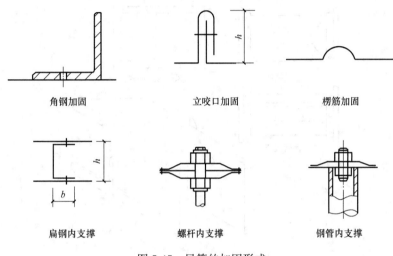

图 5-45　风管的加固形式

5. 风管强度、严密性及允许漏风量

风管的强度及严密性应符合设计规定。若设计无规定时，应符合表 5-23 的规定。

风管的强度及严密性要求　　　　　　表 5-23

系统类别	强度要求	密封要求
微压系统	一般	接缝及接管连接处应严密
低压系统	一般	接缝及接管连接处应严密，密封面宜设在风管的正压侧
中压系统	局部增强	接缝及接管连接处应加设密封措施
高压系统	特殊加固不得用按扣式咬缝	所有拼接缝及接管连接处均应采取密封措施

不同系统风管单位面积允许漏风量应符合表 5-24 的规定。

不同系统风管单位面积允许漏风量　　　　　　表 5-24

压力(Pa)	允许漏风量[$m^3/(h \cdot m^2)$]
微、低压系统风管($P \leqslant 500Pa$)	$\leqslant 0.1056P^{0.65}$
中压系统风管($500Pa < P \leqslant 1500Pa$)	$\leqslant 0.0352P^{0.65}$
高压系统风管($1500Pa < P \leqslant 2500Pa$)	$\leqslant 0.0117P^{0.65}$

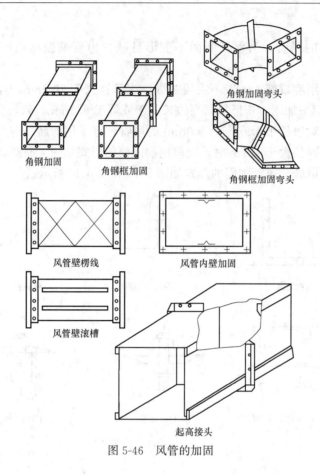

角钢加固　　角钢框加固　　角钢加固弯头　　角钢框加固弯头

风管壁楞线　　风管内壁加固

风管壁滚槽

起高接头

图 5-46　风管的加固

5.6.2　部件安装

1. 风阀安装

通风空调系统安装的风阀有多叶阀、三通阀、蝶阀、防火阀、排烟阀、插板阀、止回阀等。风阀安装前应检查其框架结构是否牢固，调节装置是否灵活。安装时，应使风阀调节装置设在便于操作的部位。

风阀安装及质量要求，应符合下列规定：

（1）各类风阀应安装在便于操作的及检修的部位，安装后的手动或电动操作装置应灵活、可靠，阀板关闭应保持严密。

（2）应注意风阀的方向与风阀标注一致。

（3）风阀的开闭方向、开启程度应在阀体上有明确、准确的标志。

（4）高出的风阀操纵装置应距地面或平台 1～1.5m，便于操纵风阀。

（5）除尘系统的风管，不应使用蝶阀，可采用密封式斜插板阀。为防止运行中积尘，安装位置应选在不宜积尘的管段上。斜插板阀应顺气流方向与风管成 45°安装，垂直安装时阀板应向上拉启，水平安装时阀板应顺气流方向插入。

（6）分支管风量调节阀是用于平衡各送风口的风量，应注意其安装位置。

（7）余压阀是保证洁净室内静压维持恒定的部件。其安装于墙壁外侧下方，应保证阀体与墙体连接后的严密性。

防火阀是通风空调系统的安全装置。发生火灾时，其易熔片熔化断开，阀板自行关闭，切断气流，避免火从风管中传播蔓延。防火阀有水平、垂直和左式、右式之分，安装时不应弄清错，而且防火阀的易熔件应迎气流方向安装，安装后应做动作试验，其阀板的动作应可靠。风管在穿越防火区（防火墙或楼板）时，防火阀的安装方法如图 5-47 所示。与防火阀连接的穿墙或楼板风管必须用角钢与墙或楼板固定，并在风管外表面涂抹 35mm 厚水泥砂浆，避免风管在高温下变形，影响防火阀功能。

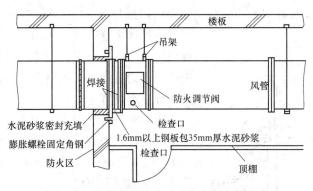

图 5-47　风管穿越防火区时防火阀安装示意

排烟阀。排烟阀（口）广泛使用在高层建筑或其他建筑的排烟以及排风系统中。排烟阀（口）在单独的排烟系统中多为常闭模式，出现火情时，自动开启或由人工开启进行排烟，至 280℃关闭，排烟阀应有就地开启或远程开启两种模式。排烟阀（口）及控制装置的位置应符合设计要求，预埋套管不得有死弯及瘪陷。排烟阀（口）通常布置在房间上部。当采用排风排烟共用系统时，应通过管路中的防火阀的合理设置，及时关闭不作为排烟使用的风口，保证消防排烟的基本要求。排烟阀安装后应做动作试验，手动、电动操作应灵敏可靠，阀板关闭时应严密。

斜插板阀的安装，阀板应向上拉启，而且阀板应顺气流方向插入，以避积尘，见图 5-48。该阀多用于除尘系统。止回阀宜安装在风机的压出管段上，开启方向必须与气流一致。

2. 风口安装

（1）风口与风管的连接应严密、牢固，与装饰面紧贴，表面平整、不变形，调节灵活、可靠。条形风口的安装，接缝处应衔接自然，无明显缝隙。同一厅室、房间内的相同风口的安装高度应一致，排列整齐，同一方向风口的调节装置则应在同一侧。

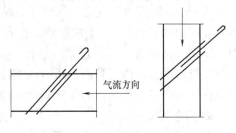

图 5-48　斜插板阀安装示意

（2）明装无吊顶的风口，安装位置和标高偏差不应大于 10mm。

（3）风口水平安装，水平度的偏差≤3/1000，风口垂直安装，垂直度的偏差≤2/1000。

（4）吸顶风口或散流器的风口应与顶棚平齐，风板位置应对称，在室内的外露部分应与室内线条形成直线。

（5）带阀门的风口在安装前后都应扳动一下调节手柄或杆，保证调节灵活。

（6）变风量末端装置的安装，应设独立的支、吊架，与风管相接前应做动作试验。

（7）净化系统风口安装应清扫干净，其边框与建筑顶棚或墙面间的接缝应加密封垫料或填密封胶，不得漏风。

3. 风帽安装

风帽装于排风系统的末端，利用风压或热压作用，加强排风能力，是自然排风的重要装置之一。排风系统常用的风帽有伞形风帽、锥形风帽和筒形风帽。伞形风帽用于一般机械排风系统，锥形风帽用于除尘和非腐蚀性有毒系统，筒形风帽用于自然通风系统。

风帽可在室外沿墙绕过檐口伸出屋面，或在室内直接穿过屋面板伸出屋顶。对于穿过屋面板的风管，屋面板孔洞处应做防雨罩，防雨罩与接口应紧密，防止漏水，见图 5-49。

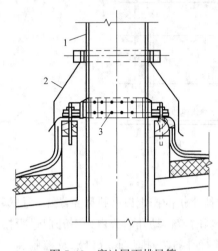

图 5-49 穿过屋面排风管
1. 金属风管；2. 防风罩；3. 铆钉

不连接风管的筒形风帽，可用法兰固定在屋面板预留洞口的底座上。当排湿度较大的空气时，为避免产生的凝结水漏入室内，应在底座下设有滴水盘并有排水装置。

风帽安装高度高出屋面 1.5m 时，应用镀锌铁丝或圆钢拉索固定，防止被风吹倒。拉索不应少于3 根，拉索可加花篮螺丝拉紧，拉索可在屋面板上预留的拉索座上固定。

4. 吸尘罩与排气罩安装

吸尘罩、排气罩主要作用是排除工艺过程或设备中的含尘气体、余热、余温、毒气、油烟等。各类吸尘罩、排气罩的安装位置应正确，牢固可靠，支架不得设置在影响操作的部位。用于排出蒸汽或其气体的伞形排气罩，就在罩口内边采取排凝结液体的措施。

5. 柔性短管安装

柔性短管安装用于风机与空调器、风机与送回风管间的连接，以减少系统的机械振动。风管与风机、风机箱、空气处理机等设备的相连处应设置柔性短管，其长度宜为150～300mm 或按设计规定。风管穿越结构变形缝处应设置柔性短管，其长度应不大于变形缝宽度 100mm 以上。柔性短管不得有开裂和扭曲现象，松紧程度应按安装后比安装前短 10～15mm 掌握，不得过紧或过松。安装在风机吸入口的柔性短管可安装得绷紧一些，以免风机启动后，由于管内负压造成缩小截面的现象。柔性短管外不宜做保温层，并不能以柔性短管当成找平找正的连接管或异径管。

6. 消声器安装

在通风空调系统中，消声器是必不可少的。常用的消声器有阻性管式消声器、阻性片式消声器、阻抗复合式消声器和微穿孔式消声器等。消声器一般安装在风机出口水平总风管上，用以降低风机产生的空气动力噪声，也有将消声器安装在各个送风口前的弯头内，用来阻止或降低噪声由风管内向空调房间传播。消声器的结构及种类有多种，但其安装操作的要点有如下几条：

（1）消声器在运输和吊装过程中，应力求避免振动，防止消声器变形，影响消声性能。尤其对填充消声多孔材料的阻抗式消声器，应防止由于振动而损坏填充材料，降低消声器效果。

（2）安装前，应对到达现场的成品消声器，加强管理和认真检查。在运输和认真安装过程中，不得损坏和受潮，充填的消声材料不应有明显的下沉。

（3）消声器安装时，应严格注意方向，不得装反，安装后的方向应正确。

（4）安装片式消声器时，其固定端不得松动，片距应均匀，否则影响消声效果。

（5）当空调系统为恒温，要求较高时，消声器外壳应与风管同样做保温处理。

（6）消声器安装用支架形式、安装位置和固定高度，必须符合设计或施工规范规定；消声器及消声弯管应单独设支架，其重量不得由风管承受。

（7）消声器支架的横担板穿吊杆的螺孔距离，应比消声器宽40～50mm，为便于调节标高，可在吊杆端部套50～80mm的丝扣，以便找平找正用，并加双螺母固定。

（8）消声器安装就绪后，可用拉线或吊线的方法进行检查，对不符合要求的应进行修整，直到满足设计和使用要求。

5.7 通风空调系统设备安装

5.7.1 空气过滤器安装

1. 粗效过滤器的安装

金属网格浸油过滤器用于一般通风空调系统。安装前应用热碱水将过滤器表面黏附物清洗干净，晾干后再浸以12号或20号机油。安装时应将空调器内外清扫干净，并注意过滤器的方向，将大孔径金属网格朝迎风面，以提高过滤效率。

自动浸油过滤器用于一般通风空调系统。安装时应清除过滤器表面黏附物，并注意装配的转动方向，使传动机构灵活。过滤器与框架或并列安装的过滤器之间应进行封闭，防止污染的空气短路而降低过滤效果。

自动卷绕式过滤器是用化纤卷材为过滤介质，以过滤器前后压差为传感信号进行自动控制、更换滤材的空气过滤设备，常用于空调和空气洁净系统。安装前检查框架应平整，过滤器支架上所有接触滤材表面处不能有破角、毛边、破口等。滤材应松紧适当，上下箱应平行，保证滤料可靠地运行。滤料安装要规整，防止自动运行时偏离轨道。多台并列安装的过滤器，用同一套控制设备时，压差信号使用过滤器前后的平均压差值，要求过滤器的高度、卷材轴直径以及所用滤材规格等有关技术条件一致，以保证过滤器的同步运行。特别注意的是卷路开关必须调整到相同的位置，避免其中一台过早报警，而使其他过滤器的滤料也中途更换。

2. 中效过滤器的安装

中效过滤按滤料可分为玻璃纤维、棉短绒纤维滤纸及无纺布型等。中效过滤器安装时，应考虑便于拆卸和更换滤料，并使过滤器与框架和框架与空调器之间保持严密。

袋式过滤器是一种常用的中效过滤器。它采用不同孔隙率的无纺布作滤料，把滤料加工成扁平袋形状，袋口固定在角钢框架上，然后用螺栓固定在空气处理室的型钢框上，中间加法兰垫片。由多个扁布袋平行排列，袋身用钢丝架撑起或是袋底用挂吊住。安装时要注意袋口方向应符合设计要求。见图5-50。

3. 高效过滤器的安装

高效过滤器是空气洁净系统的关键设备，其滤料采用超细玻璃纤维纸和超细石棉纤维

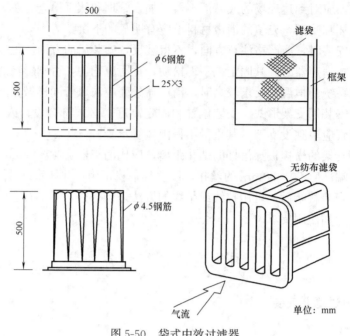

图 5-50　袋式中效过滤器

纸。为保证高效过滤器的过滤效率和洁净系统的洁净效果，高效过滤器的安装必须遵守《洁净室施工及验收规范》或设计图纸的要求。

（1）安装前的准备

为防止高效过滤器受到污染，开箱检查和安装时，必须在空气洁净系统安装完毕，空调器、风管内及洁净房间经过清扫，空调系统各单体试运行后及风管内吹出的灰尘量稳定后才能进行。

安装前要检查过滤器框架或边口端面的平直性。端面平整度的允许偏差，每只不应大于 1mm。如端面平整度超过允许偏差时，只允许修改或调整框架的端面，不允许修改过滤器的外框，否则将会损坏过滤器中的滤料或密封部分，降低过滤效果。

（2）安装方法

高效过滤器安装时，应保证气流方向与外框上箭头标志方向一致。用波纹板组合的过滤器在竖向安装时，波纹纸必须垂直地面，不得反向。

高效过滤器与框架的密封，一般采用顶紧法和压紧法两种。顶紧法特点：能在洁净室内安装和更换高效过滤器，其安装方法见图 5-51。压紧法特点：只能在吊顶内或技术夹层内安装和更换高效过滤器，其安装方法见图 5-52。顶紧法和压紧法安装应注意如下事项：

安装时要对过滤器轻拿轻放，不得污染，不能用工具敲打、撞击，严禁用手或工具触摸过滤纸，防止损伤滤料和密封胶。

过滤器与框架的密封，一般采用闭孔海绵橡

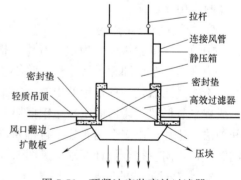

图 5-51　顶紧法安装高效过滤器

186

胶板或氯丁橡胶板密封垫，也有用硅橡胶涂抹密封。密封垫料厚度常采用 6～8mm，定位粘贴在过滤器边框上，安装后的压缩率应大于 50%。密封垫料的拼接采用梯形拼接或榫形拼接，见图 5-53。

如采用硅橡胶作密封材料，为保证良好的密封性，在涂抹硅橡胶前，应先清扫过滤器和框架上的杂物和油污，再饱满均匀地涂抹硅橡胶。

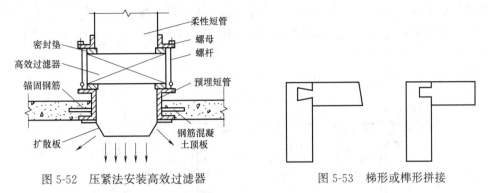

图 5-52　压紧法安装高效过滤器　　　　图 5-53　梯形或榫形拼接

5.7.2　空气热交换器安装

空调机组中常用的空气热交换器主要是表冷器和蒸汽或热水加热器。安装前空气热交换器的散热面应保持清洁、完整。热交换器安装时如缺少合格证明时，应进行水压试验。试验压力等于系统最高压力的 1.5 倍，且不少于 0.4MPa，水压试验的观测时间为 2～3min，压力不得下降。

热交换器的底座为混凝土或砖砌时，由土建单位施工，安装前应检查其尺寸及预埋件位置是否正确。底座如角钢架，则在现场焊制。热交换器按排列要求在底座上用螺栓连接固定，与周围结构的缝隙以及热交换器之间的缝隙，都应用耐热材料堵严，见图 5-54。

连接管路时，要熟悉设备安装图，要弄清进出口水管的位置。表冷器的底部应安装滴水盘和泄水管。当冷却器叠放时，在两个冷却器之间应装设中间滴水盘和排水管，泄水管应设水封，以防吸入空气。见图 5-55。蒸汽加热器入口的管路上，应安装压力表和调节阀，在凝水管路上应安装疏水器。热水加热器的供回水管路上应安装调节阀和温度计，加热器上还应安设放气阀。

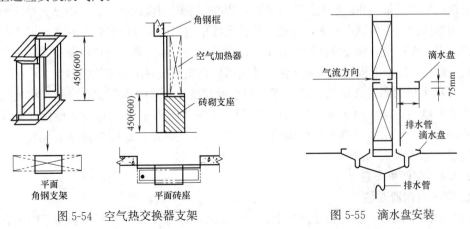

图 5-54　空气热交换器支架　　　　　图 5-55　滴水盘安装

5.7.3 喷水室的安装

1. 喷淋排管安装

在加工管路时，要对喷水室的内部尺寸进行实测。按图纸要求，结合现场实际进行加工制作和装配。主管与立管采用丝接，支管的一端与立管采用焊接连接，另一端安装喷嘴（丝接）。支管间距要均匀。每根立管上至少有两个立管卡固定。喷水系统安装完毕，在安设喷嘴前先把水池清扫干净，再开动水泵冲洗管路，清除管内杂质，然后拧上喷嘴。要注意喷口方向与设计要求的顺喷或逆喷方向相一致。喷嘴在同一面上呈梅花形排列，见图 5-56。

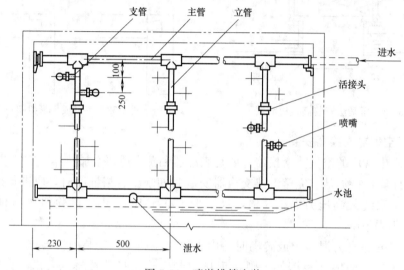

图 5-56 喷淋排管安装

2. 挡水板安装

（1）挡水板一般用镀锌钢板或玻璃钢板制作，前挡水板为 2～3 折，总宽度 150～200mm。后挡水板为 4～6 折，总宽度为 350～500mm。折板间距 25～50mm，折角 90°～120°。长度和宽度的允许偏差不得大于 2mm，片距应均匀，挡水板与梳形固定板的结合松紧应适应。

（2）安装前应配合土建在喷水室的侧壁上预埋好铁件。安装时先把挡水板的槽钢支座，连接支撑角钢的短角钢和侧壁上的边框角钢，焊在侧壁的预埋铁件上。再把靠侧壁的两块挡水板，用螺丝固定在角钢边框上，再把一边的支撑角钢，用螺栓将它们与焊在侧壁上的短角钢连接起来，然后把挡水板放在槽钢支座上，并把另一边的支撑角钢用螺栓与侧壁上的短角钢连接，最后，用梳形板把挡水板压住，并用螺丝将梳形板固定在支撑角钢上。

（3）挡水板的固定件应做防腐处理。挡水板和喷淋水池的水面如有缝隙，将使挡水板分离的水滴吹过，增大过水量，因此挡水板不允许露出水面，挡水板与水面接触应设伸入水中的挡板。分层组装的挡水板分离的水滴容易被空气带走，每层应设排水装置，使分离的水滴沿挡水板流入水池。

5.7.4 空调机安装

1. 窗式空调器安装

（1）窗式空调器一般安装在窗户上，也可以采用穿墙安装。其安装必须牢固可靠。

（2）安装位置不要受阳光直射，要通风良好，远离热源，且排水（凝结水）顺利。安装高度以 1.5m 左右为宜，若空调器的后部（室外侧）有墙或其他障碍物，其间距必须大于 1m。

（3）空调器室外侧可设遮阳防雨棚罩，但决不允许用铁皮等物将室外侧遮盖起来，否则因空调器散热受阻而使室内无冷风。

（4）空调器的送风、回风百叶口不能受阻，气流要保持通畅。

（5）空调器必须将室外侧装在室外，而不允许在内窗上安装，室外侧也不允许在楼道或走廊内安装。

（6）空调器凝结水盘要有坡度，室外排水管路要畅通，以利排水。

（7）空调器搬运和安装时，不要倾斜 30°以防冷冻油进入制冷系统内。

2. 立柜式空调机组安装

（1）机组安装必须平正稳当，并不得承受外接风管和水管的重量。

（2）在机组与基础（地面）之间宜采取减振措施，如铺橡胶板等。

（3）冷却水的进水口、回水口和凝结水排出口在机组同侧，安装管道时不要接错。进水与回水管道上必须安装阀门，用于调节流量和检修时切断水源。冷凝水排出管接到下水管或指定排水点，凝结水管路上不得安装阀门。

（4）当机组还须连接风管时，则在送回风口与系统风管之间要安装柔性接头。

3. 组装式空调箱安装

组装式空调箱是由各功能段装配组合而成，通常是在施工现场按设计图纸进行安装。其安装操作要点如下：

（1）安装前，按装箱清单进行开箱验货，检查各功能段部件的完好情况，检查风阀、风机等到转动件是否灵活，核对部件数量是否与清单所列数量一致。

（2）将喷淋段冷却段（水表冷段或直接膨胀式表冷段）按设计图纸定位，然后安装两侧其他段的部件。段与段之间采用专用卡兰连接，接缝用 $\delta=7mm$ 的乳胶海绵板作垫料。见图 5-57。

（3）机组中的新、回风混合段，二次回风段，中间段，加湿段，加热段，喷淋段，电加热段等有左右式之分，应按设计要求进行安装。

（4）各段组装完毕后，则按要求配置相应的冷热媒管路、给水排水管路。冷凝水排出管应畅通。全部系统安装完毕后，应进行试运转，一般应连续运行 8h 无异常现象为合格。

5.7.5　通风机安装

在通风空调工程中，通风机主要有离心通风机和轴流通风机，通风机安装的一般工艺流程如图 5-58 所示：

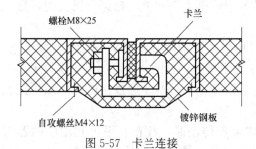

图 5-57　卡兰连接

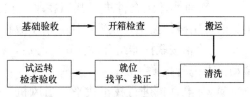

图 5-58　通风机安装的一般工艺流程

1. 通风机基础验收

通风机安装前，应根据设计图纸的要求，对设备基础进行全面检查，检查其基础坐标和标高及地脚螺栓孔口位置是否正确，并清除基础上杂物，尤其是螺栓孔中的木盒板要清除干净，然后按施工图在基础上放出通风机的纵横中心线。

2. 通风机设备开箱检查

根据设备装箱清单，核对机壳、叶轮、地脚螺栓、机轴、电机、皮带轮和其他零部件的数量。检查其主要尺寸、进出口的位置以及叶轮旋转方向是否符合设计要求。查看进、排风口是否有盖板严密遮盖、风机外露部分各加工面是否有防锈处理以及转子是否发生明显变形或严重锈蚀、碰损等，如有上述情况，应会同有关单位研究处理。

3. 通风机的搬运和吊装

整体安装的风机，搬运和吊装的绳索不得捆绑在转子和机壳或轴承盖的吊环上，而应固定在风机轴承箱的两个受力环上或电机的受力环上以及机壳侧面的法兰圆孔上。现场组装的风机，绳索的捆绑不得损伤机件表面、转子、轴颈和轴封等处。与机壳边接触的绳索，在棱角处应垫好软物，防止绳索受力被棱边切断。在搬运和吊装过程中，对输送特殊介质通风机转子和机壳内涂敷的保护层，应严加保护，不得损坏。

4. 设备清洗

（1）风机安装前，应将轴承、传动部位及调节机构进行拆卸、清洗，使其转动灵活。

（2）用煤油或汽油清洗轴承时严禁吸烟或用火，以防发生火灾。

（3）各部件装配净度应符合产品技术文件的要求。

5. 离心通风机安装

（1）小型离心风机安装

小型（2.8～5 号）离心风机，全部采用直联结构，风机叶轮直接固定在电机轴上，机壳直接固定在电机端头的法兰上。安装时先将风机的电动机放在基础上，使电动机底座的螺栓孔对正基础上预留螺栓孔，把地脚螺栓一端插入基础螺栓孔内，带丝扣的一端穿过底座的螺栓孔，并挂上螺母，丝扣应高出螺母 1～1.5 扣的高度。用撬杠把风机拨正，用垫铁把风机垫平，然后用 1∶2 的水泥砂浆浇筑地脚螺栓孔，待水泥砂浆凝固后，再上紧螺母。见图 5-59（a）。

（2）中型离心风机安装

中型（6～12 号）离心风机，采用弹性联轴器连接或三角皮带传动，其轴和电机轴是分开的，安装时可按下列步骤进行，见图 5-59（b）：

1）先把机壳吊放在基础上，穿上地脚螺栓，把机壳摆正，暂不拧紧。

2）再把叶轮、轴承和皮带轮的组合体也吊放在基础上，并把叶轮穿入机壳内，穿上轴承箱地脚螺栓，然后将电机吊装在基础上。

3）对轴承箱组合件进行找正找平。找正可用大平尺按中心线量取平行线进行检查，偏斜的可用撬杆拨正，找平可用方水平放在皮带轮上检查，低的一面可加斜垫铁垫平。

4）叶轮按联抽器组合件找正中心后，机壳即以叶轮为标准，通过在机壳下加垫铁和微动机壳进行找平找正。

5）对电动机进行找正找平。当风机采用联轴器传动时，找正找平可利用联轴器来进行。先用角尺进行初调整到两联轴器外圆表平面基本齐平，然后进行精找。精找时，

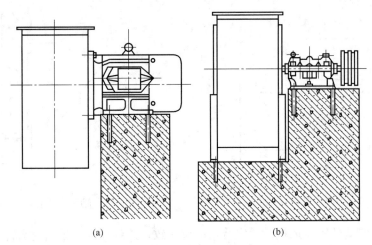

图 5-59 通风机在混凝土基础上安装

(a) 小型离心风机；(b) 中型离心风机

转动联轴器，按上、下、左、右四个相互垂直的位置，用测点螺丝和塞尺或百分表，同时测量联轴器的径向间隙和轴向间隙，调整到符合质量标准。当风机采用皮带传动时，应先将电动机固定在滑轨上，再移动滑轨，使电动机轴与通风机轴的中心线相互平行。然后在两个皮带轮的端面上拉通线，作为标准，将电动机在滑轨上移动，使两个皮带轮的端面在同一个平面上。安装皮带时，应使皮带松紧适当，一般以用手敲打皮带中间，稍有弹跳为准。

6) 通风机设备找正找平后，在混凝土基础的预留孔内，用比基础混凝土高一级标号的混凝土灌浆，并捣固密实，地脚螺栓不得歪斜。待初凝后再检查一次各部分是否平整，最后上紧地脚螺栓。

(3) 大型离心风机安装

大型 (16～20 号) 离心风机，为便于运输和安装，机壳做成三开式的，机壳沿中分水平面分为两半外，上部再沿中心线垂直分为两半，各部分用螺栓连接，出风口的方向是固定的。其安装方法同中型离心风机，但应先装机壳下部，待叶轮组合体安装调整后，再安装其上部。

6. 轴流通风机安装

轴流风机大多安装在风管中间，墙洞内或单独支架上。在空气处理室内也有选用大型 (12 号以上) 轴流风机作回风机用的。

(1) 风管中安装轴流风机。其安装方法与在单独支架上安装相同，见图 5-60。支架应按设计图纸要求位置和标高安装，支架螺孔尺寸应与风机底座螺孔尺寸相符。支架安装牢固后，再把风机吊放在支架上，支架与底座间垫上厚度为 4～5mm 的橡胶板，穿上螺栓，找正找平后，上紧螺母。连接风管时，风管中心应与风机中心对正。为检查和接线方便，应设检查孔。

(2) 墙洞内安装轴流风机。安装前，应在土建施工时，配合土建留好预留孔，并预埋挡板框和支架。安装时，把风机放在支架上，上紧底脚螺栓的螺母，连接好挡板，在外墙侧应装上 45°防雨防雪弯头。见图 5-61。

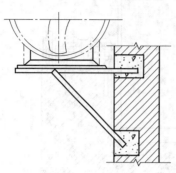

图 5-60　轴流风机在支架上安装

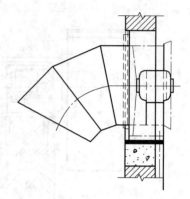

图 5-61　轴流风机在墙洞内安装

（3）现场组装的轴流风机叶片安装角度应一致，达到在同一平面内运转，叶轮与筒体之间的间隙应均匀，水平度允许偏差为 1/1000。

（4）主体风筒上部接缝或进气室与机壳、静子之间的连接法兰以及前后风筒和扩压器的连接法兰均应对中贴平，接合严密。前、后风箱和扩压器等应与基础连接牢固，其重量不得加在主体风筒上，防止机体变形。

7. 风机的隔震

通风机在运转时，会引起振动并产生噪声。这些振动和噪声对精密设备、建筑结构和人体产生不良影响，因此在安装通风机时，应采取隔振措施。通风机隔振的方法是把通风机安装在隔振台座上，在台座与楼板或基础之间安装隔振器或隔振垫衬。

（1）常见的隔振台座形式如下：

1）钢筋混凝土台座。是用型钢制作框架，并在框架内布置钢筋，再浇筑混凝土制成。这种台座的重量大、台座振动小，运行比较平稳，但制作不太方便。

2）型钢台座。多数是用槽钢焊接或螺栓连接制成的。型钢台座的重量较轻，制作安装方便，应用比较普遍，但是台座的振动较大。

（2）常见的减振器的安装。常见的减振器有橡胶减振器和弹簧减振器。安装减振器时，除了要求地面平整外，应按设计要求选择和布置减振器。各组减振器承受荷载后的压缩量应均匀，不得偏心。安装后发现减振器的压缩量受力不均匀时，应根据实际情况移动和调整。

5.7.6　风机盘管和诱导器安装

1. 风机盘管安装

风机盘管空调器主要由风机和换热器组成，同时还有凝结水盘、过滤器、外壳、出风格栅、吸声材料、保温材料等。风机盘管的安装形式有明装与暗装、立式与暗式、卡式和立柜式等。

工艺流程：预检→施工准备→电机检查试转→表冷器水压检验→吊架安装→风机盘管安装→连接配管→检验。

卧式风机盘管安装剖面图如图 5-62 所示。

风机盘管安装操作的要点如下：

（1）按设计图纸确定安装的位置尺寸，并检查风机盘管的管标高是否符合要求。

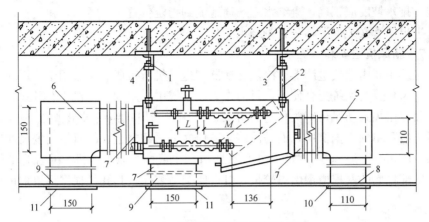

图 5-62 卧式风机盘管安装剖面图

1. 螺母；2. 吊杆；3. 槽钢；4. 方斜垫圈；5. 送风消声弯头；6. 回风消声弯头；
7. 风管软接头；8. 送风管；9. 回风管；10. 送风口；11. 带过滤网回风口

（2）风机盘管应逐步进行水压试验，试验压力为工作压力的 1.5 倍，定压后观察 2～3min，不渗不漏即可。

（3）安装卧式机组时，应合理选择好吊杆和膨胀螺栓，并使机组的凝水管保持一定的坡度（一般为 5°），以利于凝结水的排出。吊装的机组应平整牢固、位置正确。

（4）机组进出水管应加保温层，以免夏季使用时产生凝结水。机组进出水管与外接管路连接时必须对准，最好采用挠性接管（软接）或铜管连接，连接时切忌用力过猛或别着劲（因是薄壁管的铜焊件，以免造成盘管弯扭而漏水）。

（5）机组凝结水盘的排水软管不得压扁、折弯，以保证凝结水排出畅通。

（6）在安装时应保护如换热器翅片和弯头，不得倒塌或碰漏。

（7）安装时不得损坏机组的保温材料，如有脱落的则就重新粘牢，同时与送回风管及风口的连接处应连接严密。

（8）暗装卧式风机盘管时应留有活动检查门，便于机组能整体拆卸和维修。

2. 诱导器安装

诱导器由外壳、热交换器、喷嘴，静压箱和一次风连接管组成。其工作原理为：经过集中处理的一次风首先进入诱导器的静压箱，然后以很高的速度从喷嘴喷出，在喷射气流的作用下，诱导器内部将形成负压，因此可将二次风诱导进来。再与一次风混合形成空调房间的送风。二次风经过盘管时可以被加热，也可以被冷却减湿。诱导器的安装应注意以下要点：

（1）按设计要求的型号就位安装，并检查喷嘴的型号是否正确。

（2）安装卧式诱导器应由支、吊架固定，并便于拆卸和维修。

（3）诱导器与一次风管的连接处应密闭，防止漏风。

（4）水管与诱导器的连接宜采用软管，接管应平直，严禁渗漏。

（5）诱导器与风管、回风室及风口的连接处应严密，诱导器的出风口或回风口的百叶栅格有效通风面积不能小于 80%。

（6）诱导器的进出水管接头和排水管接头不得漏水，连接支管上应装有阀门，便于调节和拆装。排水坡度应正确,凝结水应畅通地流到指定位置。

（7）进出水管必须保温,防止凝结水。

5.7.7　新风机组安装

新风机组主要由空气过滤器、冷热交换器和送风机所组成。一般用于采用新风系统的场合,常与风机盘管系统配合使用。目前作为该系统中常用的新风机组有卧式、立式和吊顶式,下面以吊顶式新风机组为例进行介绍。吊顶式新风机组的外形如图 5-63 所示,吊顶式新风机组不单独占据机房,而是吊装于屋顶之下顶棚之上,故机组高度尺寸较小,风机为低噪声风机,一般 $4000\mathrm{m}^3/\mathrm{h}$ 以上的机组有两个或两个以上风机,并且为了吊装上的方便,其底部框底的两根槽钢做得较长,打有四个吊装孔,其孔径根据机组重量和吊杆直径确定。

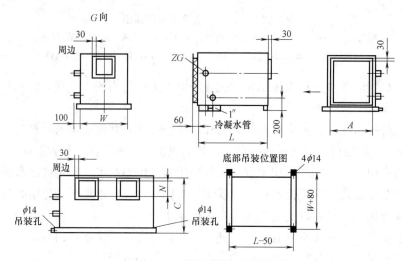

图 5-63　吊顶式新风机组外形

吊顶式新风机组吊装于屋顶时,从承重方面考虑,在一般情况下机组的风量不超过 $4000\mathrm{m}^3/\mathrm{h}$,如承重建筑物承重强度比较大,并有保证,也可以吊装较大的风量机组,有的能达到 $20000\mathrm{m}^3/\mathrm{h}$,但在安装时必须有保证措施。

吊顶式新风机组安装应注意以下安装要点:

1. 安装前,应首先阅读生产厂家所提供的产品样本及安装使用说明书,详细了解其结构特点、重量和安装要点。

2. 因机组吊装于楼板上,故应确认安装部位楼板的混凝土强度等级是否满足承重要求和长期运行的机械振动要求。

3. 在一般情况下,生产厂家应使用型钢底座,安装时四个吊点就设在型钢底座的四角,吊杆直径由厂家确定,通常比型钢底座的螺栓孔小 2～3mm,实际工程中一般为 20mm 左右。

4. 吊杆应有足够的长度,如需接长,应采用搭接焊,搭接长度不小于 6 倍吊杆直径,且双面满焊,以保证吊挂安全。吊杆吊挂底座的四个吊点用双螺母紧固。

5. 在机组安装时应特别注意机组的进出风方向、进出水方向、过滤器的抽出方向是否正确等。

6. 安装时应也别注意保护好进出水管、冷凝水管的连接螺纹，缠好密封材料，防止管路连接处漏水，同时应注意机组凝结水盘应保持水平或稍微向凝结水出口倾斜，保护好机组凝结水盘的保温材料，防止其破损或脱落后在底面产生凝结水。连接机组的冷凝水管时有一定坡度，以使冷凝水顺利排出。

7. 机组安装完毕后应检查送风机的运转方向、有无异常音响和运转的平衡性。

8. 机组的出风口与风管道连接时应采用帆布软管连接。

5.7.8 多联机设备安装

多联机空调系统是由一台或一组变容式压缩机的室外机，连接多台室内机而组成的单一制冷回路系统，因此，俗称"一拖多"。它可以通过对变容式压缩机和电子膨胀阀的控制，调节系统和室内侧换热器制冷剂流量来实现系统的变容节能运行，并较精确地满足室内供暖或供冷要求。多联机空调系统一般由室内机、室外机、制冷剂配管及辅件、自动控制器件及系统等部分组成。

1. 一般规定

（1）多联机空调设备的搬运和吊装，应符合产品技术文件的有关规定，并应做好设备的保护工作，不得造成设备的损伤。

（2）多联机空调系统中室外机、室内机及配套管道、管件型号、规格、性能及技术参数等必须符合设计文件要求，设备外表面应无损伤、密封应良好，随机文件和配件应齐全。

（3）多联机空调系统工程的安装应与电气、给水排水、装饰等专业相互协调。

2. 室内机安装

（1）风管式室内机与管道之间宜采用软管连接。

（2）安装机组时，应留有检修口和一定操作空间，同时应满足整体美观要求。

（3）吊装的室内机，吊杆上端生根应牢固可靠，吊杆下应采用双螺母锁定。

（4）施工时，应对室内机进行防尘保护。

3. 室外机安装

（1）室外机的安装位置，应确保其四周留有足够的进排风和维修空间。进排风应通畅，必要时应安装风帽及气流导向格栅。

（2）室外机应水平安装在经设计计算具有足够强度的基础和减振部件上，且必须与基础进行固定；如室外机安装在屋顶上，应征得建筑结构专业的同意，并采取防水措施。

（3）室外机基础周围应做排水沟，做到有序排水。

5.7.9 除尘器安装

除尘器种类较多，按作用原理可分为机械式除尘器、过滤式除尘器、洗涤式除尘器及电除尘器等类型，但其安装的一般要求是：安装除尘器，应保证位置正确、牢固平稳、进、出口方向、垂直度与水平度等必须符合设计要求；除尘器的排灰阀、卸料阀、排泥阀的安装必须严密，并便于日后操作和维修。此外，根据不同类型除法尘器的结构特点，在安装时还应注意如下操作要点：

1. 机械或除尘器

（1）组装时，除尘器各部分的相对位置和尺寸应准确，各法兰的连接处应垫石棉垫片，并拧紧螺栓。

（2）除尘器与风管的连接必须严密不漏风。

（3）除尘器安装后，在联动试车时应考核其气密性，如有局部渗漏应进行修补。

2. 过滤式除尘器

（1）各部件的连接必须严密。

（2）布袋应松紧适度，接头处应牢固。

（3）安装的振打或脉冲式吹刷系统，应动作正常可靠。

3. 洗涤式除尘器

（1）对于水浴式、水膜式除尘器，其本体的安装，要确保液位系统的准确。

（2）对于喷淋式的洗涤器，喷淋装置的安装，应使喷淋均匀无死角，保证除尘效率。

4. 电除尘器

（1）清灰装置动作灵活可靠，不能与周围其他部件相碰。

（2）不属于电晕部分的外壳、安全网等，均有可靠的接地。

（3）电除尘器的外壳应做保温层。

5.8　通风空调系统试运转及调试

通风空调系统安装完毕后，系统投入正式作用前，必须进行系统试运转及调试。其目的是使所有的通风空调设备及其系统，能按照设计要求达到正常可靠的运行。同时，通过试运转及调试，可以发现并消除通风空调设备及其系统的故障、施工安装的质量问题以及工艺上不合理的部分。通风空调系统试运转及调试一般可分为准备工作，设备单体试运转，无生产负荷联合试运转，竣工验收，综合效能试验五个阶段进行。

5.8.1　试运转及调试

1. 准备工作

（1）熟悉资料

熟悉通风空调工程全套资料，包括工程概况、施工图纸、设计参数、设备性能和使用方法等，特别应熟悉掌握通风空调工程中自动调节系统的有关资料。

（2）现场会检

试调人员会同建设、设计、施工及监理单位，对已安装好的系统进行现场的外观质量检查，其主要内容包括：

1）风管、管道扩通风空调设备安装是否正确牢固。

2）风管表面是否平整、有破损，风管连接处以及风管与设备或调节装置的连接处是否有明显缺陷，洁净系统的风管、静压箱是否清洁，严密。

3）各类调节装置的制作和安装应正确牢固，调节灵活，操作方便。特别是防火、排烟阀应关闭严密，动作可靠。

4）除尘器、集合器是否严密。

5）绝热层有无断裂和松散现象，外表是否光滑平整。

6）系统刷油是否均匀、光滑，油漆涂色与标志是否符合设计要求。

在检查中凡质量不符合规范规定的，应逐项填写质量缺陷明细表，提清施工单位或设备生产厂家，在测试前及时修正。

（3）编制试调计划

编制试调计划的内容包括：目标要求、时间进度、试调项目、试调程序和方法、试调仪器和工具以及人员分工安排等。

（4）做好仪器、工具和运行准备

准备好试运转及调试过程中所需用的仪器和工具，接通水、电源及供应冷、热源。

各项准备工作就绪和检查无误后，即可按计划投入试运转及调试。

2. 设备单体试运转

设备单体试运转，其目的是检查单台设备运行或工作时，其性能是否符合有关规范规定以及设备技术文件的要求，如有不符，应及时处理使设备保持正常运行或工作状态。设备单体试运转的主要内容包括：

（1）通风机试运转。

（2）水泵试运转。

（3）制冷机试运转。

（4）空气处理室表面热交换器工作是否正常。

（5）带有动力的除尘器与空气过滤器的试运转。

3. 无生产负荷联合试运转

通风空调系统的无生产负荷联合试运转应由施工单位负责，设计单位、建设单位参与配合。无生产负荷联合试运转的测定与调整应包括如下内容：

（1）通风机风量、风压及转速测定。通风与空调设备风量、余压与风机转速测定。

（2）系统与风口的风量测定与调整。实测与设计风量偏差不应大于10％。

（3）通风机、制冷机、空调器噪声的测定。

（4）制冷系统运行的压力、温度、流量等各项技术数据应符合有关技术文件的规定。

（5）防排烟系统正压送风前室静压的检测。

（6）空气净化系统，应进行高效过滤器的检漏和室内洁净度级别的测定。对于大于或等于100级的洁净室，还需增加在门开启状态下，指定点含尘浓度的测定。

（7）空调系统带冷、热源的正常联合试运转应大于8h，当竣工季节条件与设计条件相差较大时，仅做不带冷、热源的试运转。通风、除尘系统的连续试运转应大于2h。

4. 竣工验收

在通风空调系统无生产负荷联合试运转验收合格后，施工单位应向建设单位提交下列文件及记录，并办理竣工验收手续。

（1）设计修改的证明文件和竣工图。

（2）主要材料、设备、成品、半成品和仪表厂合格证明或验收资料。

（3）隐蔽工程验收单和中间验收记录。

（4）分项、分部工程质量检验评定记录。

（5）制冷系统试验记录。

（6）空调系统的联合试运转记录。

5. 综合效能试验

通风空调系统带生产负荷条件下做的系统联合试运转的测定与调整，即综合效能试验。带生产负荷的综合效能试验，应由建设单位负责，设计、施工及监理单位配合，按工艺和设计要求进行下列项目的测定与调整：

（1）通风、除尘系统综合效能试验。

1）室内空气中含尘浓度或有害气体浓度与排放浓度的测定。

2）吸气罩罩口气流特性的测定。

3）除尘器阻力和除尘效率的测定。

4）空气油烟、酸雾过滤装置净化效率的测定。

（2）空调系统综合效能试验。

1）送、回风口空气状态参数的测定与调整。

2）空调机组性能参数测定与调整。

3）室内空气温度与相对湿度测定与调整。

4）室内噪声测定。

5）对于恒温恒湿空调系统，还应包括：室内温度、相对湿度场测定与调整，室内气流组织测定以及室内静压测定与调整。

6）对于洁净空调系统，还应增加：室内空气净化度测定，室内单向流截面平均风速和均匀度的测定，其室内浮游菌和沉降菌的测定，以及室内自净时间的测定。

此外，对于防排烟系统，其测定项目有：在模拟状态下，安全区正压变化测定及烟雾扩散试验等。

以上试验的测定与调整均应遵守现行国家有关标准的规定及有关技术文件的要求。在试验中如出现问题，应共同分析，分清责任，采取处理措施。

5.8.2　常见故障及排除

在空调系统的调试与运行过程中，可能出现多种问题，应通过正确的测试与分析，给出适宜的解决方法。

1. 通风空调系统实测的总风量过小

（1）产生原因

1）空调器的空气过滤器、冷却器、加热器堵塞。

2）风阀关闭。

3）风阀的质量不高或叶片脱落。

4）风管系统的设计不合理，局部阻力过大。

5）风机选择不当或性能低劣。

6）漏风率过大。

7）选用的空调器不当。

（2）解决方法

1）风机运转前，空调器内必须将表面冷却器、加热器表面上的污物清除掉，对空气过滤器也应清除污物，以减少空气的流动阻力。对于油浸式空气过滤器应将表面污物用碱水清洗；对于闭孔泡沫塑料空气过滤器则用清水清洗干净。

2）在测定系统总风量时，首先应将各直管及风口风阀全部开到最大位置，然后根据风机的电机运转电流将总风管的风阀逐渐开至最大位置，以不超过电机额定电流为准。如全部风阀开至最大位置，其总风量仍很小或运转电流很小，应检查风阀开启位置是否正确。

3）风阀的质量有问题时，应查看从系统中拆下的叶片与连杆是否有脱落现象。如叶片脱落，即使风阀全开，但叶片出于关闭状态。因此必须修复正常后才能使用。

4）对风管系统检查产生局部阻力较大的部位，并根据实际情况提出改进措施，以减少风机的压力损失。

5）应复核设计计算书，如设计有误，应改变风机的型号，如改变风机的转数和电机容量。

6）检漏并堵漏。

7）空调器内的气流速度应保持在一定范围，如有的工程在设计时只考虑空调器的表面冷却器式加热器的冷、热负荷，但还不应忽略由于气流速度过大而增加的动压损失。

2. 通风空调系统实测的总风量过大

（1）产生原因

1）空气洁净系统各级空气过滤器初阻力小。

2）系统总风管无调节阀。

3）风机选用不当。

（2）解决方法

1）空气洁净系统在试车阶段高效空气过滤器尚未安装，系统的阻力比设计的要小得多，因此在试车中应随时注意电机运转的电流值，并控制在额定范围内。一般采用调节总风管的调节阀开度的方法来控制风量。系统正常运转后随着运行时间增加，空气过滤器的阻力也不断地增加，再逐渐开大总风管风量调节阀的开度，使总风量基本维持在给定的范围。

2）系统的总风管无风量调节阀，将会造成风量过大而使电机超载，有烧毁电机的危险，应在总风管处增设风量调节阀。应该指出的是，风量调节阀与启动阀所起作用是截然不同的，设计规范中规定可带负荷启动而取消启动阀，而调节阀还是要设的。

3）在风管系统设计时，管网系统阻力估算较大，而管网系统实际阻力较小，管网特性曲线与风机特性曲线的交点向有偏移，因此实际风量比设计风量要大。应将总风管的风量调节阀开度减小，增大管网阻力，使风机的工作点向左偏移，实际风量减至给定值。也可重新选用风机或改变风机转数。

3. 防排烟系统不能正常运行

（1）产生原因

1）防火阀安装离墙距离太远，有的是施工人员对规范不熟任意施工，有的是防火墙两侧无防火阀安装位置。

2）未设独立支吊架，主要是由于施工单位对规范不熟或偷工减料，有的虽然设置了吊架，但为了避开防火阀的操作手柄而偏在阀体某一边，未达平衡。

3）防火阀未考虑检修，主要是施工时各施工单位之间未进行良好的协调配合所致。

4）多叶送风口、多叶排烟口预留洞尺寸太小，一般是由于设计单位未考虑执行机构的尺寸所致。

（2）解决方法

1）装设与防火分区隔墙两侧的防火阀距离墙表面不应大于 200mm，安装时还应注意阀的方向性，使易熔片始终处于迎风侧方向，执行机构要置于方便操作的位置，拉索应朝下。若因无法安装位置使防火阀离墙太远时，风管要采取措施加强防火性能。

2）防火阀直径或长边尺寸大于等于 630mm 时，宜设独立支吊架。支吊架应有适当的强度和刚度。吊架要设置在防火阀体的中心，最好吊在防火阀顶部的四个角上，以保持受力均匀，不易变形。

3）设于吊顶内或其他隐蔽位置的防火阀，应在吊顶上或其他合适位置设检修口，以方便防火阀的手动操作及检修。对于因下方被其他管线阻挡等特殊情况导致无法对防火阀进行操作及检修的，可考虑设远距离钢缆操作机构。

4）在确定多叶送风口及多叶排烟口的预留洞尺寸时，应考虑执行机构所占的尺寸，该尺寸一般为 250mm 左右。

本 章 小 结

通风与空调系统安装属于安装工程中的一个分部工程，它包含了若干个分部分项工程的安装。本章以通风空调工程施工安装流程为主线，主要从两方面讲述通风空调系统安装技术：安装技术和系统试运转及调试，其中安装技术又包含：风管及配件制作、风管和部件安装及设备安装三部分内容。

本章第一节介绍了通风空调系统施工安装中涉及的几个常用术语、通风与空调系统的概念，以及有关施工安装的内容与要求，让读者对通风与空调系统安装有一个概略性的认识。本章第二节介绍了通风空调工程常用的材料（主材和辅材），以及通风空调常用的风管（金属风管和非金属风管），使读者对通风空调系统使用常用材料有一个基本性的认识。

本章第三节讲述了金属风管及配件的加工工艺，包括：划线、剪切、折方和卷圆、连接（咬口、铆接、焊接）、法兰制作等工序。本章第四节阐述了常用配件展开图绘制的近似方法：平行线法、放射线法及三角形法。本章第五节介绍了非金属风管及配件加工制作的方法，包括硬聚氯乙烯风管、玻璃钢风管、玻璃纤维铝箔复合风管、防风板风管的制作方法。

本章第六节介绍了风管的安装，包括支架安装、风管连接、风管加固、风管强度及风管严密性及允许漏风量，部件安装包括风阀、风口、风帽、吸尘罩与排气罩安装、柔性短管安装、消声器的安装。

本章第七节讲述了通风空调系统常用设备的安装，包括：过滤器、热交换器、喷淋室、空调机、风机、风机盘管、新风机组、多联机及除尘器的安装。

本章最后一节介绍了通风空调系统试运转及调试的工作流程，一般可分为准备工作；设备单体试运转；无生产负荷联合试运转；竣工验收；综合效能试验五个阶段进行。

关键词（Keywords）：通风工程（Ventilation Works）；空调工程（Air Conditioning Works）；施工安装技术（Construction Technology）；试运行及调试（Operation And Commissioning）。

安装示例介绍

EX5.2 某高层住宅防排烟系统安装示例

EX5.3 某高层住宅带独立新风的风机盘管空调系统安装示例

EX5.4 某办公楼多联机加新风空调系统安装示例

思考题与习题

1. 板材都有哪几种？分别适用于什么场合？
2. 风管和配件连接时，都有什么连接方式？分别适用于什么场合？
3. 斜插板阀安装时应注意什么要求？
4. 为什么要对风管进行加固？金属风管加固的方式有哪些？
5. 风阀种类有哪些？各安装在什么位置？
6. 管道安装有那些方式？支、吊架的形式有哪几种？安装应注意哪些问题？
7. 防火阀安装时应注意事项？
8. 排烟阀应用在什么系统之中，当火灾发生时，排烟阀如何工作？
9. 简述设备单体试运转的主要内容。

本章参考文献

[1] 中国安装协会编. JGJ/T 141—2017 通风与空调管道质量验收规范 [S]. 北京：中国建筑工业出版社，2017.
[2] 中华人民共和国住房和城乡建设部. GB 50243—2016 通风与空调工程施工质量验收规范 [S]. 北京：中国计划出版社，2016.
[3] 中华人民共和国住房和城乡建设部. GB 50738—2011 通风与空调工程施工规范 [S]. 北京：中国建筑工业出版社，2011.
[4] 王智伟，刘艳峰. 建筑设备施工与预算 [M]. 北京：科学出版社，2002.
[5] 邵宗义，邹声华，郑小兵. 建筑设备施工安装技术 [M]. 北京：机械工业出版社，2019.
[6] 王志毅. 暖通空调工程调试 [M]. 长沙：中南大学出版社，2017.
[7] 郭爱云. 简明建筑设备安装施工手册 [M]. 北京：中国电力出版社，2017.
[8] 李联友. 暖通空调施工安装工艺 [M]. 北京：中国电力出版社，2016.
[9] 张金和. 建筑设备安装技术 [M]. 北京：中国电力出版社，2012.
[10] 胡笳. 通风与空调设备施工技术手册 [M]. 北京：中国建筑工业出版社，2011.
[11] 张青立. 通风空调工程常见质量问题及处理 200 例 [M]. 天津：天津大学出版社，2010.
[12] 蒋白懿. 简明建筑设备安装手册 [M]. 北京：化学工业出版社，2008.

第6章　锅炉系统安装技术

• 基本内容

锅炉本体和炉排（钢架、锅筒、集箱、受热面管、省煤器、空气预热器、炉排和燃烧设备）及其附属设备（压力表、水位计、安全阀、仪表、阀门和吹灰器）的安装、调试工艺程序和要求，常用机具的使用方法；锅炉严密性试验、水压试验、烘炉、煮炉、各种设备的分部试运行和锅炉系统的试运行程序。

• 学习目标

知识目标：理解胀管原理，烘炉与煮炉原理、作用。掌握锅炉及附属设备整体安装程序，胀管过程和工艺要求，锅炉附属设备的安装要求和注意事项。了解锅炉及附属设备的安装的有关标准、规范，锅炉本体各部分和炉排的安装程序和工艺要求，锅炉水压试验程序，烘炉与煮炉操作程序和要求，各部分试运行和系统试运行的操作程序。

能力目标：通过对锅炉系统施工安装的图片示例的学习以及相关知识解读的学习，着重培养学生对锅炉系统施工安装工艺及锅炉系统运行调试的感性认识，以及相关知识的认知能力。

• 学习重点与难点

重点：锅炉及附属设备整体安装程序；胀管过程和工艺要求；锅炉附属设备的安装要求和注意事项。

难点：锅炉安装技术质量控制；锅炉运行调试。

• 知识脉络框图

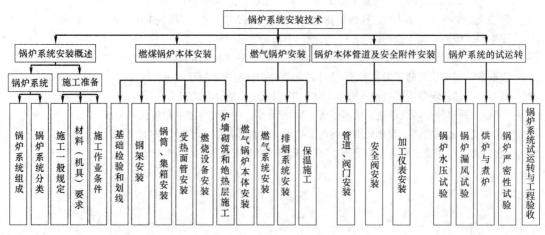

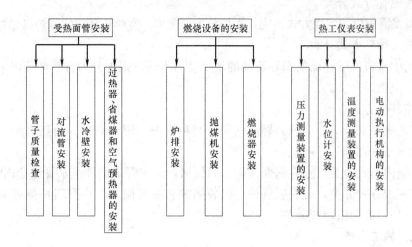

6.1 锅炉系统安装概述

6.1.1 锅炉系统

1. 锅炉系统组成

锅炉，顾名思义其最根本的组成是汽锅和炉子两大部分。燃料在炉子里燃烧，将它的化学能转化为热能，高温的燃烧产物——烟气，则通过汽锅受热面把热量传递给汽锅中温度较低的水，水被加热或进而沸腾汽化，产生蒸汽。锅炉房设备是保证锅炉源源不断地生产蒸汽或热水而设置的，诸如输煤除渣机械、储油和加压加热设备、燃气调压装置、送引风机、水泵和量测控制仪表等不可缺少的辅助装置和设备。借此锅炉房成为供热之源，安全可靠、经济有效地为用户提供热量。

汽锅的基本构造包括锅筒（又称汽包）、管束、水冷壁、集箱和下降管等，它是一个封闭的汽水系统。炉子包括煤斗、炉排、炉膛、除渣板、送风装置等，是燃烧设备。

此外，为了保证锅炉的正常工作和安全，蒸汽锅炉还必须装设安全阀、水位表、高低水位报警器、压力表、主汽阀、排污阀、止回阀等；还有为消除受热面上积灰以利传热的吹灰器，以提高锅炉运行的经济性。

2. 锅炉系统分类

锅炉分类的方法很多，通常可按锅炉用途、容量、燃烧方式和水循环方式等进行分类。

（1）按锅炉用途分类

锅炉按用途可分为电站锅炉和供热锅炉（也称工业锅炉）两大类。前者用于生产电能；后者用于工业生产工艺、供热和生活。

（2）按锅炉容量分类

锅炉容量用蒸发量 D 来表示。按蒸发量大小，锅炉有小型、中型和大型之分，但它们之间没有固定的分界。对于电站锅炉，一般认为 $D < 400t/h$ 的为小型锅炉，D 在 $400 \sim 670t/h$ 之间的为中型锅炉，$D > 670t/h$ 的为大型锅炉。相比于电站锅炉，供热锅炉容量就很小，蒸发量 D 一般在 $0.1 \sim 65t/h$。

（3）按燃烧方式分类

按燃料在锅炉中的燃烧方式不同，锅炉分为层燃炉、室燃炉和流化床炉（也称沸腾炉）。

（4）按水循环方式分类

按汽锅中水流经受热面的循环流动的主要动力不同，锅炉分为自然循环锅炉、强制循环锅炉和直流锅炉三类。

（5）按其他方式分类

1）按燃烧类别分类，可分为燃煤锅炉、燃油锅炉、燃气锅炉、余热锅炉、生物质锅炉、垃圾锅炉和核能锅炉等。

2）按结构形式分类，则有锅壳锅炉、烟管锅炉、水管锅炉和烟水管组合锅炉。

3）按装配方式分类，有快装锅炉、组装锅炉和散装锅炉。小型锅炉都可采用快装形式，电站锅炉一般为组装或散装。

6.1.2　施工准备

1. 施工一般规定

（1）管道、设备和容器的保温，应在防腐和水压试验合格后进行。

（2）保温的设备和容器，应采用粘接保温钉固定保温层，其间距一般为 200mm。当需采用焊接勾钉固定保温层时，其间距一般为 250mm。

2. 材料（机具）要求

（1）材料要求

1）工程所使用的主要材料、成品、半成品、配件、器具和设备必须具有中文质量合格证明文件，规格、型号及性能检测报告应符合国家技术标准或设计要求，包装应完好，表面无划痕及外力冲击破损。包装上应标有批号、数量、生产日期和检验代码。并经监理工程师核查确认。

2）主要器具和设备必须有完整的安装使用说明书。在运输保管和施工过程中，应采取有效措施防止磨坏或腐蚀。

（2）主要机具

1）机械：吊车、卷扬机、千斤顶、链式起重机、砂轮机、套丝机、砂轮锯、小型手提式坡口机、电焊机、电烘箱、红外线退火仪、胀管器、管端头打磨机、试压泵等。主要机械机具如图 6-1 所示。

(a)　(b)　(c)　(d)

图 6-1　主要机具

（a）卷扬机；（b）电焊机；（c）试压泵；（d）胀管器

2）工具：手电钻、冲击钻、各种扳手、夹钳、手锯、手锤、布剪刀、滑轮、道木、滚杠、钢丝绳、大绳、索具、气焊工具等。

3）量具：钢板尺、法兰角尺、钢卷尺、卡钳、塞尺、振幅测量仪、百分表、水平仪、水平尺、游标卡尺、焊缝检测尺、X射线探伤机、温度计、压力表、线坠等。

3. 施工作业条件

（1）对设计的规定。全国性锅炉定型设计，需经国家质检总局特种设备安全监察机构审查批准，非全国性的锅炉定型设计，需经省级质量技术监督部门安全监察机构审查批准。设计图纸上应有审查批准字样。

（2）对锅炉制造厂家的要求。制造锅炉单位，应具有国家质检总局批准发给的制造许可证。

（3）安装单位应具备条件。承担安装锅炉的施工单位，必须经过省级质量技术监督部门安全监察机构审查批准，并发给施工许可证明。

（4）锅炉安装前，需将锅炉平面布置图及标明与有关建筑距离的图纸，送当地锅炉压力容器安全监察机构审查同意。否则，不准施工。

（5）土建工程除保留的设备拖运孔道外，已基本完工，尤其是锅炉基础已验收合格。

（6）施工方案已经编制。

（7）从事锅炉安装中焊接受压元件工作的焊工，必须有当地安全监察机构颁发的焊工合格证件。

（8）根据施工人员提出的设备材料计划，核对实物准确无误，并且具备合格证及有关技术资料。

（9）根据设计图纸要求，核对各附件的规格、型号要符合设计要求，并具有合格证及有关技术资料。

（10）附件前面的设备管道已安装完竣。

6.1.3 施工安装程序

锅炉是各行各业的企事业单位广泛使用的热源设备。它内部储存着大量高温高压的水或蒸汽，且内、外部受到各种不同介质的侵蚀，运行条件一般较差。因此锅炉的安全运行是非常重要的。一旦因为安装质量不良引起事故，后果十分严重，所以施工中必须遵守相关标准和规范，确保锅炉安装质量。

锅炉安装施工单位应有专业安装技术力量和安装"压力容器"的资格证书，严格按照有关规范施工。锅炉安装前，应先查阅随机所带的〈锅炉安装说明书〉等技术文件，以便施工中使用。

不同型号的工业锅炉安装程序并不相同，一般情况，整装锅炉的安装比现场组装的锅炉安装程序要简单一些。以下以现场组装的工业锅炉安装为例介绍锅炉的主要安装过程。

1. 安装前的技术资料准备、施工现场和施工设备等。

2. 锅炉基础验收及划线。

3. 钢架及平台安装。

4. 锅筒、集箱、受热面管安装。

5. 燃烧设备安装。

6. 仪表、阀门和汽水管道的安装。

7. 水压试验，漏风试验。

8. 炉墙砌筑、绝热施工，风烟道严密性试验。

9. 附属设备安装。

10. 烘炉、煮炉，锅炉试运行。

由于整装锅炉在安装前已经整体装配完成，所以安装过程省去了锅炉内部钢架、平台、锅筒、集箱、受热面、燃烧设备及炉体上的仪表阀门等的安装。其他安装程序与现场组装锅炉安装相同。

6.2　燃煤锅炉本体安装

6.2.1　基础检验和划线

1. 基础检验

锅炉安装之前，需要对前期施工的锅炉及辅助设备的基础外观、尺寸、强度和预埋件的位置等进行验收、检验。要求基础的尺寸、定位轴线、标高符合设计图纸要求，强度检验符合规定要求，基础无蜂窝、空洞、露筋和裂纹，预埋件无松动。锅炉及辅助设备基础的允许偏差见表 6-1。

锅炉及辅助设备基础的允许偏差　　　　　　　　　　　　表 6-1

项目		允许偏差(mm)	
纵轴线和横轴线的坐标位置		±20	
不同平面的标高(包括柱子基础面上的预埋件钢板)		0，−20	
平面的水平度(包括柱子基础面上的预埋件钢板或地坪上需安装锅炉的部位)		每米	5
		全长	10
外形尺寸	平面外形尺寸	±20	
	凸台上凸面外形尺寸	0，−20	
	凹穴尺寸	+20，0	
预留地脚螺栓孔	中心线位置	10	
	深度	+20，0	
	每米孔壁垂直度	10	
预埋地脚螺栓	顶端标高	+20，0	
	中心距(在根部和顶端两处测量)	±2	

2. 划线

锅炉安装前，还应划出纵向和横向安装基准线和标高基准点。纵向和横向安装基准线要求相互垂直，两个柱子定位中心线的间距允许偏差为±2mm；各组对称四根柱子定位中心点的两个对角线长度之差不应大于 5mm。

划线步骤如下：

（1）检查土建单位划出的锅炉纵线、横中心线是否垂直，与锅炉房相对位置的基准线偏差是否小于±20mm，检查各基础和预埋件等的轮廓中心线是否满足安装要求。若不满足，要根据对安装影响最大的项目（一般根据以前柱中心线为横向中心线），兼顾其他项目调整中心线。

（2）以正确的纵、横中心线为基准，划出其他辅助设备的中心线。

（3）用冲击钻在纵、横基准中心线两端各打一个孔，紧固塞入钢筋头，在钢筋头上冲上与纵、横基准中心线重合的两个点，并用红铅油标出。

（4）划出钢柱底板在基础预埋板上的轮廓线，在轮廓线外油红铅油标出纵、横中心线，并在预埋板上冲眼错为永久标识。

（5）用上述方法将锅筒纵向中心线标在运转层地面上。

（6）测量预埋件的标高，根据安装要求确定预埋件的垫铁高度和斜度。

6.2.2 钢架安装

钢架是整个锅炉的骨架，它几乎承受着锅炉全部重量，并决定着锅炉的外形尺寸。钢架的组成如图 6-2 所示。如果锅炉钢架安装得不正确，将直接影响到受热面安装和炉墙砌筑的质量。要保证锅炉钢架的安装质量，首先必须保证钢架构件的几何尺寸正确。所以，钢架及平台等钢构件在安装前应严格检查几何尺寸，部件允许偏差应符合表 6-2 的规定。

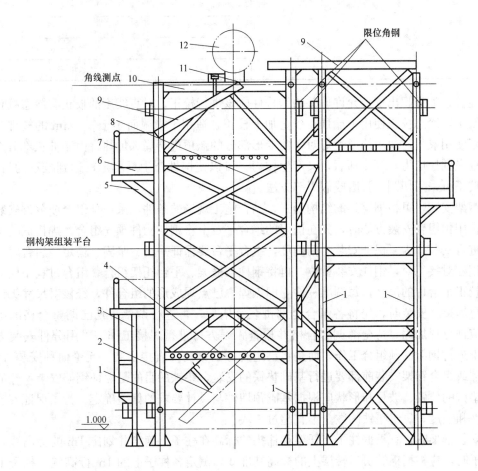

图 6-2　锅炉钢架组装

1. 构架立柱；2. 斜梯；3. 煤斗支架；4. 水冷壁钢梁；5. 平台支架；6. 平台；

7. 栏杆；8. 斜撑；9. 炉顶护板梁；10. 横梁；11. 锅筒支座；12. 锅筒

钢架主要构件长度和直线度的允许偏差　　　　　　表 6-2

项　目		允许偏差(mm)
柱子的长度(m)	≤8	0,−4
	>8	+2,−6
梁的长度(m)	≤1	0,−4
	1~3	0,−6
	3~5	0,−8
	>5	0,−10
柱子、梁的直线度		长度的1‰,且不大于10
框架长度(m)	≤1	0,−6
	>1~3	0,−8
	>3~5	0,−10
	>5	0,−12
拉条、支柱长度(m)	≤5	0,−3
	>5~10	0,−4
	>10~15	0,−6
	>15	0,−8

　　经检查如有超出变形允许偏差的钢构件应该进行校正。对直线度的校正有冷态校正和加热校正,冷态校正使用千斤顶在校直加上校正,适用于横截面小于 800mm 的构件,加热校正使用氧气乙炔火焰或喷灯对弯曲变形部分的弧顶进行局部加热,由于伸长部分在加热过程受到压应力,等冷却后,又产生拉力,可以使构件产生反变形,达到校正的目的。长度校正可采用切割、打磨或假焊等方法。

　　钢架安装,可根据钢架的结构形式,结合施工现场的条件,采用预组合或分件安装方法。采用预组合安装方法时,先在搭好的组合平台上将钢架构件预先组合、焊接成若干组合件进行安装,为了保证安装的精确度,组合平台要保证平直、坚固、稳定。组合时,先进行钢柱对接组对,钢柱安装就位,再将钢柱与横梁、平台托架组合。组合过程中应随时注意校正组合件的尺寸,每调准一件立即点焊,已点焊成形的组合件,经核对尺寸无误时再进行焊接。安装时,先将各组合全部拼装完毕后,再进行调整,凡已调整合格的组合件,应预点焊加固,待全部调整合格并检查无误方可进行焊接工作。采用分件安装方法时,不进行钢架的预组合工作,而是将已组合好的钢构件直接安装。无论何种安装方法,在钢柱或组合钢架安装前都要进行基础垫铁的安装,垫铁的目的是保证钢架安装尺寸的准确,垫铁的位置、数量和形状应根据基础预埋件与设计要求的偏差确定。为了保证安装的稳定性和强度,每组垫铁的数量不宜超过三块。

　　安装钢架时,宜根据柱子上托架和柱头的标高在柱子上确定并划出 1m 的标高线。找正柱子时,应根据锅炉房运转层上的标高基准线,测定各柱子上的 1m 标高线。柱子上的 1m 标高线应作为安装锅炉各部组件、元件和检测时的基准标高。对平台、扶梯、支撑架等构件不应随意切割或改变长度、斜度,若必须切割,切割后应加固。对锅炉钢架的安装质量,可用水平仪和铅垂线检查钢架的横梁水平度和钢架立柱的垂直度等,若满足表 6-3

所列的安装质量标准的要求，即认为合格，便可以开始汽包安装。

钢架安装的允许偏差及其检测位置　　表6-3

项目(mm)	允许偏差(mm)	检测位置
各柱子的位置	±5	—
任意两柱子之间的距离(宜取正偏差)	间距的1‰,且不大于10	—
柱子上1m标高线与标高基准点的高度差	±2	以支承锅筒的任一根柱子作为基准,然后测定其他柱子
各柱子相互间标高之差	3	—
柱子的铅垂度	高度的1‰,且不大于10	—
各柱子相应两对角线的长度之差	长度的1.5‰,且不大于15	在柱脚1m标高和柱顶处测量
两柱子间在铅垂面内两对角线的长度之差	长度的1‰,且不大于10	在柱子的两端测量
支撑锅筒的梁的标高	0,−5	—
支撑锅筒的梁的水平度	长度的1‰,且不大于3	—
其他梁的标高	±5	—
框架两对角线长度 框架边长≤2500	≤5	在框架的同一标高处或框架两断处测量
框架两对角线长度 框架边长>2500~5000	≤8	
框架两对角线长度 框架边长>5000	≤10	

6.2.3 锅筒、集箱安装

锅筒、集箱和受热面管构成锅炉内的汽水系统,是锅炉把燃料燃烧化学热转化成合格蒸汽或热水主要部分。锅筒和集箱直径大、其上管孔较多,内部承受高温高压,它们安装质量对以后锅炉安全生产有重要影响。

1. 锅筒、集箱检查

锅筒锅筒、集箱吊装前必须将其内表面上的污泥和焊渣等脏物清理掉,胀管管孔应打磨至出现金属光泽,磨纹应为环行横纹。然后对锅筒、集箱进行全面检查,检查应符合以下要求:

(1) 锅筒、集箱表面和焊接短管应无机械损伤,各焊缝及其热影响区表面应无裂纹、未熔合、夹渣、弧坑和气孔等缺陷。

(2) 锅筒、集箱两端水平和垂直中心线的标记位置应正确,当需要调整时应根据其管孔中心线重新标定或调整。

(3) 胀接管孔壁的表面粗糙度 Ra 不应大于 $12.5\mu m$,且不应有凹痕、边缘毛刺和纵向刻痕;管孔的环向或螺旋形刻痕深度不应大于0.5mm,宽度不应大于1mm,刻痕至管孔边缘的距离不应小于4mm。

(4) 管孔的允许偏差应符合表6-4的规定。

胀管管孔的直径和允许偏差（mm）　　表6-4

管孔直径		32.3	38.3	42.3	51.5	57.5	60.5	64.0	70.5	76.5	83.6	89.6	102.7
允许偏差	直径	+0.34 0					+0.40 0					+0.46 0	
	圆度	0.14					0.15					0.19	
	圆柱度	0.14					0.15					0.19	

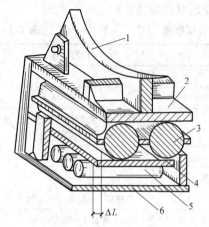

图 6-3　锅筒活动支座

1. 支座与锅-炉接触面；2. 上滑板；3. 上滚柱；
4. 中间滑板；5. 下滚柱；6. 下滑板

2. 锅筒、集箱安装

（1）锅筒支座安装

锅筒在吊装前先要安装支座。安装时，应先在锅筒上标出支座的准确位置，并检查支座接触面与锅筒的间隙，保证接触部位圆弧度应与锅筒、集箱圆弧吻合，局部间隙不宜大于 2mm。支座要按图纸要求装配，并保证其标高一致，不得使锅筒中心标高超过规定偏差。安装活动支座时要在滚珠上涂刷润滑脂，并按锅筒膨胀方向与留支座的膨胀间隙。锅筒、集箱安装的支座应牢固稳定。锅筒活动支座如图 6-3 所示。

（2）锅筒吊装

锅筒吊装必须在钢架安装找正并固定后进行，不是由钢梁支撑的锅筒，应设置临时搁架，临时搁架在锅炉水压试验灌水前拆除。锅筒吊装时应注意以下问题：

1）锅筒由存放地点到吊装位置，应放在木排上运输。

2）钢丝绳或撬杠等用力工具不能作用在管座或管孔上。

3）为防止擦伤锅筒，吊装的钢丝绳、吊索、卡环等上不应有损伤。

4）钢丝绳捆绑要牢固，钢丝绳与锅筒的接触处要垫上后 10mm 厚的木板，锅筒支架上也要垫上 10mm 厚的胶板。

5）吊装装置应牢固稳定，起吊过程要缓慢、平稳，并有专人指挥。

（3）锅筒、集箱就位后应根据纵向和横向安装基准线和标高基准线和锅筒、集箱中心线进行测量校正。其允许偏差见图 6-4 和表 6-5。

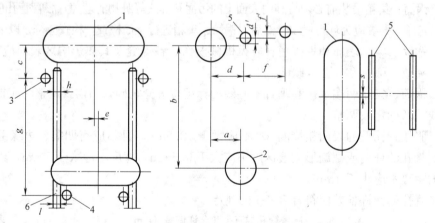

图 6-4　锅筒、集箱间的距离

1. 上锅筒（主锅筒）；2. 下锅筒；3. 上集箱；4. 下集箱；5. 过热器集箱；6. 立柱

（4）锅筒内部装置的安装

锅筒内部装置包括汽、水分离装置、给水装置、表面除污装置、加药装置和蒸汽清洗装置等。锅筒内部装置在水压试验合格以后，烘炉、煮炉之前安装。安装时要求内部装置的零部件没有缺少，蒸汽、给水连接隔板的连接严密不漏，焊缝无漏焊和裂纹，电焊不得在锅筒壁上引弧或施焊，法兰接合面严密；连接件连件牢固且有防松装置；施工过程应妥善管理和及时清点工具和材料，防止工具、材料和杂物落入管子内，施工中锅筒内的照明装置的电压不大于36V，电焊不得在锅筒壁上引弧或施焊。

锅筒、集箱安装的允许偏差（mm）　　　　　　　　　　　　　　表 6-5

项　　　目	允许偏差
主锅筒的标高	±5
锅筒纵向和横向中心线与安装基准线的水平距离	±5
锅筒、集箱全长的纵向水平度	2
锅筒全长的横向水平度	1
上下锅筒之间的水平方向距离 a、垂直方向距离 b	±3
上锅筒与上集箱的轴线距离 c	±3
上锅筒与过热器 d、d'，过热器与集箱之间的距离 f、f'	±3
上下集箱之间的距离 g，集箱与向林里主中心距离 h、l	±3
上下锅筒横向中心线相对偏移 e	2
锅筒横向中心线和过热器横向中心线相对偏移 s	3

6.2.4 受热面管安装

1. 管子质量检查

受热面管子安装前的检查，应符合下列要求：

（1）管子表面不应有重皮、裂纹、压扁和严重锈蚀等缺陷；当管子表面有刻痕、麻点等其他缺陷时，其深度不应超过管子公称壁厚的10%。

（2）合金钢管应逐根进行光谱检查。

（3）对流管束应作外形检查和矫正，校管平台应平整牢固，放样尺寸误差不应大于1mm，矫正后的管子与放样实线应吻合，局部偏差不应大于2mm，并应进行试装检查。

（4）受热面管子的排列应整齐，局部管段与设计安装位置偏差不宜大于5mm。

（5）胀接管口的端面倾斜不应大于管子公称外径的1.5%，且不应大于1mm。

（6）受热面管子公称外径不大于60mm时，其对接接头和弯管应作通球检查，通球后的管子应有可靠的封闭措施，通球直径应符合表 6-6 和表 6-7 的规定。

对接接头管通球直径（mm）　　　　　　　　　　　　　　表 6-6

管子公称内径	≤ 25	> 25~40	> 40~55	> 55
通球直径	≥ 0.75d	≥ 0.80d	≥ 0.85d	≥ 0.90d

注：d 为管子公称内径。

弯管通球直径　　　　　　　　　　　　　　表 6-7

R/D	1.4~1.8	1.8~2.5	2.5~3.5	≥3.5
通球直径（mm）	≥0.75d	≥0.80d	≥0.85d	≥0.90d

注：1. D 为管子公称外径；d 为管子公称内径；R 为弯管半径。

　　2. 试验用球宜用不易产生塑性变形的材料制造。

2. 对流管安装

锅炉管束的安装连接分为胀接与焊接。

（1）管道的胀接

管子胀接就是利用金属管材的弹性变形和塑性变形能力，用胀管器将管端直径扩大，管孔产生一定的回弹力将管子和管孔紧密地连接在一起。

1）胀管器

胀管器是管子胀接的主要工具，它的主要部件包括胀珠、胀杆和外壳。胀接时，将胀管器塞入需要胀接的管端，旋转胀杆，胀杆沿轴向向管内推进，同时挤压胀珠沿管只径向向外扩大管端。根据胀管工作的需要，胀管器的构造有固定胀管器和翻边胀管器两种。固定胀管器的构造如图 6-5 所示，在这种胀管器的外壳上，沿圆周方向相隔 120°有三个胀珠槽，每个槽内有一个直胀珠。因为胀珠的锥度为胀杆锥度的一半（胀杆的锥度为 1/20～1/25）。所以在胀接过程中，胀珠与管子内圆接触线总是平行于管子轴线，因此管子与管壁的接触也不会有锥度出现。翻边胀管器的构造如图 6-6 所示，这种胀管器，较固定胀管器不同的是三个直胀珠较为短一些，并在此槽内加上三个翻胀珠，由于翻边胀珠的作用，能在管端形成斜度为 15°的翻边。由于管子胀接的翻边深度要求与锅筒内壁齐平，图 6-6 所示的胀管器只能适用于某一固定翻边深度胀接。图 6-7 所示的带有止推环的翻边胀管器，该胀管器能控制翻边的深度。翻边的深度通过旋转压盖，调节止推环位置控制。

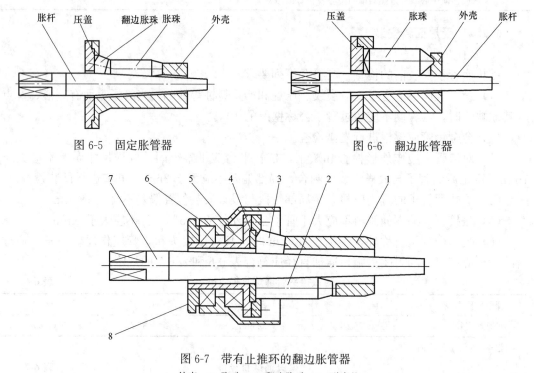

图 6-5　固定胀管器　　　　　　图 6-6　翻边胀管器

图 6-7　带有止推环的翻边胀管器

1. 外壳；2. 胀珠；3. 翻边胀珠；4. 耐磨垫；
5. 滚珠轴承；6. 止推环；7. 胀杆；8. 压盖

胀管器的胀杆、胀珠的工作面应光滑，表面无缺陷，用手运转胀杆时，胀珠应能与胀杆反向灵活回转。胀珠的圆锥度合适，胀珠槽中心线应符合要求。使用时应经常在胀珠处涂以机油或黄油，每胀完 15～20 个管头之后，应进行检查有无损伤。用完后应清洁干净，涂以黄油，放在干燥处，以备下次使用。

2) 管子放样

管子经过检查合格后，要按照上下锅筒的实际位置和直径进行放样。所谓放样是将管子放在某一规格、形状的样板中。若能自然放进，则说明合格；若否，则需要调整。当锅筒直线度超过 3mm 时，管子放样时不能将多余的长度锯掉。对流管束放样尺寸误差不应大于 1mm，矫正后的管子与放样实线应吻合，局部间隙不应大于 2mm，并应进行试装检查。胀接管口的端面倾斜率不应大于管子公称外径的 1.5％，且不应大于 1mm。受热面管子公称外径不大于 60mm 时，其对接接头和弯管应做通球检查，通球后的管子应有可靠的封闭措施。

3) 管端退火与打磨

硬度大于和等于锅筒管孔壁的胀接管子的管端应进行退火，其退火应符合下列要求：①退火宜用电加热式红外线退火炉或纯度不低于 99.9％的铅熔化后进行，并应用温度显示仪进行温度控制。不得用烟煤等含硫、磷较高的燃料直接加热管子进行退火。②对管子胀接端进行退火时，受热应均匀，退火温度应为 600～650℃，退火时间应保持 10～15min，胀接端的退火长度应为 100～150mm。退火后的管端应有缓慢冷却的保温措施。

为保证胀管质量，在胀接前，应清除管端和管孔表面的油污，并打磨至发出金属光泽，管端的打磨长度不应小于管孔壁厚加 50mm。打磨后，管壁厚度不得小于公称壁厚的 90％，且不应有起皮、凹痕、裂纹和纵向刻痕等缺陷。

4) 试胀

在正式胀接以前，要先进行试胀。试胀的目的是检验管端退火和处理质量，检验胀管器是否合格，确定在特定材质、退火质量、打磨质量条件下合适的胀管率，使操作人员熟悉胀管工艺过程。试胀时，应先对上下锅筒的试胀板管孔除锈、清洗和砂布抛光，用与试胀板相同厚度的钢板焊接在试胀板四周，形成开口箱，对管孔编号，测量并记录各管孔和管端的平均直径，对管孔和管端按大小对应选配；选用各管端的胀管率，并根据式（6-1）、式（6-2）计算每根胀管的终胀外径。

内径控制法：

$$H_n = \frac{d_1 - d_2 - \delta}{d_3} \times 100\%$$ （6-1）

式中　H_n——内径控制法的胀管率；

d_1——胀完后的管子实测内径，mm；

d_2——未胀时的管子实测内径，mm；

d_3——未胀时的管孔实测直径，mm；

δ——未胀时管孔与管子实测外径之差，mm。

外径控制法：

$$H_w = \frac{d_4 - d_3}{d_3} \times 100\%$$ （6-2）

式中　H_w——外径控制法的胀管率；

d_4——胀完后紧靠锅筒外壁处管子实测外径，mm。

用丙酮、医用酒精等溶剂清理管端，再用干布擦干，清除管端和管孔的油污和水分。将管端按选配好的对应关系伸出管孔，为检验管端伸出锅筒内的最大允许伸出长度时的翻边质量情况，有些管端的伸出长度要大于正常值，以胀接后翻边无裂纹的最大伸出长度为正式胀接时的伸出长度允许值。试胀按图 6-8 所示的反阶顺序进行。胀管的示意图如图 6-9 所示。试胀结束后，将未胀接的管孔和胀接管另一端焊死，开口箱焊接成密封容器，进行水压试验，检查胀接质量。最后可选择几个胀接率小、胀管质量交好的管孔座切面试验，检查管端与管孔的结合情况。

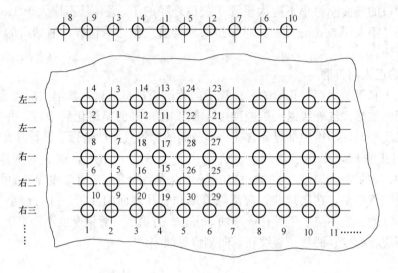

图 6-8　反阶式胀管顺序示意图

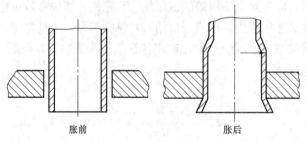

图 6-9　胀管示意图

胀管工作一般分固定（初胀）和翻边（复胀）两个工序。固定胀管时使管子与管孔间的间隙消失，并继续扩大 0.2～0.3mm，使管子初步固定在汽包或集箱上，这一工序是用固定胀管器完成的。翻边胀管时，使管子进一步扩大至管孔紧密结合，而且同时进行翻边，管端翻边可以大大地提高胀接接头的强度和减少锅炉内存在管端出入口的能量损失。管子的扩大与翻边是用翻边胀管器同时进行的，不得独立扩大后再翻边。

5）正式胀接

胀接的环境温度宜在 0℃以上。正式胀接前要对管孔、管端进行清洗和圆周方向的打磨，然后用白布擦洗到白布上无污痕为止。胀接时，先初胀锅筒两端最外侧的两个基准管，然后调整这四根管子的距离、垂直度和管端伸出长度，符合要求后将它们固定，再复胀胀好。锅筒四个外端基准管胀好后，以它们为基准从中间向两边胀接其他基准管，胀接过程也是按初胀、调整、复胀过程进行。复胀时按反阶顺序进行。其他管子的胀接以基准管为基准，同样按照上述程序从中间分别向两边胀接，复胀也要按反阶顺序依次进行。胀接时应设置临时支架，临时支架与锅炉钢架焊接，保证锅筒与管子在整个胀接过程中有良好的固定。胀接过程应有专人用百分表测量锅筒外壁处管端外径和终胀时的管端外径，百分表在每班使用前应用游标卡尺或检验杆检验准确性。经水压试验确定需补胀的胀口，应在放水后立即进行补胀，补胀前应复测胀口内径，并确定补胀值，补胀值应控制在0.1mm以内，补胀次数不宜超过2次。

6）胀管质量应符合下列要求：

① 管端伸出管孔的长度，应符合表6-8的规定。

管端伸出管孔的长度（mm）　　　　　　　　　表6-8

管子公称外径	32～63.5	70～102
伸出长度	7～11	8～12

② 管端装入管孔后，应立即进行胀接。

③ 基准管固定后，宜采用从中间分向两边胀接或从两边向中间胀接。

④ 胀管率的控制，应符合下列规定：额定工作压力小于或等于2.5MPa以水为介质的固定式锅炉，管子胀接过程中采用内径控制法时，胀管率应为1.3%～2.1%。采用外径控制法时，胀管率应为1.0%～1.8%；额定工作压力大于2.5MPa的锅炉其胀管率的控制，应符合随机技术文件的规定；同一锅筒上的超胀管口的数量不得大于胀接总数的4%，且不得超过15个，其最大胀管率在采用内径控制法控制时，不得超过2.8%，在采用外径控制法控制时，不得超过2.5%。

⑤ 胀接终点与起点宜重复胀接10～20mm。

⑥ 管口应扳边，扳边起点宜与锅筒表面平齐，扳边角度宜为12°～15°。

⑦ 胀接后，管端不应有起皮、皱纹、裂纹、切口和偏挤等缺陷。

⑧ 胀管器滚柱数量不宜少于4只，胀管应用专用工具进行测量。胀杆和滚柱表面应无碰伤、压坑、刻痕等缺陷。

（2）管道的焊接

焊接锅炉受压元件之前，应制定焊接工艺指导书，并进行焊接工艺评定，符合要求后方可用于施工，施焊的焊工必须持有锅炉压力容器合格证上岗，且应按照焊接工艺指导书或焊接工艺卡施焊。

对于受热面管道，应在同部件上切取0.5%的对接接头做检查试件，但不得少于一套试样所需接头数。当现场切取检查试件确有困难时，可用模拟试件代替。锅炉受压元件的焊缝附近应采用低应力的钢印打上焊工的代号。

锅炉受热面管道及其本体管道的焊接对口，内壁应平齐，其错口不应大于壁厚的10%，且不应大于1mm。焊接管口的端面倾斜度，应符合表6-9所示的规定。

焊接管口的端面倾斜度（mm）　　　　　　　　　表6-9

管道外径尺寸		≤108	>108～159	>159
端面倾斜度	手工焊	≤0.8	≤1.5	≤2.0
	机械焊	≤0.5		

管道由焊接引起的变形，应采用直尺在距焊缝中心 50mm 处测量其直线度，在距焊口 1m 的距离内，偏差 δ 不能超过 2.5mm，管道全长误差不能超过 5mm，（$DN \leqslant 108mm$）和 10mm（$DN > 108mm$），如图 6-10 所示。

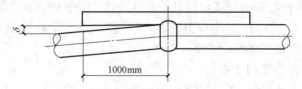

图 6-10　管道焊接后的直线度及允许偏差

对组装后缺陷难以处理的焊接管段，应在组装前做单根管段的水压试验，试验压力为工作压力的 1.25 倍，以检验焊缝的焊接质量。管道上全部焊件均应在水压试验前焊接完毕。

受压元件焊缝的外观质量，应符合下列要求：

① 焊缝高度不应低于母材表面，焊缝与母材应圆滑过渡。

② 焊缝及其热影响区表面应无裂纹，未熔合、夹渣、弧坑和气孔。

③ 焊缝咬边深度应不大于 0.5mm，两侧咬边总长度不应大于管子周长的 20%，且不应大于 40mm。

在外观检查合格后，锅炉受热面管道及其本体管道焊缝应进行射线探伤，并符合下列规定：抽检焊接接头数量应为焊接接头的 2%～5%，按照《焊缝无损检测》GB/T 3323—2019 规定，射线照片质量要求不低于 AB 级。

对于额定压力大于 0.1MPa 的蒸汽锅炉和额定出水温度等于或大于 120℃ 的热水锅炉，Ⅱ 级焊缝为合格，对于额定蒸汽压力小于或等于 0.1MPa 的蒸汽锅炉和额定出水温度低于 120℃ 的热水锅炉，Ⅲ 级焊缝为合格。

管子一端为焊接，另一端为胀接时，应先焊后胀。管道上所有的附属焊接件，均应在水压试验前焊接完毕。

3. 水冷壁安装

锅炉水冷壁是由贴着炉膛并列布置的许多水管组成。其作用是一方面通过辐射换热加热管子中的水，提高水温或生产汽水混合物，是锅炉的主要受热面，另一方面是降低炉膛内壁温度，保护炉墙。水冷壁上端与上集箱或锅筒连接，下端与下集箱连接。与锅筒连接时多采用胀接，胀接工艺过程同对流管安装，与集箱连接一般采用焊接。当水冷壁管的一端与锅筒连接，一端与集箱连接时，应先与集箱焊接，再与锅筒胀接，安装时，时安装完成一根再进行下一根的安装。

光管水冷壁的安装一般是由单根水冷壁管现场组装而成。在安装前要逐根检查水冷壁管是否有裂纹、撞伤、压扁、砂眼和重皮等缺陷，有缺陷的必须更换，复查水冷壁前、后、上、下集箱安装尺寸，在放样平台上按图纸画出各种不同形状的水冷壁管子的品面图，按照前述有关要求放样，并进行通球试验，管子中间部位需要焊接的，尽可能地在安装在地面上焊好，清除管口的油污、铁锈，漏处金属光泽。安装侧面水冷壁时，应在中间高度处设置平直的型钢支架，水冷壁管靠在支架上，限制其前后位移，将管子与集箱上下管口对齐后，先点焊，等某侧管子全部点焊完、对焊口进行处理后，再从中间向两边焊接。

焊接水冷壁时，管子的焊接对口内壁应平齐，其错口不应大于壁厚的 10%，且不应大于 1 mm。与其他受压组件焊缝外观质量要求相同，受热面管子缝外观质量应符合管道的焊接相关要求。

4. 过热器、省煤器和空气预热器的安装

（1）过热器安装

在安装前要经过外观检查、射线探伤、通球试验和水压试验等，对过热器蛇形弯管和集箱的表面、材质、尺寸和焊接质量进行检验。合格后，先安装集箱，再进行蛇形弯管和集箱对焊。安装过程与水冷壁安装相同，安装允许偏差见表 6-10。

过热器组合安装允许偏差 表 6-10

检查项目	允许偏差(mm)
蛇形管自由端	±10
间距	±5
管排平整度	≤20
边缘管与炉墙间隙	符合图纸

（2）省煤器安装

工业锅炉上用的省煤器有铸铁和钢管两种，铸铁省煤器主要用于低压锅炉中。当采用铸铁省煤器时，要在平地上将省煤器的铸铁管和弯头组装在一起，进行水压试验，以防安装完成后发现问题拆卸不便。安装省煤器前，要先核对支架，再检查省煤器质量，要求铸铁省煤器管上破损的翼片数不应大于该根翼片数的 5%，整个省煤器中有破损翼片的根数不应大于总根数的 10%，且每片破损面积不应大于该片总面积的 10%。省煤器支承架安装的允许偏差见表 6-11。

省煤器支承架安装的允许偏差 表 6-11

项　　目	允许偏差(mm)
支承架的水平方向位置	±3
支承架的标高	0，−5
支承架的纵向和横向水平度	长度的 1‰

（3）空气预热器安装

组装钢管式空气预热器前先进行全面检查，合格后，方可进行安装工作。预热器上方无膨胀节时，应留出适当的膨胀间隙，如有膨胀节时，则应连接良好，不得有变形和泄漏现象。钢管式空气预热器安装时，支承框的水平方向位置允许偏差为 ±3mm，标高允许偏差为 −5～0mm；预热器垂直度偏差不能超过高度的 1‰。

6.2.5　燃烧设备的安装

1. 炉排安装

工业锅炉中用得较多的有链条炉排、抛煤机炉（常配手摇翻转炉排）、往复推动炉排和振动炉排，各种形式的炉排安装工序和要求都各不一样，应按锅炉安装使用说明书的要求进行安装。一般来说，炉排的安装程序如下：

（1）按照前述有关内容为炉排基础放线。

（2）安装前检查，对炉链、铸铁滚柱、衬管、传动轴、导轨、墙板等零部件进行逐渐检查，防止由于零件错模、变形、翘曲及飞边、毛刺造成卡住或跑偏等现象。

（3）安装过程一般是从下而上进行，依次为下部导轨、炉排墙板与支架、上部导轨、主动轴和从动轴、链条、铸铁滚筒、转动装置、炉条炉排侧密封和出渣板。

（4）炉排冷态试运行，链条炉排冷态试运行运行时间不应小于 8h，往复炉不应小于 4h。试运行速度不应小于两级，在由低速到高速的调整阶段，应检查传动装置的保安机构动作。炉排转动应平稳，无异常声响，卡住，抖动和跑偏等对象；炉排片应能翻转自如，且无突起现象，滚柱转动应灵活，与链轮啮合应平稳，无卡住现象；润滑油和轴承的温度均应正常，炉排拉紧装置应留适当的调节余量。

（5）安装加煤斗和前挡风门，加煤斗要在煤闸门及其上的水冷却管路安装完成后才能进行，挡风门安装要保证良好的密封。

（6）链条炉排和往复炉排安装的允许偏差见表 6-12 和表 6-13。

链条炉排安装的允许偏差　　　　　　　　　　　　　　表 6-12

项　　目		允许偏差（mm）	项　　目	允许偏差（mm）
炉排中心位置		2	墙板顶面的纵向水平度	长度的 1‰，且不大于 5
左右支架墙板对应点高度		3		
墙板的垂直度，全高		3	两墙板的顶面应在同一平面上，其相对高差	5
墙板间的距离	≤5m	3		
	>5m	5	前轴、后轴的水平度	长度的 1‰，且不大于 5
墙板间两对角线的长度	≤5m	4	各导轨的平面度	5
	>5m	8		
墙板框的纵向位置		5	相邻两导轨间的距离	±2

往复炉排安装的允许偏差　　　　　　　　　　　　　　表 6-13

项目	两侧板的相对标高	两侧板的距离		两侧板的垂直度，全高	两侧板对角线长度之差
		≤2m	>2m		
允许偏差（mm）	3	+3.0	+4.0	3	5

2. 抛煤机安装

抛煤机安装时，抛煤机标高允许偏差为 ±5mm。相邻两抛煤机的间距允许偏差为 ±3mm。抛煤机采用串联传动时，相邻两抛煤机浆叶子轴的同轴度应不大于 3mm。传动装置与第一个抛煤机轴的轴度应不大于 2mm。安装完毕后，试运行空负荷运转时间不应小于 2h，运转应正常，无异常的振动和噪声，冷却水路应畅通，抛煤试验，其煤层均匀。

6.2.6　炉墙砌筑和绝热层施工

1. 炉墙砌筑

当所有需要砌入墙体的零件、水管和炉顶的支、吊装置等安装完毕，达到要求。锅炉水压试验完成后，可进入炉墙砌筑施工。砌筑时，炉砖的加工面和有缺陷的表面不应朝向炉膛或炉子通道的内表面。砌在炉墙内的柱子、梁、炉门框、窥视孔、管子、集箱等与耐火接触的表面，应贴石棉板和缠石棉绳，伸缩缝应平直并符合设计要求，缝内应无杂物并填充耐热可伸缩材料。炉墙黏土砖砌筑带一定高度后，再砌筑红砖外墙，内外墙等高时设置拉固砖。炉墙砌筑时，应在一定位置预留排气孔，烘炉完毕后封闭。砖砌炉墙的允许偏差见表6-14。

砖砌炉墙的允许偏差（mm） 表 6-14

项　　目			允许偏差
垂直度	黏土砖墙	每米	3
		全高	15
	红砖墙	全高≤10m	10
		全高＞10m	20
表面平整度		黏土砖墙面	5
		挂砖墙	7
		红砖清水墙面	5
炉膛的长度和宽度			±10
炉膛的两对角线长度之差			15
烟道的宽度、高度			±15
拱顶跨度			±10

2. 绝热层施工

锅筒、集箱、金属烟道、风管和管道等需要绝热的部件经过强度试验和严密性后，可进行绝热层施工。施工前应清除部件表面上的油污和铁锈，并涂刷防腐涂料。采用成型绝热材料时，应错开接缝、捆扎牢靠。采用胶泥状材料时，涂抹应密实均匀、厚度一致。保护材料采用卷材时，应紧贴表面，材料不应折皱和开裂。采用抹面时，应平整光滑。采用金属薄板包裹时，应压边搭接。施工过程中，对阀门、法兰、人孔等边缘应留出空隙，绝热层端面应封闭严密。绝热层不得影响支托架活动面的自由伸缩。绝热层施工的允许偏差见表6-15。

绝热层的允许偏差（mm） 表 6-15

项　　目		允许偏差
表面平整度	抹面层或包缠层	5
	金属保护层	4
厚度	硬质制品	+10，-5
	软质或半硬质制品	+厚度的10%，且不大于+10 -厚度的5%，且不大于-10
伸缩缝宽度		+5，0

6.3　燃气锅炉安装

随着环保要求的提高，燃煤锅炉在许多地方被限制，燃气锅炉在许多城市中受到推崇，用户逐渐增多。由于燃气锅炉房省去了锅炉房的运煤除渣系统，其燃烧后排放的标准高，能满足环保要求，近年来被越来越广泛地应用。与传统燃煤锅炉房安装工艺相比，燃气锅炉房的安装必须更加重视安全性。

燃气锅炉安装的施工步骤为：先基础，后就位，先本体，后附属设备，即"先主后次"。安装完锅炉本体和附属设备后即可安装它们之间的连接管路和阀门。最后再安装锅炉和附属设备上的附件、阀门、仪表、仪器等。在完成以上工作后，进行全面检查，直至符合安装要求为止。

6.3.1　燃气锅炉本体安装

燃气锅炉的安装应满足如下要求：设备基础的水平度为 0.08%。起吊须以顶部吊耳为着力点，起吊张角须小于 90°。运输时，底座的前、后端及中部垫厚橡胶以隔振。在底座下垫滚杠时，须在底座下的前后端同时提升。拖拉只能挂拖拉孔，不得使用其他位置。放置时将机组底座前、后端塞严，以免扭伤。

1. 立式、卧式燃气锅炉安装

立式燃气锅炉安装时应特别注意锅炉本体、附件、阀门、仪表、燃烧器不受破损和施工人员的安全，严禁施工人员对锅炉本体进行敲打。对锅炉附件、阀门、收表、燃烧器等设备都要轻拿轻放，并使用正确的安装工具进行安装。施工人员应根据工种要求，做好安全施工防护措施。

卧式锅壳式内燃燃气锅炉，其锅筒形状为圆筒形，圆筒型锅筒下均设鞍型支座，锅筒上安装各种附件、阀门、仪表，锅筒的一端安装有燃烧器，锅筒旁安装有水泵、电控箱、爬梯，锅筒上有检修用的护栏，形成一整体装置。

运输和吊装锅炉与附属设备时，应考虑安装工作的前后顺序，也应考虑不影响后续工作，做到统筹安排。一般首先运输、吊装锅炉本体，然后是附属设备，如果锅炉本体运输和吊装在基础上就位后，会影响其他附属设备的运输和吊装，就应调整顺序。

锅炉一般由供货商运至安装现场，设备本体与附件、阀门、仪器仪表、燃烧器、管件往往是分开包装，在与供货方共同验收清点后，再按计划对锅炉进行安装。

在吊装中，严禁吊装绳索捆绑在锅炉附件的接口管上和锅炉前后门的把柄上，而应把吊装绳索分别套靠在支架四脚的罐圆周处（常用两根钢丝绳套上）。在吊装中，应慢慢升起。在升起过程中，施工人员应特别注意绳索的拉紧及变化情况，防止绳索拉断，也应注意绳索处锅炉外形有无异常情况，不应使绳索拉紧提升破坏锅炉外壁与外形。吊装中，吊装件下严禁站人，并有专人指挥，防止发生事故。

将锅炉就位在基础平面已预先划好的位置线上，燃烧器的一端应位于已设定的位置上。锅炉就位后，应对其水平度、垂直度进行测定，逐渐进行调整，应采用垫铁找齐，垫铁位置应正确，而且要稳固。在锅炉就位而且牢靠后，才可卸下起吊的绳索。

设备本体就位后，再用上述方法运输起吊就位其他附属设备。

燃烧器安装时，应确保预留孔位的正确，还应意调风器喉口与燃气喷嘴的同轴度不大于 3mm、无弯曲变形；燃气喷嘴和混合器内部应清洁，无堵塞现象。低氮锅炉的燃烧器的位置在锅炉外循环罩的内部，安装要求同上。

2. 附件、仪器、仪表和阀门安装

常见的燃气锅炉附件、仪器、仪表、阀门与锅炉本体连接多为螺纹连接或法兰连接。螺纹连接是在接口处先抹油后缠麻丝，再用管钳拧上，不要用力过猛，以免使螺纹遭受破坏。法兰在连接前要先清理干净面上的污垢，选用干净合格的法兰垫圈。使法兰孔眼对准，再用同样规格的螺栓螺母相对，用相应的活扳手拧上螺母，严禁用力过猛。

3. 爬梯和护栏安装

在大型燃气锅炉上，为便于锅炉顶上的仪器、仪表及阀门附件的安装和维修，需安装爬梯和护栏，装配式的锅炉其爬梯和护栏是由厂家预制成的，在锅炉上有预制的螺栓连接处，待锅炉本体安装完后，再用螺纹连接把它们安装上，如有防腐层破坏，在爬梯和护栏安装完后，应修补防腐层，除锈刷油，油的颜色与爬梯扶栏原有的防腐油颜色应不同。

6.3.2 燃气系统安装

燃气锅炉的供气系统，可参照国家设计规范、施工验收规范和技术规程进行安装，应确保使用的安全性。

锅炉房内燃气管道宜采用无缝钢管焊接，管道与设备、阀件、仪表等宜采用法兰连接。

锅炉房燃气系统宜采用中压系统（5~150kPa），燃气进入机房的压力不应低于3kPa，在4.19~14.7kPa的范围内均可满足使用要求，当燃气压力高于14.7kPa时，应设置减压装置。燃气管道还应设置放散管，起点处设置放散阀门，放散管应引出至室外屋顶或安全的地方，一般应高出锅炉房屋顶2m以上，放散管的管口应设防止雨雪进入的装置。

所有连接管路都必须进行气密性试验，充入压力大于或等于0.4MPa的空气，并用皂液进行检漏。

燃气锅炉房应设置专门的调压装置和供气系统，管路进入机房后，在距机组2~3m处应安装放散管、压力计、球阀、过滤器、流量计等，在管路的最低处还应安装泄水阀。每台锅炉的燃气干管上，均应设置关闭阀和快速切断阀。锅炉燃烧器前两个阀门之间，还应引出放散管。燃气配管系统的主系统及点火系统应分别串联装设两个阀门，使用内部混合式（大气式和无焰式）燃烧机时，还应安装止回装置，管路上应装设容易检查和保养的过滤器。图6-11所示为锅炉燃气调节管流程图。图6-12所示为燃气锅炉房的燃气管路安装图。

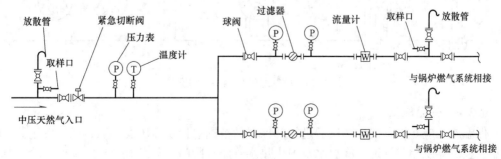

图6-11 锅炉燃气调节管流程图

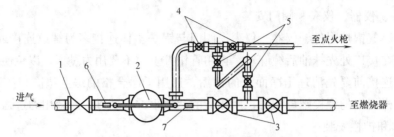

图 6-12　燃气锅炉房燃气管路安装图

1. 内螺纹旋塞阀；2. 自力式压力调节阀；3、4. 常开电磁阀；5. 常闭电磁阀；6、7. 压力表

6.3.3　排烟系统安装

锅炉的烟道和烟囱应具有足够的截面积和安装高度，烟道周围 0.5m 以内不允许有可燃物，烟道不允许从油库房及有易燃气体的房屋中穿过，排气口水平距离 6m 以内不允许堆放易燃品。每台机组宜采用单独烟道，多台机组共用一个烟道时，每台机组的排烟口应设置风门，并应确保采取防倒流措施。烟道应尽可能减少拐弯，并应有隔热措流，金属烟道视情况还应安装热力补偿装置，烟囱口应安装防风罩、防雨帽及避雷针等装置，还应根据具体情况设置烟道消声装置。穿越屋顶的烟囱应在烟囱壁焊接挡水罩，并应包裹石棉带。烟道的重量应由支架或吊架承受，不允许由机组承担。烟道焊接及法兰连接时必须密封。经过密封检查合格后方能进行保温。为便于拆卸，烟道上所有螺栓均应涂上石墨粉。

烟囱通常采用不锈钢板制作，多采用双层不锈钢板中间充填保温材料的形式。连接方式有法兰连接和焊接连接，不管采用何种连接方式，都应保证密封情况良好，且在工作温度下有足够的强度。烟道通常按照锅炉或直燃机样本或设计图样进行加工安装，按照节能要求，烟道中应串联烟气冷凝热回收器。因此，烟道需要通过变径部件与烟气冷凝热回收器进行连接，再与锅炉本体烟气出口连接。

烟道还应注意冷凝水的排放，冷凝管应设置水封。燃气锅炉排烟系统安装形式如图 6-13 所示。

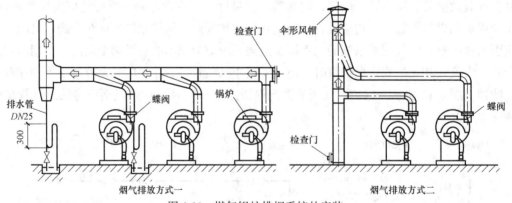

图 6-13　燃气锅炉排烟系统的安装

6.3.4　保温施工

保温施工应在设备安装调试后进行，保温的范围包括：高压发生器、低压发生器、热水器、换热器及相关管道，冷温水及卫生热水管路及阀门，蒸发器及相关管道、冷剂泵等部位。保温不能遮盖视镜、测温管、阀门、排污口等部件，不能在机组上焊接安装保温材

料的固定件，保温板可直接粘贴于机体上，对保温材料的要求是长期耐热能力不小于180℃，且不吸水、不透气。

6.4 锅炉本体管道及安全附件安装

6.4.1 管道、阀门安装

锅炉本体管道时是指敷设在锅炉炉墙外，与受热面管一起构成汽水循环系统的管道，主要包括水冷壁的上升管和下降管、省煤器的出口管和再循环管以及蒸汽连通管和主给水管。这些管道的安装应根据设计图纸进行法兰连接和焊接。除了遵循第二章管道加工工艺的有关内容外，锅炉本体管道安装还要注意以下事项：

1. 由于管道中水温较高，管子密集，为防止管子热膨胀后靠在一起，相邻两管道之间应相隔一定的距离。

2. 为减少焊缝，弯管应尽量采用煨弯，避免采用压制弯头，采用焊接时，焊缝距弯曲起点、锅筒或集箱外壁、管子支吊架边缘距离不应小于70mm。

3. 管道安装应采用正式支架固定，并及时固定和调整支架，避免事故发生。

4. 管道在穿过炉墙、楼板的过墙、板处不得有接口。

5. 物直管段的弯曲管上不应焊接管接头。

6. 管道上阀门在安装前应逐个检查填料，然后用清水进行严密性试验，试验压力为工作压力的1.25倍。

另外，各类阀门在安装前，应检查清洁干净，检查阀瓣及密封面严密情况。阀杆及其啮合的齿座，要无损坏，动作灵活。

6.4.2 安全阀安装

安全阀是锅炉的三大安全附件之一，当锅炉内部的压力达到安全阀开启压力时，安全阀自动打开，放出汽包中一部分蒸汽，使压力下降，避免因超压而造成事故。中、低锅炉常用的安全阀有弹簧式和杠杆式两种，分别如图6-14和图6-15所示。

图6-14 弹簧式安全阀

图6-15 杠杆式安全阀

安全阀的安装，应符合下列要求：

1. 安装阀应逐个进行严密性试验，并检查其整定压力、起座压力及回座压力。

2. 蒸汽锅炉安全阀整定压力应符合表6-16的规定，锅炉上必须有一个安全阀按表中较低的整定压力进行调整。对有过热器的锅炉，按较低压力进行整定的安全阀必须是过热器上的安全阀，过热器上的安全阀应先开启。热水锅炉安全阀的整定压力应为：①工作压力的 1.12 倍，且不应小于工作压力加 0.07MPa。②工作压力的 1.14 倍，且不应小于工作压力加 0.1MPa。且必须有个安全阀按较低的整定压力进行调整。在整定压力下，安全阀应无泄漏和冲击现象。

蒸汽锅炉安全阀的整定压力　　　　　　　　　　　表 6-16

额定蒸汽压力	安全阀的启压力始（MPa）
≤0.8	工作压力＋0.03
	工作压力＋0.05
>0.8～3.82	1.04 倍工作压力
	1.06 倍工作压力

注：1. 省煤器安全阀整定压力应为装设地点工作压力的 1.1 倍。
　　2. 表中的工作压力，对于脉冲式安全阀系指冲量接出地点的工作压力，其他类型的安全阀系指安全阀装设地点的工作压力。

3. 蒸汽锅炉安全阀应铅垂安装，其排气管管径应与安全阀排出口径一致，其管路应畅通，并直通至安全地点，排气管底部应装有疏水管。省煤器的安全阀应装排水管。在排水管、排汽管和疏水管上，不得装设阀门。热水锅炉安全阀应铅垂安装，并应装设泄放管，泄放管管径应与安全阀排出口口径一致。泄放管应直通安全地点，并应采取防冻措施。

4. 蒸汽锅炉锅筒和过热器的安全阀在锅炉蒸汽严密性试验后，必须进行最终的调整。省煤器安全阀整定压力调整，应在蒸汽严密性试验前用水压的方法进行。调整检验合格后，应加锁或铅封。

6.4.3 热工仪表安装

锅炉上常用的热工仪表有压力表、水位计、温度计等，热工仪表及控制装置安装前，应进行整定，并做模拟试验保证灵敏、准确、可靠，达到精度等级，符合现场使用条件。

1. 压力测量装置的安装

锅炉上的测量装置主要是指各种压力表，压力表的作用是显示锅炉运行压力，确保锅炉安全运行。锅炉上常用弹簧管式压力表，其结构如图 6-16 所示。

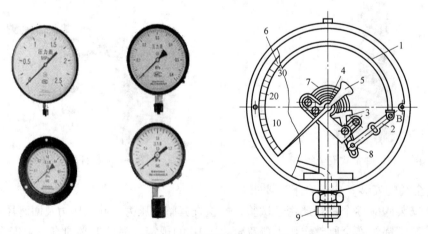

图 6-16　弹簧管式压力表

1. 弹簧管；2. 拉杆；3. 扇形齿轮；4. 中心齿轮；5. 指针；6. 面板；7. 游丝；8. 调整螺丝；9. 接头

压力测量装置的安装，应符合下列要求：

（1）压力表要独立装置在与汽包蒸汽空间直接相通的地方，同时考虑便于观察、冲洗、更换和足够的照明，防止受高温、冰冻、振动的影响，测点应选择在管道的直线段上，即介质流束稳定的地方。取压装置端部不应伸入管道内壁。

（2）当就地压力表所测介质温度高于 60℃ 时，旋塞或三通旋塞前应装存水弯，钢制存水弯内径不小于 10mm，铜制的不小于 6mm，当就地压力表测量被动剧烈的压力时，在后旋塞或三通旋塞应安装缓冲装置。

（3）压力表表盘直径不应小于 100mm，其上应标有表示工作压力的红线。

（4）压力表必须经过计量部门校验合格才能使用。

（5）风压表的取压孔径应取压装置管径相符，且不应小于 1mm。

（6）安装在炉墙和烟道上的风压取压装置应倾斜向上，并与水平线所成夹角大宜大于 30°，且不应伸入炉墙和烟道的内壁。

2. 水位计安装

汽包水位的高低是直接影响锅炉安全运行的重要问题，因此，锅炉必须安装两个彼此独立的水位计，以正确地指示锅炉水位的高低。水位计有多种形式，工业锅炉常用玻璃管式、平板玻璃式和双色水位计，小型锅炉常用玻璃管式水位计。玻璃管式及玻璃板式水位计分别如图 6-17 和图 6-18 所示。

图 6-17　玻璃管式水位计

图 6-18　玻璃板式水位计

水位计的安装，应符合下列要求：

（1）玻璃管（板）式水位计的标高与锅筒正常水位线允许，差为 ±2mm，表上应标明"最高水位""最低水位"和正常水位相重合。

（2）锅筒水位平衡容器安装前，应核查制造尺寸和内部管道的严密性，安装时应垂直正、负管应水平引出，并使平衡器的设计零位与正常水位线相重合。

安装水位计时应注意以下几点：

（1）水位计要装在便于观察，吹洗的地方，并且要有足够的照明。当水位计距离操作地面高 6m 时，除了汽包上装设两个互相独立的就地玻璃水位计以外，还在司炉操作处装有低位水计。低水位计应符合安装要求表体应垂直，连通管路和布置应能使该管路中的空气排尽，整个管路应密封良好，汽连通管不应保温。

（2）水连通管和汽连通管尽量要水平布置，防止形成假水位，水连通管和汽连通管的内径不得小于 18mm。连接管的长度要小于 500mm，以保证水位计灵敏准确。连通管上应避免装设阀门，更不得装设球形阀，如装有阀门，在运行时应将阀门全开，并予以铅封。

（3）水位计上、下接头的中心线，应对准在一条直线上。

（4）两端有裂纹的玻璃管不能装用，旋塞的内径以及玻璃管的内径，都不得小于8mm。放水旋塞下，应装有接地面的放水管，并要引到安全地点。

3. 温度测量装置的安装

测温装置安装时，测温组件应装在介质温度变化灵敏和具有代表性的地方，不应装在管道和设备的死角处。温度计插座的材质应与主管道相同，温度仪表的外接线路的补偿电阻，应符合仪表的规定值。当在同一管段上安装取压装置和测温组件时，取压装置应装在测温组件的上游。

4. 电动执行机构的安装

电动执行机构安装时，应做远方操作试验，开关操作方向、位置指示器应与调节机构开度一致，并在全过程程内动作应平稳、灵活且无跳动现象，其行程及伺服时间应满足使用要求。阀用电动装置的传动机动作应灵活，可靠，其行程开关，力矩开关应按阀门行程和力矩进行调整。电动执行机构与调节机构的转臂宜在同一平面内动作，其部分动作应灵活，无空行程及卡阻现象，在三分之一开度时，转臂宜与连杆垂直。

6.5　锅炉系统的试运行

6.5.1　锅炉水压试验

锅炉的汽、水压力系统及其附属装置安装完毕后，砌炉墙之前，必须进行水压试验，以检验安装质量。

水压试验前应作检查，锅筒、集箱等受压元部件内部和表面应清理干净，水冷壁、对流管束及其他管子应畅通，受热面管上的附件应焊接完成，水压试验环境温度应高于5℃，当环境温度低于5℃时，试压结束后应立即排尽炉水，对不能排净炉水的装置要有防冻措施，试验环境为露天时，应在无雨雪的天气下进行，炉水温应高于周围露点温度，试验系统的压力表不应少于 2 只，额定工作压力大于或等于 2.5MPa 的锅炉，压力表的精度等级不应低于 1.6 级。额定工作压力小于 2.5MPa 的锅炉，压力表的精度等级不应低于2.5 级。压力表应经过校验并合格，其表盘量程应为试验压力的 1.5～3 倍，水压试验最好在白天进行，应在系统的最低处装设排水管道和在系统的最高处装设放空阀。

水压试验应按以下步骤操作：

1. 打开锅筒、过热器、点火排汽阀及过热器连通管上的排汽阀，以小于锅炉正常循环水量的流量向锅炉充水，快充满时，应减小水流量。水充满时，分别关闭开始出水排汽阀。

2. 当初步检查无漏水现象时，再以小于 0.3MPa/min 的速度缓慢均匀升压。当升到0.3～0.4MPa 时暂停升压，进行一次检查。必要时可拧紧人孔、手孔和法兰等的螺栓。

3. 继续升压至额定工作压力时，暂停升压，检查各部分，应无漏水或变形等异常现象，然后应关闭就地水位计，继续升到试验压力，并保持 20min，其间压力下降不应超过0.05MPa，最后回降到额定工作才能进入炉膛进行检查，检查期间压力应保持不变，水压试验时受压组件金属壁和焊缝上，应无水珠和水雾，胀口不应滴水珠。

4. 检查完毕后，先打开一个排污阀缓慢放水卸压，当水压为零时再打开放空阀和除省煤器之外的所有排污阀,将水放尽。

5. 当水压试验不合格时,应返修,翻修要在水压试验结束后进行。不允许带压修理。返修后应重做水压试验。

6. 汽阀,出水阀,排污阀和给水截止阀应与锅炉一起作水压试验;安全阀应单独作水压试验。

7. 水压试验的压力应符合表 6-17 和表 6-18 的规定。

建筑供热和生活热水锅炉水压试验的试验压力 表 6-17

序号	项目	工作压力 P(MPa)	试验压力(MPa)
1	锅炉本体	<0.59	1.5P 但不小于 0.2
		0.59~1.18	$P+0.3$
		>1.18	1.25P
2	可分式省煤器	P	1.25$P+0.5$
3	非承压锅炉	大气压力	0.2

注:1. 适用条件:适用于建筑供热和生活热水供应的额定工作压力不大于 1.25MPa、热水温度不超过 130℃的整装蒸汽和热水锅炉及辅助设备安装工程的质量检验与验收。

2. 工作压力 P 对蒸汽锅炉指锅筒工作压力,对热水锅炉指锅炉额定出水压力。

3. 铸铁锅炉水压试验同热水锅炉。

4. 非承压锅炉水压试验压力为 0.2MPa,试验期间压力应保持不变。

5. 摘自《建筑给水排水及采暖工程施工质量验收规范》GB 50242—2002。

区域供热锅炉水压试验的试验压力 表 6-18

序号	项目	锅筒工作压力 P(MPa)	试验压力(MPa)
1	锅炉本体	<0.8	锅筒工作压力的 1.5 倍,且不小于 0.2
		0.8~1.6	锅筒工作压力加 0.4
		>1.6	锅筒工作压力的 1.25 倍
2	过热器		与本体试验压力相同
3	再热器		再热器工作压力的 1.5 倍
4	铸铁省煤器		锅筒工作压力的 1.25 倍加 0.5
5	钢管省煤器		锅筒工作压力的 1.5 倍

注:1. 适用条件:工业、民用及区域供热锅炉,额定压力小于等于 3.82MPa 的蒸汽锅炉,出水压力大于 0.1MPa 的固定式锅炉以及有机热载体炉。

2. 试验压力应以上锅筒或过热器出口集箱的压力表为准。

3. 摘自《锅炉安装工程施工及验收规范》GB 50273—2009。

图 6-19 所示为 20t 锅炉本体水压试验工作流程图,表明试验范围除锅筒、集箱、对流管束、水冷壁管束、过热器及其汽、水管道外,还包括了主汽阀、给水阀、水位计、压力表和受热面管道上焊接的支铁、螺钉、连接板等焊接件,同时明确了试验的各项布置情况,如临时进水、临时放水、排气、试压泵、压力表等设备的位置以及密封隔绝孔口的位置等。现场施焊的焊接件也应进行水压试验,确保不留安全隐患。

6.5.2 锅炉漏风试验

锅炉还应进行漏风试验。漏风试验应符合下列要求:

对于冷热风系统,起动送风机,使系统维持 30~40mm 水柱的正压,在送风入口撒

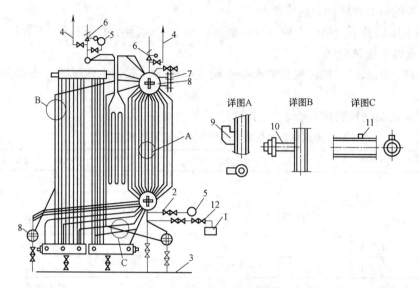

图 6-19   锅炉水压试验流程图

1. 试验泵；2. 临时进水管；3. 临时放水管；4. 放气管；5. 压力表；6. 隔绝的安全阀；
7. 盲板隔绝口；8. 封闭的人孔和手孔；9. 支铁；10. 螺钉；11. 连接板；12. 阀门

入烟雾剂或白粉，检查各缝隙及接头处的泄漏情况。对于炉膛及各尾部受热面及烟道，除尘器至引风机段漏风试验，应起动引风机，维持 30～40mm 水柱的正压，微开调节挡板，并应用蜡烛火焰或烟气靠近各接缝处进行检查，火焰或烟气不应被吸偏。

漏风试验发现的问题，应做好标志和记录，进行处理。

6.5.3   烘炉与煮炉

1. 烘炉

炉墙在砌筑过程中内部会带入大量的水分，如果这些水分不排除，在锅炉开始使用时，温度上升很快，新炉墙中的水分很快蒸发成大量水蒸气，应会由于容积膨胀而在内部产生压力，使炉墙产生裂纹和变形，甚至破坏。烘炉的目的是烘干炉墙水分，以提高炉墙的耐高温能力。烘炉过程必须小心谨地慎地慢慢将新炉烘干，炉墙温度要缓慢升高，使炉墙内的水分蒸发后缓慢排出墙体。

烘炉前，应制订烘炉方案，并应具备下列条件。

（1）锅炉及其水处理、汽水、排污、输煤、除渣、送风、照明、循环冷却等系统均应安装完毕，并经试验运转合格。

（2）炉体切筑和绝热工程应结束，并经炉体漏风试验合格。

（3）水位表、压力表、测量仪表等烘炉需用的热工和电气表均安装和试验完毕。

（4）锅炉给水应符合《工业锅炉水质》GB/T 1576—2018 规定。

（5）锅筒和集箱上的膨胀指示器应安装完毕，在冷状态下调整到零位。

（6）炉墙上的测温点或灰浆取样点应设置完毕。

（7）应有烘炉升温曲线图。

（8）管道、风管、烟道、灰道、阀门及挡板均应标明介质流动方向、开启方向和开度指示。

（9）炉内外及各信道应全部清理完毕。

烘炉可根据现场条件，采用火焰、蒸汽等方法进行。蒸汽烘炉是将外来蒸汽通入锅炉受热面，利用外来蒸汽的热量烘炉，有水冷壁的各种类型的锅炉宜采用蒸汽烘炉。火焰烘炉是用木炭、煤块、油料等燃料燃烧产生的热量烘炉，适用于各种类型的锅炉。

蒸汽烘炉应符合下列要求：

（1）应采用0.3～0.4MPa的饱和蒸汽从水水冷壁集箱的排污处连续、均匀地送入锅炉，逐渐加热炉水，炉水水位应保持正常，温度宜为90℃，烘炉后期宜补用火焰烘炉。

（2）应开启必要的挡板和炉门除湿气，并应使炉墙各部均能烘干。烘炉时间应根据锅炉类型，砌体湿度和自然通风干燥程度确定，散装重型炉墙锅炉宜为14～16天，但整体安装的锅炉，宜为4～6天。

火焰烘炉的火焰应集中在炉膛中央，烘炉初期宜采用文火烘焙，初期以后的火势应均匀，并应逐日缓慢加大。用于链条炉排的燃料不应有铁钉等金属杂物，链条在烘炉过程中应定期转动，并应防止烧坏炉。烘炉温升应按过热器后（或相当位置）的烟气温度测。

根据不同的炉墙结构，火焰烘炉温升应符合下列规定：重型炉墙第一天温升不宜大于50℃，以后每天温升不宜大于20℃，后期烟温不应大于220℃，砖砌轻型炉墙每天温升不应大于80℃，后期烟温不应大于160℃；耐火浇注料炉墙养护期满后，方可开始烘炉，温升每小时不应大于10℃，后期烟温不应大于160℃，在最高温度范围内的持续时间不应小于24h。当炉墙特别潮湿时，应适当减慢温升速度，延长烘炉时间。

烘炉时，应经常检查各部位的膨胀情况。当出现裂纹或变形变迹象时，应减慢升温速度，并应查明原因后，采取相应措施。

锅炉经烘炉后，应符合下列规定：

（1）当采用炉墙灰浆试样法时，应在燃烧室两侧墙的中部炉排上方1.5～2m处，或燃烧器上方1～1.5m处和过器两侧墙的中部，取黏土砖，外砖墙的丁字交叉缝处的灰浆样品各50g测定，其含水率均应小于2.5%。

（2）当采用测温法时，应在燃烧室两侧墙的中部炉排上方1.5～2m处，或燃烧器上方1～1.5m外，测定外墙砖外表面向内100mm处的温度，其温度应达到50℃，并应维持48h，或测定过热器两侧墙黏土砖与绝热层接合处的温度，其温度应达到100℃，并应维持48h。

2. 煮炉

在安装过程中，锅炉受热面可能会残留铁锈及油污等，这些污物会降低传热效果，影响蒸汽和热水的品质，腐蚀受热面，引起汽水共腾。煮炉的目的是清除汽包内表面的铁锈及油污等。煮炉的原理是：在锅炉中加入碱水，使碱溶液与锅内油垢起皂化作用生成沉渣，然后在沸腾的炉水作用下，离开锅炉金属，沉积在汽包最下部，最后经排污阀排出。在烘炉末期，当外墙砖灰浆含水率降到10%时，或当燃烧室与过热器的侧墙温度分别为50℃和100℃时，即可进行煮炉。

煮炉开始时先检查锅炉汽包和集箱的锈蚀情况，去确定煮炉药量。加药量应符合锅炉设备技术文件的规定，当无规定时，应按表6-19的配方加药。

加药时，炉水应在低水位，药品应溶解成溶液后方可加入炉内。对新锅炉，所配的药品溶液应一次加完；对拆迁的锅炉存有水垢时，可先加入50%，煮炉过程第一次排污后，再加入剩余溶液。配制和加入药液时，应有安全措施。

煮炉时的加药配方（kg）　　　　　　　　　　　　　　表 6-19

药品名称	加药量	
	铁锈较薄	铁锈较厚
氢氧化钠(NaOH)	2～3	3～4
磷酸三钠($Na_3PO_4 \cdot 12H_2O$)	2～3	2～3

注：1. 药量按 100% 的纯度计算。
　　2. 无磷酸三钠时，可用碳酸钠代替。用量为磷酸三钠的 1.5 倍。
　　3. 单独使用碳酸钠煮炉时，每立方米水中加 6kg 碳酸钠。

　　完成加药后可进行煮炉，煮炉时间宜为 48～72h。煮炉的最后 24h 宜使压力保持在额定工作压力的 75%，当在较低的压力下煮炉时，应适当地延长煮炉时间。煮炉至取样炉水的水质变清澈时应停止煮炉。煮炉程序见表 6-20。

煮炉程序表　　　　　　　　　　　　　　　表 6-20

顺序	煮炉升压程序	煮炉时间(h)		
		铁锈较薄	铁锈较厚	拆迁炉
1	加药	3	3	9
2	升压到 0.3～0.4MPa	3	3	3
3	在 0.3～0.4MPa，负荷为额定出力的 5%～10% 下煮炉，紧螺丝	12	12	12
4	降压排污(排污量为 10%～15%)	1	1	1
5	升压到 1.0～1.5MPa，负荷为额定出力的 5%～10% 下煮炉	8	12	24
6	降压到 0.3～0.4MPa 排污(排污量为 10%～15%)	2	2	2
7	升压到 2.0～2.5MPa，负荷为额定出力的 5%～10% 下煮炉(中低压锅炉升到工作压力的 75%，但不超过 2.5MPa)	8	12	24
8	保持 2.0～2.5MPa，多次排污换水直到标准运行碱度，投入连续排污	16	16	16
9	总　计	53	61	105

　　煮炉期间，应定期从锅筒和水冷壁下集箱取样进行水质分析，当炉水碱度低于 45mol/L 时，应补充加药。除留用一个水位计外，其他水位计、一次阀门应关闭，防止加药的炉水进入汽水管道中。煮炉时，药液不得进入过热器内。

　　煮炉结束后，应交替进行上和排污，并应在水质达到运行标准后停炉排水，冲洗锅炉内部和曾与药液接触过的阀门，清除锅筒及集箱内的沉积物，排污阀应无堵塞现象。

　　锅炉经煮炉后，应符合下列要求：

　　(1) 锅筒和集箱内壁应无油垢。

　　(2) 擦去锅筒和集箱内壁的附着物后金属表面应无锈斑。

6.5.4　锅炉严密性试验

　　严密性试验是在烘炉，煮炉合格后，锅炉在点火升压的热状态下，对锅炉的承压部件进行的严密向检查。蒸汽锅炉利用蒸汽压力试验，热水锅炉利用额定工作温度的热水试验。严密性试验的步骤为：试验前的检查与准备，锅炉点火，锅炉升压，额定工作压力下的检查，安全阀的调整等过程。试验中的检查和升降压内容与水压试验基本相同。锅炉压力升至 0.3～0.4MPa 时，应对锅炉本体内的法兰、人孔、手孔和其他连接螺栓进行一次热状态下的紧固，锅炉压力升至额定工作压力时，各人孔、手孔、阀门、法兰和填料等处应无泄漏现象，锅筒、集箱、管路和支架等的热膨胀应无异常。

有过热器的蒸汽锅炉，应采用蒸汽吹洗过热器，吹洗时，锅炉压力宜保持在额定工作压力的75%，吹洗时间不应小于15min。

严密性试验合格后，应对安全阀进行最终调整，调整后的安全阀应立即加锁或铅封。安全阀最终调整后，现场组装的锅炉应带负荷正常连续试运行48h，整体出厂的锅炉应带负荷正常连续试运行4～24h，并做好试运行记录。

6.5.5 锅炉系统试运行与工程验收

1. 锅炉系统的试运行

完成上述各项工作之后，应进行系统的试运行。试运行的目的是确定其交付使用前的准备工作是否已妥。试运行时，应对锅炉、辅助设备、各种阀门、锅炉安全附件及仪表的工作状态进行检查、调整。

锅炉系统的试运行，通常是在各种设备分部试运行合格验收基础上进行。首先要进行泵风机及炉排等设备的分项试运行。

(1) 泵与风机的检查及其分项试运行

首先核对风机、泵、电动机等型号规格是否与设备相符，其次检查泵与风机的靠背轮、润滑油、冷却水管等连接牢固及挡板、闸门齐全可靠。同时润滑油应清洁，油位在指示线上，冷却水应畅通无阻，将水门打开，观察水流入漏斗的情况应正常，挡板闸门用手转动应灵活。电机，水泵与风机用手盘车应无卡碰现象。电动机接地的连接应可靠。上述检查无误后，开始进行分部试运行。试运行前应将风机入口风门或水泵出口阀门关严。然后合上电闸，电流表应立即指示最大位置。如果电流表在1秒钟内不动，说明未投入，应立即拉掉电闸，然后重新投一次，如仍未投入，则应查明原因，予以消除。开关合上，电流表指到最大位置后，应在规定的时间内逐渐回到正常指示值。空载试运行时间为15～20min。在这段时间内情况正常，试运行就可结束。

试运行期间应注意：回转方向要正确，应无摩擦、碰撞、无异味。电流表指示在正常值，应测量振动值，窜轴量和轴承温度。

(2) 炉排的检查及其分项试运行

虽然炉排在安装前已进行地炉外空运转运转，但为了检查安装质量仍要进行安装后的空载运行。在空载试运行过程中应对应炉排各部分进行检查，要求炉排运转正常，然后，装煤进行冷态试验运转，要求下煤均匀，不跑偏，不堆积，煤斗及炉排两侧不应漏煤，否则应重新调整。

链条炉排，往复炉排还应该用各挡位的速度试运行，电流表读值应符合规程规定。抛煤机也要试运行，如果改变了轮叶形状，还应该试抛煤，检查落煤是否均匀。

另外，运煤系统、除渣系统、上水系统也应进行部分试运行，按规定内容和要求进行检查和验收。

(3) 锅炉系统的试运行

1) 试运行前的检查与准备

锅炉内部和外部的检查：

① 要求炉墙、拱旋、水冷壁、联箱、汽包内外及看火孔、人孔、吹灰等均完好无缺

陷。管内是否有焊接瘤或堵塞，可用通球试验检查。

② 汽包内、炉内、烟道内检查完毕，确实无人、无杂物后，应将汽包人孔、联箱手孔封闭，炉门关闭。

③ 汽、水管道内阀门应处于升火前位置。

④ 启动给水泵打开给水阀，将已处理好的水送入锅内，进水温度不高于40℃，上炉内水位升至最低水位处，或水位表的三分之一处。因为点火后，水温升高，体积膨胀，水位会上。关闭给水阀门，待锅内水位稳定后，要注意观察水位的变化，不应上升或下降。水位升高往往是给水阀门关不严，应关住给水阀门，设法修好。水位下降说明锅炉泄漏，应查明原因做妥善处理。

⑤ 准备工作结束后，就可以点火。锅炉必须在小风，微火，气门关闭，安全阀或放气阀打开的条件下进行升火，炉火逐渐加大，炉膛温度均匀上升，炉墙与金属受热面缓慢受热，均匀地膨胀。新装锅炉试运行时，初次升火，从点炉到汽压升至1.3MPa，需要的时间不少于5～6h。

2）升压

为了保证锅炉各部分受热均匀，升压不可太快。在升压过程中必须进行全面检查和调试。工业锅炉升压过程一般做如下的检查及定压工作：

① 当锅炉内汽压上升，打开的放气阀或安全阀冒出蒸汽时，应立即关闭放气阀或安全阀。

② 当锅内压力达到0.1MPa表压时，进行冲洗压力表和水位表，并用标准长度的扳手重新拧紧各部分的螺栓。

③ 汽压升至0.2～0.3MPa表压时，检查入孔，手孔是否渗漏，并上水，放水，这对均衡锅炉各部分温度有很大好处。同时，也检查排污污阀是否堵塞。

④ 汽压升至0.5MPa表时时，再次在高压情况下吹洗水位和压力表，并打开蒸汽阀，启动蒸汽给水泵，观察是否正常运转。

⑤ 汽压升至0.7～0.8MPa表压时，再次上水，放水，检查辅助设备运转情况。

⑥ 汽压升至工作压力，再次进行全面检查和对安全阀定压。

安全阀的调整顺序，应先调整开启压力最高的，然后依次调整压力较低的安全阀。另外，对炉墙也要进行漏风检查。

试运行合格，技术文件齐全，即可组织验收，并移交给建设单位投产使用。

2. 工程验收

锅炉带负荷连续48h试运行合格后，方可办理工程总体验收手续，工程验收应包括中间验收和总体验收。

现场组装锅炉安装工程的验收，应具备下列资料：

开工报告，锅炉技术文件清查记录（包括设计修改的有关文件），设备缺损件清单及修复记录，基础检查记录，钢架安装记录，钢架柱腿底板下的垫铁及灌浆层质量检查记录，锅炉本体受热面管道通球试验记录，阀门水压试验记录，锅筒、集箱、省煤器、过热器及空气预热器安装记录，管端退火记录，胀接管孔及管端的实测记录，锅筒胀管记录，受热面管道焊接质量检查记录和检验报告，水压试验记录及签证，锅筒封闭检查记录，炉排安装及冷态试运行记录，炉墙施工记录，仪表试验记录，烘炉、煮炉和严密性试验记录，安全阀调整试验记录，带负荷连续 48h 试运行记录及签证，隐蔽工程验收记录，锅炉压力容器安装质量证明书，管材、焊材质量证明书，阀门、弯头等管件合格证，蒸汽管、主给水管焊接质量检查记录和无损检测报告，辅助设备安装和调试记录。

整体安装锅炉安装工程的验收，应具备下列资料：

开工报告，锅炉技术文件清查记录（包括设计修改的有关文件），设备缺损件清单及修复记录，基础检查记录，锅炉本体安装记录，风机、除尘器、烟囱安装记录，给水泵、蒸汽泵或注水器安装记录，阀门水压试验记录，炉排安装及冷态试运行记录，水压试验记录及签证，水位表、压力表和安全阀安装记录，烘炉、煮炉记录，带负荷连续 4～24h 试运行记录，隐蔽工程验收记录，锅炉压力容器安装质量证明书，管材、焊材质量证明书，阀门、弯头等管件合格证，主蒸汽管、主给水管焊接质量检查记录和无损检测报告。

工程未经总体验收，严禁投入使用。

本 章 小 结

锅炉的安全运行是非常重要的。一旦因为安装质量不良引起事故，后果十分严重，所以锅炉安装工程中必须严格遵守相关标准和规范，确保锅炉安装质量。本章主要介绍了锅炉系统安装技术，其主要内容涉及燃煤锅炉本体安装、燃气锅炉安装、锅炉本体管道及安全附件安装及锅炉系统的试运行等。

本章第一节为锅炉系统安装概述，说明了锅炉系统的组成分类及施工准备，本章第二节中介绍了燃煤锅炉本体安装，涉及六部分内容，分别为基础检验和划线、钢架安装、锅筒和集箱安装、受热面管安装、燃烧设备安装及炉墙砌筑和绝热层施工，本章第三节介绍了燃气锅炉安装，包括锅炉本体的安装、燃气系统安装、排烟系统安装及保温施工等内容，本章第四节为锅炉本体管道及安全附件安装，从管道和阀门安装、安全阀安装及热工仪表等三方面展开，本章第五节中则为锅炉系统的试运行及工程验收，锅炉必须进行水压试验、漏风试验、烘炉煮炉、严密性试验、系统试运行及工程验收才能投入使用。

燃气锅炉具有明显的节能减排优势，近年来被广泛应用，具有锅炉热效率高、运行能耗低、燃料运输能耗低及锅炉制造钢材和能源消耗低等优点。与传统燃煤锅炉房安装工艺相比，燃气锅炉房的安装必须更加重视安全性。燃气锅炉安装的施工步骤可总结为：先基础，后就位，先本体，后附属设备，即"先主后次"。安装完锅炉本体和附属设备后即可安装它们之间的连接管路和阀门。最后再安装锅炉和附属设备上的附件、阀门、仪表、仪器等。在完成以上工作后，进行全面检查，直至符合安装要求为止。

关键词（Keywords）：锅炉系统（Boiler System），燃气锅炉（Gas Boiler），安全附件（Safety Accessory），热工仪表（Thermal Instrumentation），试运行（Test Run）。

安装示例介绍

EX6.1　热电联产系统安装示例

EX6.2　燃气锅炉系统安装示例

思考题与习题

1. 锅炉系统的安装程序是什么?
2. 钢架安装的方法可分为几类,各自的安装步骤分别是什么?
3. 受热面管的安装步骤是什么?
4. 简述安全阀的设置原则。
5. 简述水位计的基本安装要求。
6. 燃气锅炉的燃气系统的安装要求是什么?
7. 燃气锅炉的烟囱设置的要求是什么?
8. 烘炉与煮炉的步骤和方法是什么?
9. 锅炉系统试运行的目的和步骤是什么?
10. 简述锅炉的严密性试验的步骤。
11. 简述锅炉安装工程的验收应具备的资料。

本章参考文献

[1] 中华人民共和国住房和城乡建设部,GB 50273—2009 锅炉安装工程施工及验收规范 [S]. 北京: 中国计划出版社,2009.
[2] 中华人民共和国建设部,GB 50041—2020 锅炉房设计规范 [S]. 北京:中国计划出版社,2008.
[3] 中华人民共和国建设部,GB 50028—2006 城镇燃气设计规范 [S]. 北京:中国建筑工业出版 社,2006.
[4] 王智伟,刘艳峰. 建筑设备施工与预算 [M]. 北京:科学出版社,2002.
[5] 邵宗义. 施工安装技术 [M]. 北京:机械工业出版社,2011.
[6] 邵宗义,邹声华,郑小兵. 建筑设备施工安装技术 [M]. 北京:机械工业出版社,2019.
[7] 史培甫. 工业锅炉节能减排应用技术 [M]. 北京:化学工业出版社,2016.
[8] 姜湘山. 燃油燃气锅炉及锅炉房设计 [M]. 北京:机械工业出版社,2003.
[9] 叶欣. 建筑给水排水及采暖施工便携手册 [M]. 北京:中国计划出版社,2006.

第7章 制冷系统安装技术

• 基本内容

制冷装置的特点、安装前的准备工作及安装的一般原则；制冷压缩机（活塞式制冷机、离心式制冷机、螺杆式制冷机）及辅助设备（冷凝器、蒸发器等）的安装，制冷管道及阀门的安装，制冷系统的气密性试验及试运转。

• 学习目标

知识目标：理解制冷装置的特点及制冷系统安装的一般原则。掌握各种制冷压缩机及辅助设备的安装。了解制冷系统的气密性试验及试运转。

能力目标：通过对制冷系统施工安装的图片示例的学习以及相关知识解读的学习，着重培养学生对制冷系统施工安装工艺及制冷系统运行调试的感性认识，以及相关知识的认知能力。

• 学习重点与难点

重点：制冷压缩机及辅助设备的安装工艺及其质量要求。
难点：制冷系统运行调试。

• 知识脉络框图

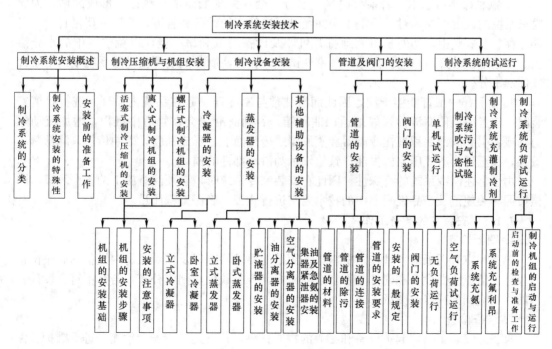

235

7.1 制冷系统安装概述

7.1.1 制冷系统的分类

制冷系统是指利用外界能量使热量从温度较高的物质（或环境）转移到温度较低的物质（或环境）的系统，主要由制冷剂和四大机件，即压缩机、冷凝器、膨胀阀、蒸发器组成。制冷系统的分类如图 7-1 所示。

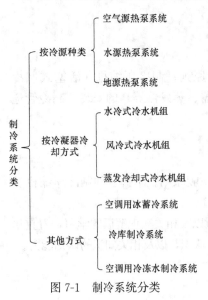

图 7-1   制冷系统分类

7.1.2 制冷系统安装的特殊性

制冷系统的安装与其他机械设备系统的安装有所不同，有它的特殊性。必须充分重视这些特殊性，才能保证制冷机组的正常运转。

1. 所有设备和管道，都有承压要求，一般情况下它所承受的压力比大气压高几倍到十几倍，各设备承受的压力也不同，有的设备有时在真空下工作，因此这些设备和管道都有一定的强度要求。

2. 氟利昂制冷剂无色无味，并有很强的渗透性，极易从微小的不严密处泄漏，而且不容易被发现。氨制冷剂具有毒性，可燃可爆。因此不管采用哪种制冷剂，制冷系统的所有设备、部件和管件等都有很高的气密性要求。

3. 所有设备和管路内部的氧化皮、焊渣及其他杂质必须清除干净，否则会引起气缸、活塞、气阀、膨胀阀和油泵等部件磨损，或者堵塞管路，使制冷装置无法正常运转。

4. 氟利昂不溶于水，若系统内含有水分，会在系统低温部分结冰，形成冰堵，为此要求系统内高度干燥。对已清洗干净并经过干燥处理的设备和管道，应逐一严格封口，妥善保存。在安装中，切勿长时间地打开机器及设备的氟利昂一侧，以免空气中的水分渗入。在系统安装好后，应认真做好气密性试验，在充注制冷剂前严格抽除系统中的不凝性气体和水分。

5. 氟利昂一般都能溶于油，因此润滑油常与制冷剂一起在系统内循环。进行管道安装时，应考虑能使润滑油很好地返回曲轴箱，否则润滑油会在管道中沉积，增加流动阻力，或者引起润滑油积聚在冷凝器和蒸发器的传热面上，形成油膜，影响传热，降低制冷效果，甚至还会造成压缩机失油，致使轴承和滑动部件的损坏。

由于上述制冷系统的特殊性，因此在安装制冷系统时，必须注意施工的各个环节，严格按照有关规范及产品说明书中的技术要求进行施工，确保工程质量。

7.1.3 安装前的准备工作

1. 图纸检查

熟悉和审查图纸与各种技术资料，按图纸的要求检查以及核对机房内设备的底座位置与尺寸。清点全部设备和附件是否齐全与完好，若有缺少，则应补齐，若有不符合设计要求的，则应调换或修改图纸。

2. 设备检查

准备好安装工具，起重设备和必要的物质材料，并对其进行安全检测，进行维护和保养，以确保施工安全，对存放已久的设备，如保管不当，设备腐蚀碰伤严重，从外观检查无把握时，应在安装前进行强度和气密性试验。

3. 基础验收

设备基础一般由土建施工，当混凝土养护期满，强度达到 75% 时，由土建单位提供书面资料进行交接工作。交接时，基础检查验收的内容包括：外形尺寸、基础平面的水平度中心线标高、地脚螺栓孔的距离、基础的埋设件以及模板和木盒是否符合标准，积水是否清除干净等。核实基础的混凝土强度等级，外形尺寸标高、坐标、预埋件、预留孔位置等是否与设计要求一致，其允许偏差应符合规范《混凝土结构工程施工质量验收规范》GB 50204—2015 表 8.3.3，基础表面应保持平整。基础验收时应认真填写基础验收记录，机械设备基础的位置和尺寸应按规范《机械设备安装工程施工及验收通用规范》GB 50231—2009 表 2.0.3 的规定进行复检。

4. 地脚螺栓安装

地脚螺栓安装应符合下列要求：地脚螺栓的不铅垂度不应超过 10/1000，地脚螺栓与孔壁的最小距离应大于 15mm，地脚螺栓底端不应碰孔底，地脚螺栓上的油脂和污垢应清除干净，但螺纹部分应涂油脂，螺母与垫圈间和垫圈与设备底座间接触均应良好，拧紧螺母后，螺栓必须露出螺母 2~3 个螺距，应在预留孔中的混凝土达到设计强度的 75% 以上后拧紧地脚螺栓，各螺栓的拧紧力应均匀。

5. 安装的一般原则

制冷装置的布置应便于使用和管理，且主要考虑使用的问题。对于冷库系统，制冷机组应靠近库房，压缩机尽量靠近蒸发器、冷凝器，以减少管道的流动阻力与冷量损失，并应远离炉灶、烘箱等有热源的设备，机房应宽敞，空气要畅通。必要时机房墙壁上应安装排风扇，加强机房的通风，以利机组的散热。在机组的四周应留有 1m 左右的空地，供管理人员操作与检修用。机房环境温度不应超过 40℃，也不要低于 0℃，机组的电机应专线供电，冷却水管应专管供水，其压力应不低于 0.12MPa。进水管上应装有水量调节阀门（最好为自动调节阀）。水管要考虑到冬季能放尽冷凝器的积水，以免冷凝器管子冻裂，组装式的制冷设备在出厂前已进行过运转试验，并充注了制冷剂，安装前需进行外观检查。分组式供应的设备，其压缩机组或冷凝机组在出厂前都做过运转试验。无特殊情况，一般无需拆检机器。但对单独分装的蒸发器和冷凝器等，则应检查内部的清洁情况，并用氮气或干燥的压缩空气吹净，清洁工作应尽量做到彻底，各连接管路均应十分清洁，管路布置应正确合理和整齐美观，尽量减少管路阻力损失。合理安排各辅助设备的位置，并应考虑不妨碍其他设备的维修，低压回气管的绝热层包扎应在系统检漏符合要求后进行，制冷设备的清洗的清洁度应符合随机技术文件的规定，无规定时，应符合规范《制冷设备、空气分离设备安装工程施工及验收规范》GB 50274—2010 附录 A 的规定；对出厂时已充灌制冷剂的整体出厂制冷设备，应检查其无泄漏后，进行负荷试运转。

7.2 制冷压缩机及机组安装

制冷系统因其种类的不同具有不同的设备和部件，因而系统的安装也会有很大的不同，以下将根据不同系统分别说明安装方法、步骤和注意事项。

7.2.1　活塞式制冷压缩机的安装

活塞式制冷机组如图 7-2 所示。目前，活塞式制冷机组根据其使用特点不同，产品结构也有所不同，通常分三类：①整体式，将制冷压缩机、冷凝器、蒸发器及各种辅助设备组装在同一个底座上同一个箱体内，成为一个整体；②组装式，将压缩机、冷凝器、油分离器、贮液器、过滤器等分为一组，将蒸发器、膨胀阀等分为另一组，将两组设备在现场用管道连接；③分散式，压缩机、冷凝器、蒸发器及各种辅助设备均为散装，现场进行组装。无论哪种，安装方法大同小异。此处重点讲述比较复杂的散装活塞式制冷机组的安装。

图 7-2　活塞式制冷机组

1. 机组的安装基础

活塞式制冷压缩机在工作过程中，由于机器的往复惯性力和旋转惯性力的作用，使压缩机产生振动、噪声，既消耗能量，又加剧工作零件的磨损，并能使机器产生位移。故活塞式压缩机一般都要安装在足够大的混凝土基础上，凭借土壤的弹性以及必要的承压面积，把机器的振幅限制在国家和有关部门规定的容许范围内。对于安装在离空调房间较近的压缩机，为防止振动和噪声对周围环境的影响，防止机器的振动通过基础和建筑结构传入室内，应设置减振基础来消除设备产生的振动。常见的减振基础的形式请参见图 7-3 所示。

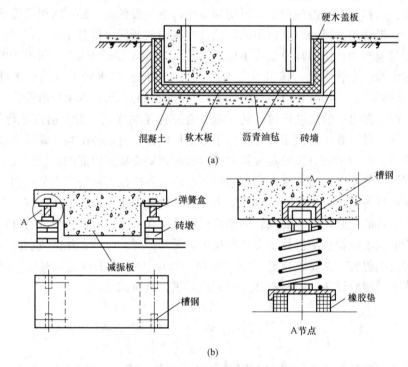

图 7-3　常见的减震基础形式
（a）软木减振基础；（b）弹簧减振基础

2. 设备的安装步骤

（1）开箱检查验收

首先要对制冷机进行设备的开箱检查和验收工作，还应在制冷压缩机就位之前，检查和验收混凝土基础，并依据图样放线找出混凝土基础中心线，如有多台压缩机时，应使中心线平行并且对齐。上述两项工作完成后，就可以进行机组的搬运和吊装。

（2）吊装就位

将基础表面清理干净，按图样坐标位置，找出中心线、地脚螺孔中心线和设备底座边缘线，如图 7-4 所示。将压缩机搬运到基础旁，准备好设备就位的吊装工具，用强度足够的钢丝绳套在压缩机的起吊部位，接触的地方应垫以软木或旧布等加以保护，按吊装的技术安全规程将压缩机吊起，在压缩机落到基础上之前穿上地脚螺栓，对准基础中心线，在地脚螺栓孔两侧摆上垫铁，徐徐下落到预先浇筑好的混凝土基础上，一切准备妥当之后，将压缩机慢慢放在垫铁上。压缩机就位后，它的中心线应与基础中心重合。若出现纵横偏差（如图 7-5 所示的 a、b 偏差），可用撬棍伸入压缩机底座和基础之间空隙处的适当位置，前后左右地拨动设备底座，直至拨正为止，拨正方法如图 7-5 所示。

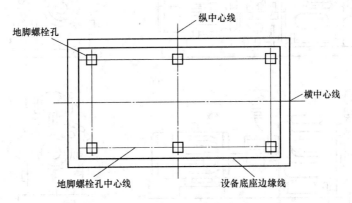

图 7-4　基础放线

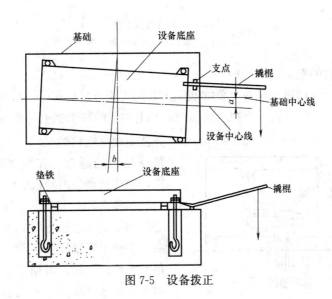

图 7-5　设备拨正

239

在安装过程中，制冷压缩机一般用垫铁找平，垫铁放置的位置应根据设备底座外形和底座上的螺栓孔位置来确定。

（3）测量水平度

用水平仪测量压缩机的纵横向水平度。对于立式和W形压缩机，测量的方法是将顶部气缸盖拆下，置水平仪于气缸顶上的机加工面上测量其机身的纵横向水平度（见图7-6a所示），对于V形和扇形压缩机，测量的方法是将水平仪轴向放置在联轴器上，测量压缩机的轴向水平度，再用吊线锤的方法测量其横向水平度（见图7-6b所示）。压缩机纵横向不平衡度的偏差应<0.1/1000。不符合要求时，用斜垫铁和平垫铁调整。当水平度达到要求后，用强度标号高出基础标号一级的混凝土将地脚螺栓孔灌实，待混凝土达到规定强度的75%后，再做一次校核，符合要求后将垫铁点焊固定，然后拧紧地脚螺栓，最后进行二次灌浆。

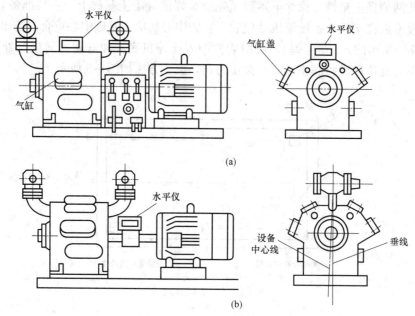

图7-6 压缩机找水平

（a）立式和W形；（b）V形和扇形

（4）传动装置的安装

如果压缩机与电动机不在一个公共底座上，还需调节电机和压缩机两轴同心。其径向偏差数不大于0.2～0.3mm，否则连接压缩机与电动机的联轴器上的弹性橡皮容易损坏，

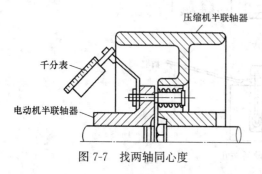

图7-7 找两轴同心度

并能引起压缩机的振动。两机轴线同轴度调整得越精确越好。在调整时，先固定压缩机，然后再调整电动机的位置。

如图7-7所示，将千分表的支架固定在电机的轴上或电机半联轴器上，表的侧头触在压缩机半联轴器的飞轮上，或飞轮的内倒角上，旋转一周，根据千分表指针摆动的方向和大小来判断两轴不同心度的偏差大小和偏差方向，并以此调整电机位置来使两轴同心。当千分表的摆动在±0.3mm的范围内时，即可认为符合要求。为了提高校正精度，也可用两只千分表同时进行校正。校正时，将一只千分表的测头触在联轴器端面上即垂直方向，另一只的测头触在水平方向。这种方法找同心比较麻烦，但比较精确。

（5）传动带的安装

中小型活塞式制冷压缩机一般采用V带。V带有O、A、B、C、D、E、F七种型号。从O型到F型，传递功率依次递增。各型号V带适用的功率范围及推荐的V带型号如表7-1所示。

推荐的V带型号 表 7-1

传递功率（kW）	0.4～0.75	0.75～2.2	2.2～3.7	3.7～7.5	7.5～20	20～40	40～75	75～150	>150
推荐V带型号	O	O、A	O、A、B	A、B	B、C	C、D	D、E	F	F

安装带轮时应注意电动机带轮与压缩机带轮之间的相对位置和V带的拉紧程度，两轮调的相对位置偏差过大，会造成V带自行滑脱，并加速V带的磨损，V带拉得过紧，会造成压缩机轴或电动机轴发生弯曲，加速主轴承过早地发生磨偏，且V带处于大的张力下会加短寿命；V带张得过松又会因打滑影响功率的传递。

7.2.2 离心式制冷机组的安装

离心式制冷机组的主机是离心式制冷压缩机，如图7-8所示。由于介质是连续流动的，流量比容积式要大得多。为了产生有效的动量转换，其旋转速度很高，安装要求较高。离心式制冷压缩机吸气量一般为 $0.03 \sim 15\text{m}^3/\text{s}$，转速为 $1800 \sim 30000\text{r/min}$，吸气压力为 $14 \sim 700\text{kPa}$，排气压力小于 2MPa，压缩比在 $2 \sim 30$，几乎所有制冷剂都可采用。

图 7-8 离心式制冷机组

1. 机组的安装基础

离心式制冷机组多安装在室内混凝土基础上或软木、玻璃纤维砖等减振基础上，用地脚螺栓与基础固定，用垫铁调整机组的水平度，基础的结构形式和机组安装方法与活塞式制冷压缩机基本相同。离心式制冷压缩机属于高速回转机械，机组安装需进行隔振处理，如图7-9所示。

2. 安装的步骤与注意事项

（1）拆箱应按自上而下的顺序进行。拆箱时应注意保护机组管路、仪表及电气设备不受损坏，拆箱后按清单清点附件的数量，并检查机组充气有无泄漏等现象。机组充气内压应符合设备技术文件的规定。

（2）拆箱后连同原有的箱底板拖到安装地点，吊装钢丝绳要设在蒸发器和冷凝器筒体外侧，不要使钢丝绳在仪表板、管路上受力，钢丝绳与设备的接触点应垫木板。

（3）机组吊装就位后，进行找正，设备中心线应与基础中心线重合。

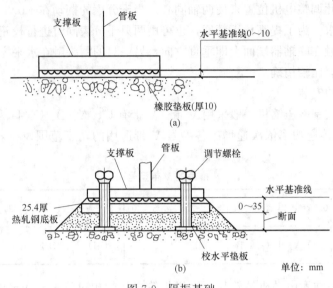

图 7-9　隔振基础

（a）简易隔振；（b）标准隔振

（4）机组应在与压缩机底面平行的加工面上找平，纵横向水平度均小于 1/1000，压缩机在机壳的中分面上找平，横向水平度应小于 1/1000。

（5）在连接压缩机进气管前，应从吸气口观察导向叶片和之下的执行机构叶片开度与指示位置，按设备技术文件的要求调整一致并定位，最后连接电动执行机构。

（6）在法兰连接处，应使用高压耐油石棉橡胶垫片。螺纹连处应使用氧化铅甘油、聚四氟乙烯薄膜等填料。

（7）如果整个机组不在一个公共底座上，分组安装时，一般主电动机和压缩机为一组，冷凝器和蒸发器为一组。应注意，两组设备之间的标高位置和平面上的相互位置，以保证压缩机的吸入管和排出管能顺利地与两组设备相接，测量时应以两组设备接管法兰的断面为准。

（8）半封闭离心式压缩机出厂前已经做过动平衡试验，现场安装般不做解体清洗，但应把油箱油路清洗干净，保证油路的畅通。

图 7-10　螺杆式制冷机组

7.2.3　螺杆式制冷机组的安装

螺杆式制冷机组如图 7-10 所示，它是以一对相互啮合的转子在转动中产生周期性的容积变化，实现吸气、压缩和排气过程，主要由机壳、螺杆转子、轴承、能量调节装置等组成。螺杆压缩机具有结构简单、工作可靠、效率高和调节方便等优点。

1. 机组的安装基础

螺杆式制冷压缩机通过弹性联轴器与电动机直联，它与油分离器及油冷凝器等部件设置在同一支架上，组成螺杆式制冷压缩机组，一般安装在地基上。具体做法可以参照厂方提供的地基图，地脚螺栓一般都随机组配带。

螺杆式制冷机组安装时，一般需要在地基上安装减振垫。随着技术的发展，机组的振动大大减少，有的机组已不需要安装减振垫，直接将机组安装在地基上紧固地脚螺栓即可。

2. 安装的步骤与注意事项

（1）螺杆式冷水机组的配管一般采用法兰连接，也可焊接或螺纹连接。与机组连接的水管宜采用软管接头，可减少机组的振动和噪声传递。

（2）螺杆式制冷压缩机安装应对机组进行找平，其纵、横向水平度偏差均应小于1/1000。

（3）螺杆式制冷压缩机接管前，应先清洗吸、排气管道，管道应做必要的支承。不可将其重力施予机组，以防机组变形，而影响电机和压缩机对中找正。

7.3 制冷设备安装

7.3.1 冷凝器的安装

冷凝器是承压容器，安装前应检查设备的出厂检验合格证，如在制造厂未做过强度试验，运输过程出现损伤和锈蚀现象，或未在技术规定的期限内安装，则应进行强度试验和严密性试验。强度试验应以水为介质，试验压力应按技术文件规定的压力值进行。严密性试验用干燥空气或氮气进行。

冷凝器的吊装，应根据施工现场的条件，采用捯链、提升机或绞车等起重吊装工具。设备找平、找正的允许偏差为：立式冷凝器的垂直度和卧式冷凝器的水平度均不大于1/1000。

1. 立式冷凝器

立式冷凝器外形如图 7-11 所示，一般安装在室外混凝土水池上，其安装方法有三种：装于浇制钢筋混凝土水池的顶部，装于池顶的工字钢或槽钢上，装于预埋在池顶的钢板上。

在浇制钢筋混凝土水池的顶部安装时，先在混凝土水池盖上按冷凝器地脚螺孔位置顶埋地脚螺栓，待牢固后将冷凝器吊装就位。为避免预埋的螺栓与冷凝器的孔眼有偏差而影响安装，也可在预埋螺栓的位置改为预埋套管，吊

图 7-11 立式冷凝器外形

装冷凝器后，地脚螺栓和垫圈穿入套管中，冷凝器就位前应在四角地脚螺栓旁放上垫铁，以调整冷凝器的垂直度，找垂直后拧紧地脚螺栓即将冷凝器固定。垫铁留出的空间应用混凝土填塞。

装于池顶的工字钢或槽钢上时，应与池顶预埋的螺栓固定在一起，再将冷凝器吊装安放在工字钢或槽钢上。

装于预埋在池顶的钢板上时，钢板与钢筋混凝土池顶的钢筋焊接在一起。安装时，先按冷凝器地脚螺孔位置，将工字钢或槽钢置于预埋的钢板上，待冷凝器拨正后，将工字钢

或槽钢与顶埋的钢板焊牢。

吊装冷凝器时，不允许将绳索绑扎在连接管上，应绑扎在筒体上。立式冷凝器的重心较高，就位后应采取措施防止其摇摆或倾倒。

待冷凝器牢固地固定后，再安装扶梯、平台，顶部配水箱等附件。焊接平台和扶梯时，应注意不能损伤冷凝器，焊接后应检查有无损伤现象。

单台立式冷凝器集水池及预埋钢板的结构如图 7-12 所示。单台立式冷凝器与水池的连接形式及冷凝器的平台构造如图 7-13 所示。

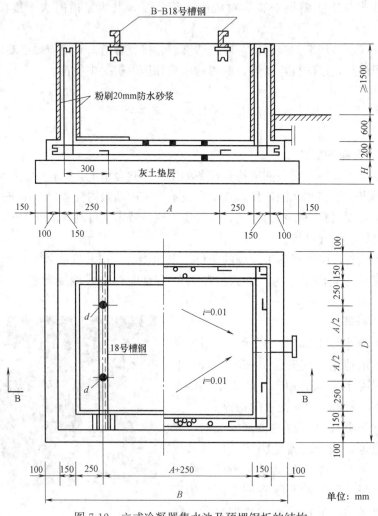

图 7-12　立式冷凝器集水池及预埋钢板的结构

2. 卧式冷凝器

卧式冷凝器一般安装在室内，卧式冷凝器外形如图 7-14 所示。

（1）平面布置

卧式冷凝器的平面布置如图 7-15 所示。图中右侧要留出的尺寸，相当于冷凝器内管束长度，以便更换或检修管束。如室内的面积较小，也可在卧式冷凝器端面对应位置上开设门窗，利用门窗由室外更换装入管束。

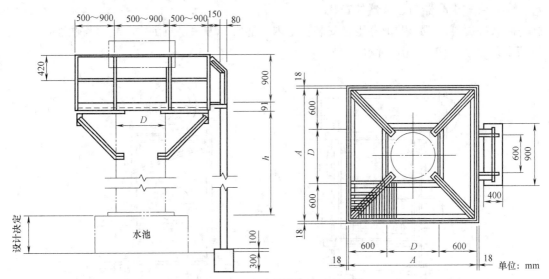

图 7-13　立式冷凝器与水池的连接

图 7-14　卧式冷凝器外形

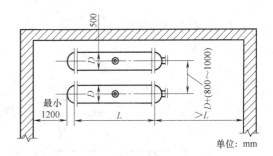

图 7-15　卧式冷凝器的平面布置

卧式冷凝器的安装如图 7-16 所示。图中 H 尺寸是根据设计要求或实际要求而定的。

（2）安装高度

为了节省设备占地面积，也可将冷凝器安装在贮液器上，支架可采用槽钢制作。垂直安装的高度及间距见图 7-17 所示。

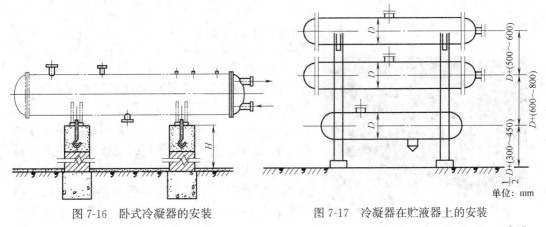

图 7-16　卧式冷凝器的安装

图 7-17　冷凝器在贮液器上的安装

（3）卧式冷凝器与贮液器的安装

卧式冷凝器一般与贮液器组合安装在室内。通常的方法是将卧式冷凝器与贮液器一起安装于钢架上，如图 7-18 所示

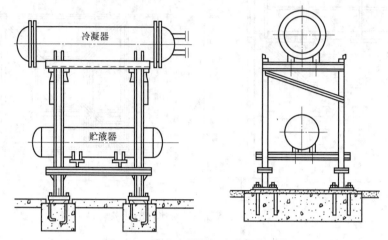

图 7-18　卧式冷凝器与贮液器的安装

7.3.2　蒸发器的安装

1. 立式蒸发器的安装

（1）平面位置

为了便于运行维护，螺旋管立式蒸发器的平面位置可参考图 7-19 所示，实物图如图 7-20 所示。三台或三台以下蒸发器可靠墙安装，多台蒸发器可连成一片或分散安装。

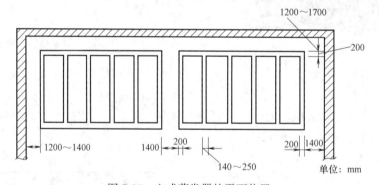

图 7-19　立式蒸发器的平面位置

图 7-20　螺旋管立式蒸发器

（2）安装

立式蒸发器一般安装于室内的保温基础上。安装前应对水箱箱体进行渗漏试验，即盛满水保持 8～12h，以不渗漏为合格。然后便可将箱体吊装到预先做好的垫有绝热层的击础上再将蒸发器管组吊入水箱内、并用集气管和供液管连成一个大组。安装中应保证蒸发器管组垂直，并略倾斜于放油端，各管组的间距应相等。采用水平仪或

铅垂线检查其安装是否符合要求。为避免基础绝热垫层的损坏，应在垫层中每隔800～1200mm放一根与保温层厚度相同、宽200mm经过防腐处理的垫木。保温材料与基础层应作防水层。组装完毕，蒸发器的气密性试验合格后，即可进行保温工作。

在安装立式搅拌机时，应先将刚性联轴器分开，清除内孔中的铁锈和污物。要注意原定的连接方向、使孔与轴能正确地配合。再取下电动机上的平键，将搅拌机轴和电动机轴清洗干净，最后用刚性联轴器连接两轴。

2. 卧式蒸发器的安装

卧式蒸发器如图7-21所示，它一般安装于室内的混凝土基础上，用地脚螺栓与基础连接。为防止冷桥的产生，蒸发器支座与基础之间应垫以50mm厚的防腐垫木。垫木的面积不得小于蒸发器支座的面积。卧式蒸发器的水平度要求与卧式冷凝器相同，可用水平仪在筒体上直接测量。同立式蒸发器一样，待制冷系统压力试验及气密性试验合格后，再进行卧式蒸发器的保温。图7-22为卧式蒸发器安装示意图。

图7-21 卧式蒸发器

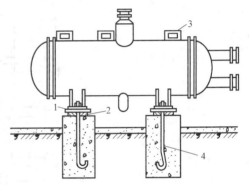

图7-22 卧式蒸发器的安装
1. 平垫铁；2. 垫木；3. 水平仪；4. 地脚螺栓

7.3.3 其他辅助设备的安装

1. 贮液器的安装

贮液器的安装方法与卧式冷凝器或蒸发器相同。贮液器多安装在压缩机机房内。在安装时，应注意其安放的平面位置，液位计的一端靠墙时，间距可控制在500～600mm，无液位计的一端靠墙时，其间距可控制在300～400mm。如两台贮液器并排安装，其间距应考虑到人员操作上的方便：对应相对操作安装，其间距应为$D+(200～300)$mm，对应背靠背操作安装，其间距应为$D+(400～600)$mm（D为贮液器的直径）。

贮液器的安装高度应低于冷凝器，这样便于冷凝器内冷凝后的液体制冷剂靠重力自动流入贮液器内。当大型贮液器设有集油器时，还应考虑到放油的方便。

卧式高压贮液器顶部的管接头较多，安装时不要接错，特别是进、出液管更不得接错。因为进液管是焊在设备表面的，而出液管多由顶部表面插入筒内下部，接反了不能供液，还会发生事故，因此应特别注意。一般进液管直径等于出液管直径，可将一根铁丝插入管中晃动以确定进、出液管。

2. 油分离器的安装

油分离器多安装在室内或室外的混凝土基础上，用地脚螺栓固定，垫铁调整，如图7-23所示。

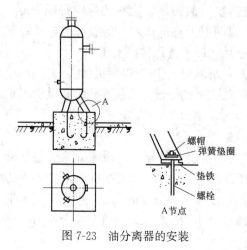

图 7-23　油分离器的安装

安装油分离器时，应首先弄清其形式（洗涤式、离心式或填料式）和进出口接管位置，以免将管接口接错。对于洗涤式油分离器，安装时要注意进液口应比冷凝器出液口低 200～250mm，且从出液管底部接出，以保证油分离器需要的液面，提高分离效率。

3. 空气分离器的安装

目前常用的空气分离器有立式和卧式两种形式，一般安装在距地面 1.2m 左右的墙壁上，用螺栓与支架固定，如图 7-24 所示。安装卧式四层套管式空气分离器时，进液端应比尾端提高 1～2mm。旁通管应在下部，不得平放。

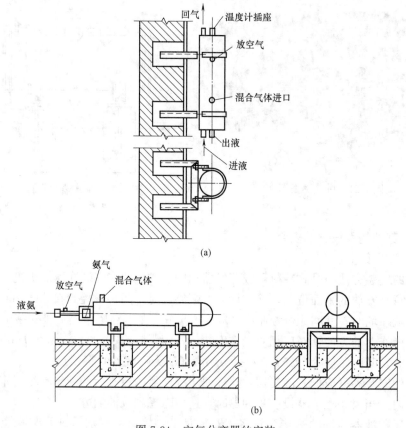

(a)

(b)

图 7-24　空气分离器的安装

（a）立式空气分离器安装；（b）卧式空气分离器安装

4. 集油器及紧急泄氨器的安装

集油器如图 7-25 所示，一般安装于地面的混凝土基础上，其安装方法与油分离器相同。

紧急泄氨器如图 7-26 所示，一般垂直安装于机房门口便于操作的外墙上，用螺栓、支架与墙壁连接，其安装方法与立式空气分离器相同，但应注意阀门高度一般不要超过 1.4m。进氨管、进水管、排出管均不得小于设备的接管直径。排出管必须直接通入下水道中。

图 7-25　集油器

图 7-26　紧急泄氨器

辅助设备中还包括中间冷却器、再冷却器（过冷器）、氨液分离器、低压循环贮液器、氨泵、气液热交换器（氟利昂系统）等。这些设备在安装时应按设计图纸要求进行，应平直牢固、位置准确。此外还应注意以下事项：

（1）安装前应检查各设备出厂试压合格证书，否则应补做单体设备的试压。

（2）辅助设备运入施工现场，应予以检查和妥善保管。封口已敞开的应重新封口，防止污物进入，对放置过久的设备，安装前必须清污、除锈，然后用 0.6MPa 压缩空气进行单体吹除和排污。

（3）低温容器安装时应增加垫木，尽量减少"冷桥"现象。垫木应预先在热沥青中浸过，以防腐蚀。有连接阀门时，应按设计要求预留隔热层厚度，以免阀门伸入隔热层。

7.4　管道及阀门安装

当组装式或散装式制冷设备的各部件如压缩机、冷凝器、蒸发器、膨胀阀及其他辅助设备等安装就绪，就开始连接其间的管路，并安装必要的阀门。装配管路包括制冷管道、冷却水管道、冷水管道等。本节重点介绍制冷管道的安装。

7.4.1　管道

1. 管道材料

制冷管道材料的选择直接影响到制冷装置的正常运转、使用寿命及制冷能力。在选择时，应考虑管子的强度、耐腐蚀性及管子内壁的光滑度。目前，在制冷系统中常用的管材有紫铜管和无缝钢管两种。氨制冷系统一律采用无缝钢管，不能用铜管或其他有色金属管。无缝钢管有薄壁和厚壁之分。制冷系统中一般使用的均为薄壁钢管。其中又分冷轧和热轧两种。冷轧管径小，热轧管径大。制冷工程中常用 10 号无缝钢管。

（1）氨制冷系统

氨制冷系统的管道不得采用铜管。工作温度高于−50℃，采用优质碳钢无缝钢管，工作温度低于－50℃，可使用经热处理的无缝钢管或低合金钢管（如 90Mn 钢）。氨管道的弯头一般采用冷弯或热弯的弯头，弯曲半径应不小于 4D，不得使用焊接弯头或褶皱弯头。氨管道的三通宜采用顺流三通。氨管道法兰应采用公称压力为 2.5MPa 的凹凸面平焊方形或对焊法兰。垫片采用耐油石棉橡胶板，安装前用冷冻油浸泡后再加涂石墨粉。氨管道所用的阀门、仪表均为专用，DN25 以上的管道采用法兰接连，DN25 以下的则用螺纹连接。常用无缝钢管的规格列于表 7-2，供参考。

常用无缝钢管的规格（YB231－70）　　　　表 7-2

冷轧钢			热轧钢		
外径(mm)	壁厚(mm)	质量(kg/m)	外径(mm)	壁厚(mm)	质量(kg/m)
6	1.2	0.142	32	2.5	1.76
8	1.6	0.253	32	3.5	2.46
10	2	0.395	38	2.5	2.19
14	2	0.592	38	3.5	2.98
16	2	0.691	45	2.5	2.62
18	2	0.789	45	3.5	3.53
18	3	1.11	50	3.0	3.48
22	2	0.986	50	4.0	4.54
22	3	1.41	57	3.5	4.62
25	2	1.13	57	4.5	5.83
25	3	1.63	70	3.5	5.74
32	2.2	1.62	70	4.5	7.27
32	3.5	2.46	76	3.5	6.26
38	2.2	1.94	76	4.5	7.93
38	3.5	2.98	89	3.5	7.38
45	2.2	2.32	89	4.0	8.38
45	3.5	3.58	89	4.5	9.38

（2）氟利昂系统

氟利昂系统可采用紫铜管或无缝钢管，紫铜管的特点是质软，易弯曲加工，耐腐蚀，管壁光滑，但强度稍差。为节省有色金属，一般公称直径在 25mm 以下用紫铜管，25mm 以上应采用无缝钢管。铜管规格范围：外径 3.0～54mm，壁厚 0.25～2.5mm，长度 400～10000mm。铜管尺寸范围及其管材的壁厚、外径允许偏差列于表 7-3 中。

铜管尺寸范围及其管材的壁厚、外径允许偏差（mm）　　　　表 7-3

平均外径	壁厚					外径
尺寸范围	0.25～0.4	＞0.4～0.6	＞0.6～0.8	＞0.8～1.5	＞1.5～2.5	允许偏差
	允许偏差(±)					（±）
3.0～15	±0.03	±0.04	±0.05	±0.06	±0.07	±0.05
＞15～20	±0.04	±0.05	±0.06	±0.07	±0.09	±0.06
＞20～30	—	±0.05	±0.07	±0.09	±0.10	±0.07
＞30～54	—	—	±0.09	±0.10	±0.12	±0.08

注：当要求壁厚、外径的允许偏差全为（+）或全为（—）单向偏差时，其值均为表中相应数值的 2 倍。

摘自《空调与制冷设备用铜及铜合金无缝管》GB/T 17791—2017。

盐水管采用无缝钢管或焊接钢管，也可使用铜管。冷凝器的供水管采用镀锌钢管，输送海水时用铝黄铜等合金管。

2. 管道的除污

制冷系统是由设备、管道、阀门等组成的封闭系统，制冷剂在其中循环。因此系统内不应有金属屑或污物存在，否则将造成压缩机的活塞、气缸、阀片及油泵等的损坏，或系统阀门、滤网被堵塞，使压缩机无法正常工作，甚至造成严重事故。因此管子在安装前必须将内、外壁的铁锈及污物清除干净，并保持内壁干燥。管子外壁除污除锈后应刷防锈漆。

（1）钢管除污

对于管径较大的钢管，常用人工或机械的方法除污。人工除污使用钢丝刷在钢管内往复拖拉。机械法除污使钢丝刷在钢管内旋转。钢管内铁锈污物清除后，再用铁丝绑住蘸了煤油的抹布拉擦（注意：不可来回拉，每拉一次都应用煤油刷净），然后用经过干燥后的压缩空气吹扫钢管内部，以喷出的空气在白纸上无污物为合格。最后将钢管用塑料布扎牢封存待用，防止再次锈蚀。

对于管径较小的钢管、弯头等配件，可用干净的抹布蘸上煤油将其内壁擦净。如管内残留的污物不能完全除净时，可用 20% 硫酸溶液，在温度为 40～50℃ 的条件下进行酸洗，一般 10～15min 可将污物除净。酸洗后应对钢管进行中和处理。

（2）紫铜管除污

紫铜管在煨弯过程中，烧红退火后内壁有氧化皮。清除氧化皮的方法有 2 种，一种是酸洗，即把紫铜管放在浓度为 98% 的硝酸（占 30%）和水（占 70%）的混合液中浸泡数分钟，取出后再用碱水中和，并用清水冲洗烘干，另一种是用纱头拉洗，即用纱头扎在钢丝上蘸上汽油，将钢丝伸入管内从另一端穿出，纱头应被紧紧地从管内拉过。重复拉洗数次（每次拉洗都要将纱头在汽油中清洗过），最后用干纱头拉擦一次。

3. 管道的连接

制冷系统中管道连接，通常有以下四种种方法：焊接、法兰连接、螺纹连接和丝扣连接，分述如下。

（1）焊接

焊接是制冷系统管道的主要连接方法，因其强度高，严密性好而被广泛采用。对于无缝钢管，一般采用电焊，不宜用气焊，因为气焊的应力难以消除。对于铜管，其焊接方法主要是银钎焊。为保证铜管焊接的强度和严密性，多采用承插式焊接（图 7-27）。承插式焊接的扩口深度不应小于管外径（一般等于管外径），且扩口方向应迎向制冷剂的流动方。

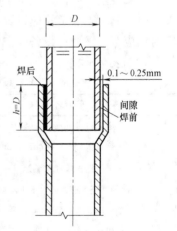

图 7-27 管道承插式连接

（2）法兰连接

法兰连接用于管道与设备、附件或带有法兰的阀门连接。多用于无缝钢管的连接。法兰之间的垫圈采用 2～3mm 厚的高、中压耐油石棉橡胶板、石棉纸或青铅。氯利昂系统也可采用 0.5～1mm 厚的紫铜片或铝片。

（3）螺纹连接

螺纹连接用于 $DN \leqslant 25mm$ 的管道与设备、阀门的连接。当无缝钢管与设备、附件及

251

阀门的内螺纹连接时，如果无缝钢管不能直接套螺纹，则必须用管段加厚黑铁管套螺纹后才能与之连接，黑铁管一端与无缝钢管焊接，另一端与设备丝接。连接时需在螺纹上涂一层一氧化铅和甘油相混合搅拌而成的糊状密封剂或缠绕聚四氟乙烯胶带才能保证接头的严密性。

（4）丝扣连接

丝扣连接主要用于氟利昂系统检修时需经常拆卸部位的紫铜管的连接。其连接形式有全接头连接和半接头连接两种，见图 7-28（a）、（b）。一般半接头连接用得较多。这两种形式的丝扣连接，均可通过旋紧接扣不用任何填料而使接头严密不漏。

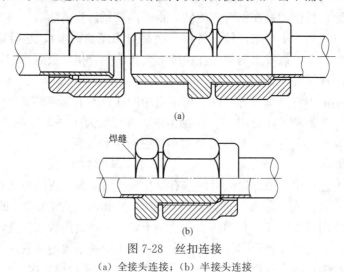

图 7-28　丝扣连接

（a）全接头连接；（b）半接头连接

4. 管道的安装要求

制冷系统的管道通常沿墙或顶棚敷设，安装的基本内容和基本操作方法与室内供暖系统管道安装基本相同。但由于制冷系统有其特殊性，故安装时应注意以下问题：

（1）制冷剂管道均应设置坡度。坡度和坡向视各设备之间的具体管道而定。设计未规定时，应符合《制冷设备、空气分离设备安装工程施工及验收规范》GB 50274—2010 的规定，如表 7-4 所示。

设备之间制冷剂管道连接的坡向及坡度　　　　　　　　　　表 7-4

管道名称	坡向	坡度
压缩机进气水平管（氨）	蒸发机	≥3/1000
压缩机进气水平管（氟利昂）	压缩机	≥10/1000
压缩机排气水平管	油分离器	≥10/1000
冷凝器至贮液器的水平供液管	贮液器	1/1000～3/1000
油分离器至冷凝器的水平管	油分离器	3/1000～5/1000
机器间调节站的供液管	调节站	1/1000～3/1000
调节站至机器间的加气管	调节站	1/1000～3/1000

（2）液体管道不应有局部向上凸起的现象（图 7-29a）气体管道不应有局部向下凹陷的现象（图 7-29b），以免产生"气囊"和"液囊"，阻碍液体和气体流动。

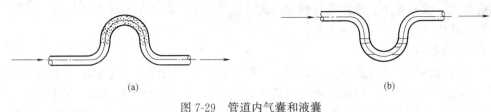

图 7-29 管道内气囊和液囊

（a）气囊；（b）液囊

（3）吸、排气管道设置在同一支架上时，为减少排气管高温影响，要求上下安装的管间净距离不应小于 200mm，且吸气管必须在排气管之下（图 7-30a）。水平安装的管间净距离不应小于 250mm（图 7-30b）。

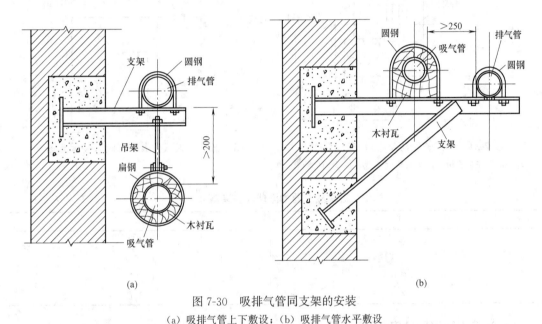

图 7-30 吸排气管同支架的安装

（a）吸排气管上下敷设；（b）吸排气管水平敷设

（4）凡需保温的管道，支、吊架处必须垫以经过防腐处理的木制衬瓦（图 7-30），以防止产生"冷桥"。衬瓦的大小应满足保温厚度的要求。

7.4.2 阀门的安装

1. 一般规定

（1）清洗及密封

各种阀门（有铅封的安全阀除外）安装前均需拆卸进行清洗，以除去油污和铁锈。阀门清洗后用煤油作密封性试验，注油前先将清洗后的阀门启闭 4～5 次，然后注入煤油，经两小时无渗漏为合格。如果密封性试验不合格，对于有阀线的阀门（如止回阀、电磁阀、电动阀等），应研磨密封线。对于用填料密封的阀门，应更换其填抖，然后重新试验，直到合格为止。

（2）方向及坡度

安装阀门时应注意制冷剂的流向，不得将阀门装反。判断阀门正反的原则是：制冷剂对着阀芯而进为正，反之为反。另外，阀门安装的高度应便于操作和维修。阀门的手柄应尽可能朝上，禁止朝下。成排安装的阀门阀杆应尽可能在同一个平面上。

2. 阀门安装

（1）浮球阀的安装

安装浮球阀时，应注意其安装高度，不得任意安装。如设计无规定时，对于卧式蒸发器，其高度 h（图 7-31）可根据管板间长度 L 与筒体直径 D 的比值确定，见表 7-5。对于立式蒸发器，其安装高度 h（图 7-32）可按与蒸发排管上总管管底相平来确定。为了保证浮球阀的灵敏性和可靠性，在浮球阀前面设有过滤器，以防污物堵塞阀门。

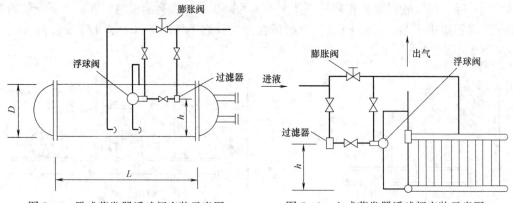

图 7-31　卧式蒸发器浮球阀安装示意图　　　　图 7-32　立式蒸发器浮球阀安装示意图

注：h 为安装高度，L 为管板间长度，D 为筒体直径。

卧式蒸发器的浮球阀安装高度　　　　　　　　　　　　表 7-5

L/D	h
<5.5	0.8D
<6.0	0.75D
<7.0	0.70D
<7.0	0.65D

（2）热力膨胀阀的安装

安装热力膨胀阀时，应特别注意感温包的安装位置。感温包必须安装在吸气管道上无积液的地方。因此，当吸气管外径小于或等于 22mm 时，感温包安装在吸气管的上部（图 7-33a）。当吸气管外径大于 22mm，感温包应安装在吸气管的侧下部（图 7-33b）。

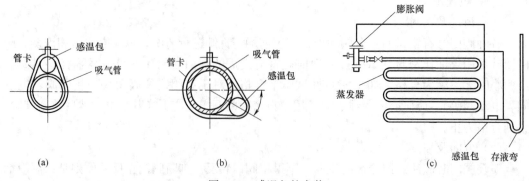

(a)　　　　　　　　　　　(b)　　　　　　　　　　　(c)

图 7-33　感温包的安装

如果压缩机吸气管需要向上弯曲时，弯头处应设存液弯（图 7-33c）。安装安全阀时，应检查有无铅封和合格证。无铅封和合格证时必须进行校验后方得安装。校验后氨系统中安全阀的压力高压段通常调至 1.85MPa，低压段调至 1.25MPa，R22 系统安全阀压力同氨系统，R12 系统的安全阀压力高压段为 1.6MPa，低压段为 1.0MPa。

7.5 制冷系统的试运转

组装或大修后的制冷设备，经拆卸、清洗、检查测量、装配之后，应进行系统试运行，以鉴定装配质量和运转性能。

7.5.1 单机试运行

单机试运行分为无负荷试运行和空气负荷试运行。单机试运行前，应检查设备安装质量、内部清洁情况、机体各紧固件是否拧紧运行是否灵活，仪表和电气设备是否调试合格，在汽缸内壁添加少量冷冻机油，并应做好试车记录。下面以活塞式制冷压缩机为例说明。

1. 无负荷运行

应先拆去气缸盖和吸、排气阀并固定缸套，先启动压缩机运转 10min，停车检查温升和润滑情况。无异常后继续运行不少于 2h，检查运行是否平稳、主轴承温升是否正常、油封是否有滴漏油泵供油是否正常。停车后，检查汽缸是否有磨损。

2. 空气负荷试运行

将吸排气阀组安装固定后，按设备技术文件的规定调整活塞的止点间隙，压缩机的吸气口应加装空气滤清器。启动压缩机，当吸气压力为大气压力时，其排气压力应为：有水冷却者绝对压力应为 0.3MPa，无水冷却者绝对压力为 0.2MPa，连续运转不得少于 1h。油压调节阀的操作应灵活，调节油压宜比吸气压力高 0.15～0.3MPa。能量调节装置的操作应灵活、正确。压缩机各部位的允许温升应满足下述条件：有水冷却时，轴承、轴封、润滑油温升应不大于 40℃，无水冷却时，轴承、轴封温升不大于 50℃，润滑油温升不大于 60℃。汽缸套的进出口水温度，分别不大于 35℃ 和 45℃。压缩机运行应平稳，吸排阀跳动正常，各连接部位、轴封、缸盖等应无漏气、漏油、漏水等现象。试运行后，应拆除空滤与油滤，更换润滑剂。

7.5.2 制冷系统吹污与气密性试验

1. 吹污

制冷系统经过安装后，其内部难免仍留有焊渣、铁锈、氧化皮等杂质，如果不清除干净，运行时可能损伤阀门阀芯，或"拉毛"气缸镜面，或堵塞过滤器。为此在制冷装置试运转前必须对系统进行仔细吹污。吹污一般用 0.5～0.6MPa 的压缩空气或氮气。系统吹污宜分段进行，先吹高压系统，后吹低压系统。排污口应分别选择较低的部位。在排污口上装设启闭迅速的旋塞阀或用木塞将排污口塞紧。将与大气相通的全部阀门关闭，接口堵死，然后向系统充气。在充气过程中，可用木锤在系统弯头，阀门处轻轻敲击。当充气压力升到 0.6MPa 后，迅速打开排污口旋塞阀或迅速敲掉木塞，污物便随气流一同吹出。反复数次，吹尽为止。一般选择最低点作为排污口，为判断吹污的清洁程度，可在距排污口

$300 \sim 500 mm$ 设置一张干净白纸检查，白纸上以看不见污物为合格。

吹污时，排污口正前方严禁站人，以防污物吹出时伤人。

吹污合格后，应将系统中有可能积存污物的阀芯拆下清洗干净，以免影响阀门的严密性。拆洗过的阀门垫片应更换。氟利昂系统吹污合格后，还应向系统内充入氮气，以保持系统内的清洁和干燥。

2. 系统气密性试验

制冷装置中的制冷剂具有很强的渗透性，装置稍有不严密处，就会造成制冷剂大量泄漏，影响制冷装置的正常工作。同时，有的制冷剂还带有毒性，如氨泄漏后对人体有害，氟利昂虽无毒，但当它的泄漏量在空气中超过 30% 时（容积密度），会引起人们窒息休克。另外，如有空气渗入系统会使装置工作不正常。为了杜绝漏洞，保证安全生产和装置正常工作，一定要对安装好的或大修好的制冷装置进行气密性试验。气密性试验是在制冷装置主要部件的各单件经过耐压试验和系统吹污工作完成之后而进行的工作，是检查安装、修复质量的一个极为重要的环节。所谓耐压试验是指制冷设备（如冷凝器，贮液器、压缩机缸体，蒸发器等）用水或油等液体作的最大压力试验，一般均由生产厂家进行单件耐压试验。安装时不需要重做。

气密性试验分为正压试漏及真空试漏两部分。

（1）正压试漏

对于氨系统可用干燥的压缩空气、二氧化碳或氮气作为试验介质；对于氟利昂系统应用二氧化碳氮气做试验介质。试验压力见表 7-6。

气密性试验压力值　　表 7-6

试验压力 P_s(MPa)	活塞式制冷机			离心式制冷机
	R-717(NH₃)	R-22	R-12	R-11
高压段	1.18	1.18	0.91	0.091
低压段	1.77	1.77	1.57	0.091

试压时，先将充气管接系统高压段，关闭压缩机本身的吸、排气阀和系统与大气相通的所有阀门以及液位计阀门，然后向系统充气。当充气压力达到低压段的要求时，即停止充气。用肥皂水检查系统的焊口、法兰、丝扣、阀门等连接处有无漏气（气泡）。如无漏气现象，关断膨胀阀使高低压段分开。继续向高压段加压到试验压力后，再用肥皂水检漏。无漏气后，全系统在试验压力下静置 24h。前 6h 内因管道及设备散热引起气温降低，允许压力降不超过 2%，在后 18h 内压力应无变化方为合格。

正压试漏中系统的检漏方法也有所不同。制冷系统的检漏方法如表 7-7 所示。

制冷系统的检漏方法　　表 7-7

检漏方法	原理	适用场合	注意事项
肥皂水检漏	观察是否产生气泡,若有,则说明存在泄漏	中、大型制冷系统	肥皂水溶液不宜过稠或过稀,过稠会因黏度过大而难以流动,检漏的敏感性就较差,肥皂水过稀会因流动性过大而不易黏附在设备表面上,难以形成气泡

续表

检漏方法	原理	适用场合	注意事项
浸水检漏	观察是否产生气泡,若有,则说明存在泄漏	小型氟利昂制冷机组	浸水最好用清洁的温水。温水的表面张力小于冷水,容易形成气泡。若配以较强光源照射时,泄漏部位极易发现。浸水检漏后,应立即用压缩空气将表面吹干,防止腐蚀金属
卤素灯,卤素仪检漏	氟利昂制冷剂中氟、氯、溴等卤素成分,遇到灼热的铜件时,会产生不同颜色的火焰,从而找出泄漏部位	氟利昂制冷系统	

由于环境温度的改变而引起的压力变化可用式(7-1)计算:

$$p_2 = p_1 \frac{273 + t_2}{273 + t_1} \tag{7-1}$$

式中 p_1——开始试验时的压力,MPa;

p_2——试验终了时的压力,MPa;

t_1——开始试验时的温度,℃;

t_2——试验终了时的温度,℃。

在进行气密性试验时,应注意以下事项:

1)冬季做气密性试验,当环境温度低于0℃时,为防止肥皂水凝固,影响试漏效果,可在肥皂水中加入一定量的酒精或白酒以降低凝固温度,保证试漏效果。

2)在试漏过程中,如发现有泄漏时,不得带压进行修补,可用粉笔在泄漏处做一个记号,待全系统检漏完毕,卸压后一并修补。做好补漏工作后应再次充压试验直至整个系统不漏为止。

3)焊口补焊次数不得超过两次,超过两次者,应将焊口锯掉或接管重焊。发现微漏,也应补焊,而不得采用冲子敲打挤严的方法使其不漏。

(2)真空试漏

真空气密性试验即为负压试漏在正压气密性试验合格后进行。真空试验的目的是抽除系统中残留的气体、水分,并检查系统在真空状态下的气密性。真空试验也可以帮助检查压缩机本身的气密性。

系统抽真空应用真空泵进行。对真空度的要求视制冷剂而定。对于氨系统,其剩余压力不应高于8000Pa,对于氟利昂系统,其剩余压力不应高于5333Pa。当整个系统抽到规定的真空度后,视系统的大小使真空泵继续运行一至数小时,以彻底消除系统中的残存水分,然后静置24h,除去因环境温度引起的压力变化之外,氨系统压力以不发生变化为合格,氟利昂系统压力以回升值不大于533Pa为合格。如达不到要求,应重新做正压试验,找出泄漏处修补后,再作真空试验,合格为止。

当因条件所限,无法得到真空泵做真空试验时,可在系统中选定一台压缩机代替真空泵抽真空,其方法可按如下步骤进行。

1)将冷凝器,蒸发器等存水设备中的存水排净。

2)关闭压缩机吸、排气阀,打开排气管上放空气阀或卸下排气截止阀上的多用孔道堵头。

3）启动压缩机，逐步缓慢地开启吸气阀对系统抽真空，真空度达到规定值时，关闭放空气阀或堵上排气截止阀上多用孔道接头，关闭压缩机吸气阀门，停止压缩机运转，静置 24h 进行检查。检查方法与前相同。

在抽真空过程中，应多次启动压缩机间断地进行抽空操作，以便将系统内的气体和水分抽尽。对于有高低压继电器或油压压差继电器的设备，为防止触头动作切断电源，应将继电器的触点暂时保持断开状态。同时应注意油压的变化，油压至少要比曲轴箱内压力高 26664Pa，以防止油压失压烧毁轴承等摩擦部件。

7.5.3　制冷系统充灌制冷剂

首先充适量制冷剂检漏。氨系统加压到 0.1～0.2MPa，用酚酞试纸检漏。氟利昂系统加压到 0.2～0.3MPa，用卤素检漏仪检漏，经检查无渗漏方可继续加液。如有渗漏，则抽尽所注入的制冷剂，检查修补后再试，直至真空试验合格后系统可充工质。第一步应确定系统的工质充注量。一般充注量应按照设计文件要求的数量灌注。若无具体规定，则可按系统各设备的具体情况，按照表 7-8 中推荐的数值进行估算，然后根据估算的数量来灌注，在灌注中适当调整。

制冷系统和设备的充液量

表 7-8

设备名称	充液量占设备容积（%）	设备名称	充液量占设备容积（%）
各种冷凝器	15	立式蒸发器	80
贮液器	80	卧式蒸发器	80
中间冷却器	30	盘管式墙排管	60
再冷器	100	顶排管	50
氨液分离器	30	冷风机	50
低压循环筒	30	供液管	100
洗涤式油分离器	15～20		

1. 系统充氨

为了工作方便和安全，以及避免机房中空气被氨污染，充氨管最好接至室外。充氨前，必须准备好橡皮手套、毛巾、口罩、清水、防护眼镜、防毒面具等安全保护用品和工具。系统阀门保持真空试验时的状态，然后将氨瓶与水平成 30°角固定在台秤上的固定架上（图 7-34），称出氨瓶的重量并做好记录，并将氨瓶用钢管与系统连接起来。

充氨时，操作人员应戴上口罩和防护眼镜，站在氨瓶出口的侧面，然后慢慢打开氨瓶阀向系统充氨。在正常情况下，管路表面将凝结一层薄霜，管内并发出制冷剂流动的响声。当瓶内的氨接近充完时，在氨瓶底部将出现结霜。当结霜有溶化现象时，说明瓶内已充完，即可更换新瓶继续向系统充注。

当系统中氨气压力达到 0.2MPa 时，应停止充氨，用试纸对系统的焊口、法兰盘、丝扣等处进行检查，如试纸发红即表示有氨漏出。将泄漏处做好标记，然后将有关管道局部抽空，用空气吹扫干净，经检查无氨后才允许更换附件或补焊。待这项工作完成后，再进行第二次充氨。

二次充氨时，氨是靠氨瓶内的压力与系统内的压力之差进入系统的，随着系统内氨量的增加，压力也不断升高，充氨亦比较困难。为了使系统继续充氨，必须将系统内的压力

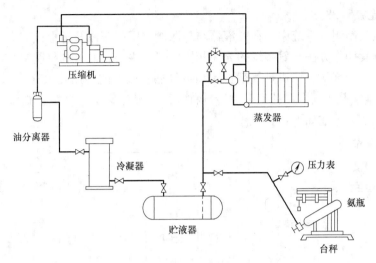

图 7-34　系统充氨

降低。一般情况下，当系统内的压力升到了 0.3～0.4MPa 时，应关闭贮液器上的出液阀，使高低压系统分开，然后打开冷凝器及压缩机冷水套的冷却水和蒸发器的冷水，开启压缩机使氨瓶内之氨液进入系统后经过蒸发、压缩、冷凝等过程送至贮液器中贮存起来。因贮液器的出液阀被关闭，贮液器中的氨液不能进入蒸发器蒸发，在压缩机的抽气作用下，蒸发器内压力必然降低，利用氨瓶中的压力与蒸发器内的压力差，便可使氨瓶中的氨液进入系统。

　　充入系统的氨量由氨瓶充注前后的重量差得出。当充氨量达到计算充氨量的 90% 时，为避免充氨过量而造成麻烦，可暂时停止充氨工作，而进行系统的试运转，以检查系统氨量是否已满足要求。如试运转一切正常，效果良好，说明充氨量已满足要求，便应停止向系统内充氨，如试运转中压缩机的吸气压力和排气压力都比正常运转时低，降温缓慢，开大膨胀阀后吸气压力仍上不去，且膨胀阀处产生嘶嘶的声音，低压段结霜很少甚至不结霜，则说明充氨量不足，应继续充液，如试运转中吸气压力和排气压力都比正常运转时高，电机负荷大，启动困难，压缩机吸气缸出现凝结水且发出湿压缩声音，则说明充氨过量。充氨过量必须将多余的氨液取出。当需要从系统内取出氨时，可直接将空氨瓶与高压贮该器供液管相接，靠高压贮液器与空氨瓶之间的压力差将多余的氨取出。

　　安全注意事项：

　　(1) 充氨场地应有足够宽通道，非工作人员禁止进入充氨场地，充氨场地及氨瓶附近严禁吸烟和从事电焊等作业。

　　(2) 在充氨过程中，不允许用在氨瓶上浇热水或喷灯加热的方法来提高瓶内的压力，加快充氨速度。只有在气温较低，氨瓶下侧结霜，低压表压力值较低不易充注时，可用浸过温水的棉纱之类的东西覆盖在氨瓶上，水温必须低于 50℃。

　　(3) 当系统采用卧式壳管式蒸发器时，由于充注过程中蒸发器内的压力很低，其相应的温度也很低，所以不可为了加快充氨速度而向蒸发器供水，这样可能造成管内结冰使管子冻裂。

2. 系统充氟利昂

在大型氟利昂制冷系统中，在贮液器与膨胀阀之间的液体管道上设有专供向系统充氟用的充液阀，其操作方法与氨系统的充注相同。对于中小型的氟利昂制冷系统，一般不设专用充液阀，制冷剂从压缩机排气截止阀和吸气截止阀上的多用孔道充入系统（图 7-35、图 7-36）。从排气截止阀多用孔道充制冷剂称高压段充注，从吸气截止阀多用孔道充制冷剂称低压段充注。分述如下：

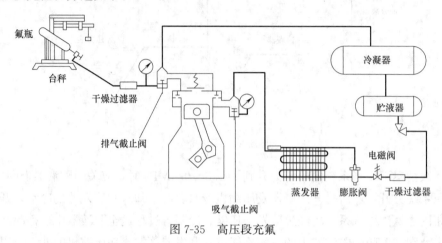

图 7-35　高压段充氟

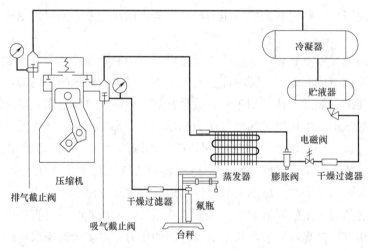

图 7-36　低压段充氟

（1）高压段充注

从高压段充入系统的制冷剂为液体，故也称之为液体充注法。它的优点是充注速度快，适用于第一次充注。但这种充注如果排气阀片关闭不严密，液体制冷剂在排气阀片上下之间较高压差作用下进入气缸后，将造成严重的冲缸事故。为减少充注过程小排气阀片上下之间的压力差，应将液体管上的电磁阀暂时通电，让其开启，以防止充注过程中低压部分始终处于真空状态，形成排气阀片上下之间的较高压力差。另外，在充注过程中，切不可开启压缩机，因此时排气腔内已被液体制冷剂所充满，一旦启动压缩机，液体进入气缸后同样会发生冲缸事故。

充注方法如下：

1）将固定制冷剂钢瓶的倾斜架与台秤一起放置在高于系统贮液器的地方（这样做的目的是使钢瓶与贮液器之间形成一高差，以便将钢瓶内的液体制冷剂排尽），然后将氟瓶头朝下固定在倾斜架上。

2）接通电磁阀手动电路，让其单独开启。

3）将压缩机排气截止阀开足。使多用孔道关闭，然后卸下多用孔道堵头，用铜管将氟瓶与多用孔道连接。

4）稍开一下氟瓶阀并随即关闭，此时充氟管内已充满氟利昂气体。再将多用孔道端的管接头松一下，利用氟利昂气体的压力将充氟管内的空气赶出去。当听到有气流声时，立即将接头旋紧。

5）从台秤上读出重量，并做好记录。

6）打开钢瓶阀，顺时针方向旋转排气截止阀阀杆，使多用孔道打开，制冷剂便在压差作用下进入系统，当系统压力达到 0.2～0.3MPa 时停止充注，用卤素喷灯或卤素检漏仪、肥皂水等对系统进行全面检漏，如卤素喷灯的火焰呈绿色或绿紫色，卤素检漏仪的指针发生摆动；涂肥皂水处出现气泡，则说明有泄漏，发现泄漏处先做好标记，待系统检漏完毕后将系统泄漏处制冷剂抽空后再行补焊堵漏，堵漏后便可继续充注，充足为止。

7）关闭钢瓶阀，加热充氟管使管内液体汽化进入系统，然后反时针旋转排气截止阀阀杆使多用孔道关闭。

8）卸下充氟管，用堵头将多用孔道堵死；拆除电磁阀手动电路，充氟工作完毕。

（2）低压段充注

低压段充注与高压段充注相比，有其自身的特点，从图 7-35、图 7-36 可看出，氟利昂从高压段充入系统时，除微量氟利昂因排气阀片关闭不严渗入气缸外，绝大多数氟利昂均由排气管进入系统而不经过气缸。它虽是以液体状态充入系统而不发生液击冲缸事故，故充注速度较快。但是低压段不允许以液态氟充注，钢瓶内的氟利昂在压差作用下从吸气截止阀多用孔道进入系统吸气管、吸气腔、蒸发器等低压部分后，开始由于贮液器到蒸发器之间的液体管道上装有热力膨胀阀和电磁阀，因而低压部分的制冷剂不能进入贮液器、冷凝器等高压部分，但是随着制冷剂的不断充入，低压部分的压力越来越高，当压力超过吸气阀片的弹簧力时，制冷剂便由吸气阀孔进入气缸，当气缸内压力超过排气阀片弹簧力时，制冷剂又由排气阀孔进入排气腔，然后充满高压部分。这样，如果充入系统的是氟利昂液体，则气缸内将被液体制冷剂所充满，一旦启动压缩机，将造成重大事故。因此，从低压段充入系统的制冷剂只允许是气体而不能为液体，这就是高低压段充注制冷剂的区别所在。为保证从低压段充入系统的为制冷剂气体，充注时钢瓶阀不能开启过大，且钢瓶应竖放。

由于这种方法充注制冷剂是以气态充入系统的，所以充注速度较慢，多用于系统需增添制冷剂的情况。

充注方法如下：

1）将制冷剂钢瓶竖放在台秤上。

2）将压缩机吸气截止阀开足，使多用孔道关闭，然后卸下多用孔道堵头，用铜管将氟瓶与多用孔道相连。

3) 稍开一下氟瓶阀并随即关闭,再松一下多用孔道端管接头使空气排出,听到气流声时立即旋紧。

4) 从台秤上读出重量,并做好记录。

5) 将吸气截止阀阀杆顺时针方向旋转 1～2 圈,使多用孔道打开与系统相通,再检查排气截止阀是否打开,然后打开钢瓶阀,制冷剂便在压差作用下进入系统。当系统压力升到 0.2～0.3MPa 时,停止充注,用检漏仪或肥皂水检漏,无漏则继续充注。当钢瓶内压力与系统内压力达到平衡,而充注量还没有达到要求时,关闭贮液器出液阀(无贮液器者关闭冷凝器出液阀),打开冷却水或风冷式冷凝器风机,反时针方向旋转吸气截止阀阀杆使多用孔道关小,开启压缩机将钢瓶的制冷剂抽入系统。

6) 关小多用孔道的目的是防止压缩机产生液击。压缩机启动后可根据情况缓慢地开大一点多用孔道,但须注意不要发生液击,如有液击,应立即停机。

7) 充注量达到要求后,关闭钢瓶阀,开足吸气截止阀,使多用孔道关闭,拆下充氟管,堵上多用孔道,打开贮液器或冷凝器出液阀,则充氟工作完毕。

安全注意事项:

1) 制冷剂的充入量必须符合规定,否则会对制冷系统产生不良影响。充注过程中,可用称质量、测压力、测流量或观察蒸发器结露等方法判断其充注量是否合适。

2) 充注氟利昂液体时,切不可启动压缩机,以防发生事故。

3) 充注时需注意防止混入空气和杂质。因空气中有水分,进入系统后会加剧对金属的腐蚀,氟利昂系统还会造成冰塞现象影响系统正常运行,重者会损坏压缩机。氨系统虽不会产生冰塞,也会使蒸发压力和蒸发温度升高,冷量下降,功耗增加等现象。

为防止吸入空气和水分,可采取以下方法:

1) 先利用少量制冷剂将临时连接管冲洗一下,以排出管内的空气;

2) 在充注时,管路中临时串接一只特制的干燥过滤器,容积要大些,让制冷剂先通过干燥过滤器再进入系统而除去水分。

7.5.4　制冷系统负荷试运行

制冷机组负荷试运转是对设计、施工、机组及设备性能好坏的全面检查,也是施工单位交工前必须进行的一项工作。根据《制冷设备、空气分离设备安装工程施工及验收规范》GB 50274—2010 制冷机组负荷试运行应满足表 7-9。

表 7-9

制冷机组负荷试运行应满足的条件

机组类型	符合要求
活塞式制冷压缩机(压缩机组)	①启动压缩机前,应按随机技术文件的规定将曲轴箱中的润滑油加热;②运转中开启时机组润滑油的温度不应高于 70℃,半封闭式机组不应高于 80℃;③最高排气温度应满足下表要求:当制冷剂为 R717 时,低压级最高排气温度为 120℃,高压级最高排气温度为 150℃;当制冷剂为 R22 时,低压级最高排气温度为 115℃,高压级最高排气温度为 145℃;④开启式压缩机轴封处的渗油量不应大于 0.5mL/h
螺杆制冷压缩机组	①应按要求供给冷却介质;②机器启动时,油温不应低于 25℃;③启动运转的程序应符合随机技术文件的规定;④调节油压宜大于排气压力 0.15～0.3MPa,青绿油漆前后压差不应高于 0.1MPa;⑤冷却水温度不应高于 32℃,采用 R22、R717 制冷剂的压缩机的排气温度不应高于 105℃,冷却后的油温宜为 30～65℃;⑥吸气压力不宜低于 0.05MPa,排气压力不应高于 1.6MPa;⑦运转中应无异常声响和振动,压缩机轴承处的温升应正常;⑧机组密封应良好,不得渗漏制冷剂,氨制冷机组运行时,在轴封处的渗油量不应大于 3mL/h

机组类型	符合要求
离心式制冷机组	①压缩机吸气口的导向叶片应关闭,浮球室盖板和蒸发器上的视孔法兰应拆除,吸排气口应与大气相通;②冷却水的水质,应符合现行国家标准《工业循环冷却水处理设计规范》GB/T 50050—2017 的有关规定;③启动油泵及调节润滑油系统,其供油应正常;④启动电动机应进行检查,其转向应正确,转动应无阻滞现象;⑤启动压缩机,当机组的电机为通冷却水时,其连续运转时间不应小于 0.5h,当机组的电机为通氟冷却时,其连续运转时间不应大于 1min,同时应检查油温、油压和轴承部位的温升,机器的声响和振动均应正常;⑥导向叶片的开度应进行调节实验,导向叶片的起闭应灵活、可靠,当导向叶片开度大于 40%时,试验运转时间宜缩短
溴化锂吸收式制冷机组	(1)启动运转应符合下列要求:①应向冷却水系统和冷水系统供水,当冷却水温度低于 20℃时,应调节阀门减少冷却水供水量;②启动发生泵、吸收器泵,应使溶液循环;③应慢慢开启蒸汽或热水阀门,向发生器供蒸汽或热水。对以蒸汽为热源的机组,应在较低的蒸汽压力状态下运转,无异常现象后,再逐渐提高蒸汽压力至随机技术文件的规定值;④当蒸发器冷剂水液囊具有足够的积水后,应启动蒸发器泵,并调节制冷机,且应使其正常运转;⑤启动运转过程中,应启动真空泵,抽出系统内残余空气或初期运转产生的不凝性气体; (2)运转中应做好检查和实测记录,检查项目应符合下列要求:①稀溶液、浓溶液和混合溶液的浓度、温度,冷却水、冷媒水的水量和进出口温度差,加热蒸汽的压力、温度和凝结水温度、流量或热水温度及流量,均应符合随机技术文件;②混有溴化锂的冷剂水的相对密度不应大于 1.04;③系统应保持规定的真空度;④屏蔽泵的工作应稳定,并无阻塞、过热、异常声响等现象;⑤各安全保护继电器的动作应灵敏、正确,仪表指示应准确

由于制冷机组类型较多,设备及自动化程度不同,因此操作程序也不尽相同。各种机组必须根据具体情况及产品说明书编制适合本机组的运行操作规程。空调用制冷机组试运转的基本程序如下。

1. 启动前的检查和准备工作

(1) 准备好试车所用的各种工具;记录用品及安全保护用品等。

(2) 检查压缩机上所有螺母、油管接头等是否拧紧,各设备地脚螺栓是否牢固;皮带松紧度是否合适及防护装置是否牢固等。

(3) 检查压缩机曲轴箱内油面高度,一般应保持在油面指示器的水平中心线上。

(4) 检查制冷系统各部位的阀门开关位置是否正确。如表 7-10 所示。

(5) 用手盘动压缩机飞轮或连轴器数圈,检查运动部件是否正常,并注意飞轮旋转方向是否正确。一切正常后即可进行试运转。

开机前制冷系统的阀门状态 表 7-10

阀门状态	高压部分	低压部分
关闭	压缩机排气阀、各设备放油阀及放空气阀、空气分离器、集油器和紧急泄氨器上各阀	压缩机吸气阀、各设备放油阀
开启	冷凝器、油分离器和高压贮液器进出口阀、安全阀和各类仪表的关断阀	蒸发器供液阀和回气阀、各仪表关断阀

注:在开机前,关闭的阀门在启动后根据需要再进行开启。

2. 制冷机组的启动与运行

(1) 启动冷却水系统的给水泵、回水泵、冷却塔通风机,使冷却水系统畅通。

(2) 启动冷水系统的回水泵、给水泵、蒸发器上搅拌器等,使冷水系统畅通。

(3) 压缩机应空载启动,即先将排气阀打开,然后将能量调节手柄拨至"0"位,再启动电动机。压缩机全速运转后，要注意油泵压力应是 0.075～0.15MPa，对于有能量调节装置的新系列压缩机，它的油压应是 0.15～0.30MPa。将能量调节手柄从"0"位拨至"1"位，缓慢开启吸气阀，吸气阀开启后应特别注意压缩机不要发生液击，如有液击声或气缸结霜现象立即关闭吸气阀。待上述现象消除后再重新缓慢开启吸气阀直到开足为止。

（4）对于氟利昂压缩机，在排气阀和吸气阀开足后应往回倒 1～2 圈，以便使压力表或继电器与吸气腔或排气腔相通。

（5）制冷装置启动正常后，根据蒸发器的负荷，逐步缓慢地加大膨胀阀的开启度，直到设计工况为止。稳定后连续运转时间不得少于 24h。在运转过程中，应认真检查油压、油温、吸排气压力、温度、冷水及冷却水进出口温度变化等，将运转情况详细地做好记录。如达不到要求，应会同有关单位共同研究分析原因，确定处理意见。

（6）停止运转时，应先停压缩机，再停冷却塔风机、冷却水及冷水系统水泵，最后关闭冷却水及冷水系统。

试运行结束后，应清洗滤油器、滤网，必要时更换润滑油。对于氟利昂系统尚需要更换干燥过滤的硅胶。清洗完毕后，将有关装置调整到准备启动状态。

本 章 小 结

本章节知识点较多，主要介绍了制冷系统的特点、制冷系统安装前的准备工作及其安装的一般原则；制冷系统中制冷压缩机（活塞式制冷机、离心式制冷机、螺杆式制冷机）的安装技术要求、制冷机组的基础制作、安装步骤与注意事项以及辅助设备（冷凝器、蒸发器及各种分离器等）的安装，制冷系统管道安装技术要求、管道加工与连接，制冷系统吹污、检漏、充灌制冷剂、工况调试以及制冷机组负荷试运行。通过对以上理论知识与制冷系统施工安装的图片实例的学习，让学生对制冷系统安装工艺有一个大致的了解，对制冷系统试运行调试有一个感性的认识。

亮点技术：BIM 技术；冰蓄冷技术；地源热泵技术；水源热泵技术。

关键词（Keywords）：制冷系统（Refrigeratingsystem），制冷设备（Refrigeration Equipment），空气分离设备（Air Separation Equipment），管道安装（Piping installation），阀门安装（The Valve Installation），试运转（Testrun）。

安装示例介绍

EX7.1　冷库用制冷系统安装示例　EX7.2　基于 BIM 技术的地源热泵系统安装示例

EX7.3　空调用冰蓄冷系统安装示例　EX7.4　热泵用大口径水源井施工安装示例

思考题与习题

1. 为什么进行管道安装时，应考虑能使润滑油很好地返回曲轴箱？
2. 简述制冷机组的安装要点。
3. 制冷机组（非溴化锂吸收式制冷机组）试运行时启动顺序是什么？停止运转时的顺序是什么？
4. 制冷系统气密性试验和耐压试验的区别是什么？
5. 氟利昂系统吹污合格后，还充入氮气的目的是什么？
6. 负压试验的目的是什么？
7. 请说明氨系统充氨过量和充氨量不足时的现象。
8. 氟利昂高压段充注时打开液体管上的电磁阀的目的是什么？
9. 简述制冷系统充氨的流程。
10. 活塞式制冷压缩机的安装步骤？
11. 举例说明制冷系统管道安装的坡度要求？
12. 简述冷凝器、蒸发器、贮液器的安装要点。
13. 制冷系统气密性试验和耐压试验的区别是什么？
14. 氟利昂系统吹污合格后，还充入氮气的目的是什么？

本章参考文献

[1] 王智伟，刘艳峰. 建筑设备施工与预算 [M]. 北京：科学出版社，2002.

[2] 张金和. 建筑设备安装技术 [M]. 北京：中国电力出版社，2013.03.

[3] 邓沪秋. 建筑设备安装技术 [M]. 重庆：重庆大学出版社，2013.03

[4] 邵宗义. 施工安装技术 [M]. 北京：机械工业出版社，2011.06.

[5] 李联友. 建筑设备施工与安装技术 [M]. 武汉：华中科技大学出版社，2013.02.

[6] 张振迎. 建筑设备安装技术与实例 [M]. 北京：化学工业出版社，2009.05.

[7] 王涛. 冷冻机房制冷设备安装与调试分析 [J]. 时代农机，2018，45（05）：245.

[8] 中国建筑科学研究院，北京住总集团有限责任公司，GB 50738—2011 通风与空调工程施工规范. 北京：中国建筑工业出版社，2012.

[9] 王虎侠. 制冷系统的检漏与调试准备 [M]. 山西建筑，2004. 30（5）79.

[10] 林则森. 暖通空调工程中制冷系统管道设计及施工技术探微. 工程科技，2017. 165-166.

[11] 中国工程建设标准化协会化工分会编，GB 50184—2011 工业金属管道工程施工质量验收规范 [S]. 北京：中国计划出版社，2010.

[12] 中国机械工业企业联合会编，GB 50274—2010 制冷设备、空气分离设备安装工程施工及验收规范 [S]. 北京：中国计划出版社，2010.

[13] 中国机械工业企业联合会编，GB 50231—2009 机械设备安装工程施工及验收通用规范 [S]. 北京：中国计划出版社，2009.

[14] 中国机械工业企业联合会编，GB 50275—2010 风机、压缩机、泵安装工程施工及验收规范 [S]. 北京：中国计划出版社，2011.

第8章 管道及设备的防腐与绝热技术

• 基本内容

管道及设备除污（除锈、除油污）、刷油（涂刷法、空气喷涂、高压喷涂）防腐施工方法、作用和各自的特点，常见绝热施工（涂抹法、绑扎法、粘接法、钉贴法、风管内保温、聚氨酯发泡法、缠包法）结构的构造、施工方法（涂抹法、绑扎法、粘接法、钉贴法、风管内保温、聚氨酯发泡法、缠包法）和特点。

• 学习目标

知识目标：理解腐蚀产生的机理和防腐原理，保温、绝热的概念。了解管道及设备刷油、防腐及绝热的意义，常用除污方法，管道及设备刷油、防腐方法和作用。掌握常见绝热结构的构造、施工方法和特点。

能力目标：通过对管道及设备的防腐与绝热施工安装的图片示例的学习以及相关知识解读的学习，着重培养学生对管道及设备的防腐与绝热的工艺流程的感性认识及其相关知识的认知能力。

• 学习重点与难点

重点：常见绝热结构的构造、施工方法和特点。
难点：管道及设备防腐与绝热的技术要求与质量标准。

• 知识脉络框图

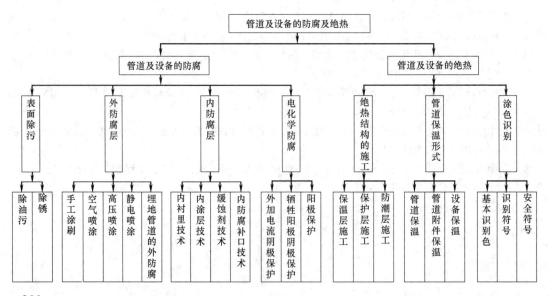

8.1 管道及设备的防腐与绝热概述

8.1.1 腐蚀及防腐

在供热、通风、空调等系统中，常常因为管道被腐蚀而引起系统漏水、漏汽（气），这样既浪费能源，又影响生产。对于输送有毒、易燃、易爆炸的介质，还会污染环境，甚至造成重大损失。因此，为保证正常的生产秩序和生活秩序，延长系统的使用寿命，除了正常选材外，采取有效的防腐措施是十分必要的。

1. 腐蚀的分类

按照我国国标《金属和合金的腐蚀　基本术语和定义》GB/T 10123—2001，腐蚀是指金属与环境间的物理-化学相互作用，其作用使金属的性能发生变化，并常可导致金属、环境及其构成的技术体系功能受到损伤。

金属管道腐蚀的现象与机理比较复杂，腐蚀分类方法多种多样。常见的分类方法如下：

（1）按照腐蚀环境分类：自然环境介质中的腐蚀（大气腐蚀、海水腐蚀、淡水腐蚀、土壤腐蚀、微生物腐蚀）、工业环境介质中的腐蚀（化工介质腐蚀、石油工业中的腐蚀、电力工业中的腐蚀、核工业中的腐蚀、宇航工业中的腐蚀、水泥建筑业中的腐蚀等）、生物环境腐蚀。

（2）按照腐蚀机理分类：化学腐蚀（气体腐蚀、非电解质溶液中的腐蚀）、电化学腐蚀、物理腐蚀。

（3）按照腐蚀形态分类：均匀腐蚀、局部腐蚀（点蚀、接触腐蚀、缝隙腐蚀、丝状腐蚀、应力腐蚀等）。

2. 常用防腐措施

常用的防腐措施包括：管道外防腐层保护、管道内防腐层保护以及电化学防腐。

管道外防腐层保护：在金属及其制品表面采用高抗腐蚀性的涂料形成覆盖层，即表面防护层，可以使金属表面与外界的腐蚀介质隔开，阻止金属与环境发生作用，达到保护金属免于腐蚀的功效，同时还能取得装饰性的外观。防腐涂料是底漆至面漆的配套系统，包括环氧树脂类涂料、聚氨酯涂料、氯化橡胶涂料、高氯化聚氯乙烯涂料、氯磺化聚乙烯涂料、丙烯酸树脂改性涂料、有机硅耐高温涂料、氟涂料、富锌涂料（有机、无机）和车间底层涂料。

管道内防腐层保护：管道内壁的介质主要是需要输送的物料，各种物料的腐蚀性差别很大，必须有针对性地设计内壁防护层。常用涂料大多采用环氧型、环氧酚醛型、聚氨酯和漆酚型等主要基料。底漆涂料一般多掺加铁红类、铬黄类等具有钝化性能的填料，中间层、面层涂料多掺加鳞片或玻璃微珠，以提高其抗渗透能力等。

电化学防腐：电化学防腐是利用外部电流使金属电位发生改变从而达到减缓或防止金属腐蚀的一种方法。包括阴极保护（牺牲阳极阴极保护、外加电流阴极保护）、阳极保护。

8.1.2 管道及设备的保温

在管道和设备表面进行保温主要是为了满足以下三方面的需要：首先是满足用户的使

用需要，防止介质温度的过度降低，保证介质一定的参数，其次是为了节约能源、减少热损失，降低产品成本，提高经济效益，再次是为了改善工作环境，保护操作人员安全，避免发生烫伤等伤害事故。

8.1.2.1 保温的分类

根据所起的作用，保温可以分为以下几种：

1. 热力保温：主要从节能的角度出发，减少系统向外的热量损失。当管道、设备及附件的表面温度大于 50℃时，须采取保温措施。

2. 防冻、防凝露保温：当环境温度较低时，管道、设备中的水、油等介质有可能冻结，影响系统运行，甚至损坏管道设备，需要保温或伴热保温。有些管道和设备中的介质温度较低，一方面存在通过外壁的冷量损失，另一方面大气中水蒸气在管道设备外表面可能产生凝结水或结冰现象。这种情况下不但要有保温措施，还必须设置防潮层，隔绝水蒸气渗透，保护保温层。

3. 防烫伤、冻伤保温：当管道设备表面温度大于 60℃或温度很低，又需要经常维修的，即使工艺上不需要热力保温，为防止人员烫伤、冻伤，也应有保温措施。

8.1.2.2 保温结构的组成

保温结构一般由保温层和保护层组成，对于地沟中的管道和在潮湿环境的低温管道设备，在保温层和保护层之间还有防潮层。

保温层是保温结构的主要部分，其作用是减少管道或设备与外部的热量传递，起保温保冷作用；需要根据工艺介质、介质温度、经济性和施工条件来选择材料。防潮层主要用于输送冷介质的保冷管道、地沟内、埋地和架空敷设的管道；其作用是防止水蒸气或雨水渗入保温材料，以保证材料良好的保温效果和使用寿命。常用防潮层有：沥青胶或防水冷胶料玻璃布防潮层、沥青玛𧊒脂玻璃布防潮层、聚氯乙烯膜防潮层、石油沥青油毡防潮层。保护层设在保温层或防潮层外面，主要是保护温层或防潮层不受机械损伤。保护层常用的材料有石棉石膏、石棉水泥、金属薄板及玻璃丝布等。

保温结构应能保证热损失不超过标准值；有足够的机械强度，在自重、风雪、振动等附加荷载下不致破坏，在设计寿命内保持完整，不出现腐烂、烧坏和剥落，同时还要兼顾防水、防火、美观和施工方便。

8.2 管道及设备的防腐

8.2.1 管道及设备表面的除污

为了使防腐材料能起较好的防腐作用，所选涂料除本身能耐腐蚀外，还要求涂料和管道、设备表面能很好地结合。一般管道和设备表面总有各种污物，如灰尘、污垢、油渍、锈斑等，为了增加油漆的附着力和防腐效果，在涂刷底漆前必须将管道或设备表面的污物清除干净，并保持干燥。根据表面污物的情况，清理主要有除油污和除锈两类。

8.2.1.1 除油污

对于管道及设备表面的油垢清理方法有溶剂除油污、碱液除油、乳液清洗和蒸汽清洁等。

1. 溶剂除油污

溶剂除油污是利用某些溶剂能够溶解或稀释油污的性能，去除掉污染金属表面油污的方法。常用溶剂有工业汽油、溶剂汽油，过氯乙烯，三氯乙烯，石松油等。

溶剂除油污只能去除工件表面的油脂等有机物，不能去除铁锈、焊渣等无机物。有的油污要反复溶解和稀释，最后要用干净溶剂清洗，避免留下薄膜。溶剂易挥发变成可燃或爆炸性气体，使用时应注意防爆。

2. 碱液除油污

碱液除油污是利用碱液的皂化作用和它的活性组分能去掉其他类型灰尘的功能，达到去除污染金属表面油垢的目的。碱液一般由氢氧化钠、磷酸三钠、硫酸钠、水玻璃和水配成。碱液除油污后必须清洗工件表面，并作钝化处理。

碱液除油污由于其原料易得、价格低廉、设备要求简单、操作方便，应用很广泛。但是对于难皂化油脂，除油效率低。

3. 乳液清洗

乳液清洗是利用乳液清洗剂中乳化剂或油溶性皂类遇水能乳化，并在水的冲洗作用下将油脂和污物一道冲掉。乳液清洗后要用蒸汽或热水将表面残留的乳液薄膜冲洗干净。

乳液清洗特别适用于表面要求快速清除油污和要求留有轻微薄膜以作临时防锈的工件的清洗，但难以除尽树脂化的油类和渗入微孔中的油脂。

4. 蒸汽清洁

蒸汽清洁很少单独使用，一般都和洗涤剂或碱液清洗剂一道使用。主要是靠蒸汽的热量使油垢稀释并在蒸汽的喷射中刷作用下将其去除。

各种除污方法的使用范围及注意事项可参考表 8-1。

各种除污方法的使用范围及注意事项 表 8-1

除污方法	适用范围	注意事项
溶剂（如工业汽油、溶剂汽油、松节油等）除污	去除油、油脂、可溶污物和可溶涂层	若需保留旧涂层,应使用对该图层无损的溶剂,溶剂和抹布应经常更换,最后一遍冲洗的溶剂必须是干净的
碱液（磷酸三钠等）除污	去除可皂化的涂层、油、油脂和其他污物	清洗后,应用水冲洗,最后用加压的热水冲洗;冲洗后,钢材表面的 pH 值不应大于冲洗用水的 pH 值,钢材表面应做钝化处理,若需保留旧涂层,应使用对该图层无损的溶剂
乳液除污	去除油、油脂和其他污物	清洗后,应将残留物从钢材表面上冲洗干净
蒸汽除污(可和洗涤剂或碱清洗剂共同使用)	去除油、油脂和其他污物,当压力和温度足够时也可去除涂层	清洗时原涂层可被侵蚀或破坏,清洗后应将残留物从钢材表面上冲洗干净

8.2.1.2 除锈

钢材表面锈蚀等级可以分为：A 级为钢材表面全面地覆盖着氧化皮而几乎没有铁锈，B 级为钢材表面已发生锈蚀，且部分氧化皮已经剥落，C 级为钢材表面氧化皮因锈蚀而剥落或者可以刮除，且有少量点蚀，D 级为钢材表面氧化皮因锈蚀而全面剥离，且已普遍发生点蚀。钢材表面除锈等级的分级见表 8-2。

不同涂装系统对表面处理的最低要求见表 8-3。

钢材表面除锈等级　　　　　　　　　　　　　　　　　　　　　　　　　　　　表 8-2

级别	除锈工具	除锈程度	除锈要求
St2	手工和动力工具除锈	彻底	钢材表面无可见的油脂和污垢,且没有附着不牢的氧化皮、铁锈和涂料涂层等附着物
St3	手工和动力工具除锈	非常彻底	钢材表面无可见的油脂和污垢,且没有附着不牢的氧化皮、铁锈和涂料涂层等附着物,除锈应比 St2 更为彻底,底材显露部分的表面应具有金属光泽
Sa2	喷射或抛射除锈	彻底	钢材表面无可见的油脂和污垢,且氧化皮、铁锈和涂料涂层等附着物已基本清楚,其残留物应是牢固附着的
Sa2.5	喷射或抛射除锈	非常彻底	钢材表面无可见的油脂、污垢、氧化皮、铁锈和涂料涂层等附着物,任何残留的痕迹应仅是点状或条纹状的轻微色斑
Sa3	喷射或抛射除锈	使金属表面洁净	钢材表面无可见的油脂、污垢、氧化皮、铁锈和涂料涂层等附着物,该表面应显示均匀的金属光泽

不同涂装系统对表面处理的最低要求　　　　　　　　　　　　　　　　　　　　表 8-3

涂装系统	对表面处理的最低要求	涂装系统	对表面处理的最低要求
油脂漆类	手动工具除锈	富锌	工业级喷射除锈
醇酸树脂漆类	工业级喷射除锈或酸洗	环氧聚酰胺	工业级喷射除锈或酸洗
酚醛树脂漆类	工业级喷射除锈或酸洗	氯化橡胶	工业级喷射除锈或酸洗
乙烯树脂漆类	工业级喷射除锈或酸洗	氨基甲酸乙酯	工业级喷射除锈或酸洗
防锈剂	溶剂清洗或制作简单处理	硅酮醇酸	工业级喷射除锈或酸洗
环氧煤沥青	工业级喷射除锈或酸洗	胶乳	工业级喷射除锈或酸洗
环氧-煤焦油	工业级喷射除锈		

注:本表推荐的表面处理最低要求适用于中等腐蚀环境,对腐蚀严重的环境,可采用更高级。

常用除锈的方法有人工除锈、喷砂除锈、机械除锈和酸洗。

1. 人工除锈

人工除污常用的工具有钢丝刷、砂布、刮刀、手锤等。当管道设备表面有焊渣或锈层较厚时,先用手锤敲除焊渣和锈层;当表面油污较重时,先用溶剂清理油污。待干燥后用刮刀、钢丝刷、砂布等刮擦金属表面直到露出金属光泽。再用干净废棉纱或废布擦干净,最后用压缩空气吹洗。钢管内表面的除锈,可用圆形钢丝刷来回拉擦。

人工除锈劳动强度大、效率低、质量差,但工具简单、操作容易,适用各种形状表面的处理。由于安装施工现场多数不便使用除锈机械设备,所以在建筑设备安装工程中人工除锈仍是一种主要的除锈方法。

2. 喷砂除锈

喷砂除锈是采用 0.35~0.5MPa 的压缩空气,把粒度为 1.0~2.0mm 的砂子喷射到有锈污的金属表上,靠沙子的打击去除金属表面的锈蚀、氧化皮等。喷砂除锈装置如图 8-1 所示。喷砂时工作表面和砂子都要经过烘干,喷嘴距离工件表面 100~150mm,并与之成 70°夹角,喷砂方向尽量顺风操作。用这种方法能将金属表面凹处的锈除尽,处理后的金属表面粗糙而均匀,使油漆能与金属表面很好地结合。喷砂除锈是加工厂或预制厂常用的一种除锈方法。

喷砂除锈操作简单、效率高、质量好,但喷砂过程中产生大量的灰尘,污染环境,影响人们的身体健康。为减少尘埃的飞扬，可用喷湿砂的方法来除锈。喷湿砂除锈是将砂子、水和缓蚀剂在储砂罐内混合，然后沿管道至喷嘴高速喷出。缓蚀剂（如磷酸三钠、亚硝酸钠）能在金属表面形成一层牢固而密实的膜（即钝化），可以防止喷砂后的金属表面生锈。

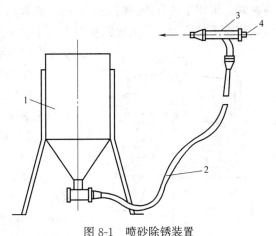

图 8-1　喷砂除锈装置
1. 储砂罐；2. 橡胶管；3. 喷枪；4. 空气接管

3. 机械除锈

机械除锈是用电机驱动的旋转式或冲击式除锈设备进行除锈，除锈效率高，但不适用于形状复杂的工件。常用除锈机械有旋转钢丝刷、风动刷、电动砂轮等。图 8-2 是一电动钢丝刷内壁除锈机，由电动机、软轴、钢丝刷组成，当电机转动时，通过软轴带动钢丝刷旋转进行除锈，用来清除管道内表面上的铁锈。

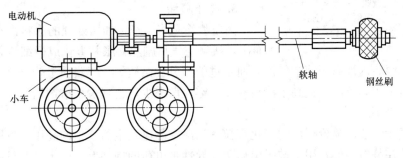

图 8-2　电动钢丝刷内壁除锈机

4. 酸洗

酸洗是使用酸溶液与管道设备表面金属氧化物进行化学反应，使其溶解在酸溶液中。用于化学除锈的酸液有工业盐酸、工业硫酸、工业磷酸等。酸洗前先将水加入酸洗槽中，再将酸缓慢注入水中并不断搅拌。当加热当适当温度时，将工件放入酸洗槽中，掌握酸洗时间，避免清理不净或侵蚀过度。酸洗完成后应立即进行中和、钝化、冲洗、干燥，并及时刷油漆。

8.2.2　外防腐层保护

管道外防腐层是将防腐层材料均匀致密地涂敷在经除锈的管道外表面上，使其与腐蚀介质隔离，达到管道外防腐的目的。外防腐层要求完整无针孔，与金属管道牢固结合，使基体金属不与介质接触，能抵抗加热、冷却或受力状态（如冲击、弯曲、土壤应力等）变化的影响。

8.2.2.1　常用涂装技术简介

常用的管道和设备表面涂装技术有手工涂刷、空气喷涂、静电喷涂和高压喷涂等。

1. 手工涂刷

手工涂刷是将油漆稀释调和到适当稠度后，用刷子分层涂刷。这种方法操作简单，适应性强，可用于各种漆料的施工，但工作效率低，涂刷的质量受操作者技术水平的影响较大，漆膜不易均匀。手工涂刷应自上而下、从左至右、先里后外，纵横交错地进行，漆层厚薄均匀一致，无漏刷和挂流处。

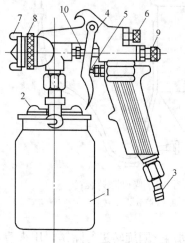

图 8-3　涂料喷枪

1. 漆罐；2. 轧蓝螺栓；3. 空气接头；
4. 扳机；5. 空气阀杆；6. 控制阀；
7. 喷嘴；8. 螺母；9. 螺栓；10. 针塞

2. 空气喷涂

空气喷涂是利用喷枪压缩空气产生高速气流，贮漆罐里的漆液在高速气流带动下呈雾状喷射，覆盖在管壁表面。空气喷涂中喷枪（图 8-3）所用空气压力为 $0.2\sim0.4MPa$，一般距离工件表面 $250\sim400mm$，移动速度 $10\sim15m/min$。空气喷涂漆膜厚薄均匀，表面平整，效率高，但漆膜较薄，往往需要喷涂几次才能达到需要的厚度。为提高一次喷膜厚度，可采用热喷涂施工。热喷涂施工就是将油漆加热到 70℃ 左右，使油漆的黏度降低，增加被引射的漆量，以满足喷涂的需要。采用热喷涂法比一般空气喷涂法可节省 2/3 左右的稀释剂，并提高近一倍的工作效率，同时还能改变涂膜的流平性。

3. 高压喷涂

高压喷涂是将已经过加压处理的涂料由高压枪喷射而出，接触空气后剧烈膨胀并雾化成极细漆粒喷涂到构件上。由于漆膜内没有压缩空气混入而带进的水分和杂质等，漆膜质量较空气喷涂高，同时由于涂料是扩容喷涂，提高了涂料黏度，雾粒散失少，也减少了溶剂用量。

4. 静电喷涂

静电喷涂是使由喷枪喷出的细化雾粒状油漆在静电发生器产生的高压电场中荷电，带电涂料微粒在静电力的作用下被吸引贴覆在异性带电荷的构件上。由于飞散量减少，这种喷涂方法较空气喷涂可节约涂料 $40\%\sim60\%$。

其他涂漆方法滚涂、浸涂、电泳涂、粉末涂法等，因在建筑安装工程管道和设备防腐中应用较少，不再赘述。

8.2.2.2　涂装施工程序及要求

涂漆的施工程序一般分为涂底漆或防锈漆、涂面漆、罩光漆三个步骤。底漆或防锈漆直接涂在管道或设备表面，一般涂一到两遍，每层涂层不能太厚，以免起皱和影响干燥。若发现有不干、起皱、流挂或露底现象，要进行修补或重新涂刷。面漆一般涂刷调合漆或瓷漆，漆层要求薄而均匀，无保温的管道涂刷一遍调合漆，有保温的管道涂刷两遍调合漆。罩光漆层一般由一定比例的清漆和瓷漆混合后涂刷一遍。常用涂料的性能和主要用途见表 8-4。钢板风管的推荐涂料和涂刷次数见表 8-5。

常用涂料的性能和主要用途　　　　　　　　　　　　　　　表 8-4

涂料名称	主要性能	耐温(℃)	主要用途
红丹防锈漆	与钢铁表面附着力强,隔潮防水,防锈力强	150	钢铁底漆,不应暴露于大气中,须面漆覆盖
铁红防锈漆	覆盖性强,漆膜坚韧,涂漆方便,防锈能力稍差于红丹漆	150	钢铁表面打底或盖面

涂料名称	主要性能	耐温(℃)	主要用途
铁红醇酸底漆	附着力强,除锈性能及耐气候性能较好	200	高温条件下钢铁底漆
灰色防锈漆	耐气候性较调合漆好	—	室内外钢铁表面防锈底漆的罩面漆
锌黄防锈漆	对海洋性气候及海水侵蚀有防锈性	—	使用于铝金属或其他金属上的防锈
环氧红丹漆	快感,耐水性强	—	经常于水接触的钢铁表面
磷化底漆	能延长有机涂层寿命	60	有色及黑色金属的底层防锈漆
厚漆(铅油)	漆膜较软,干燥慢,在炎热而潮湿天气中有发黏现象	60	用清油稀释后,用于室内钢、木表面打底或盖面
油性调合漆	附着力及耐气候性均好,在室外使用优于磁性调合漆	60	作室内外金属、木材、墙面漆
铝粉漆		150	专供供暖管道、散热器面漆
耐温铝粉漆	防锈不防腐	>300	黑色金属面漆
有机硅耐高温漆		400~500	黑色金属面漆
生漆	漆层机械强度高,耐酸力强,有毒,施工困难	200	用于钢、木表面防腐
过氯乙烯漆	耐酸性强,耐浓度不大的碱性,不易燃烧,防水绝缘性好	60	用于钢木表面,以喷涂为佳
耐碱漆	耐碱腐蚀	>60	用于金属表面
耐酸树脂磁漆	漆膜保光性、耐气候性和耐汽油性好	150	适用于金属、木材及玻璃布的涂刷
沥青漆(以沥青为基础)	干燥快,涂膜硬,但附着力及机械强度差,具有良好的耐水、防潮、防腐及抗化学侵蚀性。但耐气候、保光性差,不宜暴露在阳光下,户外容易收缩龟裂	—	主要用于水下、地下钢铁构件、管道、木材、水泥面的防潮、防水、防腐

管道设备涂刷油漆种类和涂刷次数　　　　　　　　表 8-5

分类	名称	先刷油漆名称和次数	再刷油漆名称和次数
不保温管道和设备	室内布置管道设备	2遍防锈漆	1~2遍油性调合漆
	室外布置的设备和冷水管道	2遍环氧底漆	2遍醇酸磁漆或环氧磁漆
	室外布置的气体管道	2遍云母氧化铁酚醛底漆	2遍云母氧化铁面漆
	油管道和设备外壁	1~2遍醇酸底漆	1~2遍醇酸磁漆
	管沟中的管道	2遍防锈漆	2遍环氧沥青漆
	循环水、工业水管和设备	2遍防锈漆	2遍沥青漆
	排气管	1~2遍高温防锈漆	—
保温管道设备	介质<120℃的设备和管道	2遍防锈漆	—
	热水箱内壁	2遍耐高温油漆	—
其他	现场制作的支吊架	2遍防锈漆	1~2遍银灰色调合漆
	室内钢制平台扶梯	2遍防锈漆	1~2遍银灰色调合漆
	室外钢制平台扶梯	2遍云母氧化铁酚醛底漆	2遍云母氧化铁面漆

涂刷油漆前应清理被涂刷表面上的锈蚀、焊渣、毛刺、油污、灰尘等，保持涂物表面清洁干燥。涂漆施工宜在 15～30℃，相对湿度不大于 70%，无灰尘、烟雾污染的环境温度下进行，并有一定的防冻防雨措施。漆膜应附着牢固、完整、无损坏，无剥落、皱纹、气泡、针孔、流淌等缺陷。涂层的厚度应符合设计文件要求。对安装后不宜涂刷的部位，在安装前要预先刷漆，焊缝及其标记在压力实验前不应刷漆。有色金属、不锈钢、镀锌钢管、镀锌钢板和铝板等表面不宜涂漆，一般可进行钝化处理。

8.2.2.3　埋地管道的外防腐

钢管埋地辐射的外防腐结构分为普通、加强和特加强三级，应根据土壤腐蚀性和环境因素选定，具体见表 8-6。在确定涂层种类和等级时，应考虑阴极保护的因素。场、站、库内埋地管道，穿越铁路、公路、江河、湖泊的管道，均应采取特加强防腐。

土壤腐蚀性程度及防腐蚀等级　　　　　　　　　表 8-6

土壤腐蚀性程度	土壤腐蚀指标					防腐蚀等级
	电阻率（Ωm）	含盐量（%）(质量分数)	含水量（%）(质量分数)	电流密度（mA/cm²）	pH 值	
强	<50	>0.75	>12	>0.3	<3.5	特加强级
中	50～100	0.75～0.05	5～12	0.3～0.025	3.5～4.5	加强级
弱	>100	<0.05	<5	<0.025	4.5～5.5	普通级

1. 石油沥青防腐层

各种防腐等级的石油沥青防腐层结构应符合表 8-7 中规定，钢管焊缝部位的防腐层，其厚度不宜小于表 8-7 中的 65%。玻璃布的经纬密度宜选用 8×8 根/cm²，厚度宜为 0.10～0.12mm，宽度可按照表 8-8 选用。其具体结构如图 8-4 所示。

石油沥青防腐层结构　　　　　　　　　表 8-7

防腐等级		普通级	加强级	特加强级
防腐层总厚度(mm)		≥4	≥5.5	≥7
防腐层结构		三油三布	四油四布	五油五布
防腐层数	1	底漆一层	底漆一层	底漆一层
	2	石油沥青≥1.5mm	石油沥青≥1.5mm	石油沥青≥1.5mm
	3	玻璃布一层	玻璃布一层	玻璃布一层
	4	石油沥青厚 1.0～1.5mm	石油沥青厚 1.0～1.5mm	石油沥青厚 1.0～1.5mm
	5	玻璃布一层	玻璃布一层	玻璃布一层
	6	石油沥青厚 1.0～1.5mm	石油沥青厚 1.0～1.5mm	石油沥青厚 1.0～1.5mm
	7	聚乙烯工业薄膜一层	玻璃布一层	玻璃布一层
	8		石油沥青厚 1.0～1.5mm	石油沥青厚 1.0～1.5mm
	9		聚乙烯工业薄膜一层	玻璃布一层
	10			石油沥青厚 1.0～1.5mm
	11			聚乙烯工业薄膜一层

<table>
<tr><td colspan="4">玻璃布宽度选用</td><td>表8-8</td></tr>
<tr><td>公称直径 DN</td><td><250</td><td>250～500</td><td>>500</td></tr>
<tr><td>玻璃布宽度</td><td>100～250</td><td>400</td><td>500</td></tr>
</table>

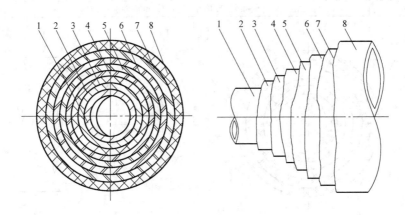

图 8-4　石油沥青防腐层结构

1. 钢管；2. 沥青底漆；3、5、7. 沥青；4、6. 玻璃布；8. 外保护层

埋地钢管石油沥青防腐层施工应符合国家现行规范《埋地钢质管道石油沥青防腐层技术标准》SY/T 0420—1997 的规定。

涂刷底漆时，管道表面应经处理并干燥无尘土。涂刷应均匀，不得有漏涂、流痕和凝块等缺陷，涂刷厚度应为 0.1～0.2mm，管两端 150～200mm 处不得涂刷底漆。底漆干燥后方可浇涂沥青及缠绕玻璃布，涂刷底漆与浇涂沥青的间隔时间不应超过 24h。沥青浇涂温度宜为 200～220℃，但不得低于 180℃，每层浇涂厚度为 1.5mm。浇涂沥青后应立即缠绕玻璃布，玻璃布必须干燥清洁，缠绕时应紧密无褶皱，压边应均匀，压边宽度为 30～40mm，玻璃布的搭接长度为 100～150mm，玻璃布的沥青浸透率应达到 95% 以上，严禁出现大于 50mm×50mm 的空白。管子两端应按管径大小预留出一段长度不涂沥青（表 8-9），钢管两端各层防腐层应做成阶梯形接槎，阶梯宽度应为 50mm。待沥青冷却到 100℃时方可包扎聚乙烯工业膜外保护层，包覆应紧密适宜、无褶皱、无脱壳现象，压边应均匀，压边宽度应为 30～40mm，搭接长度应为 100～150mm。除采取特殊措施外，严禁在雨、雪、雾及大风天气进行露天作业，气温低于 +5℃时，应按冬期施工处理，气温低于 -15℃、相对湿度大于 85% 时，在未采取可靠措施情况下，不得进行钢管的防腐作业。

<table>
<tr><td colspan="4">管段预留接头长度（mm）</td><td>表8-9</td></tr>
<tr><td>管径</td><td><219</td><td>219～377</td><td>>377</td></tr>
<tr><td>预留接头长度</td><td>150</td><td>150～200</td><td>200～250</td></tr>
</table>

2. 环氧煤沥青防腐层

环氧煤沥青防腐层主要是将环氧树脂、煤焦油沥青等适量的固化剂以及填料进行混合后形成了固化室外双组分涂料。不同防腐等级的环氧煤沥青防腐层结构见表 8-10。玻璃布的经纬密度宜选用 $10×10$ 根/cm^2～$12×12$ 根/cm^2，厚度宜为 0.10mm～0.12mm，宽度可按照表 8-8 选用。其具体结构如图 8-5 所示。

防腐层等级	结构	干膜厚度（mm）
普通级	底漆-面漆-玻璃布-面漆-面漆	≥0.4
加强级	底漆-面漆-玻璃布-面漆-玻璃布-面漆-面漆	≥0.6
特加强级	底漆-面漆-玻璃布-面漆-玻璃布-面漆-玻璃布-面漆-面漆	≥0.8

表 8-10 上方标题：**环氧煤沥青防腐层等级及结构**

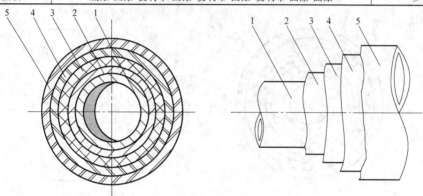

图 8-5　环氧煤沥青防腐层结构
1. 钢管；2. 底漆；3. 面漆；4. 玻璃布；5. 二层面漆

埋地钢管环氧煤沥青防腐层施工应符合现行国家标准《埋地钢质管道环氧煤沥青防腐层技术标准》SY/T 0447—2014 的规定。

钢管经表面处理合格后，应尽快涂刷底漆，间隔时间不得超过 8h。大气环境恶劣时（如湿度过高、空气含盐雾），还应进一步缩短间隔时间。涂料涂刷应均匀，不得漏涂，每根管子两端各留 150mm 左右裸管以备焊管。如焊缝高于管壁 2mm，应用面漆和滑石粉调成稠度适当的腻子，在底漆表干后抹在焊缝两侧，并刮成光滑的过度曲面，以防缠包玻璃布时出现空鼓。底漆表干并打好腻子后，即可涂刷面漆。涂刷要均匀，不得漏涂，在室温下涂底漆与涂第一遍面漆的间隔时间不应超过 24h。对于普通防腐，在第一道面漆实干后方可涂刷第二遍面漆。对于加强级防腐，涂第一遍面漆后即可缠包玻璃布，玻璃布要拉近，表面平整，无皱折和鼓包，压边宽度为 20～25mm，不投搭接长度为 100～150mm 玻璃布缠包后即可涂第二遍面漆，要求漆量饱满，玻璃布所有网眼均应灌满涂料，第二遍面漆实干后，方可涂刷第三遍涂料。对于特加强防腐，按上述一道面漆一层玻璃布的施工顺序进行防腐施工，最后，在第三遍面漆实干后，方可涂刷第四遍面漆，两层玻璃布缠绕的方向应相反，受潮时玻璃布应烘干后方可使用。

3. 煤焦油瓷漆防腐层

煤焦油瓷漆以煤焦油、洗油、蒽油、沥青等为主要原料，辅助以掺加剂，经高温反应后制成，是一种热涂型防腐材料。煤焦油瓷漆防腐层的结构简单，施工方便。其结构为：底漆-面漆-玻璃毡。

埋地钢管煤焦油瓷漆防腐层施工应符合现行国家标准《埋地钢质管道煤焦油瓷漆外防腐层技术规范》SY/T 0379—2013 的规定。

涂装底漆时，为避免气压过高，喷涂用气及其输气管应保持干燥，避免湿气污染底漆。由于底漆干燥快，喷涂时宜将喷枪口靠近被涂物表面。手工涂刷时，宜用刷毛较硬的刷子，涂刷应均匀，厚度要一致。底漆涂刷必须有适当厚度，如干膜太薄会缩短底漆寿命而无法发挥其效能，当面漆涂装温度超过 260℃ 时，还会降底漆大部分干膜消耗掉。面漆涂装可用喷涂、淋涂或刷图方法。涂刷时要有 50% 的重叠。由于面漆固化时间极短，故刷图左右须快速进行。面漆涂装应在底漆干燥后（约 30min），以手触不黏状态下进行。玻璃毡（布）应紧跟在面漆涂装之后进行，压边应均匀，压边宽度为 10~20mm，搭接长度不小于 15mm，玻璃毡（布）应缠绕紧密，不得有气泡、夹层。当采用特加强级防腐时，为两层玻璃毡（布）结构，即将玻璃毡（布）表面再涂一层面漆，同法再缠绕一层玻璃毡（布），最后刷两遍面漆。涂装应在 7℃ 以上，无雨雾气候下施工。

8.2.3 内防腐层保护

由于输送介质的特殊性，管道内腐蚀往往非常严重，甚至超过了管道外腐蚀。目前管道内防腐技术主要有内涂层技术、内衬里技术、缓蚀剂技术。

限于篇幅，请扫描二维码阅读。

EX8.1 内防腐层保护

8.2.4 电化学防腐

电化学保护主要用于埋地金属管道的保护，是利用外部电流使金属腐蚀电位发生改变以降低其腐蚀速率的防腐蚀技术。具体执行可依据《埋地钢质管道阴极保护技术规范》GB/T 21448—2017。

8.2.4.1 阴极保护

阴极保护包括外加电流阴极保护和牺牲阳极阴极保护。

外加电流与阴极保护又称为强制电流阴极保护。它是根据阴极保护的原理，用外部直流电源作阴极保护的极化电源，将电源的负极接至被保护构筑物，将电源的正极接至辅助阳极。在电流的作用下，使被保护构筑物对地电位向负的方向偏移，从而实现阴极保护。外加电流与阴极保护主要应用于淡水、海水、土壤、海泥、碱及盐等环境中金属设施的防腐蚀。

牺牲阳极阴极保护是指把某种电极电位比较负的金属材料与电极电位比较正的被保护金属构筑物相连接，使被保护金属构筑物成为腐蚀电池中的阴极而实现保护的方法。牺牲阳极阴极保护在淡水、海水、土壤、海泥、碱及盐等环境中金属设施的防腐蚀领域已被广泛应用。由于它不需要外部电源，对临近金属构筑物的干扰较小等特点，特别适用于缺乏外部电源和地下金属构筑物较复杂地区的管道的防腐蚀。

8.2.4.2 阳极保护

将被保护金属与外加电源的正极相连，在给定的电解质溶液中将金属进行阳极化至一定电位，如果在此点位下金属可以建立起钝化状态并能维持，则阳极过程受到抑制，金属的腐蚀速率显著降低，此时该金属得到了保护，这种方法称为阳极保护法。

8.3 管道及设备的绝热

8.3.1 绝热结构的施工

绝热保温层一般由保温层和保护层或者保温层、防潮层和保护层组成。

对于不同的保温材料、保温管道尺寸、保温要求等，保温结构施工应注意以下问题。

施工顺序一般按照保温层、防潮层、保护层的顺序从内向外顺序施工。凡属螺栓连接的部件，应分别进行热紧或冷紧后单独进行保温层施工。低温管道设备要在注入冷介质前进行保温。管道设备上的支座、接管等均要保温，保温长度不小于保温厚度的 4 倍，或施工到垫木为止。各管道和设备应单独保温，保温后表面净距或与相邻障碍物不小于 50mm，低温管道设备保温后表面净距或与相邻障碍物不小于 70mm。室外保温层施工不得在雨天进行。

1. 保温层施工

按照《工业设备及管道绝热工程设计规范》GB 50264—2013，保温层施工时应注意以下事项：

（1）绝热层分层设置：除浇筑型和填充型绝热结构外，在无其他说明的情况下：绝热层厚度大于 80mm 时，应分两层或多层施工，当内外层采用同种绝热材料时，内外层厚度宜近似相等，当内外层为不同绝热材料时，内外层厚度的比例应保证内外层界面处温度绝对值不超过外层材料推荐使用温度绝对值的 0.9 倍。

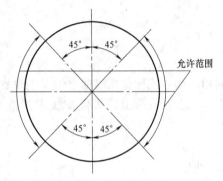

图 8-8　纵向接缝位置

（2）绝热层辐射方式设置：绝热层铺设应采用同层错缝、内外层压缝方式敷设。内外层接缝应错开 100~150mm，对尺寸偏小的绝热层，其错缝距离可适当减少，水平安装的设备及管道最外层的纵向接缝位置，不得布置在设备管道垂直中心线两侧 45°范围内。具体如图 8-8 所示。对大直径设备及管道，当采用多块硬质成型绝热制品时，绝热层的纵向接缝位置可超出垂直中心线两侧 45°范围，但应偏离管道垂直中心线位置。

（3）支撑件设置：立式设备、水平夹角大于 45°的管道、平壁面和立卧式设备底面上的绝热结构，宜设支撑件。支撑件的承面宽度应小于绝热厚度 10~20mm，厚度宜为 3~6mm。对于立式设备及立管，保温时，平壁支撑件的间距宜为 1.5~2m；圆筒在介质温度大于或等于 350℃时，支撑件的间距宜为 2~3m，在介质温度小于 350℃时，支撑件的间距宜为 3~5m。支撑件的位置应避开法兰、配件或阀门。对立式设备及管道，支撑件应设在阀门、法兰等的上方，其位置不应影响螺栓的拆卸。支撑件形式见图 8-9，安装要求见表 8-11。

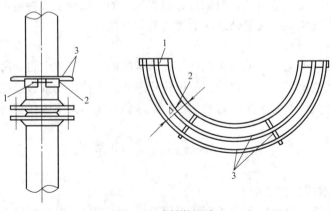

图 8-9　支撑件形式
1. 角钢；2. 扁钢；3. 圆钢

支撑件安装要求　　　　　　　　　　　　　　　　　表 8-11

绝热制品	支撑件	安装要求
硬质、半硬质及软质制品	托架 支撑板 支撑环	平壁间距为 1.5～2.0m 圆罐、立式设备和公称直径大于 100mm 的垂直管道：高温介质为 2.0～3.0m,中低温介质为 3.0～5.0m
软质(或毯、毡)绝热制品	支撑环	水平和垂直位置,保护层支撑环安装间距为 0.5～1.0m 结构应符合设计规定

（4）钩钉和销钉设置：保温层用钩钉、销钉,宜采用 $\phi3\sim\phi6mm$ 的圆钢制作,使用软质保温材料时应采用 $\phi3mm$,其材质应与设备及管道的材质相匹配,硬质保温材料保温钉间距为 300～600mm,且保温钉宜设在制品拼接处,软质材料保温钉间距不宜大于 350mm,每平方米面积上保温钉的个数,侧面不宜少于 6 个,底部不宜少于 9 个,对有振动的情况,钩钉应适当加密。

（5）绝热层伸缩缝设置：绝热层为硬质制品时,应留设伸缩缝。介质温度大于或等于 350℃时,伸缩缝宽度宜为 25mm,介质温度小于 350℃,伸缩缝宽度宜为 20mm。伸缩缝可采用软质绝热材料将缝隙填平,填充材料的性能应满足介质温度要求。伸缩缝应设置在支吊架处及以下部位：立管、立式设备的支撑件（环）下或法兰下,水平管道、卧式设备的法兰、支吊架、加强筋板和固定环处或距封头 100～150mm 处,弯头两端的直管段上应各留一道伸缩缝,当两弯头之间的间距较小时,其直管段上的伸缩缝可根据介质温度确定仅留一道或不留设。当绝热层为双层或多层时,其各层均应留设伸缩缝,并应错开,错开间距不宜小于 100mm。设计温度大于或等于 400℃的设备及管道保温时,应在其伸缩缝外增设一层绝热层,其厚度应与设备或管道本体的绝热层厚度相同,且与伸缩缝的搭接宽度不得小于 50mm。

保温层的厚度应根据设计要求按有关规范计算,对于介质温度低于 150℃的管道采用预制式保温和包扎式保温的保温层厚度见表 8-12 和表 8-13。

预制式管道保温层厚度　　　　　　　　　　　　　　　　表 8-12

管径(mm)		保温瓦规格(mm)					
公称直径	外径	介质温度＜100℃		介质温度 100～150℃		每周瓦块	
		保温瓦厚	保温外径	保温瓦厚	保温外径	数量(块)	长度(mm)
25	33.5	30	133	35	143	2	300
32	43	35	153	40	163		
40	48		158		168		
50	60	40	180	45	190		400
70	76		196	50	216		
80	89	45	219		229	4	
100	114		244	55	264		
125	140	50	290	60	310		600
150	165		315		335		
200	219	60	389	65	399		
250	273		443	70	463		
300	325		495		515		

包扎式管道保温层厚度 表 8-13

管子		介质温度<100℃		介质温度100~150℃		管子		介质温度<100℃		介质温度100~150℃	
公称直径	外径	保温层厚度	保温外径	保温层厚度	保温外径	公称直径	外径	保温层厚度	保温外径	保温层厚度	保温外径
25	33.5	25	84	30	94	100	114	35	184	50	214
32	43		93		103	125	140	40	220	55	250
40	48		98		110	150	165	50	265	60	285
50	60	30	120	35	130	200	219		319		339
70	76		136		146	250	273		373	70	413
80	89	35	159	50	189	300	325		425		465

2. 保护层施工

保护层可以分为金属保护层和非金属保护层。

(1) 金属保护层施工

金属保护层材料应采用薄铝合金板、彩钢板、镀锌薄钢板、不锈钢板薄板等。常用金属保护层见表 8-14。

常用金属保护层 表 8-14

类别	绝热层外径 D1	外保护层		
		材料	形式	厚度(mm)
管道	<760	铝合金薄板	平板	0.40~0.60
		不锈钢薄板	平板	0.30~0.35
		镀锌薄钢板	平板	0.30~0.50
	≥760	铝合金薄板	平板	0.8
		不锈钢薄板	平板	0.40~0.50
		镀锌薄钢板	平板	0.50~0.70
设备	<760	铝合金薄板	平板	0.60~0.80
		不锈钢薄板	平板	0.30~0.35
		镀锌薄钢板	平板	0.40~0.50
	≥760	铝合金薄板	平板	0.80~1.00
		不锈钢薄板	平板	0.40~0.60
		镀锌薄钢板	平板	0.50~0.70
立式贮罐	≥3000	铝合金薄板	压型板	0.60~1.00
		不锈钢薄板	压型板	0.40~0.60
		镀锌薄钢板	压型板	0.50~0.70
平壁及方形设备		铝合金薄板	压型板	0.60~1.00
		不锈钢薄板	压型板	0.40~0.60
		镀锌薄钢板	压型板	0.50~0.70

续表

类别	绝热层外径 D1	外保护层		
		材料	形式	厚度（mm）
泵、阀门和法兰等 不规则表面	所有	铝合金薄板	平板	0.80～1.00
		不锈钢薄板	平板	0.40～0.60
		镀锌薄钢板	平板	0.50～0.70

施工时，金属保护层应注意以下事项：

1）金属保护层接缝形式可根据具体情况，选用搭接、插接、咬接及嵌接形式。并符合以下规定：①硬质绝热制品金属保护层纵缝，在不损坏里面制品及防潮层的前提下可采用咬接。半硬质和软质绝热制品的金属保护层的纵缝可用插接或搭接，搭接尺寸不得少于30mm。插接缝可用自攻螺丝或抽芯铆钉连接，搭接缝宜用抽芯铆钉连接。钉的间距宜为150～200mm。②金属保护层的环缝，可采用搭接或插接。搭接时一端应压出凸筋，搭接尺寸不得小于50mm。水平设备及管道上的纵向搭接应在水平中心线下方15°至45°的范围内顺水搭接。除有防坠落要求的垂直安装的保护层外，在保护层搭接或插接的环缝上，不宜使用自攻螺丝或抽芯铆钉固定。③直管段上为热膨胀而设置的金属保护层环向接缝，应采用活动搭接形式。活动搭接余量应能满足热膨胀的要求，且不应小于100mm，其间距应满足：对硬质保温制品，活动环向接缝应与保温层的伸缩缝设置相一致，对软质及半硬质保温制品，介质温度小于或等于350℃时的活动环向接缝间距为4～6m，介质温度大于350℃时的活动环向接缝间距为3～4m。④管道弯头起弧处的金属保护层宜布置一道活动搭接形式的环向接缝。

2）管道三通部位金属保护层的安装如图8-10所示，支管与主管相交部位宜翻边固定，顺水搭接。垂直管与水平直通管在水平管下部相交，应先包垂直管，后包水平管；垂直管与水平直通管在水平管上部相交，应先包水平管，后包垂直管。

3）管道弯头部位金属护壳环向与纵向接缝及三通部位金属护壳接缝的下料裕量，应根据接缝形式计算确定，并应符合下列规定：①绝热层外径小于

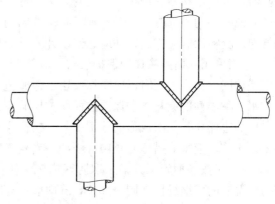

图 8-10 管道三通外保护层结构

200mm 的弯头，金属保护层可做成直角弯头。②层个外径大于或等于 200mm 的弯头，金属保护层应做成分节弯头。③弯头保护层安装，其纵向接口应采用钉口形式，环向接口可采用咬接形式。纵向接口固定式，每节分片上固定螺钉不宜少于 2 个，并应顺水搭接，搭接宽度宜为 30～50mm。

4）管道绝热在法兰断开处金属保护层端部的封堵，应符合下列规定：①平管道保温在法兰断开处的金属保护层应环向压凸筋，并应用合适的金属圆环片卡在凸筋内封堵，圆环片不得与奥氏体不锈钢管材或高温管道相接触。②垂直管道保温在法兰断开处法兰上部

的金属保护层应环向压凸筋，并应用合适的金属圆环片卡在凸筋内封堵，法兰下部的端面应用防水胶泥抹成 10°～20°的圆锥形状抹面保护层。

5）圆形设备的封头金属保护层可采用平盖式或橘瓣式，并应符合下列规定：①热层外径小于 600mm 时，封头可做平盖式。②绝热层外径大于或等于 600mm 时，封头应做成橘瓣式。③橘瓣式封头的分片连接可采用搭接或插接。搭接时，每篇应一边压出凸筋，另一边可为直边搭接，并应用自攻螺丝或抽芯铆钉固定。

6）保护层应有整体防水功能，应能防止水和水汽进入绝热层。对水和水汽易渗进绝热层的部位应用玛蹄脂或密封胶严缝。大型立式设备、贮罐及振动设备的金属保护层，宜设置固定支承结构。

（2）非金属保护层施工

非金属保温层施工时应注意以下事项：

1）当采用箔、毡、布类包缠型保护层时，应符合以下规定：①保护层包缠施工前，应对所采用的粘接剂按使用说明书做试样检验。②当在绝热层上直接包缠时，应清楚绝热层表面的灰尘、泥污，并应修饰平整。当在抹面层上包缠时，应在抹面层表面干燥后进行。③包缠施工应层层压缝，压缝宜为 30～50mm，且必须在其起点和终端有捆紧等固定措施。

2）当采用阻燃性防水卷材及涂膜弹性体做保护层时，应符合以下规定：①防水涂料的配制应按产品说明书的要求进行。②当施工防水涂料时，绝热层表面的处理除与上条相同外，接缝处尚应嵌平、光滑，并不得高出绝热层表面。

3）当采用玻璃钢保护层时，应符合以下规定：①玻璃钢可分为预制成型和现场制作（现烧），可采用粘贴、铆接、组装的方法进行连接。②玻璃钢的配制应严格按照设计文件及产品说明书的要求进行。③当现场制作玻璃钢时，铺衬的基布应紧密贴合，并应顺次排净气泡。胶料涂刷应饱满，并应达到设计要求的层数和厚度。

4）当采用抹面类涂抹型保护层时，应符合以下规定：①露天的绝热结构，不宜采用抹面保护层。如需采用时，应在抹面层上包缠毡、箔、布类保护层，并应在包缠层表面涂敷防水、耐候性的涂料。②保温抹面保护层施工前，除局部接槎外，不应将保温层淋湿，应采用两边操作，一次成形的施工工艺。接槎应良好，并应消除外观缺陷。③在抹面保护层未硬化前，应采取措施防止雨淋水冲。当昼夜室外平均温度低于＋5℃且最低温度低于－3℃时，应按冬期施工方案采取防寒措施。④高温管道的抹面保护层和铁丝网的断缝，应与保温层的伸缩缝留在同一部位，缝内应填充软质矿物棉材料。室外的高温管道，应在伸缩缝部位加设金属护壳。⑤当进行大型设备抹面时，应在抹面保护层上留出纵横交错的方格形或环形伸缩缝。伸缩缝应做成凹槽，其深度应为 5～8mm，宽度应为 8～12mm。

3. 防潮层施工

防潮层施工时应紧密粘贴在绝热层上，并应封闭良好，不得有虚粘、气泡、褶皱或裂缝等缺陷。防潮层胶泥涂抹结构所采用的玻璃纤维布宜选用经纬密度不应小于 8×8 根/cm²、厚度应为 0.10～0.20mm 的中碱粗格平纹布，也可采用塑料网格布。胶泥涂抹的厚度每层宜为 2～3mm，也可根据设计文件的要求确定。沥青玛蹄脂、沥青胶的配合比，应符合设计文件和产品标准的规定。防潮层外不得设置铁丝、钢带等硬质捆扎件。设备筒体、管道上的防潮层应连续施工，不得有断开或断层等现象。防潮层封口处应封闭。

当防潮层采用玻璃纤维布复合胶泥涂抹施工时，应符合下列规定：

(1) 胶泥应涂抹至规定厚度，其表面应均匀平整。

(2) 立式设备和垂直管道的环向接缝，应为上搭下。卧式设备和水平管道的纵向接缝位置，应在两侧搭接，并应缝口朝下。

(3) 玻璃纤维布应随第一层胶泥层边涂边贴，其环向。纵向缝的搭接宽度不应小于50mm，搭接处应粘贴密实，不得出现气泡或空鼓。

(4) 粘贴的方式，可采用螺旋形缠绕法或平铺法。公称直径小于800mm的设备或管道，玻璃布粘贴宜采用螺旋形缠绕法，玻璃布的宽度宜为120～350mm，公称直径大于或等于800mm的设备或管道，玻璃布粘贴可采用平铺法，玻璃布的宽度宜为500～1000mm。

(5) 待第一层胶泥干燥后，应在玻璃纤维布表面再涂抹第二层胶泥。

当防潮层采用聚氨酯或聚氯乙烯卷材施工时，应符合下列规定：

① 卷材和粘接剂的质量技术指标应符合设计文件的规定。

② 卷材的环向、纵向接缝搭接宽度不应小于50mm，或应符合产品使用说明书的要求。搭接处粘接剂应饱满密实。对卷材产品要求满涂粘贴的，应按产品使用说明书的要求进行施工。

③ 立式设备和垂直管道的环向接缝与用玻璃纤维布复合胶泥时相同。

④ 粘贴可根据卷材的幅宽、粘贴件的大小和现场施工的具体状况，采用螺旋形缠绕法或平铺法。

8.3.2 保温结构形式

8.3.2.1 管道保温

管道保温结构的形式主要取决于保温材料的形状和特性，常用的管道保温方法有以下几种形式。

1. 涂抹法保温

涂抹法保温是指把石棉粉、碳酸镁石棉粉和硅藻土等不定型的散状材料与水调成胶泥涂抹于需要保温的管道设备上，形成的性能良好的保温层。这种保温方法整体性好，保温层和保温面结合紧密，且不受被保温物体形状的限制，可以在被绝热对象处于运行状态下进行施工。

涂抹法多用于热力管道和热力设备的保温，其结构如图8-11所示。为增加胶泥与管壁的附着力，施工时应分多次进行，第一次可用较稀的胶泥涂抹，厚度为3～5mm，待第一层彻底干燥后，用于一些胶泥涂抹第二层，厚度为10～15mm，以后每层为15～25mm，均应在前一层完全干燥后进行，直到要求的厚度为止。

涂抹法不得在环境温度低于0℃情况下施工，以防胶泥冻结。为加快胶泥的干燥速度，可在管道或设备内通入温度不高于150℃的热水或蒸汽。

2. 绑扎法保温

绑扎法适用于预制保温瓦或板块料，用镀锌铁线将保温材料绑扎在管道的壁面上，是目前国内外热力管道保温最常用一种保温方法，其结构见图8-12。为使保温材料与管壁紧密结合，保温材料与管壁之间应涂抹一层石棉粉或石棉硅藻土胶泥（一般为3～5mm厚），然后再将保温材料绑扎在管壁上。对硬质绝热制品捆扎间距不应大于400mm，对半硬质绝热制品不应大于 300mm，对软质绝热制品宜为 200mm。每块绝热制品上的捆扎件不得少于两道，对有振动的部位应加强捆扎。因矿渣棉、玻璃棉、岩棉等矿纤材料预制品抗水性能差，采用这些保温材料时可不涂抹胶泥直接绑扎。绑扎保温材料时，应将横向接缝错开，如保温材料为管壳，应将纵向接缝设置在管道的两侧。采用双层结构时，第一层表面必须平整，不平整时，矿纤维材料用同类纤维状材料填平，其他材料用胶泥抹平，第一层表面平整后方可进行下一层保温。

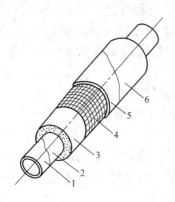

图 8-11　涂抹法保温

1. 管道；2. 防锈漆；3. 保温层；
4. 铁丝网；5. 保护层；6. 防腐漆

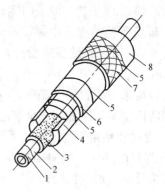

图 8-12　绑扎法保温

1. 管道；2. 防锈漆；3. 胶泥；
4. 保温层；5. 镀锌铁丝；
6. 沥青油毡；7. 玻璃丝布；8. 防腐漆

3. 粘结法保温

粘贴法保温适用于各种保温材料加工成型的预制品，它是靠粘接剂与被保温的物体固定的，用于空调系统及制冷系统的保温，其结构见图 8-13 所示。

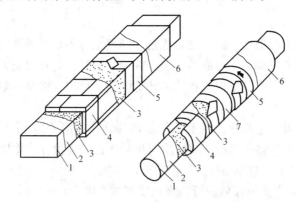

图 8-13　粘结法保温

1. 管道；2. 防锈漆；3. 粘接剂；4. 保温层；5. 玻璃丝布；6. 防腐漆；7. 聚乙烯薄膜

选用粘接剂时，应符合保温材料的特性，并且应与绝热材料相匹配，不得对金属壁产生腐蚀。目前大部分材料都可用石油沥青玛蹄脂作胶粘剂，此外还有聚氨酯预聚体（即 101 胶）或醋酸乙烯乳胶、酚醛树脂、环氧树脂等。连续粘贴的层高，应根据粘接剂固化时间确定。绝热制品可随粘随用卡具或橡胶带临时固定，应待粘接剂干涸后拆除。粘接剂的涂抹厚度，宜为 2.5～3mm，并应涂满、挤紧和粘牢。粘贴在管道上的绝热制品的内径，应略大于管道外径，缺棱掉角部分，可在粘贴时填补。粘贴保温材料时，应将接缝相互错开，错缝的方法及要求与绑扎法保温相同。

4. 钉贴法保温

钉贴法保温是矩形风管采用得较多的一种保温方法，它用保温钉（图 8-14）代替粘接剂将泡沫塑料保温板固定在风管表面上。这种方法操作简便，工效高。施工时，先用粘接剂将保温钉粘贴在风管表面上，然后用手或木方轻轻拍打保温板，保温钉便穿过保温板而露出，然后套上垫片，将外露部分扳倒（自锁垫片压紧即可），即将保温板固定，其结构见图 8-15。为了使保温板牢固地固定在风管上，外表面也应用镀锌皮带或尼龙带包扎。

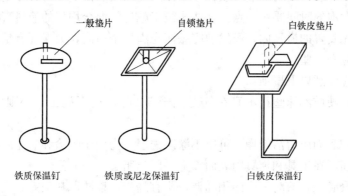

图 8-14　保温钉

5. 风管内保温

风管内保温是将保温材料置于风管的内表面，用粘接剂和保温钉将其固定，是粘贴法和钉贴法联合使用的一种保温方法，其目的是加强保温材料与风管的结合力，以防止保温材料在风力的作用下脱落，其结构如图 8-16 所示。

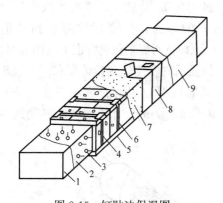

图 8-15　钉贴法保温图
1. 风管；2. 防锈漆；3. 保温钉；
4. 保温层；5. 铁垫片；6. 包扎带；
7. 粘接剂；8. 玻璃丝布；9. 防腐漆

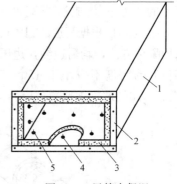

图 8-16　风管内保温
1. 风管；2. 法兰；3. 保温层；
4. 保温钉；5. 垫片

风管内保温一般采用涂有胶质保护层的毡状材料（如玻璃棉毡）。施工时先除去风管粘贴面上的灰尘、污物，然后将保温钉刷上粘接剂粘贴在风管内表面上，待保温钉贴固定后，再在风管内表面上满刷一层粘接剂后迅速将保温材料铺贴上，最后将垫片套上。内保温的四角搭接处，应小块顶大块，以防止上面一块面积过大下垂。管口及所有接缝处都应刷上粘接剂密封。风管内保温一般适用于需要进行消声的场合。

6. 聚氨酯硬质泡沫塑料的保温

聚氨酯硬质泡沫塑料由聚醚和多元异氰酸酯加催化剂、发泡剂、稳定剂等原料按比例调配而成。施工时，应将这些原料分成两组（A 组和 B 组）。A 组为聚醚和其他原料的混合液，B 组为异氰酸酯。只要两组混合在一起，即起泡而生成泡沫塑料。

聚氨酯硬质泡沫塑料一般采用现场发泡，其施工方法有喷涂法和灌涂法两种。喷涂法施工就是用喷枪将混合均匀的液料喷涂于被保温物体的表面上。为避免垂直壁面喷涂时液料下滴，要求发泡的时间要快一点。灌注法施工就是将混合均匀的液料直接灌注于需要成型的空间或事先安置的模具内，经发泡膨胀而充满整个空间，为保证有足够操作时间，要求发泡的时间应慢一些。

施工操作应注意以下事项：

（1）聚氨酯硬质泡沫塑料不宜在气温低于 5℃ 的情况下施工，否则应将液料加热到 20～30℃。

（2）被涂物表面应清洁干燥，可以不涂防锈层。为便于喷涂和灌注后清洁工具和脱取模具，在施工前可在工具和模具内表面涂上一层油脂。

（3）调配聚醚混合液时，应随用随调，不宜隔夜，以防原料失效。

（4）异氰酸酯及其催化剂等原料均为有毒物质，操作时应戴上防毒面具、防毒口罩、防护眼镜、橡皮手套等防护用品，以免中毒和影响健康。

聚氨酯硬质泡沫塑产现场发泡工艺简单，操作方便，施工效率高，附着力强，不需要任何支撑件，没有接缝，导热系数小，吸湿率低，可用于 $-100～+120℃$ 的环温。

7. 缠包法保温

缠包法保温适用于卷状的软质保温材料（如各种棉毡等）。施工时需要将成卷的材料根据管径的大小剪裁成适当宽度（200～300mm）的条带，以螺旋状缠包到管道上（图 8-17a）。也可以根据管道的圆周长度进行剪裁，以原幅宽对缝平包到管道上（图 8-17b）。不管采用哪种方法，均需边缠，边压，边抽紧，使保温后的密度达到设计要求。一般矿渣棉毡缠包后的密度不应小于 $150～200kg/m^3$，玻璃棉毡缠包后的密度不应小于 $100～130kg/m^3$，超细玻璃棉毡缠包后的密度不应小于 $40～60kg/m^3$。如果棉毡的厚度达不到

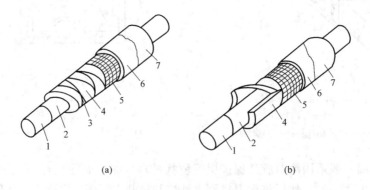

(a)　　　　　　　　　　　　(b)

图 8-17　缠包法保温

1. 管道；2. 防锈漆；3. 镀锌铁丝；4. 保温层；5. 铁丝网；6. 保护层；7. 防腐漆

规定的要求，可采用两层或多层缠包。缠包时接缝应紧密结合，如有缝隙，应用同等材料填塞。采用多层缠包时，第二层应仔细压缝。

保温层外径不大于500mm时，在保温层外面用直径为1.0～1.2mm的镀锌铁丝绑扎间距为150～200mm，禁止以螺旋状连续缠绕。当保温层外径大于500mm时还应加镀锌铁线网缠包。再用镀锌铁丝绑扎牢。

8. 套筒式保温

套筒式保温就是将矿纤材料加工成型的保温筒直接套在管道上。这种方法施工简单、工效高，是目前冷水管道较常用的一种保温方法，施工时，只要将保温筒上轴向切口扒开，借助矿纤材料的弹性便可将保温筒紧紧地套在管道上。为便于现场施工，保温筒在生产厂里多在保温筒的外表面有一层胶状保护层，因此在一般室内管道保温时，可不需再设保护层。对于保温筒的轴向切口和两筒之间的横向接口，可用带胶铝箔黏合，其结构如图8-18所示。

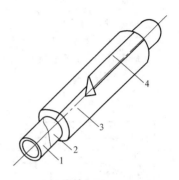

图 8-18　套筒式保温
1. 管道；2. 防锈漆；
3. 保温层；4. 带胶铝箔带

9. 管道伴热保温

为防止寒冷地区输送液体的管道冻结或由于降温增加流体黏度，有些管道需要伴热降温。伴热降温时在保温层内设置与输送介质管道平行的伴热管，通过加热管散发的热量加热主管道内的介质，使介质保持在一定的温度范围内。这种形式的保温作用主要是减少伴热管热量向外的损失。管道伴热保温多采用毡、板或瓦状保温材料用绑扎法或缠包法将主管道和伴热管统一置于保温结构内，为便于加热，主管道和伴热管之间缝隙不应填充保温材料。管道伴热保温形式如图8-19所示。伴热管内一般通入蒸汽。

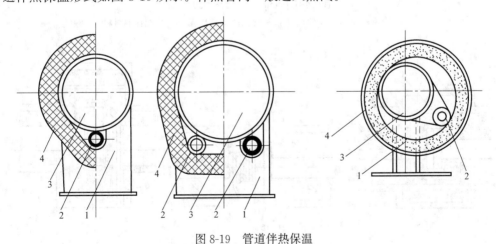

图 8-19　管道伴热保温
1. 支架；2. 伴热管；3. 主管道；4. 保温层

8.3.2.2　管道附件保温

管道系统的阀门、法兰、三通、弯管和支、吊架等附件需要保温时可根据情况采用图8-20至图8-26所示的形式。

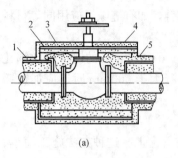 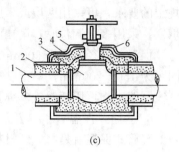

图 8-20　阀门保温

（a）预制管壳保温	（b）铁皮壳保温	（c）棉毡包扎保温
1. 管道保温层；2. 绑扎钢带； 3. 填充保温材料；4. 保护层； 5. 镀锌铁丝	1. 管道保温层；2. 填充保温材料； 3. 铁皮壳	1. 管道；2. 管道保温层； 3. 阀门；4. 保温棉毡； 5. 镀锌铁丝网；6. 保护层

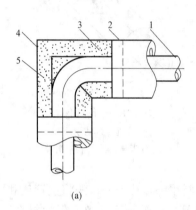 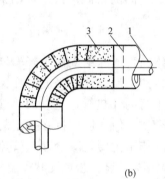 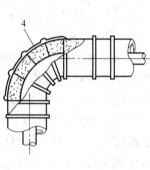

图 8-21　弯管保温

（a）管径小于 80mm　　（b）管径大于 100mm

1. 管道；2. 镀锌铁丝；3. 预制管壳；4. 铁皮壳；5. 填充保温材料

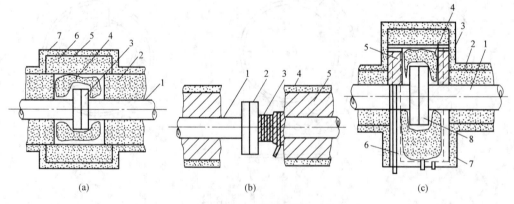

图 8-22　法兰保温

（a）预制管壳保温	（b）缠绕式保温	（c）包扎式保温
1. 管道；2. 管道保温层；3. 法兰； 4. 法兰保温层；5. 散状保温材料； 6. 镀锌铁丝；7. 保护层	1. 管道；2. 法兰；3. 石棉绳； 4. 保护层；5. 管道保温层	1. 管道；2. 管道保温层；3. 保护层； 4. 散状填充保温材料；5. 支撑环； 6. 钢带；7. 石棉布；8. 法兰

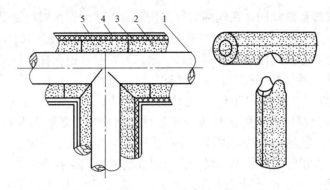

图 8-23 三通保温

1. 管道；2. 保温层；3. 镀锌铁丝；4. 镀锌铁丝网；5. 保护层

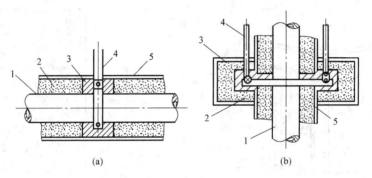

(a)　　　　　　　　　　　　(b)

图 8-24 吊架保温

（a）水平吊架；（b）垂直吊架

1. 管道；2. 保温层；3. 吊架处填充散状保温材料；4. 吊架；5. 保护层

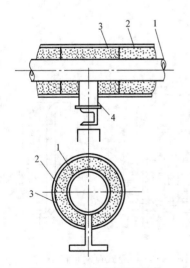

图 8-25 活动支架保温图

1. 管道；2. 保温层；3. 保护层；4. 支架

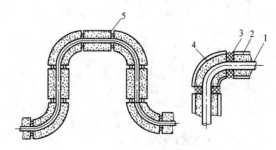

图 8-26 方形补偿器保温

1. 管道；2. 保温层；3. 填充保温材料；4. 保护壳；5. 膨胀缝

8.3.2.3 设备保温

由于一般设备表面积大，保温层不容易附着，所以设备保温时要在设备表面焊制钉钩并在保温层外设置镀锌铁丝网，铁丝网与钉钩扎牢，以帮助保温材料能附着在设备上，设备保温结构如图 8-27 所示，具体结构形式有湿抹式、包扎式、预制式和填充式等几种。

　　湿抹式保温适用于石棉硅藻等保温材料。涂抹方式与管道涂抹式相同，涂抹完后罩一层镀锌铁丝网，铁丝网与钉钩扎牢。包扎式适用于半硬质板、软质毡等保温材料，施工时保温材料搭接应紧密。湿抹式和包扎式钉钩间距以 250~300mm 为宜，钉网布置见图 8-28。预制式保温材料为各种预制块。保温时预制块与设备表面及预制块之间须用胶泥等保温材料填实，预制块应错缝拼接，并用铁丝网与钉钩扎牢固定。钉网布置如图 8-29 所示。填充式保温多用于松散保温材料。保温时先将铁丝网绑扎到钉钩上，铁丝网与设备外壁的间距（钉钩长度）等于保温层厚度，然后在铁丝网内衬一层牛皮纸，再向牛皮纸盒设备外壁之间的空隙填入保温材料。钉网布置如图 8-30 所示。

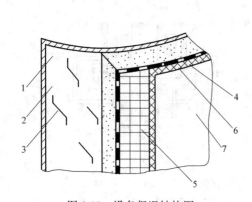

图 8-27　设备保温结构图

1. 设备外壁；2. 防锈漆；3. 钉钩；4. 保温层；
5. 镀锌铁丝网；6. 保护层；7. 防腐层

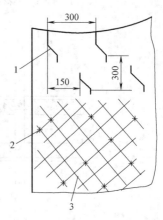

图 8-28　湿抹法钉网布置

1. 钉钩；2. 绑扎式镀锌铁丝；3. 镀锌铁丝网

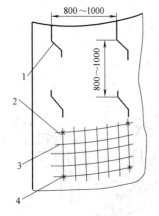

图 8-29　预制式钉网布置

1. 钉钩；2. 铁丝扎环；
3. 镀锌铁丝网；4. 绑扎铁丝

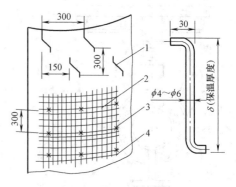

图 8-30　填充式钉网布置

1. 钉钩；2. 镀锌铁丝扎环；
3. 镀锌铁丝扎丝；4. 镀锌铁丝网

8.3.3　管道的涂色识别

　　无论工业厂区和民用建筑，都需要多种管道输送不同的流体介质。为了安全输送、方便安装检修及美观整洁，应对不同介质的管道予以涂色和标识，以方便区别。

8.3.3.1　基本识别色

基本识别色用于识别管内流体和状态，共分为八类：艳绿、大红、淡灰、中黄、紫、棕、黑和淡蓝。其标识方法有五种：①管道全长上标识，②在管道上以宽为 150mm 的色环标识，③在管道上以长方形的识别色标牌标识，④在管道上以带箭头的长方形识别色标牌标识，⑤在管道上以系挂的识别色标牌标识。当用色环或识别色标牌标识时，两个标识之间的最小间距应为 10m，标识的场所应包括所有管道的起点、终点、交叉处、转弯处、阀门和穿墙孔两侧等的管道和其他需要标识的部位。当用识别色标牌标识时，标牌最小尺寸应以能观察识别色来确定。基本识别色代表的意义见表 8-15。

管道基本识别色的意义　　　　　　　　　　　　　　　　表 8-15

物质名称	基本识别色	颜色标准编号
水	艳绿	GO3
水蒸气	大红	RO3
空气	淡灰	BO3
气体	中黄	YO7
酸或碱	紫	PO2
可燃液体	棕	YRO5
其他液体	黑	
氧	淡蓝	PBO6

8.3.3.2　识别符号

工业管道的识别符号由物质名称、流向和主要工艺参数等组成，其标识应符合以下要求：

1. 物质名称的标识：物质全称，例如氮气、硫酸，化学分子式，例如 N_2、H_2SO_4。

2. 物质流向的标识：工业管道内物质的流向用箭头表示，如果管道内物质的流向是双向的，则以双箭头表示，基本识别色的表示方法采用第④种和第⑤种时，标牌的指向就作为表示管道内的物质流向，如果管道内物质流向是双向的，则标牌指向应做成双向的。

3. 物质的压力、温度、流速等主要工业参数的标识，使用方可按需自行确定采用。

图 8-31　管道涂色标识举例

4. 要求 1 和要求 3 中的字母、数字的最小字体，以及要求 2 中箭头的最小外形尺寸，应以能清楚观察识别符号来确定。

图 8-31 给出了管道涂色的具体示例。

8.3.3.3　安全标识

1. 安全色

安全色是指传递安全信息含义的颜色，包括红、蓝、黄、绿四种颜色。安全色的对比色是指使安全色更加醒目的反衬色，包括黑、白两种颜色。安全色和对比色的相间条纹为等宽条纹，倾斜约 45°，安全色表示的意义、其对应的对比色以及相间条纹表示的意义见表 8-16。

安全色的意义及其对比色

表 8-16

安全色	意义	对比色	相间条纹的意义
红	传递禁止、停止、危险或提示消防设备、设施的信息	白色	表示禁止或提示消防设备、设施位置的安全标记
蓝	传递必须遵守规定的指令性信息	白色	标识指令的安全标记，传递必须遵守规定的信息
黄	传递注意、警告的信息	黑色	标识危险位置的安全标记
绿	传递安全的提示性信息	白色	标识安全环境的安全标记

2. 危险标识

适用范围：管道内的物质，凡属于《化学品分类和危险性公示通则》GB 13690—2009 所列的危险化学品，其管道应设置危险标识。

表示方法：在管道上涂 150mm 宽黄色，在黄色两侧各涂 25mm 宽黑色的色环或色带，安全色范围应符合表 8-16 和《安全色》GB 2893—2008 的规定。

标识场所：基本识别色的标识上或附近。

3. 消防标识

工业生产中设置的消防专用管道应遵守《消防安全标志》GB 13495—2015 的规定，并在管道上标识"消防专用"识别符号。标识部位、最小字体应分别符合 8.2.4.2 中要求 3 和要求 4。

本 章 小 结

本章主要讲述管道及设备的防腐及绝热技术。在进行防腐绝热处理之前，首先介绍管道及设备的表面处理技术，包括表面除油污技术及表面除锈技术。除油污的主要方法有溶剂除油污、碱液除油、乳液清洗和蒸汽清洁等；除锈的主要方法有人工除锈、喷砂除锈、机械除锈和酸洗等。

防腐措施可以分为三种：外防腐层保护技术、内防腐层保护技术以及电化学防腐技术。对外防腐层保护技术，常用的涂装方法有手工涂刷、空气喷涂、静电喷涂和高压喷涂等；埋地管道的外防腐层主要有石油沥青防腐层、环氧煤沥青防腐层以及煤焦油磁漆防腐层等。对内防腐层保护技术，可以分为内涂层技术、内衬里技术以及缓蚀剂技术。对电化学防腐技术，包括外加电流阴极保护技术、牺牲阳极阴极保护技术以及阳极保护技术。

管道及设备的绝热结构由保温层、防潮层、保护层组成。绝热结构施工包括保温层施工、防潮层施工以及保护层施工，绝热结构施工的常见方法有：涂抹法、绑扎法、粘接法、钉贴法、风管内保温、聚氨酯发泡法以及缠包法。

管道的涂色识别包括基本识别色、安全色以及安全标识。

关键词（Keywords）：防腐（Anti-corrosion），涂装（Coating），保温（Thermal Insulation），绝热层（Thermal Insulation Layer），防潮层（Vapor Barrier），保护层

（Cladding），识别色（Identification Colors）。

安装示例介绍

EX8.2　老旧小区楼宇外保温节能改造施工案例

思考题与习题

1. 简述管道及设备表面的除污方法及特点。
2. 简述管道及设备涂漆的方法及特点。
3. 简述根据土壤腐蚀性质的不同，防腐层结构的类型及适用场合。
4. 简述管道的涂色识别的种类及意义。
5. 简述保温的概念。
6. 简述保温结构的组成。
7. 简述保温结构施工要求。
8. 简述保护层施工实施步骤。
9. 简述防潮层施工实施步骤。
10. 常用的保温方法有哪些？
11. 涂抹法保温施工操作要点。
12. 绑扎法保温施工操作要点。
13. 粘接法保温施工操作要点。
14. 钉贴法保温施工操作要点。
15. 风管内保温施工操作要点。
16. 聚氨酯硬质泡沫塑料的保温施工操作要点。
17. 缠包法保温施工操作要点。
18. 套筒式保温施工操作要点。

本章参考文献

[1]　中华人民共和国化学工业部编. GB 50264—2013 工业设备及管道绝热工程设计规范［S］. 北京：中国计划出版社，2013.

[2] 中国工程建设标准化协会化工分会编. GB 50726—2011 工业设备及管道防腐蚀工程施工规范［S］. 北京：中国计划出版社，2011.

[3] 国家经济贸易委员安生产局. GB 7231—2003 工业管道的基本识别色、识别符号和安全标识［S］. 北京：中国标准出版社 ，2019.

[4] 国家安全生产监督管理局. GB 2893—2008 安全色［S］. 北京：中国标准出版社 ，2008.

[5] 中华人民共和国建设部. GB 50126—2008 工业设备及管道绝热工程施工规范［S］. 北京：中国计划出版社，2008.

[6] 中国石化集团宁波工程有限公司编. SH/T 3022—2019 石油化工设备和管道涂料防腐蚀设计标准

　　　　［S］　北京：中国石化出版社，2011.

［7］　中国石油天然气集团有限公司编. SY/T 0407—2012 涂装前钢材表面处理规范［S］. 北京：中国
　　　　石化出版社，2012.

［8］　王智伟，刘艳峰. 建筑设备施工与预算［M］. 北京：科学出版社，2002.

［9］　袁国汀. 建筑安装工程施工图集—管道工程（第四版）［M］. 北京：中国建筑工业出版社，2013.

［10］　秦治国. 管道防腐蚀技术（第二版）［M］. 北京：化学工业出版社，2009.

［11］　王荣. 管道的腐蚀与控制［M］. 西安：西北工业出版社，2013.

［12］　王强. 管道腐蚀与防护技术［M］. 北京：机械工业出版社，2017.

［13］　祝新伟. 压力管道腐蚀与防护［M］. 上海：华东理工大学出版社，2015.

［14］　陆耀庆. 实用供热空调设计手册（第二版）［M］. 北京：中国建筑工业出版社，2007.

［15］　赵帅，兰伟. 管道内防腐蚀技术现状与研究进展［J］. 表面技术，2015. 44（11）：112-118.

［16］　杨双春. 管道内防腐技术研究进展［J］. 当代化工，2012. 41（11）：1241-1245.

［17］　葛海涛. 埋地钢制管道外防腐层的选择及应用探讨［J］. 腐蚀研究，2019. 33（06）：92-94.

第9章　太阳能和中深层地热能系统安装技术

• 基本内容

　　光伏电站系统的概念及意义，光伏电站系统的工作原理、分类及组成，光伏电站系统安装工艺流程及实施方法，光伏电站云平台工作原理及基于云平台光伏电站的运维管理实施方法。中深层地热能系统的概念及意义，中深层地热能供热系统分类、典型工作流程及设备组成，水热型/岩热型中深层地热能系统安装工艺流程及实施方法，水热型/岩热型中深层地热能供暖系统运维管理。

• 学习目标

　　知识目标：理解光伏电站系统和中深层地热能系统的概念及意义。掌握光伏电站系统安装工艺流程及实施方法，中深层地热能系统安装工艺流程及实施方法。熟悉基于云平台光伏电站的运维管理实施方法，水热型/岩热型中深层地热能供暖系统运维管理内容。

　　能力目标：通过对太阳能光电/光热系统和中深层地热能系统基本知识及其安装技术的学习，着重培养学生对光伏电站和中深层地热能系统安装工艺流程、系统运维管理以及相关知识的认知能力。

• 学习重点与难点

　　重点：太阳能光电/光热系统和中深层地热能系统安装工艺。
　　难点：太阳能光电/光热系统和中深层地热能系统运维管理。

• 知识脉络框图

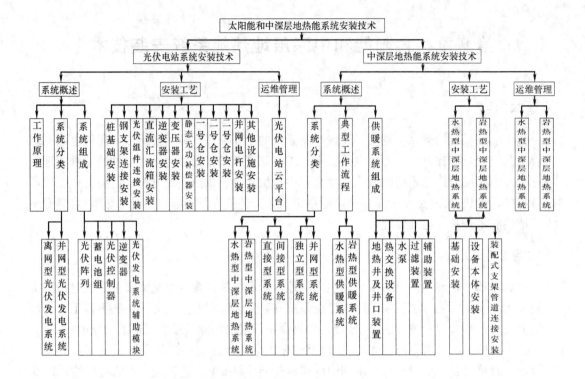

9.1　光伏电站系统安装技术

9.1.1　光伏电站系统概述

9.1.1.1　光伏产业

中国光伏产业的发展已经从过去"三头在外"格局发展到现在光伏产业全球领先地位。十多年前，中国的光伏产业，"三头在外"即原材料、设备、市场都依赖国外。2006年，从硅料、硅棒、硅片、电池组件的生产用装备全盘进口，制造成本昂贵，2007年电站成本 4 元（人民币）1 度电，缺乏市场竞争力，中国光伏行业陷入了低谷。随着中国扩大内需、降低成本、技术创新的"三位一体"的协同发展战略实施，经历了 10 多年的跟随、模仿、技术创新、技术提升，目前中国已具有完整的全产业链，创造了中国光伏产业的三个第一：中国光伏制造业第一（2018 年中国光伏组件产量约 85.7GW，占全球超过70% 的市场份额，几乎包揽前十大光伏组件制造商），中国光伏装机容量第一（截至 2018底，中国光伏发电总装机量达 174GW，遥遥领先其他国家），中国光伏发电量第一（截至2018 年底，我国全国光伏发电量共计 1775 亿度，同比增长 50%）。2018 年，中国光伏装备全部国产化，光伏产品制造成本大幅度降低，与 10 年前相比，成本下降到十分之一，现在青海光伏电站成本是 0.26 元 1 度电。中国主流企业的光电电池转换效率在 22.4% 到22.5%，领先企业电池转换效率已接近 23%。中国光伏产业进入了良性循环发展轨道，处于国际领先地位。习近平总书记在 2020 年 9 月 22 日召开的联合国大会上表示："中国将提高国家自主贡献力度，采取更加有力的政策和措施，二氧化碳排放力争于 2030 年前达到峰值，争取在 2060 年前实现碳中和。"实现碳中和即实现碳排放为零。目前光伏电力装机容量仅占全国总电力装机容量的 3.5%，在非化石能源或可再生能源利用中，光伏产业是主力军，2060 年中国实现碳中和，中国光伏产业的可持续发展，任重而道远。

9.1.1.2　工作原理

光伏电站，是一种由多个光伏组件串、并联组成的光伏阵列和其他一系列配套装置连接组成的发电体系，与电网相连并向电网输送电力的光伏发电系统。图 9-1 所示为大型并网光伏电站的基本架构。

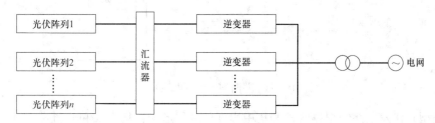

图 9-1　大型并网光伏电站的基本架构

太阳能电池通过光生伏打效应（半导体在受到光照射时产生电动势）的原理，将光能变换为电能。在太阳光的照射下，当光伏电池吸收一定的太阳辐射能后，其内部产生光生电子-空穴，然后在内电场的作用下，光生电子-空穴对被分离，集中在电池两端，则在电池两端出现异号电荷积累，即产生光生电压。太阳能光伏组件将直射太阳光转化为直流电，光伏组串通过直流汇流箱并联接入直流配电柜，汇流后接入逆变器直流输入端，将直流电转变为交流电，逆变器交流输出端接入交流配电柜，经交流配电柜直接并入用户侧或者经变压器升压后并网。

9.1.1.3　系统分类

根据光伏发电系统与配电网之间工作模式的不同，可分为离网型光伏发电系统和并网光伏发电系统两种类型。

1. 离网型光伏发电系统

离网型光伏发电系统又称为独立型光伏发电系统，该系统是指与电网未连接的光伏发电系统。该模式通常建造在远离公共电网的无电地区和一些特殊场所，如山区、荒漠及高原等地区供用户住宅日常用电。

当光伏阵列的输出电能大于负载需要时，则多余的电能就储存在蓄电池中；当光伏阵列输出的电能小于负载所需时，由蓄电池释放电能供负载使用。离网型由光伏阵列、蓄电池组、控制器和逆变器组成，离网型光伏发电系统结构图如图 9-2 所示。

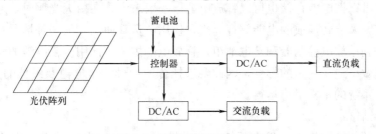

图 9-2　离网型光伏发电系统

2. 并网型光伏发电系统

并网型光伏发电系统是指与电网连接的光伏系统，系统将产生的电能馈入配电站，电能减少时由电网进行补充，两者之间为能量互补关系，如集中式光伏发电站、屋顶光伏并网发电系统等。图 9-3 为并网型光伏发电系统。

相对于离网光伏发电系统，并网光伏电站可以省去蓄电池用作储能的环节，降低了初始投资，采用最大功率点跟踪（MPPT）技术提高系统效率，同时不必考虑供电的电能的质量问题也不用担心负载供电的稳定性等。

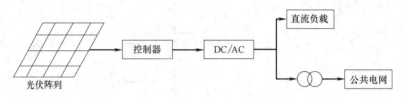

图 9-3　并网型光伏发电系统

并网型光伏发电系统根据规模和集中程度分两种形式：集中式和分布式。

集中式并网光伏系统一般在太阳能丰富地区建立大规模的光伏电站。光伏阵列将光电转换的电能通过并网逆变器后输送到公共电网，然后再供用户使用，系统并网连接电网的工作模式一般为单向电力交换。中式光伏并网系统适用于国家级集中式大型并网光伏电站，常见于荒漠地区的大型并网光伏电站。

分布式并网光伏系统一般指光伏阵列发出的电能，将电能通过并网逆变器供交流负载使用。当光伏阵列发出的电能大于负载的需求，把多余的电能输送到公共电网中，相反，则由电网释放电能供住宅用户使用。并网连接电网的工作模式一般为双向电力交换。分散式光伏并网适用于小规模光伏发电系统，常见于光伏建筑一体化发电系统。

9.1.1.4　系统组成

光伏发电系统具有不同的运行模式，但是其基本原理及组成相似，一般的光伏系统由光伏阵列、蓄电池组、控制器以及逆变器等四部分组成。此外，太阳能光伏发电系统中还包括一些电力电子配套设备，以及辅助设备如汇流箱、交流配电柜等。

1. 光伏阵列

太阳能电池的功效是直接把太阳光能转换成为电能，它的工作原理是，在半导体 PN 结的基础上光伏特效应。因为一个单体太阳能电池能够产生 0.45V 电压，将一定数量的太阳能电池组件串并联装在支架上，构成光伏阵列。

2. 蓄电池组

蓄电池既可以把电能存储也可以释放电能。一般来说，在白天光照时，通过充电控制器和蓄电池将太阳能转换成的电能储存起来，供用电负载使用，另一种情况在无光照时或光照不足时，利用放电控制器和蓄电池组，释放电能供负载使用。蓄电池的充放电会对光伏系统的发电效率造成一定的影响，因此要选择合适型号的蓄电池及最佳的充放电方法，保证光伏发电系统的正常平稳运行。

3. 光伏控制器

光伏控制器能够监控光伏发电系统状态及性能，它可以保护蓄电池避免出现充电过剩、放电过多的情况，并防止系统正负极性接反、短路或夜间反向充电的情况发生。早晚温度差异较为悬殊时，光伏控制器还能为系统提供温差补偿。同时，光伏控制器的辅助功能包括反映蓄电池充放电的工作状态，以及时控和光控开关的工作模式。光伏控制器根据功率不同，可以分为大功率、中功率、小功率光伏控制器，风光互补控制器也是光伏控制器的一种。

4. 逆变器

该装置实现的功能是直流电转换成交流电。光伏阵列及蓄电池释放出的电能为直流电，经过该装置转换，才能满足交流负载的要求。另外，逆变器还具有自动稳压的功能，改善供电质量。该装置的稳压性及可靠性是光伏系统必须考虑的因素。

5. 光伏发电系统辅助模块

光伏发电系统的辅助模块具有交流配电、直流汇流、检测、运行监控以及防雷等功能。

9.1.2　光伏电站系统安装

1. 案例介绍

陕西省最北部的榆林市，是陕西省太阳能资源最丰富的区域。2017 年 6 月，在国家光伏扶贫政策出台之前，榆林先行示范，研究编制了《榆林市光伏扶贫示范工程实施方案》，按照市、县区、企业 20％、30％、50％的出资比例，由榆能集团和榆林能投公司在全市 8 个国定贫困县区启动实施了首批光伏扶贫电站项目。截至 2020 年 12 月，榆林能投公司共建成光伏扶贫电站 260 座，总规划容量约 185MW，覆盖了全市 11 个贫困镇，42 个贫困村，共计 1662 个贫困户。

光伏扶贫是资产收益扶贫的有效方式，是产业扶贫的有效途径。通过在具备光伏扶贫实施条件的地区，利用政府性资金投资建设光伏电站，政府性资金的资产收益全部用于扶贫。光伏发电清洁高效、技术可靠、建设期短、收益稳定，可保证贫困户 20～25 年持续稳定获得发电收益。

本节将以榆林能投公司在榆林市横山区白界镇建成的 20MW 扶贫光伏并网发电项目为例，介绍光伏电站的系统安装，其项目全景如图 9-4 所示。

图 9-4　榆林市横山区白界镇 20MW 扶贫光伏并网发电项目全景图

2. 工艺流程

以横山区白界镇 20MW 扶贫光伏并网发电项目为例，图 9-5 给出了光伏电站的系统安装工艺流程。

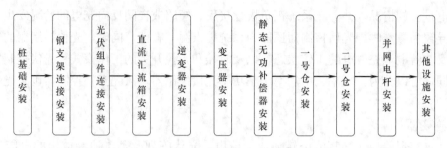

图 9-5　横山区白界镇 20MW 扶贫光伏并网发电项目的安装工艺流程

3. 系统安装实施

（1）桩基础安装

支架基础可根据承载性状分为桩基础、扩展式基础和锚杆基础。桩基础可分为预制桩基础和灌注桩基础。预制桩可分为钢桩、混凝土预制桩和预应力混凝土桩。钢桩按施工方式可分为螺旋桩和锤击（静压）型钢桩。施工时，螺旋桩应采用旋拧钻进的方式施工，型钢桩、预制混凝土方桩、预应力混凝土管桩宜采用钳式液压振动锤压入，也可采用锤击式沉桩方式施工。

横山区白界镇 20MW 扶贫光伏并网发电项目采用混凝土预制桩基础（图 9-6），锤击式沉桩方式施工。

（2）钢支架连接安装

如图 9-7 所示，混凝土预制桩基础施工完成后，需要进行钢支架的连接安装。钢支架采用横纵交叉的形式进行连接。

图 9-6　混凝土预制桩基础图

图 9-7　钢支架连接图

（3）光伏组件连接安装

组件的表面与水平面所成的夹角称为组件的倾角。当组件正对阳光时，组件会获得最大的功率输出。在北半球安装，组件最好朝南，在南半球安装，组件最好朝北。榆林市光伏组件的最佳倾角在 37.5°～38°之间，横山区白界镇 20MW 扶贫光伏并网发电项目的光伏组件朝向为南向，安装倾角在 37°～38°之间。光伏组件连接如图 9-8 所示。

光伏组件两排之间的间距布置原则为：在冬至日时，前排板阴影恰好不遮挡后排板。图 9-9 给出了光伏组件现场前后布置间距图。

《光伏发电站施工规范》GB 50794—2012 给出了光伏组件安装允许偏差，如表 9-1 所示。

图 9-8　光伏组件连接图

图 9-9　光伏组件前后布置间距图

光伏组件安装允许偏差　　　　　　　　　　　　表 9-1

项目	允许偏差	
倾斜角度偏差	±1°	
光伏组件边缘高差	相邻光伏组件间	≤2mm
	同组光伏组件间	≤5mm

通过光伏电缆将相邻的光伏组件串联连接在一起，连接电缆如图 9-10 所示。

光伏组件的串联数应按照式（9-1）和式（9-2）计算。

$$N \leqslant \frac{V_{\mathrm{dcmax}}}{V_{\mathrm{oc}} \times [1+(t-25) \times K_{\mathrm{V}}]} \tag{9-1}$$

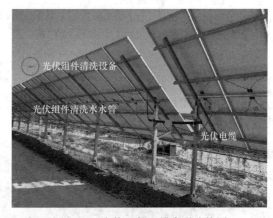

图 9-10　光伏组件电缆串联连接图

$$\frac{V_{\mathrm{mpptmin}}}{V_{\mathrm{pm}} \times [1+(t'-25) \times K'_{\mathrm{V}}]} \leqslant$$

$$N \leqslant \frac{V_{\mathrm{mpptmax}}}{V_{\mathrm{pm}} \times [1+(t-25) \times K'_{\mathrm{V}}]} \tag{9-2}$$

式中　K_{V}——光伏组件的开路电压温度系数；

K'_{V}——光伏组件的工作电压温度系数；

N——光伏组件的串联数（N 取整数）；

t——光伏组件工作条件下的极限低温，℃；

t'——光伏组件工作条件下的极限高温，℃；

V_{dcmax}——逆变器允许的最大直流输入电压，V；

V_{mpptmin}——逆变器 MPPT 电压最大值，V；

V_{mpptmax}——逆变器 MPPT 电压最小值，V；

V_{oc}——光伏组件的开路电压，V；

V_{pm}——光伏组件的工作电压，V。

横山区白界镇 20MW 扶贫光伏并网发电项目中光伏组件的串联数为 20 个。

（4）直流汇流箱安装

不同光伏组件串并联接入汇流箱。汇流箱及线路如图 9-11 和图 9-12 所示。

图 9-11　智能防雷直流汇流箱图　　　　　　图 9-12　汇流箱线路图

根据《光伏发电站施工规范》GB 50794—2012，汇流箱在安装时应注意：

1）安装位置应符合设计要求，支架和固定螺栓应为防锈件。

2）汇流箱安装的垂直偏差应小于 1.5mm。

3）汇流箱内光伏组件串的电缆接引前，必须确认光伏组件侧和逆变器侧均有明显断开点。

（5）逆变器安装

从汇流器接出的直流电进入逆变器进行直流电向交流电的转变。光伏发电系统中，同一个逆变器接入的光伏组件串的电压、方阵朝向、安装倾角应一致。逆变器外观及其接线如图 9-13 和图 9-14 所示。

图 9-13　逆变器外观图　　　　　　　　　图 9-14　逆变器接线图

根据《光伏发电站施工规范》GB 50794—2012，逆变器的安装应符合下列要求：

1）采用基础型钢固定的逆变器，逆变器基础型钢安装的允许偏差应符合表 9-2 所示。

逆变器基础型钢安装的允许偏差　　　　　　　　　　　　　　**表 9-2**

项目	允许偏差	
	每米允许偏差（mm/m）	mm/全长
不直度	<1	<3
水平度	<1	<3
位置误差及不平行度	—	<3

2）基础型钢安装后，其顶部宜高出抹平地面 10mm，基础型钢应有明显的可靠接地。

3）逆变器直流侧电缆接线前必须确认汇流箱侧有明显断开点。

4）电缆接引完毕后，逆变器本体的预留孔洞及电缆管口应进行防火封堵。

（6）变压器安装

从逆变器出来的交流电接入变压器，经过变压器被升压至 10kV 高压电。变压器现场安装外观及变压器内部接线如图 9-15 和图 9-16 所示。数据采集器现场安装如图 9-17 所示。

图 9-15　光伏发电组合式变压器外观图

光伏发电站升压站主变压器的选择应符合现行行业标准《导体和电器选择设计技术规定》DL/T 5222—2005 的规定，参数宜按照现行国家标准《油浸式电力变压器技术参数和要求》GB/T 6451—2005、《干式电力变压器技术参数和要求》GB/T 10228—2015、《电力变压器能效限定值及能效等级》GB 20052—2020 的规定进行选择。

图 9-16　变压器内部接线图

图 9-17　数据采集器现场安装图

（7）静态无功补偿器安装

经过变压器升压后的高压电首先需要接入静态无功补偿器（SVG），稳定电压，以防

图 9-18　高压动态无功补偿装置图

止对总回路的冲击。高压动态无功补偿装置如图 9-18 所示。

SVG 的工作原理是将自换相逆变器主电路通过电抗器并联在电网上,适当地调节逆变器主电路交流侧输出电压的幅值和相位,或者通过对其交流侧电流直接控制,进而可以使该 SVG 发出或吸收目标无功电流,实现动态无功补偿。

（8）一号仓安装

经过静态无功补偿器的稳定高压电进入一号仓的进线柜,这些高压电一部分进入所用变降压至 380V 作为该光伏电站的电源,剩余部分从出线柜接出,连接至电杆并网。图 9-19 给出了一号仓内部分布图。

(a)　　　　　　　　　(b)

图 9-19　一号仓内部分布图

光伏发电站接地系统的施工工艺及要求应符合现行国家标准《电气装置安装工程 接地装置施工及验收规范》GB 50169—2016 的相关规定。

（9）二号仓安装

二号仓主要起到控制和保护的作用,正常情况下使用交流屏控制,当电路故障或检修时,采用电池备用电源供电,此时使用交流屏控制。电池备用电源的充放电由程序自动控制。二号仓用电皆来自一号仓所用变接出的低压电。图 9-20 给出了二号仓内部分布图。

（10）并网电杆安装

10kV 并网电杆采用上下排同杆并架方式,横山区白界镇 20MW 光伏发电分为四路各

图 9-20　二号仓内部分布图

5MW，通过两个并网电杆连接入电网中。

架空线路的施工应符合现行国家标准《电气装置安装工程 35kV 及以下架空电力线路施工及验收规范》GB 50173—2014 的有关规定。电缆线路的施工应符合现行国家标准《电气装置安装工程电缆线路施工及验收标准》GB 50168—2018 的相关规定。

（11）其他设施安装

1）场地避雷针安装

光伏发电站生活辅助建（构）筑物防雷应符合现行国家标准《建筑物防雷设计规范》GB 50057—2010 的规定。图 9-21 给出了场地避雷针的安装图。

2）水泵房安装

由于灰尘堆积在光伏组件的玻璃表面会减少它的功率输出甚至可能引起区域热斑，光伏组件表面需要不定期清洗，清洗用水来源于地下水。

通过打井取地下水，将地下水汇集在两个 $100m^3$ 的水罐中，通过加压泵取水使用。相关水管道皆埋于地下。图 9-22 给出了现场水泵房及抽水井布置图。

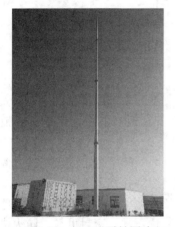

图 9-21　场地避雷针图片

图 9-22　水泵房及抽水井图

9.1.3　光伏电站系统运维管理

1. 光伏云平台工作原理

光伏云平台是通过数据采集器对光伏电站的生产数据进行采集，通过公网将数据传送至远程云服务器，托管云服务商基于云服务器对接收的实时数据进行云处理，电站生产管理者通过电脑或手机访问云平台监控系统，实时监测生产运行情况，查阅相关生产统计数据状态，对电站进行生产管理，为电站安全可靠运行及电站系统运维管理提供信息支持。

2. 光伏电站云平台案例介绍

陕西省陕北地区具有较好的太阳能资源，为光伏扶贫产业助力，榆林某公司建有村级光伏电站运维管理云平台，该云平台接入光伏电站 260 个，总容量约 195MV，光伏电站分布于定边县、靖边县、横山县、清涧县、子洲县、绥德县、米脂县、吴堡县、佳县、神木县、府谷县等地。

榆林市村级光伏电站云平台系统主要有各光伏电站的数据采集装置、GPRS（通用分组无线业务）网络、托管云服务器、榆林某公司光伏电站运维管理中心（电脑、监控屏幕等）。该云平台系统组成见图 9-23 所示。由图 9-23 可见，远程数据采集器输入端通过 RS 485 链接逆变器、开关 I/O 模块、箱式变压器，远程数据采集器输出端通过 GPRS 网络连接到云端服务器，平台控制工作站对村级电站逆变器、箱式变压器实现远程开机关机，分闸合闸控制及数据采集统计分析等。

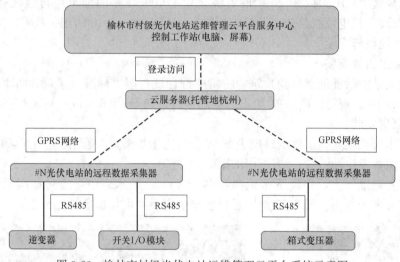

图 9-23　榆林市村级光伏电站运维管理云平台系统示意图

3. 系统运维管理实施

光伏电站系统运维管理首先应建立完善的系统运维管理制度。系统运维制度是电站安全、可靠、高效运行的制度保证。光伏电站系统运维制度有安全运行制度，定期巡检制度，信息管理制度，故障处理制度，日常维护制度。

光伏电站投运前应具备的条件：①电池组件表面封装完好，安装平整牢固，组件之间串联连接方式正确，插线头之间连接紧固无松动虚接，直流引线绑扎规范整齐。②组件支架基础无下陷情况，支架无形变、无危及电池组件情况，支架接地可靠。③汇流箱各支路开路电压、对地电压正常，各支路熔断器完好，过电压保护装置正常，密封可靠，防火措施完善。④逆变器各项试验正常，软件（模块）调试工作完成，具备并网条件。⑤变压器各项试验合格，高、低压侧断路器分合正常。⑥各设备间的交直流电缆试验合格，交流电缆相序正确无误。⑦保护装置正常，应严格按保护定值单正确投入各项保护。⑧检查计算机数据监控系统投入正常，设备状态及监测信号显示正确。

光伏电站系统运维要点：①光伏电站运行维护设施要求：所有的设备或仪器必须满足国家法定计量要求与标准。必备工具：万用表，温度测试仪，绝缘电阻测试仪等，维护专用工具：交直流钳形电流表，除尘工具等，防护工具：安全帽，绝缘手套，电力专用防护服，绝缘鞋，安全带，防毒面等。备件：根据实际需要合理配备系统运行过程中的易损、易耗件，比如 MC4 插接头、保险等。②日常运行检查：运行监控、运行记录等。运行监控是通过监控系统实时监视光伏电站各项参数变化情况，如发现异常情况应及时做出分析判断，及迅速进行处理，同时做好相关的记录。运行记录应包括缺陷记录、运行日志、交接班日志、安全活动记录、操作记录及变更记录、电量统计记录、调令记录、设备台账等，光伏发电站月度、年度运行经济分析、设备可靠性分析和缺陷统计分析等。③巡回检查：应定期检查汇流箱、逆变器、蓄电池、变压器、高压开关柜、动态无功补偿装置及输电线路、电池组件、配备的消防设施是否完好，检查敷设地埋线缆路径有无开挖痕迹，沟盖、井盖有无缺损，线路标识是否完整无缺等并在巡检记录本上记录巡检内容及时间。发现缺陷及时汇报，并登记在缺陷记录本上。④维护内容：光伏组件的外观检查，光伏组件的清扫维护，光伏支架的维护，汇流箱的维护，直流配电柜/交流配电柜的维护，逆变器的维护，变压器的维护，电缆的维护等。

光伏电站运行监控要点：①光伏电站数据采集：实时（远程）监测光伏电站各关键设备的运行状态，确保基础数据的全面性、连续性和准确性并应保证全天不间断监控，以随时发现故障报警并及时修复。②光伏电站数据存储：电站需要保存 25 年的运维数据，数据至少包含电站日、月、季、年发电量统计数据、周期性的 KPI 统计数据、扶贫信息、收益分配数据、资产台账数据、设备管理数据、告警数据等。③光伏电站数据处理和分析：采集的数据存储到站端或中心侧后，对各种历史数据与运行数据进行处理统计分析，并按照时间维度（时、日、周、月、年）进行统计分析与呈现。通过获取的数据，建立电站数据模型和扶贫收益模型，按照报表或各种图形的方式用于进行发电量预测、发电量、发电效率分析，电站资产分析，告警、故障率分析、运维指导、扶贫收益等。

榆林市村级光伏电站运维管理云平台，通过搭建光伏电站人工智能运维平台，实现了对电站远程实时监控、数据采集与分析、安全警示、自动派单，并对电站健康评测运检，提升电站的安全运行及发电量。该运行平台具体管控内容：电站总体信息（电站规划、扶贫规划、社会贡献等），报表智能化管理（装机容量，日、月、年的发电量，上网电量、等效利用小时数，经济收益、二氧化碳减排量、节约标准煤量等）；设备信息化管理（巡检报告明细：汇流箱、电缆、数据采集器、计量表、支架、组件、逆变器、配电箱、运营商数据传输通道、监控系统），扶贫信息（并网电站数量及规模，扶贫概况：11 个镇，42个村，1662 户，扶贫完成度等）。

基于云平台数据对某光伏电站进行简单的投资收益分析。榆林某县扶贫光伏电站200kW，扶贫户 40 个，单位投资成本按 5 元/W 计算，总投资额 100 万元，由云平台检测数据统计得，该电站年发电量约为 28 万度电，即电站每瓦年发电量 1.4 度，等效发电小时数 1400 小时，扶贫电站的收益电价为 0.75 元/度，不考虑资金的时间价值，该电站静态投资回收期 $Ps=5/(1.4\times0.75)=4.76$ 年；若运维成本为收益的 6%，则该电站的收益为 $0.75\times94\%=0.705$ 元/瓦，年收益为 14.1 万元。

9.2　中深层地热能系统安装技术

9.2.1　中深层地热能系统概述

1. 中深层地热资源与利用

2014 年 6 月 13 日，习近平总书记在中央财经委员会第六次会议上提出"四个革命、一个合作"能源安全新战略，引领我国能源行业发展进入了新时代。在能源革命的时代大潮下，地热这种清洁的可再生能源已成为新能源领域研究与开发的重点方向之一。中国地热资源十分丰富，据自然资源部中国地质调查局 2015 年调查评价结果，全国 336 个地级以上城市浅层地热能年可开采资源量折合 7 亿吨标准煤（tce），全国水热型地热资源量折合 1.25 万亿 tce，年可开采资源量折合 19 亿 tce；埋深在 3000～10000m 的干热岩资源量折合 856 万亿 tce，地热资源有着巨大的开发潜力和广阔的市场前景。

我国地热资源分为浅层地热和中深层地热，浅层地热能主要分布在地下恒温带至地下深度 200m 以内，温度一般低于 25℃，对于浅层地热能的开发利用主要通过浅层地下水源热泵和土壤源热泵。浅层地下水源热泵系统以浅层地下水作为冷热源进行全年的供冷供热，然而，"地下水回灌"这一项技术难题制约着浅层地下水源热泵系统的应用与发展，并且回灌后因为地下水通道连通，会出现热贯通现象，影响冷热源的质量。土壤源热泵系统依靠地埋管与地下土壤进行热量交换，不需要对地下水源抽取和回灌，但是，由于土壤源热泵系统冬季取热夏季取冷，全年运行的土壤源热泵系统需要精细考虑埋管范围内的土壤热平衡，这对土壤源热泵系统的设计和运营提出了较高的要求。浅层地热能在技术层面上受到了诸多限制，并且，无论是地下水源热泵还是土壤源热泵，由于浅层地温较低，系统设计温差小，热流密度低，仅能满足较小范围内的冷热需求，难以适用于我国冬季大区域的清洁供能的需求。我国人口稠密，土地资源紧张，结合我国现有国情，人们更加关注温差更大，热能更集中的中深层地热资源的利用。

中深层地热能来源于地下放射性物质衰变产生的热能，一般在地下 1000～3000m 之间，相较于浅层地热能有着更大的温度梯度和换热温差（中深层地下热水温度在 25～150℃之间，深层干热岩温度可在 180℃以上），单井出热量较浅层地热井更多且不受季节的影响，可以以更少的场地提供更多更稳定的热能。中深层地热能有着较高的能量品质，其在能量梯级开发模式下，能被利用于发电、温泉洗浴、居民供热、地热农业等多种行业当中，可谓功能多样，用途广泛。目前，我国已连续多年成为全球地热能利用量最大的国家，并在城镇居民供暖方面发展迅速，这大大减少了我国冬季燃煤排放。深层地热能的广泛应用，有力推进着"能源供给革命"和"能源技术革命"。相信随着对中深层地热资源不断地研究与开采，中深层地热能将成为继水力、风力和太阳能之后又一种重要的可再生能源。

2. 中深层地热能供热系统分类

（1）根据热量来源不同，可以将中深层地热供热系统分为水热型和岩热型。

1）水热型中深层地热系统

水热型系统主要以中深层地下水层中的热水作为供热热源，常规水热型系统由抽水井和回灌井构成，在供热时利用潜水泵取出中深层地下热水，热水进入地上的供热系统中被利用，再通过回灌井对中深层地下储水层水资源进行回灌补充。也有系统采用同轴管式地热井埋管，在供热期，地下中深层热水由潜水泵取出，通过内管进入地上供热系统，在非供热期利用外部套管进行回灌作业。两种供热系统的埋地结构示意图如图 9-24 所示。水热型系统热量取自于地下高温热水，单井出水量较大，热流密度大，能够满足大区域型的

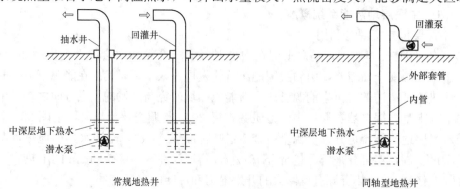

图 9-24　水热型供热系统的埋管结构示意图

冬季供暖用能需求，但是水热型系统需要有好的回灌条件。

2）岩热型中深层地热系统

岩热型又称为同轴型、管中管型、无干扰型、取热不取水型等，通过埋地换热管从中深层地岩热或干热岩中提取热量。埋地换热管结构示意图如图 9-25 所示，外部套管与土壤直接接触，低温的供热回水通过外部套管与高温的深层地岩换热，换热后的水作为供热供水通过内管进入地上供热系统中，内管采用绝热材质构成。整个换热过程封闭进行，因此该类系统不需要开采深层地下水，对深层地壳结构没有影响，但是单井供热量少于水热型热井，系统供热量小，适用于社区类型集中供暖。

（2）根据地热热源利用方式的不同，可以将中深层地热供热系统分为直接型和间接型。

1）直接型系统：对于具有较高能量品质、无腐蚀性的水热型供热系统，可以采用直接式系统，在冬季供暖时将取出的地下热水经过旋流除砂器等过滤装置过滤后，直接用于城镇居民供热或作为生活热水。直接式系统是对能量的直接利用，系统示意图如图 9-26 所示。

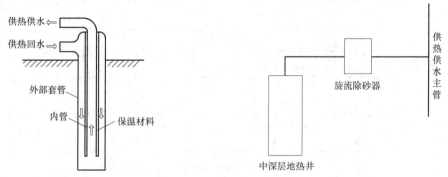

图 9-25　岩热型供热系统的埋管结构示意图　　　　图 9-26　直接型系统示意图

2）间接型系统：对于岩热型供热系统或具有腐蚀性的水热型供热系统，则采用间接式系统，通过地上的板式换热器、热泵机组等设备进行能量的利用。间接式系统有着更加多样的用能方式，在能量调度方面也更加灵活。系统示意图如图 9-27 所示。

（3）根据中深层地热与市政热网之间协同关系，可将系统分为独立型和并网型。

1）独立型系统：中深层地热单井热流量大，单独的一口井就可以解决一些小区域规模的用热需求，无需从其他系统中补充热量，这样的中深层地热供热系统为独立型系统。独立型系统往往用在社区型供暖或距离城市较远、没有市政热网的乡镇供暖中。

2）并网型系统：中深层地热系统在进行大区域集中供热时，为保证整个供暖期的供热可靠性，会在供热区域内形成供热网络，中深层地热系统与市政热网连通，在供热过剩时向市政热网出售热量，在供热不足时向市政热网购买热量这样的系统为并网型系统。系统示意图如图 9-28 所示。

3. 中深层地热供暖系统典型工作流程

中深层地热系统的利用主要集中在城镇居民冬季供暖。系统主要由地热井及井室，地上供暖系统和供暖末端设备这三个板块组成，地热井及井室将中深层地热取出，由地上供暖系统进行热量提取，再进入供热末端设备，供给供暖用户，也可以直接将地热井及井室的中深层地热直接送入供热末端设备中供给热用户，三者的能量流动关系如图 9-29 所示。地热井工作流程在前述中已有阐述，末端供暖设备主要有散热器和地暖盘管，下面主要具体介绍水热型地热供暖系统和岩热型地热供暖系统的典型工作流程。

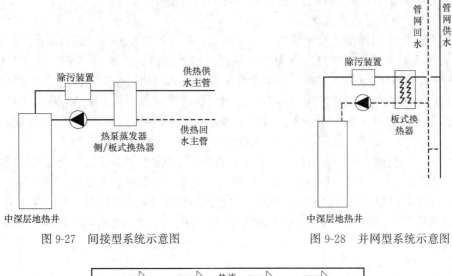

图 9-27　间接型系统示意图　　　　　　图 9-28　并网型系统示意图

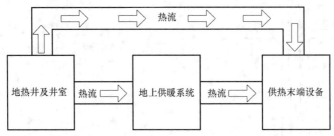

图 9-29　中深层地热供暖系统的能量流动关系图

（1）水热型地热供暖系统典型工作流程

用于供暖的中深层地热水出水温度一般在 30～60℃，可以采用多级热泵进行热量吸收，以更充分地吸收利用这些热量。当地下水质较好时，系统可以有直接供暖和间接供暖两种模式。典型的水热型地热供暖系统工作流程如图 9-30 所示。

当供暖所需供热量较小时，可采用直接供暖的形式，潜水泵将中深层热水抽出，热水经过旋流除砂器，直接进入供暖供水主管，然后进入供暖末端设备，经过供暖后的热水经过两级过滤后回灌。为实现这一过程，需要关闭阀门①和④，开启阀门②和阀门③。

当供暖所需供热量较大时，可采用间接供暖的形式，经过旋流除砂器后的热水依次进入高温热泵机组的蒸发器和低温热泵机组蒸发器中，热水被两级取热后，进入井室，经过滤后回灌。供暖回水主管中的供暖回水依次进入低温热泵机组的冷凝器和高温热泵机组冷凝器中，供暖回水经过两级加热，进入供暖主管中作为供暖供水，进入末端供暖设备中。为实现这一过程，需要关闭阀门②和阀门③，开启阀门①和阀门④。

（2）岩热型供暖系统工作流程

在岩热型供暖系统中，若热水温度较高，也可以考虑采用多级热泵以更充分地利用地热资源。为了保证岩热井的换热效果，要避免水质较差的供暖用水进入岩热井中，防止结垢影响换热效果，所以岩热型系统一般采用间接供暖的形式，典型的岩热型地热供暖系统工作流程如图 9-31 所示。

当供暖所需供热量较小时，内管中被加热后的热水，经过除污器除污后，通过板式换

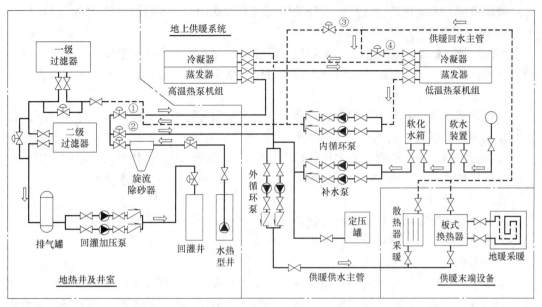

图 9-30 水热型地热供暖系统工作流程图

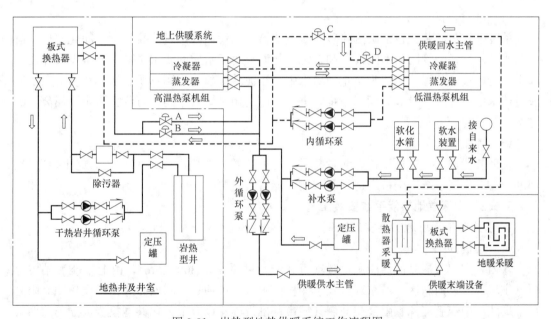

图 9-31 岩热型地热供暖系统工作流程图

热器换热，将热量传递给供暖回水，之后进入外部套管，被中深层热岩加热。被加热后的供暖回水作为供暖供水，直接进入供暖供水主管中，然后进入供暖末端设备。为实现这一过程，需要关闭阀门 A 和阀门 D，开启阀门 B 和阀门 C。

当供暖所需供热量较大时，地热井和井室的工作流程不变，经过板式换热器被加热的热水依次进入高温热泵机组的蒸发器和低温热泵机组蒸发器中，热水被两级取热后，再次流入板式换热器中被加热。供暖回水主管中的供暖回水依次进入低温热泵机组的冷凝器和高温热泵机组冷凝器中，供暖回水经过两级加热，进入供暖主管中作为供暖供水，进入末

311

端供暖设备中。为实现这一过程，需要关闭阀门 B 和阀门 C，开启阀门 A 和阀门 D。

4. 中深层地热供暖系统设备

中深层地热供暖系统的主要设备包括：地热井及井口装置、热交换设备、水泵、过滤装置、辅助装置等。装置的合理设计与搭配可以使整个供暖过程有更加灵活的调度方式。

（1）地热井及井口装置

水热型系统地热井分为抽水井和回灌井，也可采用套管形式集抽灌于一体，井下设有潜水泵或抽水泵以抽出地下热水。岩热型系统地热井采用套管形式，内管需要用绝热型材，避免管内热交换，外部套管采用低热阻型材，需要管壁较高换热效果，使回水更充分地吸收深层地热。井口均需要设置隔氧装置，减少氧离子对地热井的腐蚀伤害。

（2）热交换设备

热交换设备的作用是提取中深层地热水中的热量，对于不同的热负荷可以选择不同的设备来满足要求，主要有热泵机组和板式换热器。

（3）水泵

系统中的水泵主要包括内循环泵，外循环泵和补水泵，内循环泵是热泵蒸发器侧的循环动力，外循环泵是热泵冷凝器侧和供暖末端设备的循环动力，补水泵用于供暖系统的补水定压中。

（4）过滤装置

系统中的过滤装置包括旋流除砂器、过滤器、除污器等，过滤装置可以净化水质，避免杂质进入设备和管路。不同设备和系统运行调节对于水质的要求不同，要根据具体需要选用相应的过滤装置。如：为防止回灌水中的小泥沙颗粒、金属物质、细小气泡等杂质回灌后堵塞地下孔隙，导致后续回灌难以进行，应选用过滤效率高、可除去水中金属离子的过滤装置。

（5）辅助装置

辅助装置包括：监控设备、测量装置、智控装置、阀门、支吊架、补水定压装置等。辅助设备对供暖系统安全稳定运行和节能性能有着重要的作用。

9.2.2　中深层地热能系统安装工艺

1. 水热型中深层地热能安装示例

（1）案例介绍

陕西省宝鸡市眉县清洁能源供暖项目共涉及供暖面积 300 万 m^2，由七个能源站覆盖眉县主城区、滨河新区、城东新区及猕猴桃商贸区。该项目由陕西省煤田地质集团有限公司下属陕西中煤新能源有限公司与眉县城市基础设施建设有限公司共同投资成立的陕西某能源有限公司建设。预计建成后可以实现眉县每年减排标煤 4.05 万 t，减少二氧化碳排放 10.94 万 t，减少二氧化硫排放 344.29t，减少氮氧化物 299.73t。

本节将以陕西某能源有限公司一号能源站及与能源站相距约 1km 的一口水热型抽灌两用井室来介绍水热型中深层地热能系统的安装工艺。该水热型中深层地热能系统的原理简图如图 9-32 所示。在该系统中，采用能量梯级利用的方法，将从抽水井中抽出的高温水（约 50℃）进行热量的两级利用，充分发掘水热型中深层地热能系统供热潜力。图 9-32 中，水热井井深约 1500m，出水的水温约为 50℃，单井出水量约为 150m^3/h，系统供暖末端装置部分为地面辐射供暖，部分为散热器供暖。

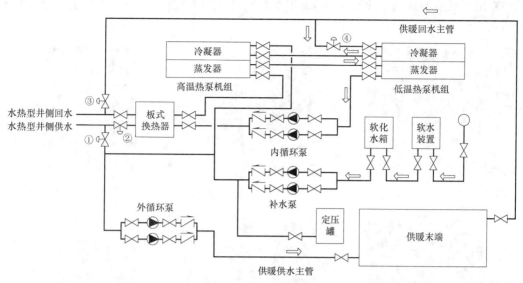

图 9-32 陕西某能源有限公司一号能源站系统原理简图

2. 安装工艺

在该案例中，系统的安装采用装配式预制安装，系统安装流程可以分为三步：基础安装→设备本体安装→装配式支架管道连接安装。

1）能源站安装工艺

陕西某能源有限公司一号能源站的安装工艺主要内容为热泵系统的安装，系统的原理图见图 9-32。图 9-33 为陕西某能源有限公司一号能源站的外观图。

图 9-33 陕西某能源有限公司一号能源站外观图

① 基础安装

基础安装包括机组及设备的定位及混凝土基础的现场制作。图 9-34 至图 9-39 给出了陕西某能源有限公司一号能源站机组及设备基础安装图片。

基础及设备的定位应符合以下规定：机组与墙之间的净距不宜小于 1m，与配电柜的距离不宜小于 1.5m，机组与机组或其他设备之间的净距不宜小于 1.2m，应留有 0.8m 的维修距离，机组与其上方管道、烟道或电缆桥架的净距不宜小于 1m；机房主要通道的宽度不宜小于 1.5m。

图 9-34　板式换热器基础

图 9-35　热泵机组基础

图 9-36　补水箱基础

图 9-37　补水泵基础

图 9-38　循环水泵基础

图 9-39　膨胀水箱基础

②设备本体安装

设备本体安装是指在做好的混凝土基础上进行机组及设备的就位安装，在此过程中，应保证机组及设备的运输平稳、运输通道畅通，结构梁、柱、板的承载安全。图 9-40～图 9-48 给出了陕西新眉清洁能源有限公司一号能源站的机组及设备本体安装图片。

图 9-40　板式换热器

图 9-41　低温热泵机组

图 9-42　高温热泵机组

图 9-43　软化水处理装置

图 9-44　补水箱

图 9-45　定压罐

图 9-46 外网循环泵

图 9-47 内网循环泵

图 9-48 补水泵

③ 装配式支架管道连接安装

在机组及设备的基础、设备本体就位安装完成后，需要进行装配式支架管道的连接安装，装配式支吊架是由专业工厂批量生产的、标准化的构件组成的体系，构件主要包括：生根构件、主体构件、管夹构件和连接构件等。生根构件是指装配式支吊架与承载结构直接相连的构件，例如槽钢底座、通丝杆底座、锚栓等，主体构件是指实现装配式吊架功能的构件，例如：C 形槽钢、通丝杆、抗震斜撑等，管夹构件是指装配式支吊架与管道连接的构件，连接构件是指主体构件之间相互连接的构件，例如槽钢连接件、抗震连接件等。

安装时应符合以下规定：锚栓产品应符合现行行业标准《混凝土用机械锚栓》JG/T 160—2017 中的有关规定，支吊架的管道支吊点和承载结构受力点应严格按照设计文件定位，管道支吊点相对室内管道的定位偏差不应超过 10mm，支吊架应固定在可靠的建筑结构上，不应影响结构安全，装配式支吊架整体安装间距应符合设计要求和国家现行有关标准的规定，其偏差不应大于 0.2m。

当支吊架的定位安装完成且验收合格后，应进行装配式管道的连接。管道应做防腐绝热处理，管道或管道绝热层的外表面，应按设计要求进行色标。机组与管道连接时，应设置软接头，管道应设独立的支吊架。

图 9-49～图 9-52 给出了陕西某清洁能源有限公司一号能源站装配式支架管道连接安装图片。

图 9-49 一号能源站机房俯视图

图 9-50 装配式支吊架主体构件

2) 井室安装工艺

本节以一号能源站约一公里外的一口水热型抽灌两用井室为例介绍水热型中深层地热能抽回灌井室的安装工艺。图 9-53 是井室外观图，图 9-54 给出了井室系统原理简图。

315

图 9-51　装配式支吊架

图 9-52　装配式支吊架生根构件

图 9-53　陕西某清洁能源有限公司抽回灌两用井室外观图

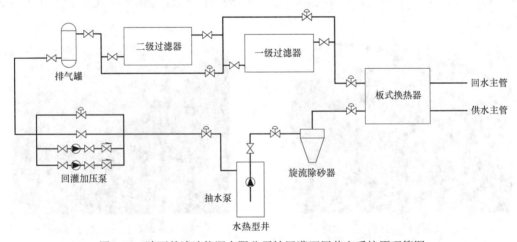

图 9-54　陕西某清洁能源有限公司抽回灌两用井室系统原理简图

　　井室安装顺序和一号能源站相同，从基础安装，再设备本体安装，最后支架管道安装。图 9-55～图 9-58 给出了井室安装的相关图片。

图 9-55 井口装置

图 9-56 过滤器

图 9-57 旋流除砂器

图 9-58 变频控制柜

2. 岩热型中深层地热能安装示例

（1）案例介绍

咸阳市西区某热力公司承担着对咸阳市秦皇路以西、茂陵以东、陇海铁路以南、渭河以北的企事业单位和居民住宅小区的集中供热任务。

本节以咸阳市西区某小区三栋高层居住建筑的供热系统为例，介绍岩热型中深层地热能系统的安装工艺。图 9-59 给出了该系统的原理简图，在该图中，干热岩井井深约 2500m，出水的水温约为 35℃，单井出水量约为 75m³/h，覆盖供暖面积约 1.3 万 m²，系统供暖末端装置为地面辐射供暖。

（2）安装工艺

咸阳市西区集中供热有限公司岩热型中深层地热能系统的安装工艺可以分为和陕西某能源有限公司水热型中深层地热能安装工艺相同的三步：基础安装→设备本体安装→支架管道连接安装。具体工艺特点可以参照 9.2.2.1 节。

从图 9-59 的系统原理简图中可以看到，咸阳市西区集中供热有限公司岩热型中深层地热能系统可以分为三个子系统：岩热井侧水循环系统、高低区供水循环系统、补水定压循环系统。本节将从这三个子系统的角度介绍该系统的安装工艺。

1）岩热井侧水循环系统安装

岩热井侧水循环系统由干热岩井、除污器、干热岩循环泵等设备及连接的管道阀门等

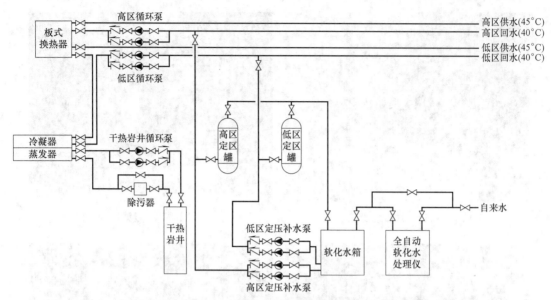

图 9-59 咸阳市西区某小区居住建筑供热的岩热型中深层地热能系统原理简图

附件组成。图 9-60 和图 9-61 给出了该子系统的现场图片。

图 9-60 岩热井施工图

图 9-61 干热岩循环泵

2）高低区供水循环系统安装

高低区供水循环系统由热泵机组、板式换热器、高区循环泵（一用一备）、低区循环泵（一用一备）等设备及连接的管道阀门等附件组成。图 9-62～图 9-65 给出了该子系统的现场图片。

3）补水定压循环系统安装

高低区供水循环系统由全自动软化水处理仪、软化水箱、高区定压罐、低区定压罐、高区补水定压泵、低区补水定压泵等设备及连接的管道阀门等附件组成。图 9-66～图 9-71 给出了该子系统的现场图片。

图 9-62　热泵机组

图 9-63　板式换热器

图 9-64　低区循环泵

图 9-65　高区循环泵

图 9-66　全自动软化水处理仪

图 9-67　软化水箱

图 9-68　低区定压罐

图 9-69　高区定压罐

图 9-70　低区定压补水泵

图 9-71　电气控制柜

9.2.3　中深层地热能系统运维管理

1. 水热型中深层地热能供暖系统运维管理

（1）运维管理制度

为了提高热泵机房以及井室安全管理水平，确保热泵机房以及井室内各设备安全运行、有效供热，需要制定必要的管理制度，并做好机房资料及记录管理。

热泵机房应建有如下管理制度或管理规定：

①按制冷机房的人员配备，规定操作工职责范围内的任务和要求。②设维修保养制度：规定制冷机的维护保养周期、内容和要求。③巡回检查制度：定时检查的内容及记录项目。④交接班制度：应明确交接班的要求、检查内容和交接手续。⑤清洁卫生制度：应明确制冷机房设备及内外卫生区域的划分和清扫要求。⑥安全保卫制度：应明确制冷机房安全防护设施的配备要求及日常安全保卫注意事项等。⑦制冷机房奖惩考核制度。

（2）系统运行前应检查下列内容：

1）配电柜。配电室内高压开关柜、变压器、低压配电柜、热泵机组编号应一一对应，在供暖运行前电气设备检测完成后按顺序逐级送电，每级送电间隔不得小于 2h，送电后检查电气设备带电仪表指示是否正常。

2）热泵机组。热泵机组在使用前应由厂家维修人员检查机组外观，检查仪表阀门的完好性。并且热泵机组制热开机前需送电预热润滑油，油温达到 30℃方可开机。同时应根据机组运行总时间确定机组是否需要维修保养，单台机组初次使用累计运行时间超过 1000h 需要保养，正常运行超过 2000h 需要保养。

热泵机组保养包括以下内容：更换机组的冷冻油，更换机组的干燥过滤芯，检查交流接触器的触点是否完好，必要时打磨处理，紧围机组内所有的接线端子，检查接线是否有松动；检查 CPU 的接线和各模块间的通信是否正常，检查温度采集模块工作情况；检查、校正温度传感器，确认传感器可以正常显示出水温度，检查、校正水系统上靶式流量仪的灵敏度，机组整个系统进行单独抽真空，补充制冷剂，模拟启动机组，检查交流接触器的吸合状况，检查压缩机 25％、50％、75％、100％的加减载阀工作情况是否正常；检查和校正系统的高、低压保护值是否正确，校正其灵敏度，确保可以正常地起到保护作用；起动压缩机，测量压缩机的启动，运行电流；校正热继电器的设定值，整体运行机组，根据运行情况补充适量的制冷剂。

3）循环水泵。循环水泵在运行前应先检查以下内容：电机外观、联轴器、紧固螺栓等是否正常；水泵停用超过 3 个月启动前需先手动盘车，打开电机后盖，手动转动电机风扇叶片，检查有无卡死现象，水管道已注软化水完成，水泵控制柜送电正常，手动盘车正常后，点动开启水泵 3s，观察电机风扇转动方向是否正常；观察各个补水定压点的设定补水压力是否符合设计要求。

4）地热井水泵。地热井水泵在运行前应先检查以下内容：地热井水泵配电柜验查，进行潜水泵电缆绝缘测试合格，井口装置阀门管路检查是否有泄漏，压力表、温度计、流量表是否完好，打开出水管路阀门，通电后供电电压应符合 360～410V，点动潜水泵，观察管道是否有震动或异响，冲洗旋流除砂器排污口；地热潜水井应每年提泵检修一次，检查水泵磨损情况，检查泵管连接及锈蚀，检查水泵电缆、检查井下液位计，根据能源站热泵运行策略确定地热井出水量及水泵频率，地热水管网压力调节通过排水阀开度调节。最高压力通过回灌系统试验结果确定。

（3）开停机顺序

开机顺序如图 9-72 所示，关机顺序与开机顺序相反。

图 9-72　热泵机房开机顺序

（4）运行模式

机房全年运行模式大致可分为三个阶段：

1）供暖季初期：此时室外温度没有达到最低处，但由于房间在供暖开始之前一直处于低温状态，其墙体温度较低，相当于建筑物存在蓄冷负荷，此时热负荷较大。用户侧回水可直接通过板式换热器与地下水换热，避免热泵的开启，达到节能的目的。或者控制部分用户侧回水进入热泵提温。尽量减少热泵的功耗，达到节能的目的。

2）供暖季中期：此时室外温度降到全年最低处，室内热负荷达到最大值。需要控制全部的用户侧回水进入热泵才能满足室内热负荷的要求。此时水热型中深层地热能供暖系统的主机 COP 约为 $5\sim5.5$，系统 COP 约为 $4\sim4.5$。

3）供暖季末期：室外温度回升，且房间处于供暖状态，没有多余的蓄冷负荷，房间热负荷较小。此时与供暖季初期相似，可以直接将用户侧回水送至板式换热器与地下水换热。

（5）运行策略

陕西某能源有限公司水热型中深层地热能系统的原理简图，如图 9-32 所示，电动阀①②③④的开闭决定了不同供暖时期的运行模式。

1）关闭阀门①和③，开启阀门②和阀门④。此时热泵机组停止运行，水热井出水经处理后直接送入末端供暖。

2）关闭阀门②和④，开启阀门①和阀门③，热机组开启运行，只需在机组供电正常、预热完成后，在机组面板上操作，设置进出水温度，设定开机时间等。设备运行中温度、压力、流量不符合要求时有自动报警，需要运维值守人员定期察看，消除故障后恢复启动。在运行过程中需要对流量进行检测调整，使机组到达最佳能效运行状态，达到节能运行。

2. 岩热型中深层地热能供暖系统运维管理

岩热型中深层地热能供暖系统运维管理与水热型中深层地热能供暖系统运维管理相似。其中咸阳市某小区的岩热型中深层地热能供暖系统运行时主要依据供暖运行管理制度、消防设施、器材维护管理制度、供暖系统报告记录管理制度。

（1）供暖运行管理制度

1）认真记录设备运行中的各项参数，及时调整设备的运行状态，保质保量，为用户提供优质服务。

2）在冬季供暖时 应控制换热器出口温度、供水压力以及回水压力。若发现参数值偏差较大时，应立即报告维修主管，同时向热力公司报告。

3）每年进行一次进户室内供暖情况抽查，填写《室内供暖温度抽检记录》。

4）热力站值班人员每小时巡视一次，并填写《热力运行记录表》。

5）维修人员每天定时 10：00、22：00 时对小区供暖阀门进行巡视检查，并填写《供暖阀门巡视记录》。

6）每年在供暖前及供暖期内定时进行水质化验，确保水质达标，并填写《水质化验记录表》。

7）对于巡视中发现的问题，当值员工应及时采取整改措施加以解决，暂时不能处理的问题应及时如实地向运行班长或主管汇报，在班长或主管的协调下加以解决。

（2）消防设施、器材维护管理制度

1）消防设施日常使用管理由专职管理员负责，专职管理员每日检查消防设施的使用状况，保持设施整洁、卫生、完好。

2）消防设施及消防设备的技术性能的维修保养和定期技术检测由专职管理员负责，设专职管理员每日按时检查了解消防设备的运行情况。查看运行记录，听取值班人员意见，发现异常及时安排维修，使设备保持完好的技术状态。

3）消防设施和消防设备定期测试。

4）消防器材管理：

① 每年在冬防、夏防期间定期两次对灭火器进行普查换药。

② 派专人管理，定期巡查消防器材，保证处于完好状态。

③ 对消防器材应经常检查，发现丢失、损坏应立即补充并上报领导。

④ 各部门的消防器材由本部门管理，并指定专人负责。

（3）供暖系统报告记录管理制度

当遇到下列情况时需要报告项目主管：①主要设备（包括所有各种型号的水泵、换热器等各种仪器仪表等）非正常操作的开停。②主要设备除正常操作外的调整。③各设备的零部件改造、代换或加工修理。④设备发生故障或停运检修。⑤运行人员短时间暂离岗位。⑥运行人员工作去向。⑦对外班组联系。

当遇到下列情况时必须报告项目上级领导：①热泵机组除正常操作外的调整。②主要设备发生故障及停运检修。③系统故障及检修。④重要零部件改造、代换或加工修理。⑤领用工具、备件、材料（低值易耗品例外）；⑥外协联系。

本 章 小 结

太阳能和中深层地热能作为可再生能源，具有清洁环保、可以重复利用等优点，近年来逐渐受到国际能源界的重视。以太阳能和中深层地热能作为能量来源的电力、供暖等系统的安装工艺是利用这两种能源的关键环节。

本章介绍了太阳能和中深层地热能的系统安装，太阳能方面以光伏电站为主，详细介绍了光伏电站的运行原理、系统分类、系统组成、系统安装工艺以及光伏电站云平台。中深层地热能方面首先详细介绍了其系统分类、典型系统流程以及系统组成，然后以水热型、岩热型中深层地热能系统为分类分别介绍了其系统安装工艺和系统的运维管理。本章的主要内容包括：

（1）光伏电站的系统安装工艺和光伏电站云平台的运维管理实施

光伏电站的系统安装工艺分为11个步骤：桩基础安装、钢支架连接安装、光伏组件连接安装、直流汇流箱安装、逆变器安装、变压器安装、静态无功补偿器安装、一号仓安装、二号仓安装、并网电杆安装、其他设施安装。光伏电站云平台的运维制度有：安全运行制度、定期巡检制度、信息管理制度、故障处理制度、日常维护制度。

（2）水热型中深层地热能系统的安装工艺和系统运维管理办法

水热型中深层地热能系统是取地下水作为供热热源，其系统安装工艺分为3个步骤：基础安装、设备本体安装、装配式支架管道连接安装。系统的运维管理内容有：运维管理制度、系统运行前的检查、开停机顺序、系统运行模式、系统运行策略。

（3）岩热型中深层地热能系统的安装工艺和系统运维管理办法

岩热型中深层地热能系统是取地下水的热量作为供热热源，其系统的安装分为3个子系统进行：岩热井侧水循环系统、高低区供水循环系统、补水定压循环系统，每个子系统的安装工艺都分为3个步骤：基础安装、设备本体安装、装配式支架管道连接安装。系统的运维管理内容有：供暖运行管理制度、消防设施和器材维护管理制度、供暖系统报告记录管理制度。

关键词（Keywords），光伏电站（Photovoltaic Power Station），汇流箱（Combiner-Box），逆变器（Inverter），水热型地热能（Hydrothermal Geothermal Energy），岩热型地热能（Petrothermal Geothermal Energy），地热井（Geothermal Well），回灌井（Reinjection Well），运维管理（Operation and Maintenance Management）。

安装示例介绍

EX9.1　太阳能光热利用系统安装示例

思考题与习题

1. 简述光伏电站系统组成及分类。
2. 简述光伏电站系统工作原理。
3. 简述光伏电站系统安装工艺流程及实施方法。
4. 简述基于云平台的光伏电站系统工作原理。
5. 简述光伏电站系统运维管理内容及其作用。
6. 简述太热能光热利用系统的基本形式及设备组成。
7. 简述中深层地热能系统类型、设备组成及其特点。
8. 简述水热型中深层地热能系统安装工艺。
9. 简述岩热型中深层地热能系统安装工艺。
10. 简述水热型中深层地热能供暖系统运维管理内容及其作用。
11. 简述岩热型中深层地热能供暖系统运维管理内容及其作用。

本章参考文献

［1］ 中国电力企业联合会. GB 50794—2012 光伏发电站施工规范［S］. 北京：中国计划出版社，2012.

［2］ 中国电力企业联合会. GB 50797—2012 光伏发电站设计规范［S］. 北京：中国计划出版社，2012.

［3］ 中国电力企业联合会. GB 51101—2016 太阳能发电站支架基础技术规范［S］. 北京：中国计划出版社，2016.

［4］ 宁夏中科嘉业新能源研究院，DB64/T 1547—2018 宁夏回族自治区地方标准-光伏扶贫电站运行维护规范［S］. 2018.

［5］ 国家能源局新能源和可再生能源司，国家乡村振兴局. 光伏扶贫工作百问百答. 2019.10.

［6］ 赵争鸣，刘建政. 太阳能光伏发电及其应用［M］. 北京：科学出版社，2005：5.

［7］ 王长贵. 光伏并网发电系统综述（上）［J］. 太阳能，2008（2）：14-17.

［8］ WANG Changgui. The review of the grid-connected photovoltaic power system（volume one）［J］. Solar Energy，2008（2）：14-17.

［9］ Bidyadhar Subudhi. Raseswari Pradhan. A Comparative Study on Maximum Power Point Tracking Techniques for Photovoltaic Power Systems［J］. IEEE Transactions on powcrelectronics，2013. 4

（1）：89-98.

[10] Yongheng Yang，Frede Blaabjerg. A Modified P&O MPPT Algorithm for Singlephase PVSystems Based on Dcadbeat Control ［C］. Intemational Confcrence on ElectricalMac hincsand Systems，2011. 1-3.

[11] 李超凡. 离网型光伏发电系统的分析和设计 ［D］. 长安大学，2015.

[12] 任昱华. 集中式光伏发电模型设计及应用 ［D］. 西安电子科技大学，2015.

[13] 赵争鸣，雷一，贺凡波，鲁宗相，田琦. 大容量并网光伏电站技术综述 ［J］. 电力系统自动化，2011，35（12）：101-107.

[14] 寇伟. 在贯彻"四个革命、一个合作"能源安全新战略中体现国网担当——写在习近平总书记提出"四个革命、一个合作"能源安全新战略五周年之际 ［J］. 中国电业，2019（07）：6-7.

[15] 国家发展改革委，自然能源局，自然资源部. 国家地热能开发利用十三五规划 ［S/OL］. 2017-01-23.

[16] 邓波，龙惟定. 中深层地热资源合理开发利用现状综述 ［A］.《环境工程》编委会、工业建筑杂志社有限公司.《环境工程》2019 年全国学术年会论文集（中册）［C］.《环境工程》编委会、工业建筑杂志社有限公司：《环境工程》编辑部，2019：8.

[17] 国家能源局编. NB/T 10097—2018 地热能术语 ［S］. 北京：中国石化出版社，2018.

[18] 陕西省西咸新区规划与住房和城乡建设局编. DB6112/T 0001—2019 西咸新区中深层无干扰地热供热系统应用技术导则 ［S］. 2019.

[19] 陕西省住房和城乡建设厅编，DBJ 61/T 166—2020 中深层地热地埋管供热系统应用技术规程 ［S］. 北京：中国建材工业出版社，2020.

[20] 中国建筑标准设计研究院. 18R417-2 装配式管道支吊架（含抗震支吊架）［S］. 北京：中国计划出版社，2018.